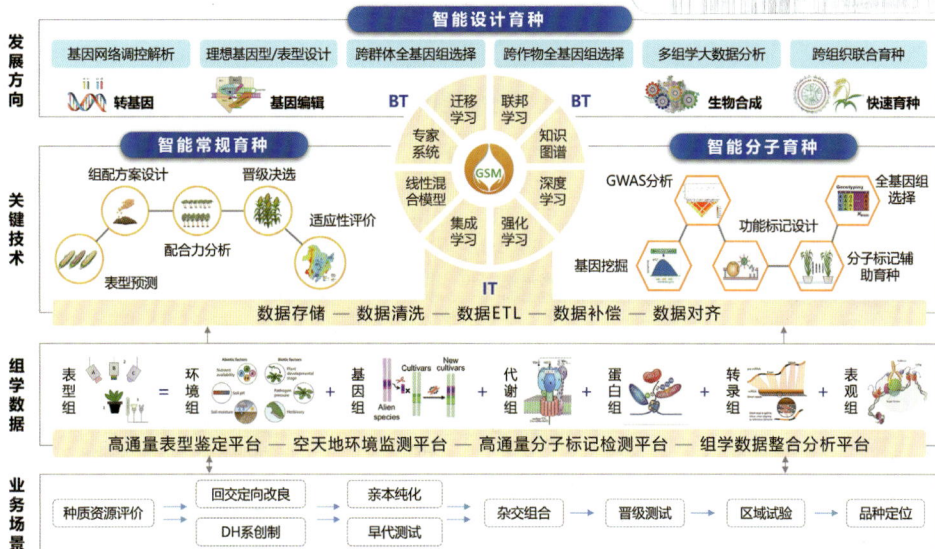

智慧农作物育种技术框架

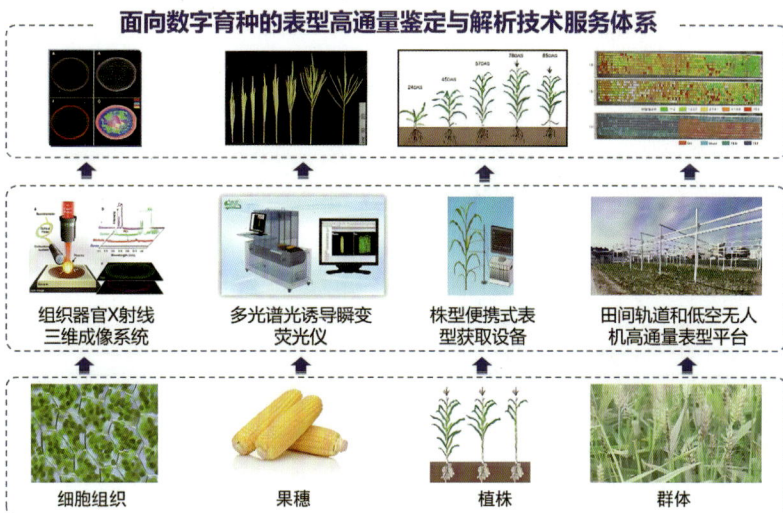

作物表型高通量自动获取与智能解析关键技术框架

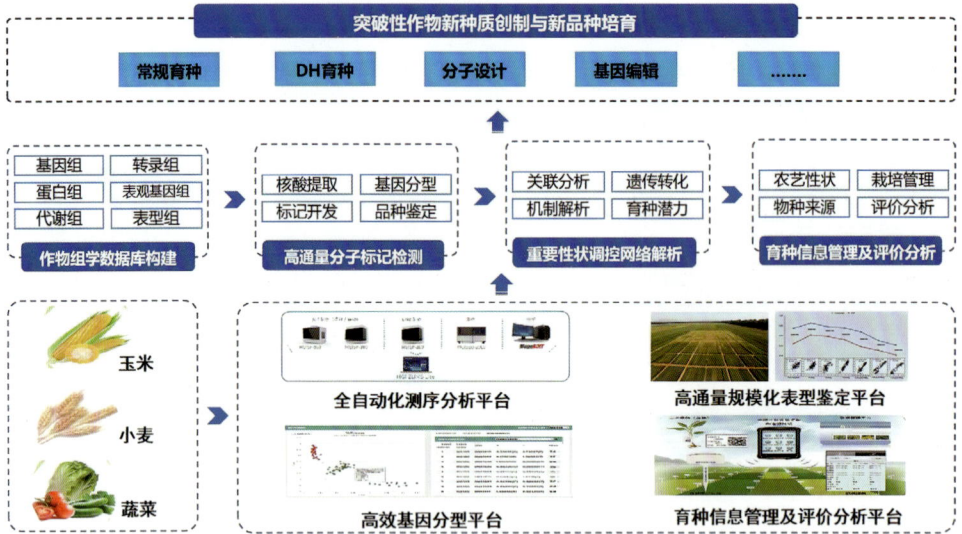

农作物智慧育种关键技术框架

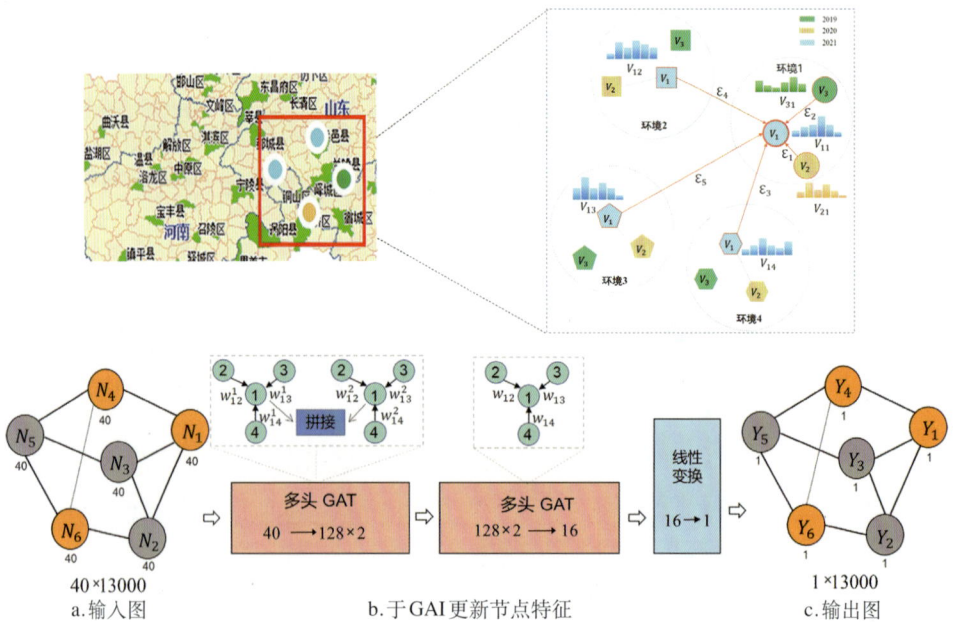

a.输入图　　　b.于GAI更新节点特征　　　c.输出图

基于图深度学习的作物产量智能预测技术框架

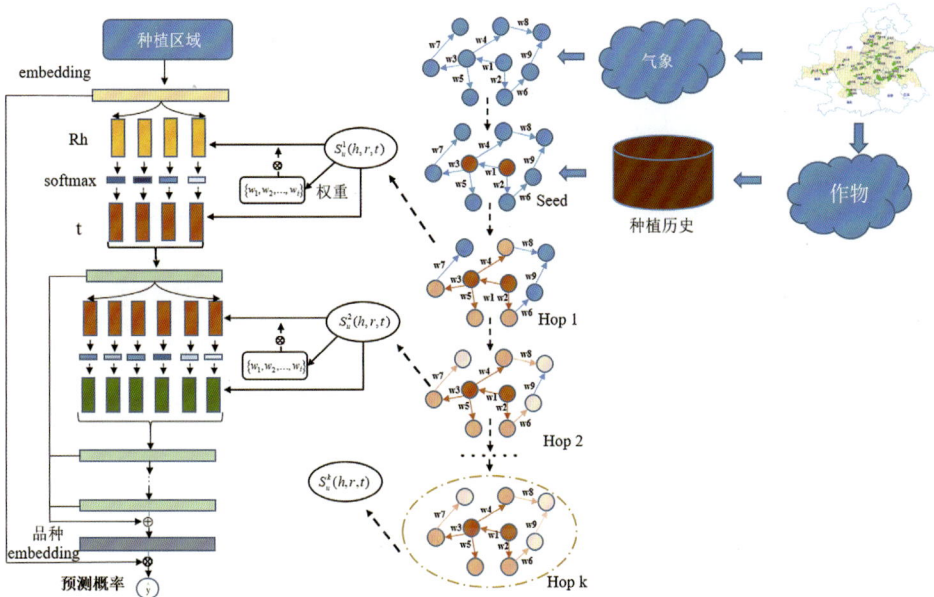

农作物品种适宜种植区推荐模型

金种子育种云平台功能结构

德农种业　天津农科院

中国农科院作物所　北京农科院玉米中心

技术服务与推广　媒体报道

金种子育种云平台推广应用场景

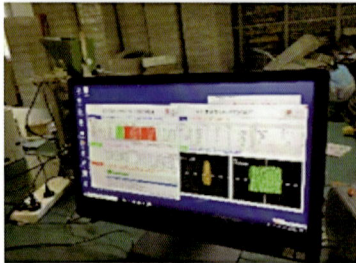

北京市品种试验技术培训

北京市玉米品种区试管理系统推广应用场景

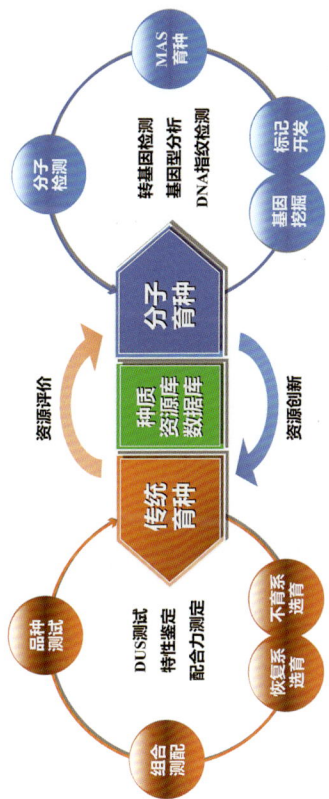

隆平高科水稻商业化育种信息管理平台功能架构

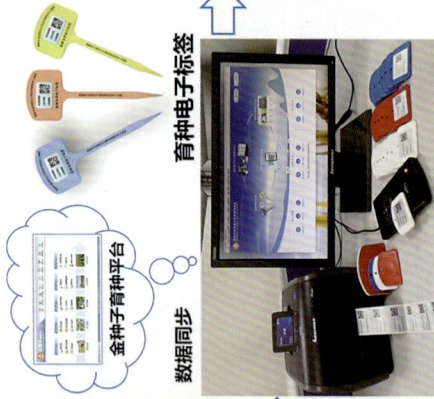

传统手写标签（80个/小时）

数据同步

金种子育种平台

育种电子标签-制作系统（350个/小时）

育种电子标签

组配试验图规划

按规划图播种

秧田-大田移秧

种质资源入库

收获决选

田间性状采集

水稻商业化育种信息管理平台应用场景

育种电子标签应用场景

耕种管收全程无人化作业

无人耕整地　无人播种施肥　无人插秧　无人施药　无人收获

| 处方决策与智慧管理 | 智慧大脑 | 作业任务分配与调度 |
| 作业监控与远程交互 | | 作业质量分析与评价 |

无人化农机装备

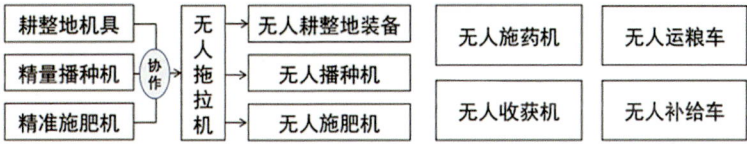

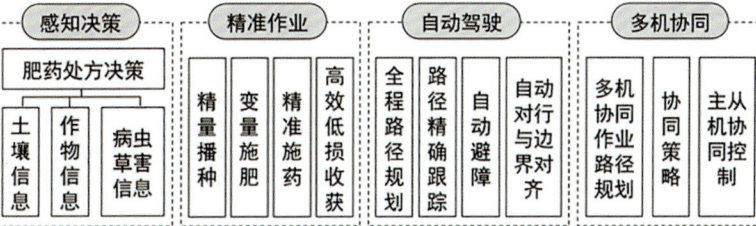

耕整地机具		无人耕整地装备	无人施药机	无人运粮车
精量播种机	协作 无人拖拉机	无人播种机	无人收获机	无人补给车
精准施肥机		无人施肥机		

感知决策

肥药处方决策

| 土壤信息 | 作物信息 | 病虫草害信息 |

精准作业

| 精量播种 | 变量施肥 | 精准施药 | 高效低损收获 |

自动驾驶

| 全程路径规划 | 路径精确跟踪 | 自动避障 | 自动对行与边界对齐 |

多机协同

| 多机协同作业路径规划 | 协同策略 | 主从机协同控制 |

无人农场系统架构

地面图像监控

巡田机器人

车载式大田土壤电导率快速检测系统

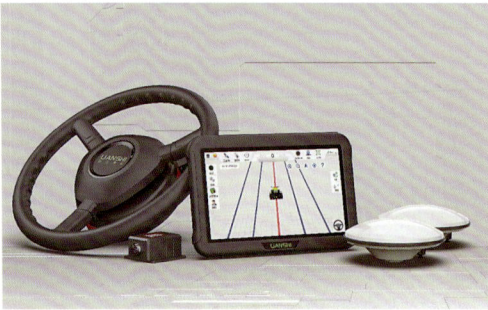
a.上海联适AF301农业装备北斗自动驾驶系统

b.农芯科技AMG-1202农业装备北斗自动驾驶系统

国内农业装备自动转向控制技术产品

田间无人驾驶精准喷药作业

田间无人收割作业

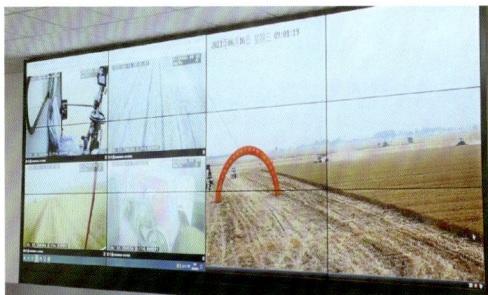

无人作业农机实时视频图像监控

虫情、土壤、气象监测站

无人收获机实现白天黑夜无间断作业

育苗　　旋耕　　移栽　　植保

露地蔬菜无人农场

深松　　起垄　　水肥　　采收

智慧菜田关键技术总体框架

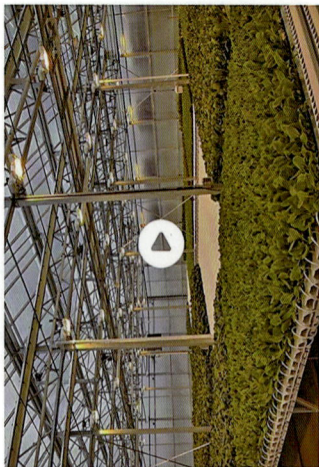

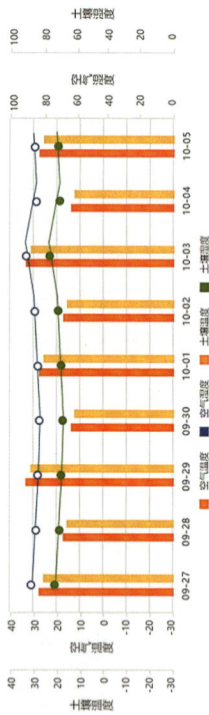

蔬菜育苗智能化管理平台

二氧化碳 477ppm	风向/风速 5.3m/s
土壤温度 36.2℃	土壤湿度 50%
空气湿度 51%	电导率 50ms/m
空气温度 36.2℃	降雨量 12mm

喷淋机 — 手动 停 自动 手动 开启度：100%

卷帘 — 手动 停 自动 手动 开启度：100%

补光灯 — 手动 停 自动 手动 开启度：100%

风机 — 手动 停 自动 手动 开启度：100%

历史数据

土壤湿度 空气湿度 土壤温度 空气温度 土壤温度

09-27 09-28 09-29 09-30 10-01 10-02 10-03 10-04 10-05

作物长势监测

2020-09-20 2020-09-21 2020-09-22 2020-09-23

a.白萝卜自动化采收技术

b.甘蓝无人化收获技术

蔬菜无人化收获技术与装备

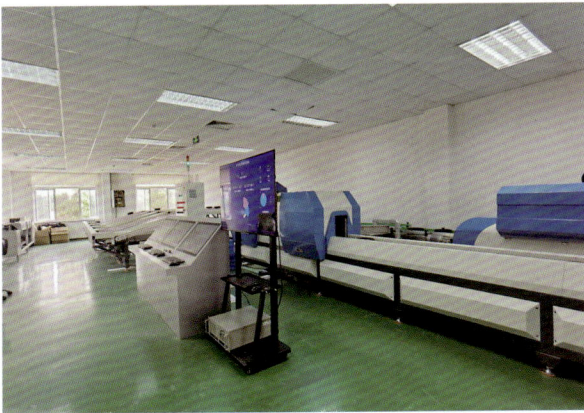

甘蓝品质检测和分拣设备

北斗双天线

车载屏幕

摄像头

电动方向盘

电控液压

控制器

角度传感器

无人作业系统

无人农机+甘蓝移栽机

无人农机+甘蓝采收机

自主路径规划无人旋耕作业

无人化移栽作业

无人起垄作业

北京市昌平区金太阳蔬菜无人农场

a.监测无人机

b.影像加工分析

c.长势监测分析

无人机遥感数据采集加工示例

a.气象墒情站

c.虫情监测站

b.物联网多参数采集端

e.视频监控站

f.土壤成分快速测量仪

d.果树冠层微气候监测站

果园物联网信息采集设备示例

巡检机器人监测作业示例

a.北斗导航精准喷药机

b.靶向喷药授粉机

c.多功能室外杀虫植保机

d.无人驾驶开沟机

e.无人驾驶割草机

f.无人驾驶粉碎机

g.无人驾驶辅助管收机

果园宜机化智能作业装备示例

a.苹果收获机器人

b.猕猴桃收获机器人

c.苹果收获机器人

d.草莓收获机器人

国外水果收获机器人示例

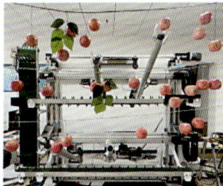
四臂并行机构

旋拧采摘手爪

承载底盘

示范应用

操作界面

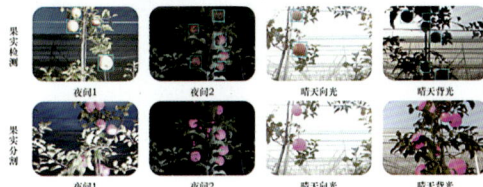
果实识别

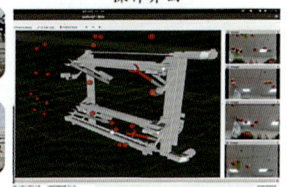
远程虚拟监控

四臂苹果采摘机器人示例

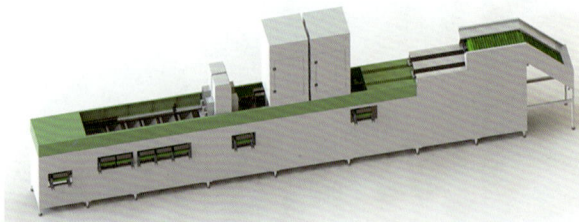

单通道果蔬分选设备示例

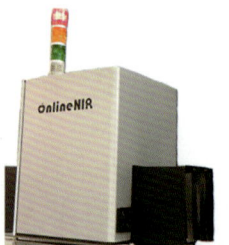

自由果托式果蔬分选设备示例

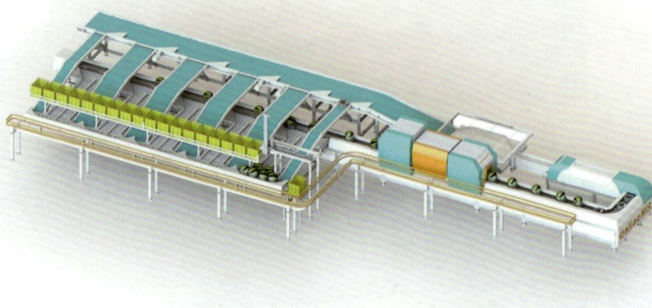

智慧果园赋能平谷桃产业创新应用场景

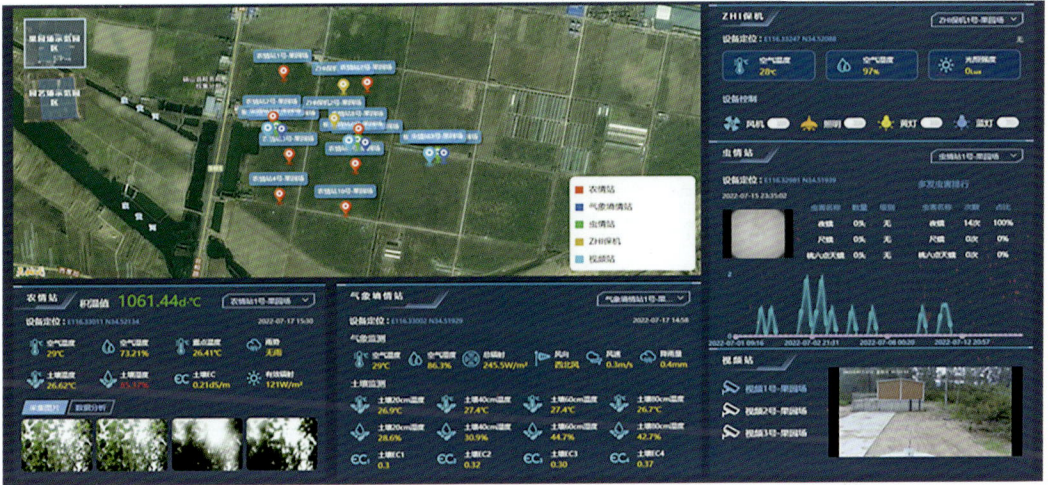

果园环境与长势物联网测控系统

砀山酥梨大数据指挥调度平台

园区室外气象监测站

设施环境监测设备

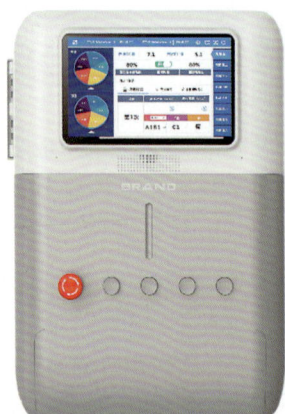

智能化水肥一体控制系统

设施移栽作业

残秧原位还田机械化作业

蔬果机械化分选

设施农业机器人

AGV 牵引车和轨道采收车

省力化设备

朝来农艺园外景

水肥一体化设备

温室传感器

管理站

温室小番茄

温室葡萄

水稻

果园

采摘

温室番茄

百旺农业种植园

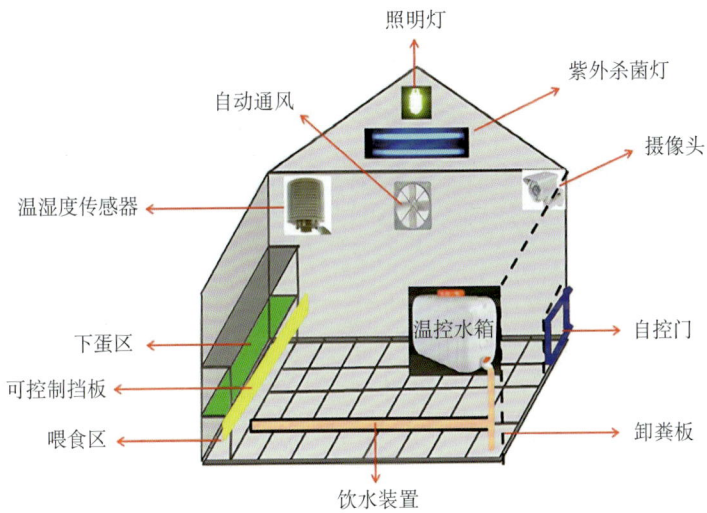

照明灯
紫外杀菌灯
自动通风
摄像头
温湿度传感器
温控水箱
下蛋区
自控门
可控制挡板
喂食区
卸粪板
饮水装置

智能鸡舍内部结构示意

识别结果示例

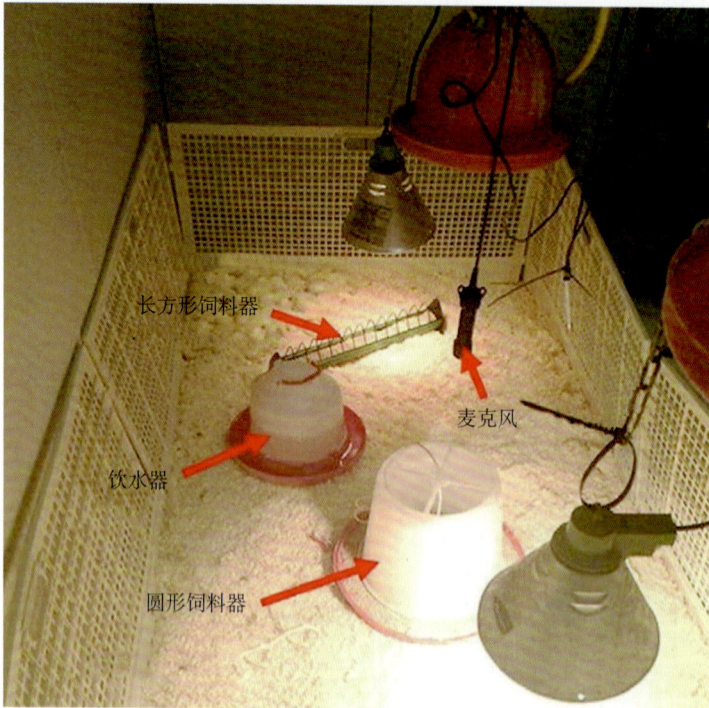

长方形饲料器

麦克风

饮水器

圆形饲料器

家禽声音记录

采蛋机器人

1.机械臂　2.机动喷嘴　3.履带轮　4.直流电机　5.显示屏
6.深度照相机　7.Jetson纳米开发板　8.电力供应

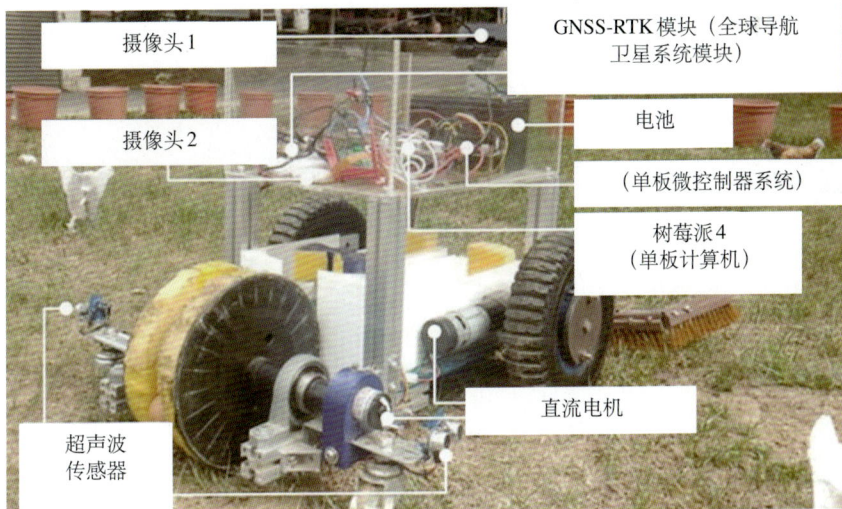

机器人外观

智能化喂料　　智能化鸡蛋分级　　智能化清粪　　智能化消毒

智慧家禽系统应用场景

传感器布置实景

智能鸡舍内外部

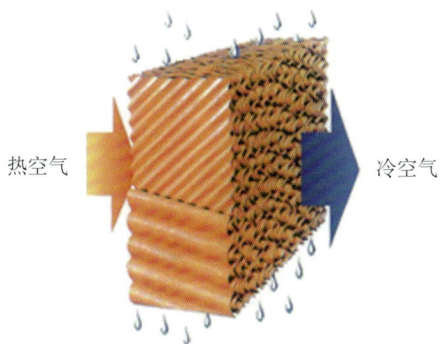
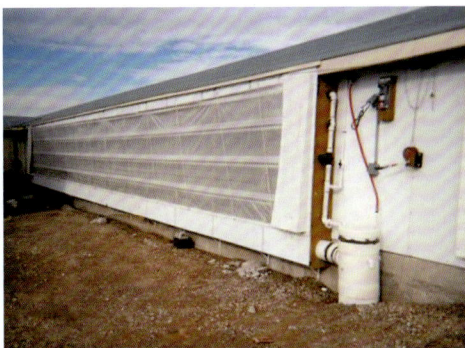

湿帘降温原理与现场应用

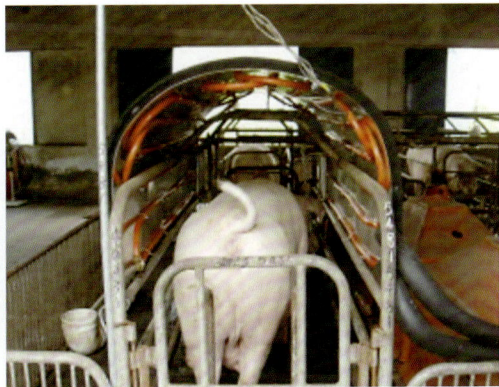

水冷式猪床降温系统

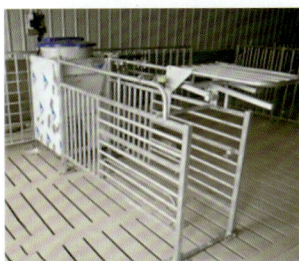

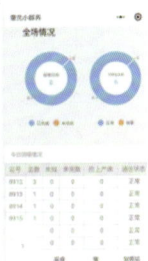

a.设备安装状态　　　　　　b.饲喂状态　　　　　　c.下位机控制面板　　　d.上位机App
　　　　　　　　　　　　　　　　　　　　　　　　　　　　　　　　　　　　控制面板

SF-1000实际应用场景与配套系统

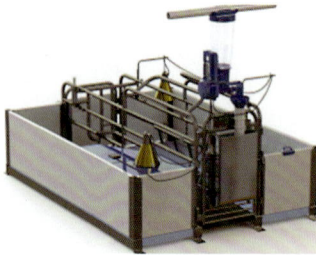

a.QUATTRO

b.SOLO

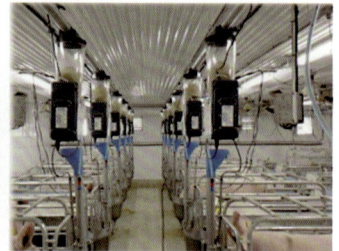

c.Gestal F2

不同类型哺乳母猪饲喂装置

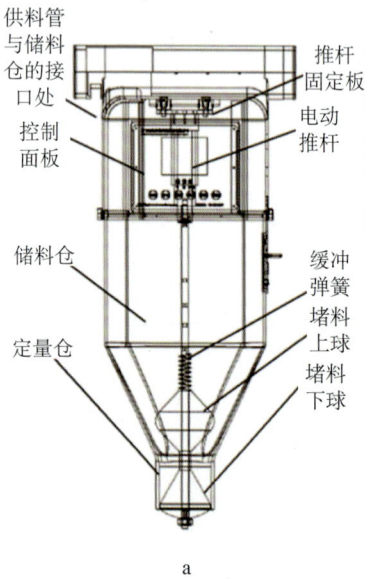

供料管与储料仓的接口处

控制面板

储料仓

定量仓

推杆固定板

电动推杆

缓冲弹簧
堵料上球
堵料下球

a

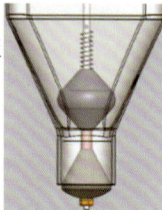

储料状态

b

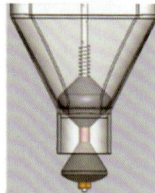

下料状态

c

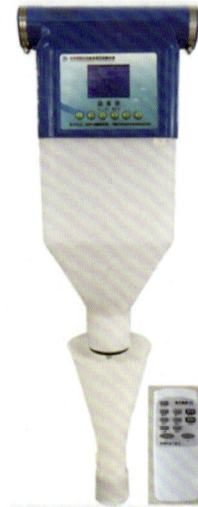

d

e

f

"益爱堡"哺乳母猪饲喂系统

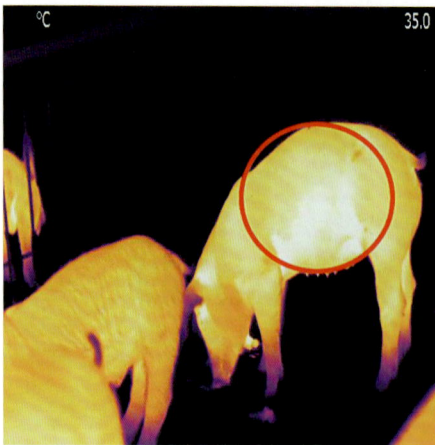

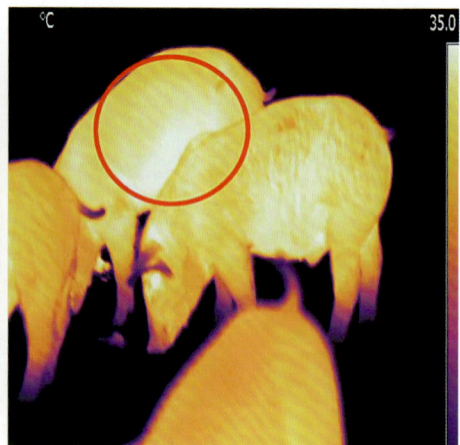

基于智能手机的高精度红外热成像测温系统

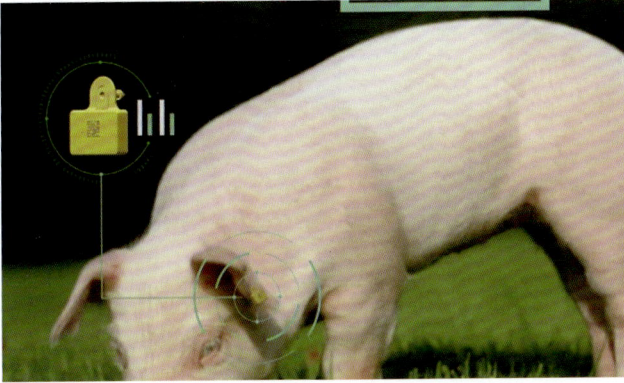

智能耳标

· 后非瘟背景下，猪只生物安全问题严峻，疫病防控压巨大

· 专业人力不足，饲养员越来越少，人工成本逐年上升

· 人工记录效率低下，数据采集准确率低，无法作为科学客观数据依据

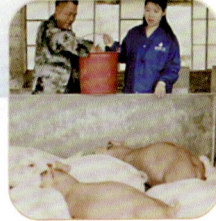

· 养猪模式依赖经验，人工经验难以复制，缺少技术支撑

养猪困境

种猪性能测定系统

a.Schauer奶牛精准饲喂站

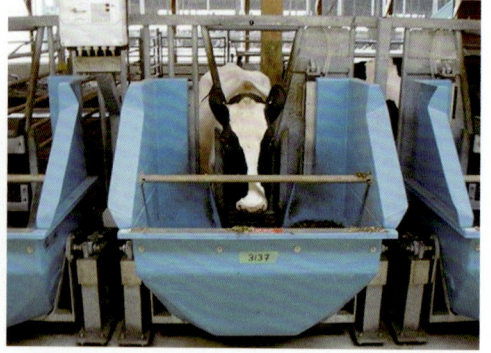

b.Hokofarm奶牛精准饲喂站

典型奶牛精准饲喂装备

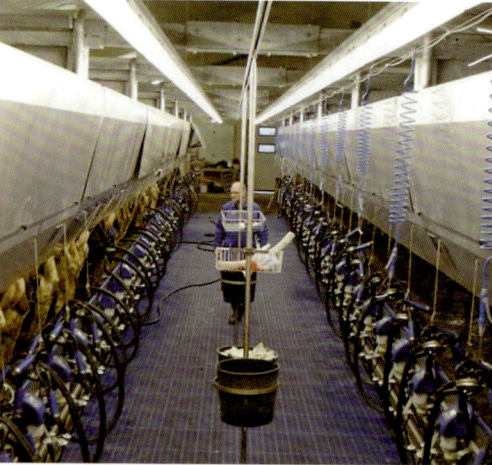

并列式挤奶机棚架系统

转盘式挤奶机

转盘控制台

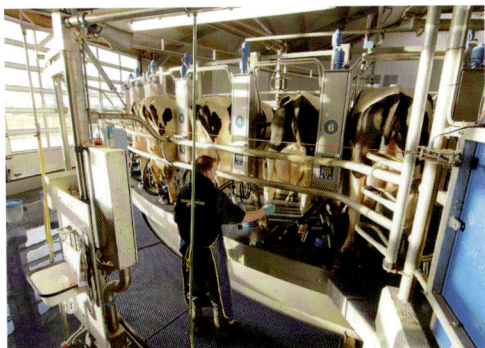

自动阻退门

京瓦奶业示范园（效果图）

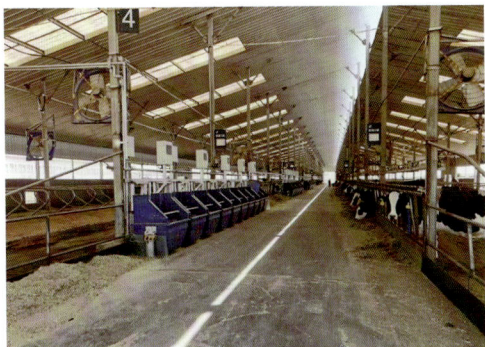

自动采食槽

移动式呼吸测热室

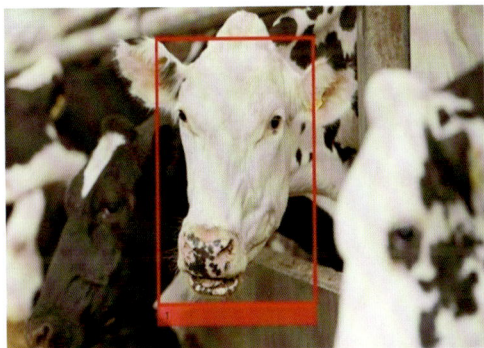

牛脸识别技术

奶厅智能监测

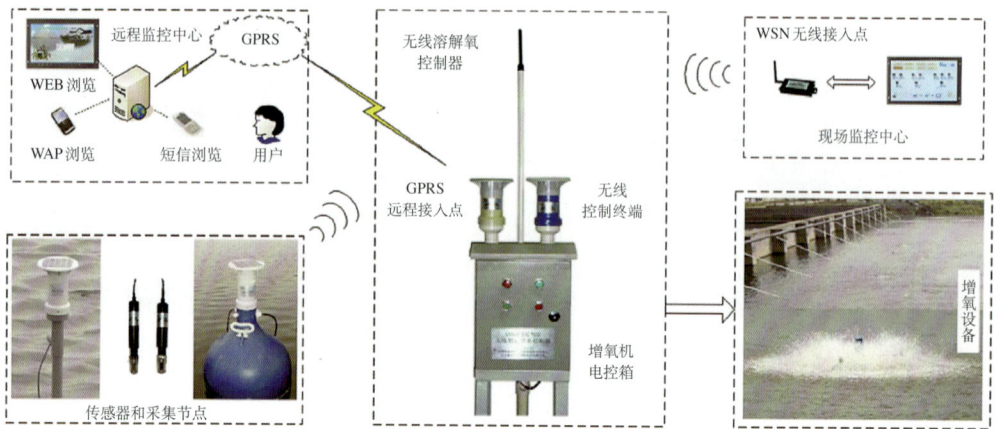

水产养殖环境监控系统

数字溶解氧
传感器

铜帽防护罩数字
溶解氧传感器

ORP
传感器

盐度
传感器

溶解氧传感器

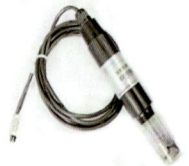
溶解氧传感器

水位传感器

叶绿素传感器

浊度传感器

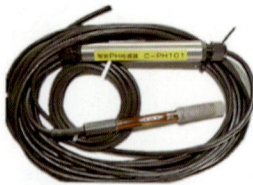
智能 pH 传感器

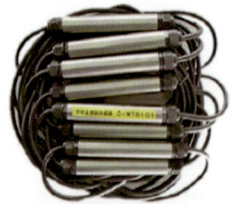
智能温度链传感器

水产养殖传感器

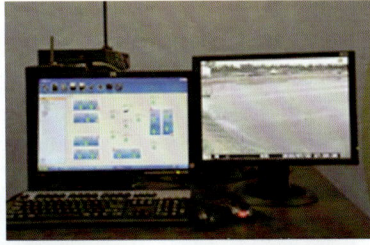

a	c	e	
b	d	f	g

无线增氧控制系统实物

a.水质监测点1　b.水质监测点2　c.水质控制点1　d.水质控制点2
e.现场监控中心　f.中继节点　g.视频监控设备

a.小尺度检测图-LLS标准数量27

b.中尺度检测图-LLS标准数量22

c.大尺度检测图二-LLS标准数量10

d.大尺度检测图二-LLS标准数量28

e.多场景检测图一-LLS标准数量27

f.多场景检测图二-LLS标准数量28

不同尺寸和场景的鱼体侧线鳞检测效果图（LLS: 侧线鳞）

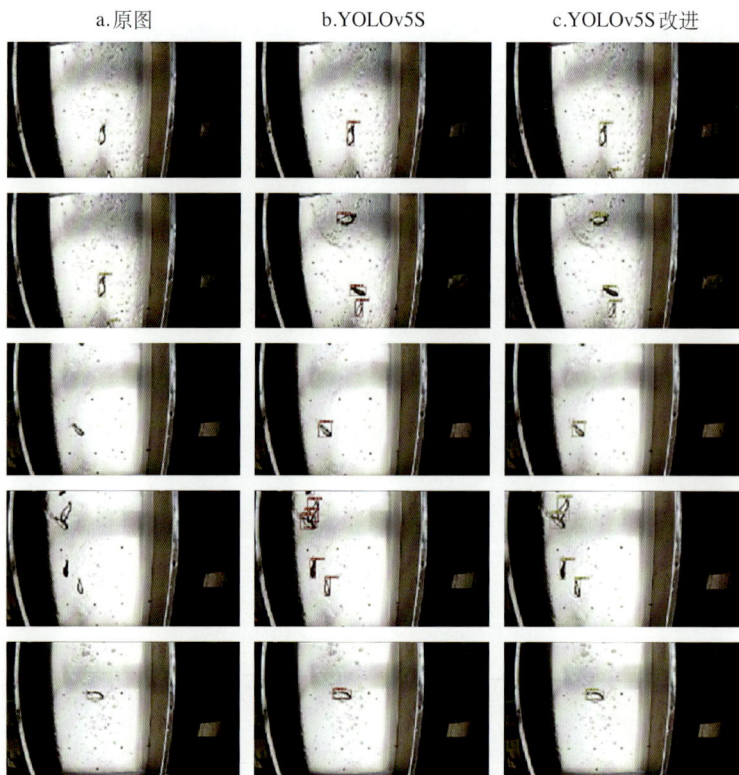

a.原图 b.YOLOv5S c.YOLOv5S改进

改进YOLOv5S鱼体目标检测图

基于YOLOv5S的残余饵料检测效果图

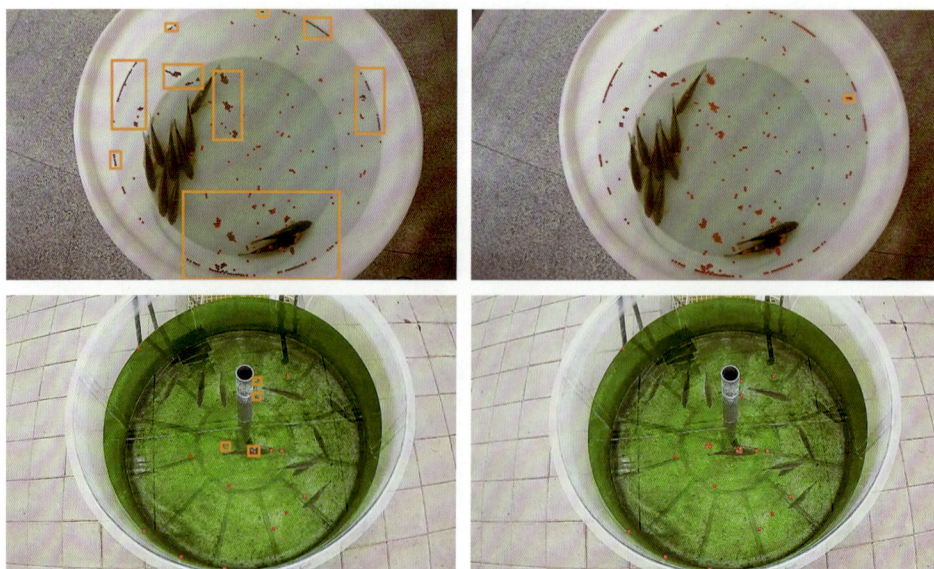

北京雅仕锦鲤养殖场地

北京市聚盛源鲟鱼养殖厂区整体图

工人正在进行鱼苗捕捞作业

金鱼养殖场地

农业大数据特色功能	涉农数据治理	涉农数据资产管理	涉农数据流转	涉农数据可视化	涉农信息融合与服务
应用支撑	基础功能服务器中间件		数据集成功能模块		安全与隐私保护
数据采集与分析	数据采集与处理	数据存储与管理	数据分析与挖掘		数据展现与应用
数据底座	结构化数据	非结构化数据	半结构化数据	图片库 视频库	……

大数据平台业务架构设计图

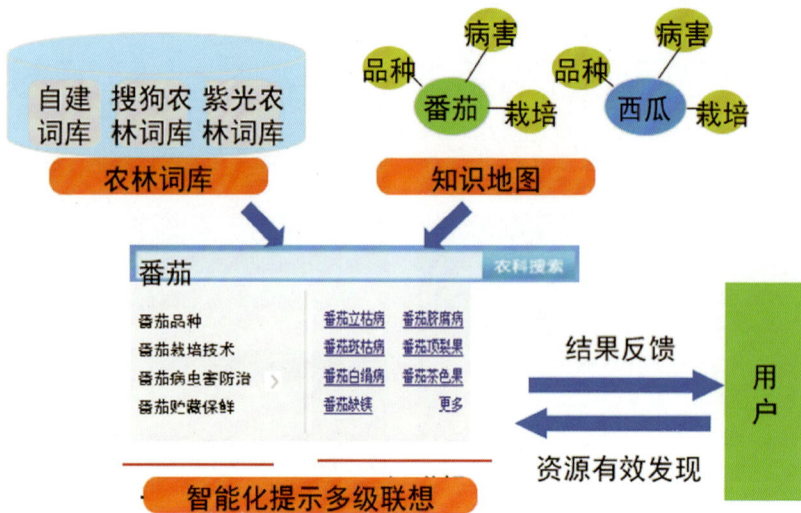

基于知识地图的多级联想问答示意

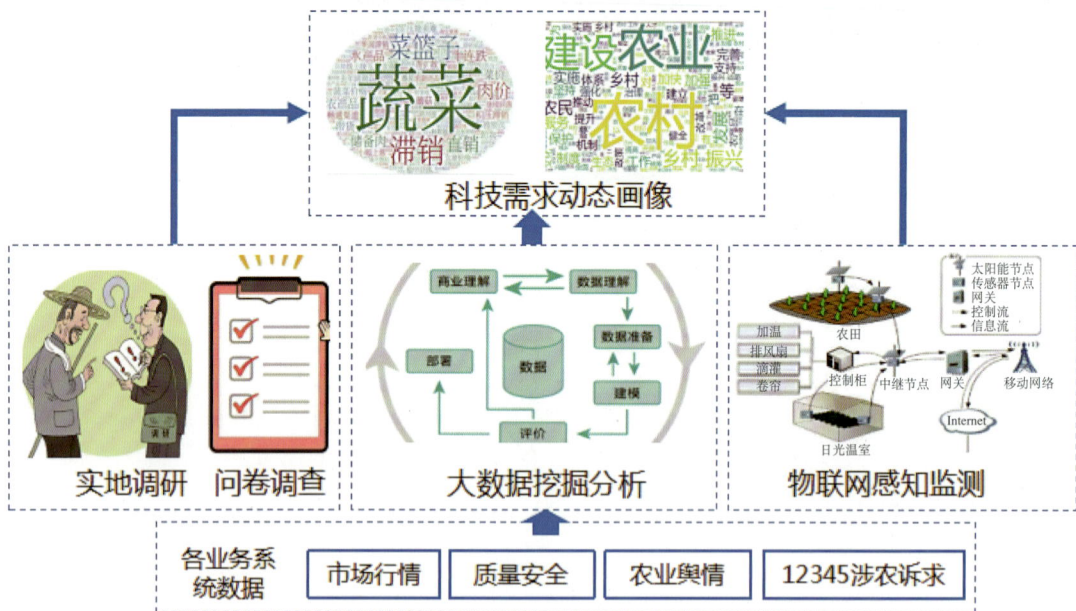

农业科技需求精准获取方式

网站提供全天候咨询

农事直播与在线咨询

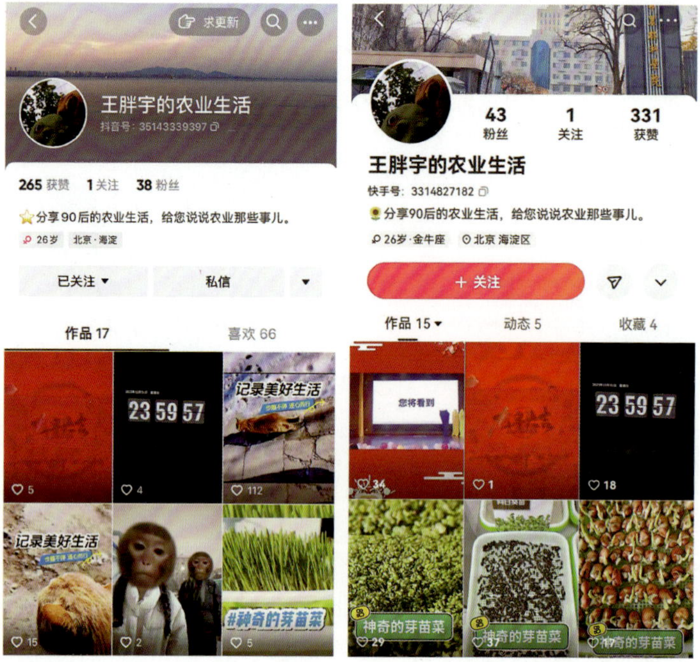

抖音和快手直播

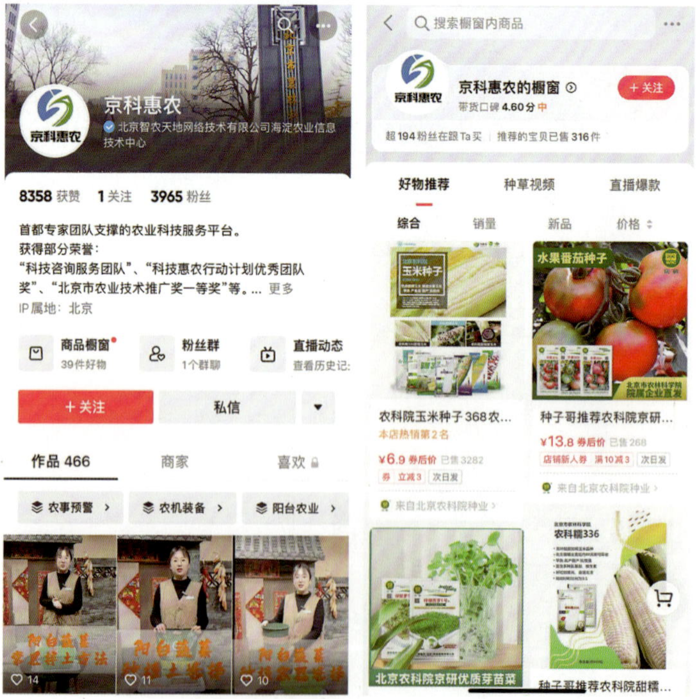

抖音橱窗功能

北京智慧农业发展与实践

李奇峰　芦天罡　余礼根　于　峰　主编

中国农业出版社

北京

　　智慧农业是发展现代农业的重要着力点，是建设农业强国的战略制高点。北京作为国际化大都市，肩负着创新引领和科技攻关的重任，发展智慧农业是保障首都粮食和重要农产品供应、发挥科技动能优势的重要抓手，对加快构建新发展格局、发展农业新质生产力、实现农业农村现代化和乡村全面振兴具有重要意义。"十四五"期间，北京市主动顺应农业高质量发展和现代农业建设要求，先后出台了《北京市加快推进数字农业农村发展行动计划（2022—2025)》《北京率先基本实现农业农村现代化行动方案》等政策文件，抢抓以信息技术为核心的新一轮科技革命机遇，大力发展智慧农业，在京郊大地形成了一系列生动实践。本书汇集北京在推动智慧农业建设中的典型案例与具体行动，让读者更好地了解北京智慧农业发展现状、实践和前景。

　　本书共有 12 章，第 1 章为综述内容，主要介绍北京智慧农业发展现状、面临的机遇与挑战。第 2～11 章为实践内容，主要介绍智慧农业在种业、种植、养殖、信息服务等方面的关键技术和典型案例，以及打造的种业、大田、菜田、果园、设施种植、家禽、生猪、奶牛、渔业等分品种智慧种植养殖场景。第 12 章为展望，介绍了北京智慧农业的发展前景。

　　本书由北京市农业农村局指导、现代农业产业技术体系北京市智慧农业创新团队组织编写，北京市农林科学院信息技术研究中心、北京市农林科学院智能装备技术研究中心、北京市农林科学院数据科学与农业经济研究所、北京市数字农业农村促进中心、中国农业大学、中国农业科学院等单位通力协作，平谷综合试验站（北京京瓦农业科技创新中心）、大兴综合试验站（北京大兴区种植技术推广站）、通州综合试验站（北京通州区农产品供应保障服务中心）、昌平综合试验站（北京市农林科学院智能装备技术研究中心）等提供翔实数据与应用案例，在此一并衷心感谢对本书编写给予大力支持的行业主管部门、高等院校、科研院所、行业企业和众多参加人员。

智慧农业技术发展迅速，由于编者水平有限，本书难免存在一些疏漏，真诚欢迎读者批评指正。

编者

2024 年 12 月于北京

CONTENTS ———————— 目 录

第一章
北京智慧农业发展现状

随着物联网、大数据、云计算、人工智能、移动互联等新一代信息技术的兴起及其在农业领域的广泛应用，智慧农业的理论和实践经验不断得到丰富拓展，信息获取效率、传输能力、分析水平和控制质量大幅提升，不断推动传统农业向智能农业、智慧农业等现代农业形态演进，大大加速了农业现代化进程。智慧农业是以信息和知识为核心要素，通过将互联网、物联网、大数据、云计算、人工智能等现代信息技术与农业深度融合，实现农业信息感知、定量决策、智能控制、精准投入、个性化服务的全新农业生产方式，是农业信息化发展从数字化到网络化再到智能化的高级阶段。

北京市智慧农业发展需紧紧抓住"十四五"的重要机遇期，立足首都城市战略定位，围绕解决北京市农业小而散，以及从业人口老龄化、成本高、用工难、农村空心化等问题，持续推进数字技术与生产经营、行业监管、信息服务的融合应用，不断探索区域智慧农业发展模式和路径，逐步形成北京优势特色的智慧农业发展格局。

第一节　北京智慧农业发展现状

一、政策环境不断优化

"十四五"时期是加快推进智慧农业农村发展的重要机遇期。2021年以来，北京市先后印发了《北京市关于加快建设全球数字经济标杆城市的实施方案》《北京市"十四五"时期智慧城市发展行动纲要》《北京市"十四五"时期乡村振兴战略实施规划》等政策文件，对北京市农业农村建设工作提出了新的要求。2022年，北京市印发了《北京市加快推进数字农业农村发展行动计划（2022—2025年）》（京政农发〔2022〕90号）（简称《行动计划》），明确了"十四五"时期北京市数字乡村建设的主要任务、建设内容等，为北京市智慧农业农村建设提供全面指引。《行动计划》中形成了北京市智慧农业可量化考核的发展目标，提出"全市智慧农业发展水平由2020年的23%提高到

67.5%"。同时还印发了《北京市加快推进数字农业农村发展统筹协调机制》（京政农函〔2022〕75 号），明确了成员名单、主要职责和工作规则等，以加强市级各部门间的统筹协调和《行动计划》整体推进落实。组织召开市级、区级《行动计划》工作部署会，印发《行动计划 2023 年度工作要点》，明确年度任务内容、年度目标和职责分工。同时，将智慧农业农村发展工作纳入《涉农区党政领导班子和领导干部推进乡村振兴战略实绩考核评分表及考核明细》，发挥实绩考核的"指挥棒"和"风向标"作用，切实抓好工作落实。各行业中，印发了《北京现代种业发展三年行动计划（2020—2022 年)》《北京种业振兴实施方案》，提出要"发挥首都科技资源富集优势，承接国家重大科技部署，提升优势特色物种的研发创新能力，加强种质资源保护和开发利用，做强北京种业创新链"；印发了《北京市蔬菜产业高质量发展三年行动计划（2023—2025 年)》，提出要"集中建设一批宜机化耕作、智能化生产、信息化控制的现代化设施农业园区"，明显提高"设施生产的机械化、智能化、信息化水平"。

二、信息化基础设施基本完善

基础设施建设是农业农村信息化发展必不可少的基石。北京市农业农村信息化能力监测结果（以下简称监测结果）显示，2022 年北京市农业农村信息化基础支撑水平为 90.44%。其中互联网普及率为 87.65%，6 个区达到了90% 以上，其中顺义区达到了 99%、行政村 5G 通达率为 96.94%，除部分偏远山区村外，通达率基本实现了 100%。具备千兆网络服务能力的 10 Gbps PON（passive optical network）及以上端口达到 42.8 万个，乡镇宽带通达率达到 100%，光纤宽带接入通达的行政村数量比例达到 100%。这些因素为全市农业农村信息化技术的应用和推广提供了有力的支撑。在乡村传统基础设施数字化改造升级方面，北京市持续推进农村公路基础数据和电子地图更新工作，推动"四好农村路"高质量发展；持续推进邮快合作进村工作，重点加强农村地区末端投递能力建设，提升邮快合作承接能力。

三、生产智能化水平持续提升

近年来，物联网、大数据、移动互联、人工智能等新技术在全市生产领域示范应用，数字化、网络化、智能化加速向农业产业体系、生产体系、经营体系广泛渗透，带动了传统农业农村数字化转型升级。2022 年北京市农业生产信息化率为 32.19%。

在种业方面，北京市通过新建渠道进一步整合种业资源，同时充分发挥北京市科技资源丰富的优势，大力推动种业技术创新，不断提高重点物种、核心领域、关键环节的创新发展水平，加快推进"种业之都"建设步伐。北京探索举办"1＋1＋N"系列种业大会，以蔬菜、玉米、禽畜、科技、水产、林果花草蜂等多领域、多层次协同赋能，努力构建国家现代种业创新、交流、交易和成果转化中心；大会特设种业振兴成果展，集中展示近年来种业科技创新成果，宣传北京乃至全国现代种业取得的重大成就，为实施种业振兴营造良好氛围。搭建北京种业交易交流服务平台，鼓励平谷区以创建全国农业科技创新中心为基础，建设2万亩*种业创新服务试验基地，建设生猪、北京鸭、蛋种鸡、肉鸡、奶牛等育种服务平台，打造国家级畜禽种业创新中心。整合通州区资源，以国际种业园区为核心，建设3万亩永久性种业创新基地保护区，建立完善农作物种业创新公共服务平台和品种展示基地网络，打造国家级农作物种业创新中心，实现对种质资源、育种的信息化管理和数据的科学化分析。在丰台区打造了北京市首个数字品种试验展示基地，实现全国产业化品种试验智能物联网、作业机器人、AI控制、可视化等技术的落地集成应用，形成北京数字品种试验展示高地。结合品种试验评价模型，构建数据支撑的品种试验精准评价体系，为打造全国种业交易交流平台提供科技支撑。平谷区峪口禽业公司依托"智慧育种"，将家禽种业"中国芯"牢牢掌握在自己手中，深度融合应用物联网、移动互联网、大数据、云计算等现代信息技术，首创智慧蛋鸡物联互通模式，探索出蛋（种）鸡数字养殖技术集成应用解决方案，开启了全产业链数据智能分析、有效利用的新局面，精准培育出满足国人多元需求的家禽新配套系6个，带动全国数万养殖户增收致富。

在种植业方面，北京市立足"以设施农业为主导产业"的定位，大力推广云计算、大数据、人工智能等先进技术的融合运用，有效提升了种植业生产智能化水平。监测结果显示，北京市大田种植信息化率为25%，设施栽培为24.67%。经过多年发展，北京市在新型农业传感器、物联网智能装备、物联网模型算法等多个方向取得了较为丰硕的研究成果。研发的智能投饵机、水肥一体机、无人机、播种与收获机械等轻量化、小型化、智能化、低成本作业的智能装备，已在北京市大田种植、设施栽培等行业实现了示范应用，有效提升了生产的智能化水平。建立的连栋温室精准环控模型，可分析实时环境数据，根据作物不同生长周期设置精准环境策略，通过人工智能技术对农业物联网图像数据进行智能识别算法和模型研究，为农业监管和生产服务提供更加精准的决策支撑。在密云区打造了大田无人农场应用场景，建设的农机全程无人作业

---

* 亩为非法定计量单位，1亩≈667米²。——编者注

试验示范基地覆盖小麦、玉米等主要大田作物，能够实现农业生产耕种管收全过程农机无人驾驶与自主作业，较传统作业方式效率提高 25%，油耗降低 5%，作业覆盖率提高 3.1%，已进行无人驾驶作业 3 000 余亩；在翠湖农场打造了连栋智能温室蔬菜高效栽培应用场景，建设了京津冀地区单体最大的蔬菜生产连栋温室，基于高效设施生产技术实现园区生产管理数字化，与传统蔬菜种植相比将提高 55% 以上，每 1 000 升水能产出 60 公斤* 以上番茄，节约用水 50% 以上，土地利用率和产出率提高 4 倍以上，有效地解决了农田生产的水、土等环境制约问题；在朝阳区朝来农艺园打造了日光温室环境智能控制应用场景，建设的设施智能控制体系通过各类智能装备精准控制温室温度、湿度、水肥、二氧化碳等环境参数，并结合环境策略进行温室光、温、水、气的智能控制，实现生产环节的标准化管理，提升了蔬菜品质，实现蔬菜增产 10%，采后商品率提高 10%，实现了示范区劳动用工费用减少 30%、农资投入减少 10%。

在畜牧业方面，北京市畜牧业品种主要包括牛、羊、生猪、家禽及少量鱼类，基于环境信息化监测、环境信息化控制、精准饲喂、疫病信息化防控、智能增氧、自动投喂等信息化技术，北京市不断提升畜牧业全产业链数字化水平。当前监测结果显示，畜禽养殖信息化率为 58.68%，水产养殖为 37.02%。如北京市打造的蛋鸡智能化养殖基地在种鸡孵化、舍内养殖、环境精准调控、疫病智能诊断方面配备各种自动化设备及传感器、研发控制系统，实现精准饲喂、自动化作业、环境异常预警等功能，通过构建蛋鸡疫病智能诊断模型，研发 AI 智能兽医诊疗系统，实现蛋鸡 38 种常见疾病智能识别，3 秒即可给出诊断结果和解决方案；打造的奶牛智慧养殖基地示范了奶牛养殖环境智能控制技术，构建了采食频次、料草堆变化视觉分析模型，实现了牛只个体采食量的在线计量，研究的密集牛群伪装条件下爬跨视觉行为识别技术准确率可达 94.3%，自监督对比学习的牛脸/背部花纹个体识别技术识别准确率可达 97.3%；房山区建设了 320 000 立方米养殖水体园区，应用自动投喂、自动增氧、自动水质检测等技术，实现了水产养殖环境可感知、风险可预警、水料可量化、质量可追溯等目标，养殖节水量提升 20%、人工成本节省 50% 以上。

四、信息服务能力和水平有效提升

近年来，得益于对乡村建设的支持力度逐步提高、基础设施的逐年完备，北京市的信息服务能力和水平不断提升，监测结果显示，北京市服务信息化处于较高水平，为 73.65%。如县域政务服务在线办事率为 93.59%，位于全国

---

* 公斤为非法定计量单位，1 公斤＝1 千克。——编者注

首位，村级在线议事率、应急广播主动发布终端覆盖率均位于全国第 4 位，公共安全图像应用系统行政村覆盖率位于全国第 7 位，其中丰台区、怀柔区、平谷区实现了乡村治理信息化指标均为 100%。京郊涌现出怀柔区渤海镇"数字乡镇"探索试点、昌平区南口镇"智慧镇域"、通州区歌华"智慧乡村"平台等优秀案例。同时，全市大力推进信息进村入户工程，实现益农信息社基本全覆盖，整合服务信息资源，为村民提供公益、便民、电子商务和培训体验等服务。移动农网持续为基层提供生产生活、防灾预警、气象等信息服务，每年发送各类短信息 2 000 万条以上。积极推进"农业科技大讲堂"，搭建北京市多渠道、便民化的科技助农服务模式。针对农业政策、农业生产技术、农业信息化等 16 个门类近 60 个需求方向的内容共播出大讲堂直播近 200 期，观众达到 45 万人次。通过大讲堂开展新品种、新技术、新装备、新模式、新理念的宣传推广，有效促进了科技成果"产-学-研-用"连接，一大批科技成果通过讲堂为生产用户所知道、所接受，逐步得到生产应用，有效带动了科技成果转化。

五、数据资源体系建设逐步展开

数据是开展智慧农业工作的基础和媒介。为做好大数据管理，北京市建设了乡村振兴大数据平台，整合了市级农业农村部门现有的百余个信息系统，梳理了各系统 95.19 TB 数据；完善了农业农村数据标准，汇聚形成市、区、乡镇、村各级有关农村生产、生活和管理的数据集，实现了农业大数据在农业产业链各环节及乡村治理中的深化和创新应用，为管理者和经营主体提供精确、动态、科学的全方位涉农信息服务。平台实现了"数据-仓库"，汇聚自然资源、乡村产业、农业科技、农村经济、农村人口、城乡融合、乡村建设等基础数据，形成乡村数字经济、数字治理等一系列专题数据库；实现了"管理-平台"，在充分利旧、统筹集约的原则下，整合市级农业农村部门现有信息系统，建成农业农村全业务管理的统一平台，实现种业、种植业、养殖业、"三块地"、乡村治理等业务统一管理与应用服务；实现了"决策一张图"，根据决策需求搭建农业农村领域"领导驾驶舱"，呈现全市"农业农村一张图"，涵盖农业用地、农业产业、乡村治理等内容，为决策和指挥调度提供支撑。目前，结合平台的农田地块信息、物联网传感器信息以及北斗导航，实现了智联农机的全天候监控，以及作业信息的全程监控，可全面了解北京市农机作业情况、跨区域作业情况，为农机调度提供数据支撑；结合平台的空间四至数据以及设施台账数据开展了菜田补贴工作，通过跨系统间数据的验证，提升补贴工作的效率以及数据的准确性；通过打通业务系统底层，共享生产经营主体库，实现了跨系统数据实时传送,比如农产品质量安全监管问题可直接作为农业执法案源,实现跨部门协同工作。

第二节　北京智慧农业发展面临机遇与挑战

"十四五"时期我国将开启全面建设社会主义现代化国家新征程,经济社会将转向高质量发展新阶段,创新是现代化建设全局的核心,率先基本实现农业农村现代化是北京市"三农"工作的新目标,没有信息化就没有现代化。信息化是北京市农业农村现代化的发展难点、痛点,也是促进传统农业农村转型的机遇点。

一、智慧农业政策与资金支撑力度不足

北京市"三农"工作的数字化基础设施相对薄弱,数据资源体系建设相对落后,农业领域信息化应用相对不足,乡村数字化治理水平相对偏低,创新和研发能力相对薄弱,这是北京市当前面临的挑战,也是未来的重点发展方向。以数字驱动为核心战略,加强数字北京、数字社会、数字政府建设,提升公共服务、社会治理、市场监管等数字化智能化水平,进一步加大政策与资金投入,完善长效机制和运营模式,是提高农业质量效益和竞争力、建设智慧农业、全面推进乡村振兴的必由之路。

二、农业生产"规模小、经营散、发展乱"

数字化发展是实现农业农村现代化的基础和主要驱动力,是改变传统农业生产方式、经营方式、组织方式,优化升级产业链、供应链,破解北京市农业生产规模小、经营分散、产业发展混乱等短板弱项,实现重要农产品稳产保供和建设"种业之都"的必然选择。

三、城乡之间存在"数字鸿沟"

利用数字化手段,缩小城乡"数字鸿沟",提升城乡公共服务均等化、便捷化水平,适应村庄空心化和人口老龄化的农村发展现状,不断满足人民日益增长的对美好生活期盼的要求;数字化是优化农村人居环境、深化农村改革、实现巩固拓展脱贫攻坚成果同乡村振兴有效衔接、推动乡村治理体系和治理能力现代化的必然要求。

第二章
智慧农作物种业

种业是国家战略性、基础性产业，是现代农业发展的"生命线"，种业科技创新对建设农业强国和国家粮食安全具有重要意义。习近平总书记指出，要下决心把民族种业搞上去，抓紧培育具有自主知识产权的优良品种，从源头上保障国家粮食安全。

早在 2010 年，北京率先提出打造"种业之都"的目标。10 余年来，随着北京"种业之都"建设步伐的加快和深入推进，已初步形成了 4 个方面的优势：一是种业创新资源雄厚，集聚了全国最多最强的种业研发机构和高端人才，涉农科研院所（12 个）占全国超 1/4、作物"双一流学科"占全国 1/3、农业领域院士数（48 人）占全国近 1/2，位居全国第一。保存了全国数量最多的种质资源，拥有 16 个国家级保护单位，保存 401.8 万份；21 家市级保护单位，保存 9.2 万份。二是种业创新成果丰硕，国内市场占有率最高的"金种子育种平台"持续引领智能设计育种技术升级，Cas12i 和 Cas12j 两把基因剪刀，杂交小麦育种技术世界领先，首次创制了西瓜基因图谱库，建成全球最大的玉米 DNA 指纹库。2022 年，北京育种发明专利授权 359 件，居全国首位；通过国家审定品种 147 个，居全国第二位；植物新品种权授权 255 件，居全国第三位。三是种业头部企业集聚，北京市共有种业企业 1 918 家，有 31 家企业和机构入选国家种业振兴阵型企业，农作物和畜禽方面入选企业居全国首位，农作物种业企业年销售额 75 亿元，约占全国的 10%；全年企业研发投入 6.5 亿元，研发投入占比为 10.4%；"育繁推"一体化企业 10 家，约占全国的 8%；外商投资企业 10 家，占全国的 30%。四是种业创新环境优化，《北京市种子条例》《北京种业振兴实施方案》相继颁布并有序施行，法律保障体系、创新政策体系、交流交易体系日臻完善，吸引了全球前 10 强种业企业在京设立分支机构，布局建设了平谷、通州、延庆和南繁四大种业公共服务平台。

当前，新一轮科技革命和产业变革快速迭代，大数据、人工智能、云计算、物联网等新一代信息技术与种业发展的融合，在育种技术研发、繁种制种、商业化育种以及种业产业链拓展等方面实现了较大的技术创新和突破，为我国种业产业升级带来了重要战略机遇，数字科技赋能种业全面振兴已经逐渐成为普遍共识和重点方向。发展智慧种业北京率先探索并积累了先进经验，世界首个水稻全基因组芯片、世界首张西瓜全基因组序列图谱、市场占有率最高的商业化育种软件"金种子育种平台"、全球数量最大的玉米品种标准DNA指纹库等一系列数字技术创新成果夯实了北京种业之都的科技基础。2022年依托北京市农林科学院成立了国家数字种业创新中心，旨在围绕基因组学、表型组学、作物种业、畜禽种业、水产种业、种业大数据服务6个方向，聚焦智慧种业共性关键技术研究、标准体系建设和应用示范，形成涵盖农作物、畜禽、水产的智慧种业创新技术体系，培养一批智慧种业创新人才，引领我国种业转型升级。

然而北京智慧种业发展还存在以下问题和挑战：一是多数育种单位规模小、竞争力不强，仍以传统育种为主，商业化育种体系不健全，成为智能设计育种的短板问题。二是育种基础研究与育种应用研究的技术断层现象较为严重，存在多组学高新技术与田间常规育种技术脱节问题，制约了跨越式品种创新技术体系构建和大品种研发。三是软件和硬件发展失衡造成育种信息化转型障碍，存在重硬件轻软件、重建设轻运营、数据利用不够、数据服务产品化不强等问题。

基于对当下我国种业产业现状的需求分析，今后北京智慧种业研究方向主要包括以下几个方面：①研发作物表型高通量获取与解析技术装备，提高表型获取效率，降低劳动强度；②突破多组学大数据和智能设计育种关键技术，从微观组学角度颠覆式提升品种研发效率；③实践数据驱动的企业级智能育种制种整体信息化解决方案，提升种业精准化管理水平。

第一节　农作物智慧育种关键技术

数据驱动的现代种业新特征是智慧农作物种业上下游生态链条的构建，实现育、繁、推、管、服各环节的数据流、种子流和业务流的协同，构建优势互补、合作共赢、可持续发展的协作网络。"育、繁、推"是指传统的育种、制种、推广销售，"管"是指政府对种业市场的监管和指导，"服"是指良种良法信息化服务和种子电子商务等种业生态链的新服务模式。通过大数据、人工智能、物联网和智能装备在种业全产业链的应用，实现育种科研、制种加工、营销服务和政府监管服务的多场景信息化，达到品种创新信息化、生产经营智能化和产业体系生态化的目标。

智慧农作物育种技术框架如图2-1所示，智慧农作物育种的核心是育种数据的采集和利用，数据采集主要是根据育种数据的不同特点，采用表型观测设备、基因型检测设备、环境监测设备、田间试验机械四大类信息化育种装备，对表型数据、基因型数据、环境影响数据和田间管理数据进行采集；数据利用主要是通过搭建分子设计育种大数据平台、育种专家系统等智能设计育种工具，进行田间决选、功能基因解析与利用、全基因组选择、转基因、基因编辑等诸多育种关键环节的决策支撑，进而构建数据驱动与知识驱动融合的智能设计育种技术体系。同时育种企业配备 ERP（企业资源计划）、项目管理系统、电子商务系统等，形成现代种业大数据服务，助力育种家实现品种创新。依托表型平台、传感设备、无线通信、数据库和大数据分析等现代信息技术和智能装备，通过农学、植物学、自动化、图形图像和计算机科学等多学科人员在大数据形成的各环节紧密协作，有助于推动制（繁）种管理决策精准化、品种经营推广可溯化、行业监管在线化，有助于形成数据驱动的科学化管理决策方案，加速育种成果的转化速度，推动实现种业全价值链、全要素的动态配置和全局优化。

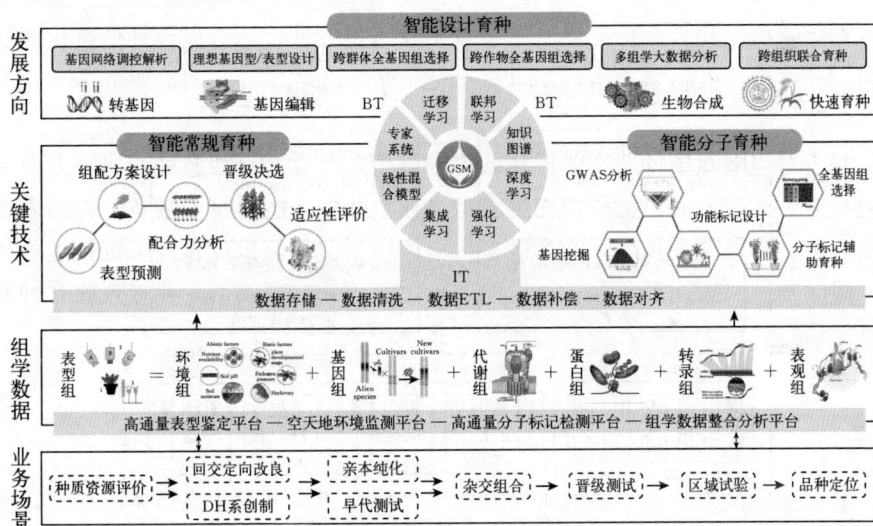

图 2-1 智慧农作物育种技术框架

一、全基因组选择辅助育种技术

基因组选择（genomic selection，GS）育种是通过在已知表型和基因型的训练群体内评估每个分子标记对性状差异贡献的效应值，继而通过对基因组中所有有效标记的加权估计，获得某育种材料的基因组育种价值评估，即 GEBV（genomic estimate of breeding value）值。通过对作物中各类种质资源重测序数据的荟萃分析精选分子设计育种标记，并采用机器学习的方法开发全基因组选择辅助育种模型，提高基因组育种价值评估的准确性。

全基因组选择辅助育种技术路线包括：①通过对各作物研究领域发表的各类基因组数据进行整合，建立整合型基因网络；②通过对基因功能注释的关联规则分析，建立基因功能关联网络并解析为基因模块；③采用机器学习的方法挖掘农艺性状相关重要功能基因；④整合高通量测序数据分析流程和网络可视化工具建立作物基因组大数据平台为科研用户提供基础研究数据服务；⑤整合各作物种质资源重测序和芯片数据，采用荟萃分析的方法建立知识与网络指导的基因与标记挖掘流程；⑥精选分子育种标记集合，开发全基因组选择辅助育种模型；⑦整合国际上常用的育种模型与软件，为育种用户提供服务。全基因组学选择辅助育种关键技术框架如图2-2所示。

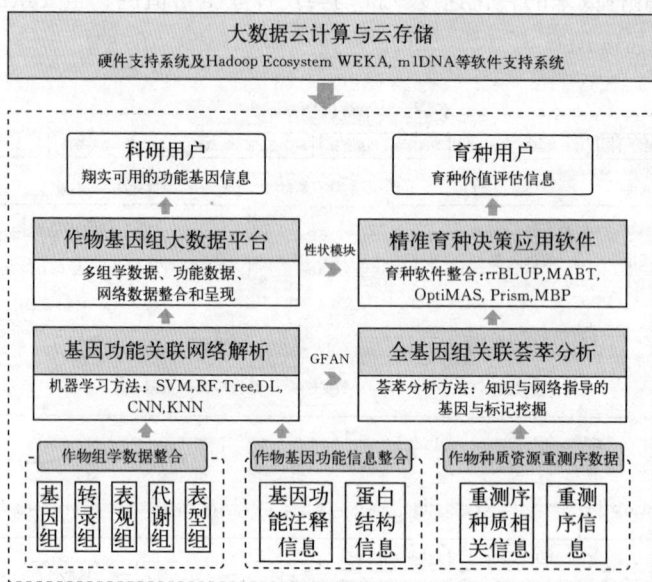

图2-2　全基因组学选择辅助育种关键技术框架

（一）作物基因组学数据整合与基因功能关联网络解析

通过整合作物各类基因组功能注释和组学数据，应用关联规则学习与文本挖掘的方法建立基因功能关联网络，以主要农艺性状为单位，将基因功能关联网络解析为基因模块。与基因表达网络、调控网络、蛋白互作网络不同的是，功能关联网络侧重描述基因与基因之间在功能上的联系。构建功能关联网络是在综合考虑基因之间在"知识"与"数据"两类信息层面的关联上构建的。目前已有多种相对成熟的机器学习方法应用于整合型基因网络的构建。例如表达数据、顺式调控元件、转录因子结合位点、表观遗传修饰数据等，都可以作为构建整合型基因网络的数据来源。通过完成作物中的基因功能关联网络构建，并采用机器学习方法综合考虑序列同源性、蛋白功能域、基因家族、基因互作等信息可以对未知基因进行功能预测。

（二）应用机器学习方法挖掘优异等位基因

应用机器学习技术开发网络指导的基因挖掘方法，即利用基因模块中基因间的功能关联信息作为机器学习模型的训练参数，提高计算多基因联合贡献效应的准确性以及挖掘罕见优异等位基因的灵敏度。作物基因功能关联网络的构建为基于网络模块的表型-基因型关联分析奠定基础，以拟补全基因组关联分析（GWAS）方法中的某些不足。尤其针对多基因联合控制的数量性状位点的预测、罕见等位基因的挖掘、变异位点的功能注释，基因模块中基因间关联强度信息可作为优化监督式机器学习模型的训练集。应用监督式机器学习的 GWAS 分析需要构建包含已知产量性状基因和数量性状位点的训练集。依据这些基因的功能和注释信息归纳出一系列的"特征标签"。机器学习的策略也为精选分子育种标记，尤其是具有广谱性的功能标记提供解决方案。

（三）全基因组选择辅助育种模型与育种决策应用体系

目前 GS 与 GEBV 模型的构建主要采用统计和线性模型的预测方法，如 BLUP、贝叶斯、LASSO 等方法。以深度学习为代表的人工智能技术已被研究者用于 GS 育种中，DeepGS、DLGWAS、DNNGP 等方法利用卷积神经网络识别基因标记间的耦合关系，实现对显性、上位性等非线性效应的建模，是传统统计学 GS 模型的有效补充。但是，由于基因型数据的高维度和表型数据的高获取成本，GS 通常是典型的小样本高维度预测任务，会面临维度灾难、过拟合、特征选择困难、泛化能力差等问题。为此，VMGP 使用变分自编码器对基因组数据进行自监督的压缩与重建，挖掘基因组内部的连锁不平衡特征，基于遗传多效性，整合多性状、多环境预测目标，构建多任务学习框架，可实现有效的数据增强，显著提升模型的预测精度与泛化能力，在玉米、水稻、小麦等多个作物的多性状、多环境、跨群体 GS 预测任务中表现优异。VMGP 使用统一的框架和参数，解决不同作物、不同群体、不同性状的预测任务，是通用 GS 模型的有效探索；无须烦琐而专业的深度学习调参，简单易用，非常适合在作物育种领域广泛推广。

上述研究已取得了一定的成效，但仍有很大的改进空间。对于全基因组选择辅助育种模型与育种决策应用体系的重点研究方向及技术路线包括：①通过对作物中各类种质资源重测序数据的荟萃分析精选分子设计育种标记，并采用机器学习方法开发全基因组选择辅助育种模型；②应用不同的机器学习的策略建立 GS 与 GEBV 模型，并且在模型中整合基因功能关联网络和多基因联合贡献率等信息，辅助模型的参数优化，不断改进 GS 和 GEBV 模型；③通过对荟萃分析挖掘的精准标记进行实验验证，建立农作物分子育种标记数据库；④通过对国际上通用的育种软件和预测模型的整合，建立育种决策在线分析系统。

二、作物表型高通量自动获取与解析技术

作物表型-环境大数据获取、解析和利用的技术装备和平台系统是智慧农业的基础内容，也是智慧种业创新的基础工作。当前，随着作物生命感知机理、传感器和表型平台系统，以及多组学理论技术的发展和应用，相关研究成果在作物科学研究和种业创新和服务中发挥着越来越重要的作用，并在快速发展、迭代和完善中。目前，在作物多尺度表型获取与智能解析方面已具有较好的工作基础，已初步构建作物组织-器官-个体-群体多尺度的形态结构表型高通量获取平台和智能解析技术体系。作物表型高通量自动获取与智能解析关键技术框架如图 2-3 所示。

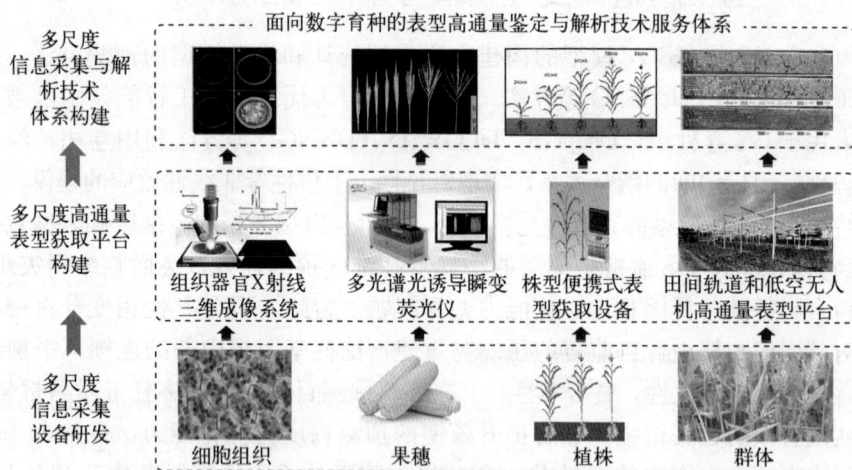

图 2-3 作物表型高通量自动获取与智能解析关键技术框架

（一）作物细胞活性和显微生化组分表型快速检测系统

基于细胞活性智能监测系统、显微高光谱成像系统和全自动间断化学分析仪的作物显微生化组分表型获取硬件系统，可实现作物组织和细胞的水平糖、淀粉、蛋白质、氨基酸含量等生化品质和活性信息快速、高通量测量，是作物

品质育种的精准表型鉴定手段。

1. 细胞活性智能监测系统

可对根毛、种子等进行培养与原位观察，用于研究组织与细胞表型以及其在不同生长条件下的实时、连续变化过程。

2. 可见-近红外高光谱显微成像系统

可获取 400～1 000 nm 光谱范围，324 个光谱通道的显微尺度的高光谱图像；建立作物显微生化组分光谱反射特性反演模型，用于作物组织、细胞内特定生化组分或营养物质的快速、准确检测和连续监测。

3. 全自动间断化学分析仪

植株氮磷钾等养分含量与光合作用、呼吸作用和器官建成紧密相关，合理施用化肥、培育养分高效型品种是实现农业生产高产、优质、生态、安全的重要途径。全自动间断化学分析仪可全自动快速地进行水质、植物和土壤、饲料和肥料、烟草、酒类和饮料等样品的化学参数分析，检测参数包括：氨氮、总凯式氮、硝酸盐、亚硝酸盐、磷酸盐、总磷、硅酸盐、硫化物、硫酸盐、碱度、氯化物、六价铬、钙、镁、尿素、蛋白质、还原糖、总糖等多个指标。

（二）作物生理表型信息高通量获取技术

以大量田间试验为基础，利用便携式光合-荧光测量系统，同步测量作物光/二氧化碳响应曲线与叶绿素荧光参数，结合高分辨率作物三维冠层光合模型和土壤—大气—植物连续体能量平衡模型，开展基于作物生长全程表型大数据的产量、品质及资源利用效率的测算，是作物高光效表型精准鉴定和株型智能设计育种的重要技术手段。目前，用于作物生理生化表型高通量获取的主要设备有便携式作物叶片光合荧光测量仪、作物冠层水分连续动态监测云热像仪等。

1. 便携式作物叶片光合荧光测量仪

作物叶片等光合器官的光合作用过程是作物固定光能形成有机物的重要途径，对叶片碳水交换的测量有助于更清晰地认识作物生长过程的内在机理，是作物参数遥感监测地面验证的根本。作物叶片碳水通量交换测量仪通过原位准确测定气体交换和叶绿素荧光参数，揭秘植物光合作用的大门，为植物生理学研究提供了探索机会。用于测量作物叶片二氧化碳浓度、水浓度、叶片温度、相对湿度、蒸汽压亏缺、露点温度、净光合速率、蒸腾速率、胞间二氧化碳浓度、气孔导度、Ci/钙等，并且通过系统自带的自动测量程序测定植物的光响应曲线、二氧化碳响应曲线、荧光光响应曲线和荧光二氧化碳响应曲线等。

2. 作物冠层水分连续动态监测云热像仪

结合热成像技术和云计算技术，云热像仪用于实时监测作物冠层的水分状态及其动态变化。云热像仪的基本原理是通过接收作物冠层发出的红外辐射，将其转化为可见的热图像。这些热图像可以反映作物冠层的温度分布，而温度与水分状态密切相关。通过分析热图像，可以推断出作物冠层的水分状况。通过云计算技术，云热像仪可以实时上传和处理数据，使得用户能够随时了解作物冠层的水分变化。

（三）作物根系表型信息高通量获取技术

植物根系具有固定植物、吸收水分、摄取营养、调节土壤微生物等重要作用，具有重要的研究价值。但由于植物根系埋藏于地下，长期以来缺乏有效的研究工具和研究手段，与地上部研究相比，一直处于落后地位，已经成为植物表型组学研究的瓶颈，传统的研究方法主要采用洗根法，即将根系从土壤里取出，洗涤干净，然后通过扫描手段进行分析，然而这种方法需要大量的人力物力，并且破坏了根系结构，无法连续监测。

1. 高通量植物根系表型测量系统

通过根系无损、原位、连续高分辨图像获取系统，构建根系表型图像解析算法，明确植物根系系统结构参数的空间分布、形状尺寸、颜色纹理等方面的指标组分，通过机器学习和数据挖掘算法对作物根系表型分类与画像，提出氮高效利用、水分高效吸收、抗倒伏根系主要表型指标。通过高通量植物根系表型测量系统，实现原位连续获取植物根系高分辨率图像，由根系图像表型解析软件自动分析根系系统结构参数，实现植物根系表型全自动、高通量、非损伤的长期监测。结合已知遗传背景作物材料的基因组数据，给出特定生理功能根系系统结构的关键参数指标。

2. 植物三维空间坐标数字化仪

植物三维空间坐标数字化仪由测量臂通过 3 个精密角度传感器连接在一起，再通过可以水平方向旋转的精密角度传感器连接在测量臂底座上，信号通过信号线传入仪器箱，包括单片机及其外围电路构成控制模块、显示驱动模块、按键和拨码盘检测模块、串行通信接口、模数转换模块，模拟开关焊接在电路板上，还有液晶显示器、按键、拨码盘。拨码盘固定在仪器箱的前面板上，用电缆线连接，可用于植物三维空间坐标的测量、显示、数据存储和传输，从而根据测量的数据构建植物的三维虚拟模型。

（四）作物个体和群体表型自主监测平台

作物表型自主采集系统可针对作物个体和群体表型自主精准采集，部署于桌面、室内或移动载具上，可驱动多自由度机械臂主动完成数据采集，结合深度学习技术生成作物个性化数据采集和作物表型分析方案；基于无人机的作物冠层高精度热红外监测平台可针对群体长势及冠层温度表型监测，实现田间作物冠层温度表型的高效、无损监测。

1. 室内盆栽式全自动流水线高通量测量平台

针对植物功能基因组学和作物育种对植物表型组学的检测需求，室内立体栽培式盆栽作物全自动流水线测量平台集成常规的机器视觉、近红外、热成像、激光等测量技术，重点突破 X 射线、荧光、拉曼光谱、磁共振等作物形态、结构、组分成像技术和专用测量系统，实时获取形态/组分/长势等信息，以及植株三维形态、根系分布、胁迫响应、组织结构等信息，同时具备线上灌溉、施肥、称重功能，实现作物组织、器官、整株的全生育期无损在线测量，为育种家提供作物综合性状无损检测技术与装备，提高了育种效率，缩短了育种时间。

2. 田间作物原位分析的高通量表型测量平台

适合田间作物原位分析的高通量测量平台基于现代传感技术、控制技术，通过在平台上挂载热像、机器视觉、近红外、力学、激光等系列光电传感器，实现田间农作物株高、叶面积、株型和整齐度等形态性状，水分、氮素含量等生理参数，以及亩穗数、生物量、茎秆强度、抗倒伏性等农艺性状信息参数的高通量快速同步获取。

3. 作物表型信息无人机快速获取及分析系统

基于无人机遥感技术的田间高通量表型获取系统针对田间地基表型平台存在的观测对象规模小、便携性差以及平台迁移成本高等问题，配置适合无人机搭载的作物育种微型成像高光谱仪，具有体积小、质量轻等特点。系统通过获取高空间分辨率热红外、多光谱、成像高光谱数据，解析株型结构、生产力（生物量、产量）、抗性等指标，具有信噪比高、量化级数高、体积重量小、成本低、性价比高、安装操作简便等特点，一次作业面积约 100 亩，极大地节约了人力调查成本，保证了工作的时效性。

（五）作物种子质量信息快速检测系统

种子质量是决定作物优质高产的关键因素，种子检验是保障种子质量的重要环节。通过检验及筛选，可在种子生产、加工、销售等过程判别种子的真实性，提高种子的纯度、净度、发芽率、活力状况等，每年可省种 10%～20%，提高作物产量 15% 以上。目前，我国在种子无损检测技术研究方面与国外领先水平差距较大。国外已研制出测量种子成熟度、发芽率、活力水平等指标的装置并逐步开展商业化应用，国内尚处于种子外观形态、内部组分的检测方法研究阶段，鲜有能快速、无损测量种子活力、纯度、净度、成熟度等指标的技术装置。我国现阶段主要通过专业人员感官判断、发芽实验、理化检验等方式进行种子检测，专业化程度要求高，且过程烦琐、检测时间长，严重制约了种子质量和商品化程度的提高。因此，通过种子信息检测技术方法的研究，实现种子综合信息快速、无损、准确检测对于我国种子质量和商品化程度的提高具有重大意义。

种子质量信息快速检测系统可实现种子真实性、纯度、净度、饱满度、成熟度等综合信息准确检测。根据种子的外部形态、光谱特征、内部结构、图谱信息等诸多特征，研究种子综合信息有效表征方法并结合传统方法测得的种子信息真实情况，建立种子质量快速检测模型。其主要工作原理是基于可见光、近红外、红外热成像、CT 断层扫描成像、核磁成像技术的种子外部形态、光谱特征、内部结构等多维信息提取及检测模型构建。实现种子真实性、纯度、净度、饱满度、成熟度等性状的快速、准确、无损检测。

主要技术路线：通过可见光相机、三维扫描相机获取种子相关平面和立体图像，分析种子颜色、形状等相关信息；通过红外热成像技术测量种子萌发过程中的温度变化，分析种子活性等相关信息；利用光谱技术，通过高光谱和多光谱相机进行种子光谱信息获取。基于目标特征提取方法，提取种子综合信息特征表达有效波段。通过机器学习、模式识别技术，结合传统方法测得的实际值构建单粒种子水分、发芽情况、活力指数预测；采用低场核磁共振及成像技术，采集种子核磁共振信号衰减曲线及质子密度加权像，获取横向弛豫时间反演谱及图像特征参数，构建核磁共振波谱特征与种子生理结构的定量化关系模型及核磁共振图像特征与种子生理结构的可视化关系模型，形成快速、无损的种子微结构及水油分布、迁移和运动特性检测方法；基于 CT 成像设备，搭建适用于种子检测的 CT 成像系统，获取种子透射图像，进行种子内部图像信息提取，基于不同种子内部形态特征描述方法，实现种子胚部、胚乳部、机械损伤、裂纹、虫蛀等内部信息检测，为种子活力健康状况的检测提供依据。

三、农作物智慧育种关键技术

农作物智慧育种关键技术是一个综合性的体系，它涵盖了基因编辑、高通量测序、表型组学、大数据与云计算以及物联网与传感器等多个方面。这些技术的融合应用将推动农作物育种工作的快速发展，为农业生产提供有力支持。农作物智慧育种关键技术框架如图 2-4 所示。

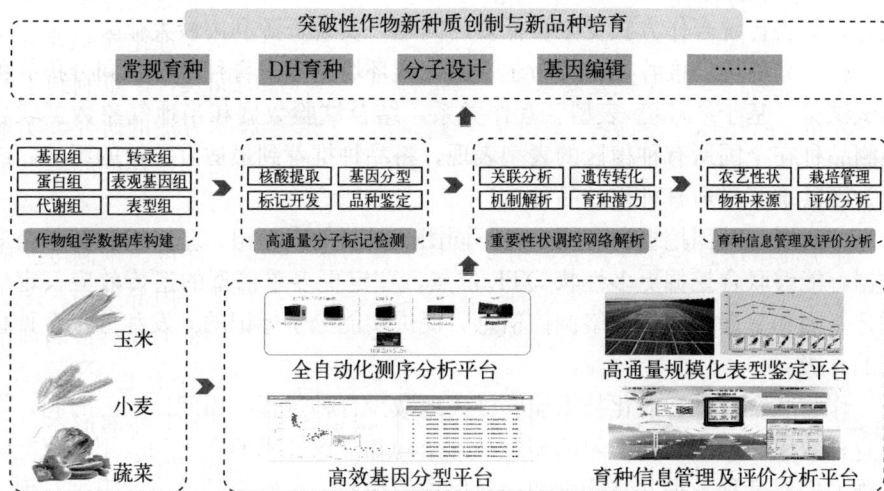

图 2-4　农作物智慧育种关键技术框架

（一）作物联合育种智能化技术

新的人工智能技术往往需要大量的训练数据才能表现良好，这在许多情况下是无法满足的。在实际育种工作中，绝大多数育种单位受各种条件约束导致试验站数量有限、地域布局不全面，缺乏足够完整的数据独立进行机器学习的模型训练；此外，包括表型和基因型在内的育种数据是育种单位的核心资产和技术机密，具有较高的商业敏感性，难以实现各个育种单位间的数据共享，迫切需要支持分布式训练的作物联合育种智能化技术。

近年来，联邦学习技术的兴起为作物联合育种提供了新的解决方案，该技术的典型特点为"数据可用不可见""数据不动模型动"，其主要思想是由中央服务器或者去中心化的共识机制来协调多个客户端协作训练机器学习模型，实现让各育种单位在不公开、不共享本地原始数据的前提下进行合作，从而解决跨单位联合育种的数据融合建模和育种数据隐私保护的问题。

在基于联邦学习的作物联合育种场景中，参与联邦的每个育种单位都作为一个客户端，其本地数据集不对外披露也不分享给其他育种单位，整个联邦网络中的育种数据是分布式的、彼此独立的。所有客户端在扮演服务端角色的管理平台协调下进行联合建模来完成目标任务，如产量预测、适应性评价、全基因组选择、复杂性状预测等。在建模与预测的过程中，管理平台都无须保存各育种单位的业务数据。

典型的作物联合育种智能化技术应用场景有：

（1）亲本配组预测。通过多个育种单位或团队的联合建模，预测可能的自交系改良方案，充分发掘几十、几百万份母本和父本材料可能产生的优势配组组合，解决传统合作方式受限、低效的问题，实现资源利用最大化。

（2）品种推广推荐。由分布于不同气候环境的多个育种单位共同分担品种测试试验，基于"环境-表型"互作关系，结合试验数据和当地气象数据联合预测品种在全国所有种植区的表型表现，将品种推荐到最适宜种植的区县，或者为区县推荐最适宜种植的品种。

（3）联合基因挖掘。利用来自不同团队材料的表型组、基因组和转录组等数据，能够联合挖掘更多性状 QTL 位点，鉴定更多单倍型的遗传效应，定位候选基因和掌握基因的网络调控信息，促进功能分子标记的开发和分子育种技术的升级。

作物联合育种智能化技术能够极大地减少育种过程中田间试验的时间，提高育种效率。基于联邦学习的相关基础架构和支撑技术的提出和应用示范能够增强人们对育种数据共享安全和隐私保护的信心，突破育种单位的限制，促进联合育种的普及，从而进一步保障农业生产和粮食安全。

（二）基于深度学习的作物产量智能预测技术

作物产量预测对于选育新品种、指导农业生产、优化资源配置具有重要意义。然而，作物生长过程受到气候、土壤、病虫害等众多因素的影响，这些因素之间相互作用形成复杂的网络关系。常用的统计学方法和传统的机器学习方法往往难以准确捕捉这种复杂的相互作用关系，使得预测准确率的提升遇到瓶颈。近年来，图深度学习技术的兴起为作物产量预测提供了新的解决方案，该技术通过构建作物生长的基因型与环境互作图结构模型，利用深度学习技术挖掘图结构中的深层信息，从而实现对作物产量的高精度预测。基于图深度学习的作物产量智能预测技术框架见图 2-5。

图深度学习是深度学习领域的一个重要分支，旨在处理图结构数据。图结构数据能够很好地表示实体之间的关系，如社交网络、化学分子结构等。在图深度学习中，通过构建深度学习模型来处理图结构数据，挖掘隐藏在图中的有用信息。在农业领域，作物、气候、土壤等因素之间的关系也可以被抽象为图结构。图深度学习通过构建神经网络来学习和处理这些图结构数据，从而发现其中的规律和模式。基于图深度学习的作物产量智能预测技术主要包括以下几个步骤：图结构构建、图特征提取、模型训练、产量预测与结果分析。首先，根据作物生长的特点和影响因素，构建作物生长的图结构模型。在这个模型中，节点可以代表作物、气候、土壤等因素，边则代表这些因素之间的关系。例如，作物节点与气候节点之间的边可以表示气候对作物生长的影响。其次，利用图深度学习算法，如图卷积网络（GCN）、图注意力网络（GAT）等，从

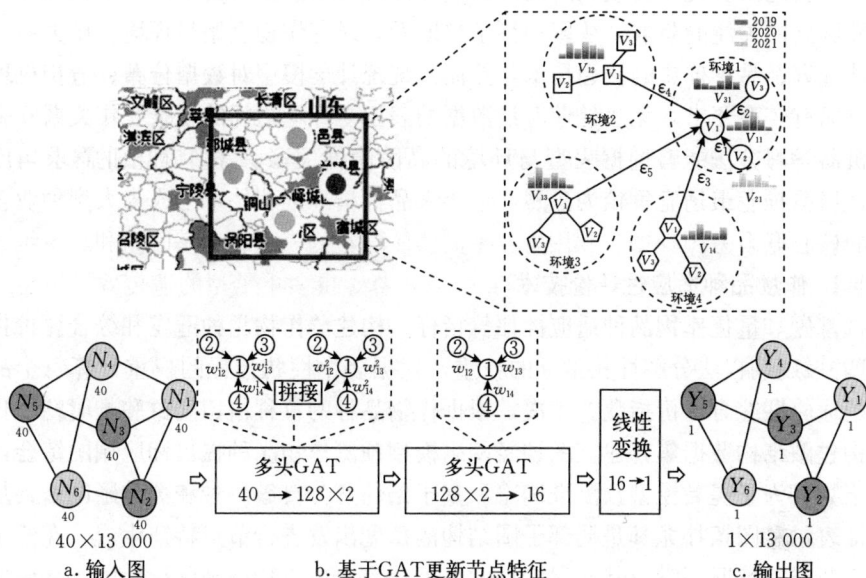

图 2-5　基于图深度学习的作物产量智能预测技术框架

构建的图结构数据中提取有用的特征。这些特征不仅包括了节点的自身属性，还包含了节点之间的关系信息，从而能够更全面地反映作物生长的状态和影响因素。随后，基于提取的特征和合适的图深度学习模型进行训练，通过大量的历史数据来训练模型，使其能够学习到作物生长与产量之间的复杂关系。最后，将模型应用于新的数据集，进行作物产量的预测。预测结果可以通过可视化工具进行展示，方便用户直观地了解作物产量的分布和变化趋势。同时，还可以对预测结果进行分析，找出影响作物产量的关键因素，为农业生产提供决策支持。

　　基于图深度学习的作物产量智能预测技术在实际应用中展现出了显著的优势。首先，它能够更准确地捕捉作物生长过程中的复杂关系。通过构建图结构模型，该技术能够综合考虑气候、土壤、病虫害等多种因素对作物生长的影响，避免了传统方法中因素之间的孤立考虑。其次，该技术具有较强的泛化能力。由于图深度学习能够学习图结构数据的内在规律和模式，因此它可以在不同的作物种类、地区和气候条件下进行应用，而无须对每个场景进行单独建模。

　　（三）作物品种适应性评价与精准推荐技术

　　近年来，我国农作物品种呈现爆发式增长，农民选择品种需要科学指导，种业企业推广品种也需要精准地找到最佳种植区域。目前品种审定的生态区较宽泛，因此，实现区县级别的品种适应性评价与精准推荐技术是学术领域和产业领域共同关注的焦点。从育种科学角度看，研究作物表型与环境互作关系是品种选育、品种推广的核心技术，然而传统统计学模型对数据分布、遗传机理等方面有较高要求，无法处理海量数据的表型与环境之间的复杂互作关系，采用机器学习方法能够挖掘表型与环境的高阶隐性关联关系。从产业需求角度看，当前种业市场竞争较为激烈，近年来品种精准推荐技术已成为大型种业企业的核心竞争力。

1. 作物品种适应性评价技术

首先，量化作物品种适应性评价指标，构建"作物品种适应性综合评价指数"，采用熵权法分解性状指标的权重，根据多个性状指标的权重计算每个品种的适应性综合评价指数。其次，根据作物品种的育种值、气象和土壤特征数据构建图结构数据集，建立图神经网络模型预测作物品种在目标区域的综合评价指数。为了提高模型预测准确率，基于条件变分自编码器和图神经网络，从特征表示和图拓扑尤其是局部子图结构的角度出发进行节点特征生成，在给定中心节点的情况下学习其邻居特征的条件分布以生成特征来优化性能，从而实现对作物品种适应性综合评价指数的精准预测。

2. 作物品种精准推荐技术

针对作物品种产能未充分发挥及缺少高效匹配"作物品种-自然环境"的方法与技术工具的问题，基于气象数据构建区县的气象特征与空间相关性，利用知识图谱推荐模型为作物品种精准推荐县域级种植区域。针对气象知识图谱存在关系权重的特点，以 RippleNet 模型为基础构建在迭代计算中能够融合计算关系权重的推荐模型，并将该模型用于实现农作物品种适宜种植区精准推荐（图 2-6）。推荐模型将品种在已试验区域的种植表现作为在气象知识图谱上的种子，通过在气象知识图谱的迭代传播发现品种对于气象条件的偏好，从而推荐与品种气象偏好具有相似气象特征的未试验区域。气象知识图谱除了将推荐区域从生态区级缩小到县域级的小尺度划分外，还能提供丰富的品种和气象环境之间的联系，有助于提高推荐结果的准确性、可解释性。

（四）分子标记辅助育种信息平台

我国在蔬菜基因组测序等领域已经处于世界先进水平，测序完成后基因组编辑技术和全基因组选择技术将在遗传育种领域展现广阔的发展前景，必将引发新一轮的种业科技革命。提升规模化优良基因发掘和蔬菜分子育种效率，构建高效的育种信息管理和数据分析系统、全基因组选择和基因编辑技术、表型组平台和 DH 双单倍体工厂化技术平台等，规模化创制符合产业需求的蔬菜新

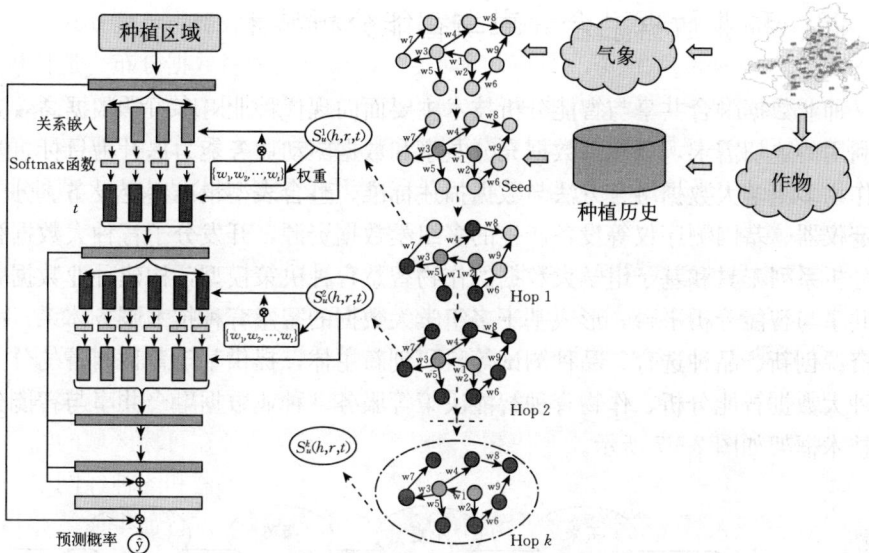

图 2-6　农作物品种适宜种植区精准模型

种质，对于打造蔬菜种业核心引擎、快速缩短与跨国公司的差距具有重要意义。高通量分子育种与信息化平台可全面系统整合蔬菜基因组信息和蔬菜表型数据，极大地提升蔬菜作物育种的基础研究条件，为蔬菜优异种质资源挖掘利用、种质材料创新、品种改良提升提供更有力的保障。

1. 基于组学技术的基因资源挖掘与重要性状的调控网络解析

通过构建或完善蔬菜作物的变异组数据库，基于基因组、转录组、表观基因组、蛋白组、代谢组和表型组技术平台，从全基因组规模化挖掘控制重要性状的功能基因，解析重要性状形成的分子机制，鉴定或克隆具有重要应用价值的新基因。

2. 蔬菜高通量分子标记辅助选择技术体系

基于核心种质的重测序规模化开发覆盖全基因组的 SNP 标记，开发重要抗病抗逆和优质性状基因的 SNP 标记，实现重要性状/基因的高通量分子检测。通过高通量 SNP 检测和数据分析管理等共性关键技术上集成创新，构建蔬菜高通量分子标记辅助选择技术体系及其服务平台。

3. 育种信息管理及评价分析系统

通过构建育种信息综合管理数据库，对育种材料的所有表型性状、农艺性状、栽培管理信息以及分子育种信息进行综合管理，实现育种数据的筛选与远程查询，辅助育种家进行大规模品种筛选和评价分析。构建标准化、规模化、信息化、流水作业的蔬菜分子育种技术模式。

四、种业数据融合共享与智能分析技术

种业数据融合共享与智能分析技术主要面向现代种业对多组学数据高效分析利用的迫切需求，以实现数据充分共享和数据驱动业务能力提升为目标，基于作物多组学大数据融合方法与数据描述标准，整合表型精准鉴定设备、分子鉴定仪器、基因测序仪等设备产生的多组学数据资源，开发分子育种大数据智能分析系列工具和基于组学大数据的作物智慧育种决策模型，构建种业数据融合共享与智能分析平台，形成基于多组学大数据的智慧育种技术服务体系，面向资源创新、品种选育、品种测试等科研创新主体，提供基于育种装备的分子育种大数据智能分析、作物育种智能决策等服务。种业数据融合共享与智能分析技术框架如图2-7所示。

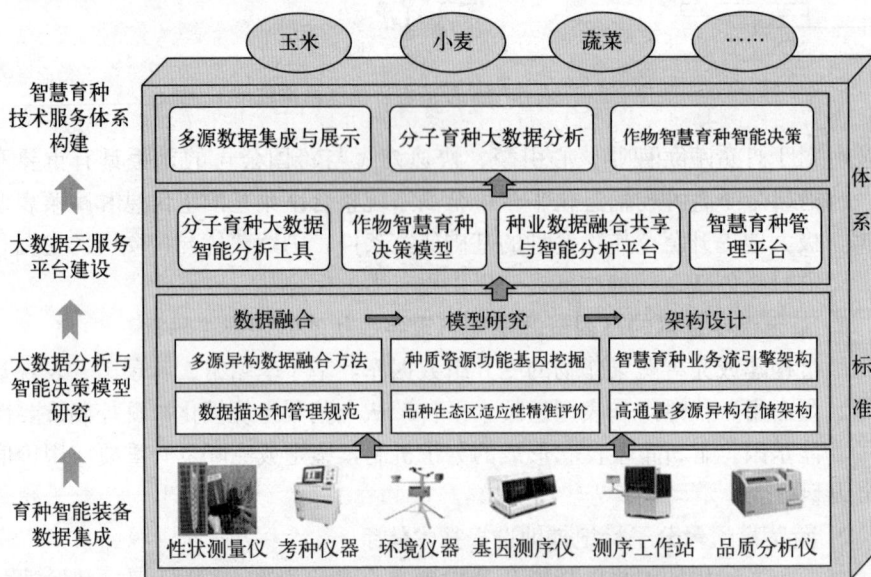

图2-7　种业数据融合共享与智能分析技术框架

（一）分子育种大数据智能分析工具

分子育种大数据智能分析工具主要用于分子育种数据的对比筛选和智能化分析，为分子育种提供高效的信息化工具。构建种质基因组数据可视化平台通过逐级缩放展示标记、基因、引物等信息，结合检索和比对工具，为分子育种筛选标记、设计引物等工作提供支持；构建种质间基因型差异可视化比对工具，通过分析比对种质间标记位点基因型差异、回交背景回复率等数

据，以图形化方式展示比对结果，为分子标记辅助回交定向改良育种、转基因回交转育育种等育种方法提供筛选辅助决策工具，提升育种决策效率；以种质的基因型数据、选育全过程系谱数据和多生态区表型数据为基础，建立智能评价推荐模型和杂交后代遗传增益预测模型，可用于筛选推荐亲本组合及其构建群体优良基因聚合模拟，以及新配杂交组合表型遗传增益预测，为育种设计提供决策支撑；集成聚类分析、热图分析、箱形图分析等综合分析和可视化展示工具，可实现种质基因型数据管理、分析、结果展示一体化解决方案。

（二）作物智慧育种决策模型

作物智慧育种决策模型，主要用于目标亲本、配合力、产量等智能预测，实现作物育种方案的精准设计与快速实施。针对传统育种技术路线的效率低、周期长等问题，对作物基因型、表型和环境型等多组学大数据进行多维度关联分析，建立从基因型到表型智能预测模型库，提出基于机器学习的种质资源功能基因挖掘、目标亲本预测、配合力预测、材料组配性状预测、育种计划综合优化等智能预测算法，实现作物育种方案的精准设计与快速实施；构建品种生态区适应性精准评价模型、理想试验点环境评价和制种产量预测模型，为品种推广与跟踪评价提供数据支撑，进而引领传统经验育种向智能育种的技术升级换代。

（三）种业数据融合共享与智能分析平台

种业数据融合共享与智能分析平台主要用于育种智能设备系统集成与数据接口，支持多源异构数据管理与检索、数据安全权限设置，提供设备与数据开放共享服务等功能。面向现代种业对作物多组学大数据分析技术的迫切需求，整合表型精准鉴定设备、分子鉴定仪器、基因测序仪等设备产生的多组学数据资源，形成基于多组学大数据的智慧育种技术服务体系，面向资源创新、品种选育、品种测试等科研创新主体，提供基于育种装备的分子育种大数据分析、作物育种智能决策、作物品种资源精准鉴定等服务，通过市场化运作与政府监管相结合的保障机制，为开展高效的品种选育、规范的品种试验、精准的资源鉴定提供持续的设备和技术支持。

（四）智慧育种管理平台

智慧育种管理平台通过收集、分析和管理育种数据，提供决策支持，优化育种流程，并提升育种效率。智慧育种管理平台（图 2-8）的核心功能主要包括以下几个方面：

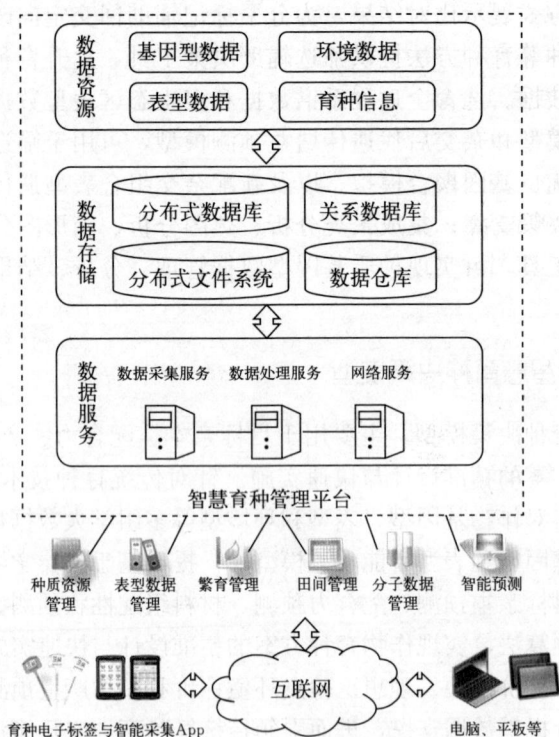

图 2-8 智慧育种管理平台框架

1. 种质资源管理系统

实现对作物种质资源从收集、鉴定到分析利用的全业务流程管理。具体功能包括种质资源登记、种质资源检索、资源鉴定方案制订、鉴定数据管理、资源图片管理、资源利用申请与审批、资源分组、资源使用统计、种质资源库存管理等。其中，种质资源库存管理可以细化为种子库管理、在库汇总、种子入库管理、种子出库管理、在库盘点、种子报废、种子移库等子功能。

2. 表型数据管理系统

实现对作物品种从试验设计、数据采集到统计分析的全业务流程管理。具体功能包括试验创建、试验材料选择、试验设计、性状数据采集、图片采集、多点数据汇总与处理、数据分析、试验报告生成等。

3. 繁育管理系统

实现对作物从亲本改良、世代选择到评价体系的全业务流程管理。具体功能包括育种材料管理、杂交组合方案制订、杂交授粉、杂交执行、分子标记检测、单株生成、单株评价、杂交组合预测等。

4. 田间管理系统

实现对作物种质资源从收集、鉴定到分析利用的全业务流程管理。具体功能包括田间布局管理、田间布局规划、布局检索、布局审核、布局复制、机播图生成、田图采集、田图确认、田图明细查询等。

5. 分子数据管理系统

实现分子育种数据管理，具体功能包括标记对比查看，分子水平展示种质间相似性与差异、遗传距离计算与可视化展示等。

6. 智能预测系统

智能预测系统可根据亲本 SNP 数据预测杂交后代表型，帮助育种家更有针对性地制订组合或测配计划。基于 BLUP、rrBLUP、BayesA、BayesB、BayesCπ、BayesLASSO 等 6 种预测模型，一次对多个性状进行预测；可根据一次任务中所选模型的预测精度，自动选取最优预测模型；参数配置简单，SNP 等输入数据可一键导入，预测结果可一键生成和导出。

7. 智能采集 App

实现对作物品种从试验设计、数据采集到统计分析的全业务流程管理。具体功能包括用户登录、系统配置、性状数据采集、性状数据查询、系谱追溯、田图规划、授粉记录管理、收获管理、扫码入库、农事管理等。App 应支持无网环境下的离线操作，操作简便，满足多个场景下使用。

第二节 北京智慧农作物种业建设案例

一、金种子育种云平台案例

（一）基本情况

我国农作物种业企业 7 000 多家，育种科研单位及种业从业人员数量居世界第一位，但育繁推一体化企业不足百家，绝大多数种业企业、育种科研院所和测试机构信息化水平较低，仍然普遍采用人工测量、纸质记录、经验决策等工作方式，存在基础工作不规范、缺乏完善的管理体系、群体谱系状况混乱等情况，投入产出严重失衡。针对育种材料数量多、测配组合规模大、试验基地分布区域广、性状数据海量等特点，通过将物联网、人工智能等现代信息技术与商业化育种关键环节紧密结合，面向育种科研单位和中小育种企业，北京市建成了首个自主知识产权的育种云服务平台（金种子育种云平台），于 2016 年1 月 17 日在北京正式发布上线。

（二）智慧农作物种业建设

金种子育种云平台（图 2-9）实现了种质资源管理、杂交组合预测、亲本组配、品种评比鉴定、田间性状数据采集、系谱档案管理、试验数据分析、研发进度统计等育种环节的全程信息化管理，覆盖玉米、水稻、大豆、小麦、蔬菜等作物的多种育种模式，有效解决了亲本高效配组、田间性状快速采集、试验规划快速实施、系谱或世代精准追溯等商业化育种领域的关键问题。主要优势和特点包括：

（1）采用先进的云服务模式为用户（特别是小型育种团队）节省硬件投入和运营维护成本，利用云计算能显著提高系统运行效率，支持育种大数据管理。

（2）深度集成几大主要农作物国家区试、DUS 测试性状采集国家标准，无须过多配置即可轻松使用，同时兼顾用户灵活自定义设置，满足育种、测试、鉴定和检测服务等各环节需求。

（3）通过系统管理前后台分离、磁盘阵列异地备份、建立定时自动备份机制、应用远程传输加密技术、日志管理操作留痕等多重技术和管理手段保障用户数据安全，用户权限分层级分功能管理保证数据按需隔离。

（4）免费产品升级和现代化网络中心基础设施，保障系统稳定运行。

（5）强大的研发队伍和稳定的售后技术支持团队能够快速响应用户需求，为用户提供多种经验分享服务。

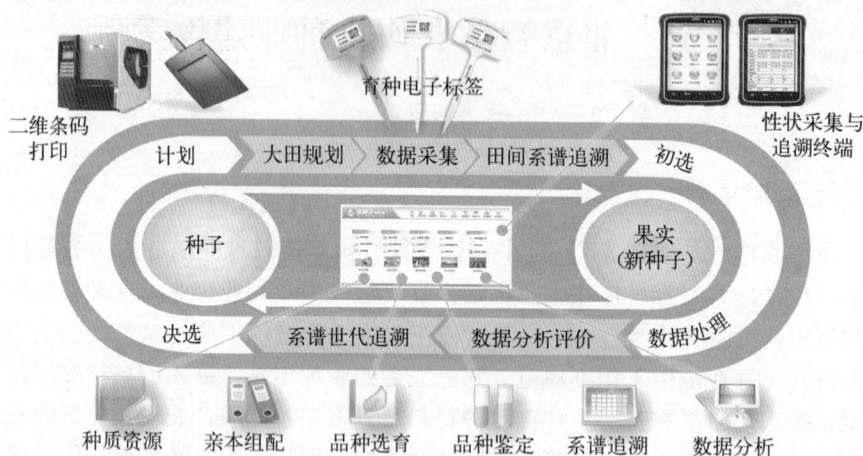

图 2-9　金种子育种云平台功能结构

（三）应用成效

金种子育种云平台是国内首个投入商业化运营的育种云平台，获得北京市新技术新产品认证，打破了美国、加拿大、法国等育种软件在国内市场的垄断地位，通过引入云服务技术和互联网运营模式，面向中小规模的育种团队提供信息化服务（图 2-10）。受到北京、天津、河北、宁夏、上海等多地农业科学院和中小型育种企业欢迎，平台运营 8 年累计培训育种技术人员 3 万余人次，为德农种业股份公司玉米育种团队、北京大学现代农业研究院蔬菜育种团队、天津市农业科学院农作物研究所水稻育种团队、江苏徐淮地区淮阴农业科学研究所蔬菜和小麦育种团队、华中农业大学油菜育种团队等 1 000 多个育种团队提供服务。平台的广泛应用，对广大育种科研人员深入认识信息技术对育种工作的促进作用起到了重要的引领和辐射效应，从业人员对育种信息化理念认识明显增强，对育种软硬件产品的应用水平正在逐年提升。

技术服务与推广　　　　　　　　　　媒体报道

图 2-10　金种子育种云平台推广应用场景

二、北京市玉米品种区试管理系统案例

（一）基本情况

依据《农业部关于推进农业农村大数据发展的实施意见》（农市发〔2015〕6 号）和《关于进一步改进完善品种试验审定工作的通知》（农办种〔2015〕41 号）等文件精神，农业部规划构了中国种业大数据平台，并推进品种试验信息公开，加强试验全程监管，鼓励构建试验数据采集、处理和分析平台，逐步实现试验数据的自动采集、即时传输科学处理，建立试验数据复查机制，严格把控异常数据汇总。北京种业作为全国种业发展的排头兵和引领者，北京市农作物品种管理数据必将是北京市农作物种业大数据，乃至国家农作物种业大数据的重要组成部分。而 2018 年以前北京市品种试验数据的采集、记载、传递、分析和汇总等仍然停留在近乎纯手工时代，存在试验数据有偏差和上报不及时等问题，影响试验质量，进而影响品种评价的准确性和科学性，急

需现代技术支撑的高效运转的技术解决方案。鉴于此北京市于 2018 年 12 月正式发布上线了北京市玉米品种区试管理系统。

（二）智慧农作物种业建设

北京市玉米品种区试管理系统实现了参试品种管理、试验方案管理、试验数据管理、试验执行监督、数据汇总统计等品种试验全程信息化管理，并集成了试验数据管理、小区标识设备、性状采集设备、考种设备等玉米品种试验数据自动化精准采集装备，覆盖普通玉米、青贮玉米、鲜食玉米等全部玉米品种试验组别（图 2-11）。该管理系统还形成了玉米品种试验数据采集技术规范，通过试验操作过程的标准化管理和调度、试验数据自动化采集并及时上传、管理者对品种试验进程和试验数据的实时查阅等，使品种试验过程扁平化，实现玉米品种试验管理的高效透明，提高试验的科学性、准确性，提升品种试验质量和测试工作效率，全面提升北京市玉米品种试验规范化、精准化管理技术水平。系统主要优势和特点包括：

（1）系统结合田间数据采集 App、试验小区标识设备和果穗智能考种流水线设备，实现田间小区自动定位，原始数据及图像实时采集传输，结合图像识别等技术，考种数据采集更精准高效。

（2）一键生成试验方案、数据记载本、试验报告和汇总报告，分析统计自动化、智能化、可视化，原来需要一个月左右的数据整理和汇总现在只需要半天即可完成，极大减轻了主持人和试验人员的工作量。

（3）数据稽核智能化，原始数据即时传输，内置信息化采集规范实现智能校验和提醒，实现全程留痕，管理更透明高效。

（4）通过建立定时自动备份机制、应用远程传输加密技术、日志管理操作留痕等多重技术和管理手段保障用户数据安全，用户权限分层级分功能管理保证数据按需隔离，对接政务云平台，保障系统稳定运行。

（5）强大的研发队伍和稳定的售后技术支持团队能够快速响应用户需求，为用户提供多种经验分享服务。

（三）应用成效

系统上线后在北京玉米品种试验 11 个区组的 25 个试验点推广应用，取得了显著效果，以前手写标签 20 个/分，采用试验小区标识设备其芯片读写效率为 60 个/分，比以前效率提高了 60%；人工考种每个试点 3 个人，需要 3 天，采用玉米果穗考种流水线装置，测量效率达 10 穗/分，同样的工作量 3 个人只需要 1.5 天即可完成，节省人力、时间成本 30% 以上，原来需要一个月左右的数据整理和汇总现在只需要半天即可完成，而且所有报告统一采用系统模板

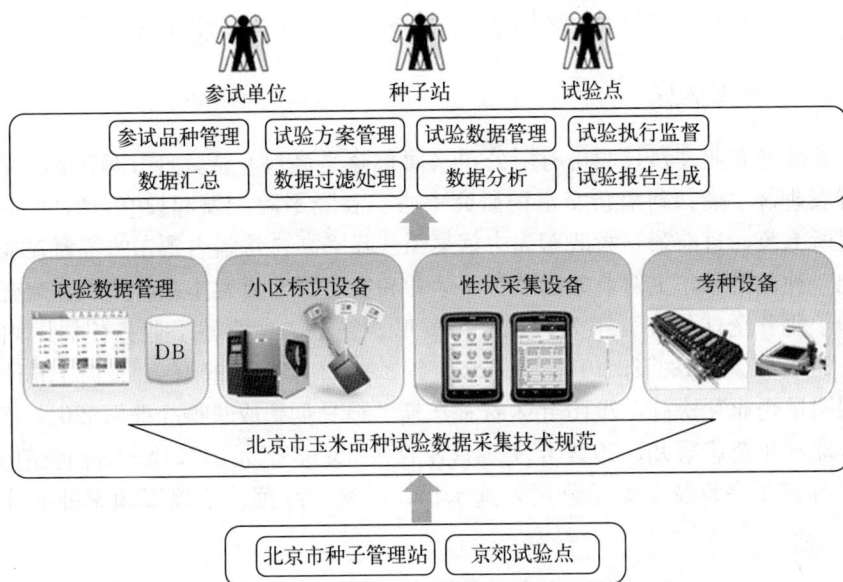

图 2-11　北京市玉米品种区试管理系统功能结构

生成，极大减轻了主持人和试验人员的工作量，提升品种试验质量和测试工作效率，从而全面提升北京市玉米品种试验规范化、精准化管理技术水平。系统稳定运行 5 年来，累计生成各类试验 460 余个，采集性状数据 23.3 万余条，采集图片数据 1.5 万余条，生成各类报告 500 余份，系统数据容量共计 35.4 GB，其中各类文件 3.1 万余份。北京市玉米品种区试管理系统推广应用场景如图 2-12 所示。

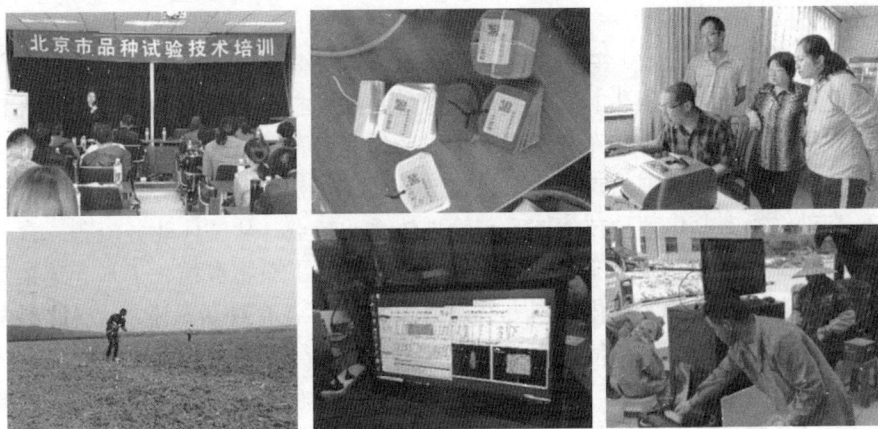

图 2-12　北京市玉米品种区试管理系统推广应用场景

三、隆平高科水稻与蔬菜商业化育种信息管理平台案例

（一）基本情况

袁隆平农业高科技股份有限公司（简称隆平高科）成立于 1999 年，由湖南省农业科学院、湖南杂交水稻研究中心、袁隆平院士发起设立，2000 年在深交所上市，目前第一大股东为中信集团。隆平高科是国内领先的"育繁推一体化"种业企业，主营业务涵盖种业运营和农业服务两大体系，其中，杂交水稻种子业务全球领先，玉米、辣椒、黄瓜、谷子、食葵种子业务位居国内前列。2010 年、2013 年、2016 年、2019 年、2022 公司蝉联五届"中国种业信用明星企业"榜首，2016 年入选福布斯"最具创新成长型企业"，2017 年位列全球种业企业第九，2021 年实现营业收入 35.03 亿元，跻身全球种业前十，2022 年隆平高科及多家子公司入选水稻、玉米、蔬菜、杂粮等国家种业阵型企业。

（二）智慧农作物种业建设

近 5 年，隆平高科在商业化育种信息化规划方案设计、商业化育种信息管理平台开发、智能育种算法研发、育种信息化技术交流和人才培训培养等多个方面与国家数字种业创新中心依托单位北京市农林科学院信息技术研究中心开展了深度合作。2020 年合作完成了隆平高科作物集团模式商业化育种信息化规划咨询工作；2021—2022 年合作完成了隆平高科水稻商业化育种信息管理平台的研发和现场实施；2022 年底正式启动了隆平高科蔬菜商业化育种信息管理平台的设计与研发；2023 年合作完成了隆平高科蔬菜商业化育种信息管理平台的现场实施。

2020 年 2 月至 2020 年 12 月，系统性设计了《隆平高科作物育种商业化育种信息化规划咨询报告》，填补了国内商业化育种信息化解决方案的空白。国家数字种业创新中心在充分调研、学习隆平高科育种战略目标和评估信息化现状的基础上，借鉴国内外种业信息化成功实践与技术发展趋势，深入分析了隆平高科作物商业化育种技术体系与管理体系的特点，从整体业务流程、育种阶段业务流程和角色业务流程 3 个层次，研究设计了适用水稻、玉米、蔬菜等多作物的商业化育种信息化规划方案。方案设计了各育种阶段业务流程规划、岗位职能规划、种子流和信息流规划、常规育种和分子育种接口、育种信息化技术标准提案等内容，是后期集团模式商业化育种软件研发与实施的重要指导性文件，支撑了隆平高科品种创新与品种规划，满足了隆平高科信息化管理与数字化转型发展的需要。

2021年1月至2022年10月，成功上线了水稻商业化育种信息管理平台，全面提升杂交水稻品种选育的数据驱动能力。面向隆平高科育种技术管理体系完善、水稻商业化育种效率提升的业务需求，在《隆平高科集团模式作物商业化育种信息化规划咨询报告》的指导下，国家数字种业创新中心依托自主研发的国产育种软件产品"金种子育种平台"定制开发了隆平高科水稻商业化育种信息管理平台（图2-13），实现了种质资源管理、杂交组合预测、亲本组配、品种评比鉴定、田间性状数据采集、系谱档案管理、试验数据分析、研发进度统计等功能。

2022年11月至今，蔬菜商业化育种和智能育种并行开展系统定制开发与实施。隆平高科与国家数字种业创新中心共同组建了蔬菜商业化育种信息管理平台项目组，在深入调研分析隆平高科（德瑞特）黄瓜、甜瓜、南瓜育种现状和信息化需求的基础上，研发了隆平高科蔬菜商业化育种信息管理平台，包括3个系统：蔬菜商业化育种数据管理与分析系统、基于RFID的育种电子标签制作系统、基于Android手机的性状数据采集和系谱追溯系统。

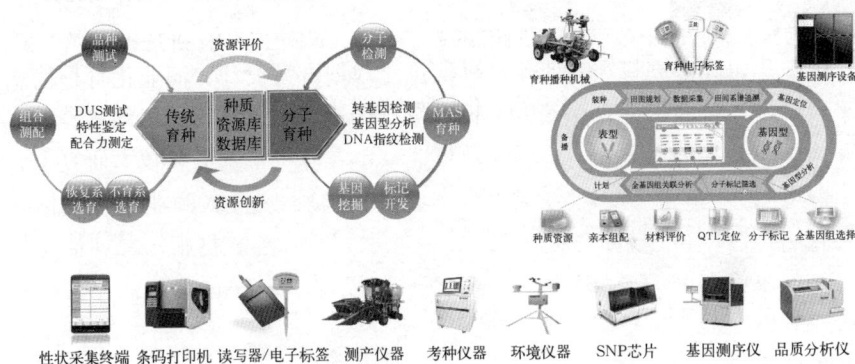

图2-13 隆平高科水稻商业化育种信息管理平台功能架构

（三）应用成效

水稻商业化育种信息管理平台（图2-14）的成功上线显著提升了企业品种的创新能力。隆平高科与国家数字种业创新中心合作建立了科学设计、专业分工、流水作业、信息互通、资源共享、集约运行的杂交水稻商业化育种技术体系，并应用水稻商业化育种平台对隆平高科水稻商业化育种全流程进行信息化覆盖。在种质资源管理、不育系选育、恢复系选育、测配、抗性鉴定、优势鉴定、品比等育种关键业务环节深度应用，覆盖湖南宁乡、海南陵水、浏阳大围山等10多个水稻育种和试验基地，累计使用育种专用电子标签40多万个、田间性状移动采集终端100余台，培养平台业务骨干40多人，培训水稻育种技术人员 3 000 多人次。"手机＋读卡/扫码"的田图快速生成技术较传统纸质记载方式效率提高 100％以上，"试验规划＋分装种子＋电子标签"技术方案提升了备播环节工作效率 50％以上。"穴盘排布图快速生成"技术较传统纸质记载方式效率提高 1 倍以上。"App 随时拍照、无线上传、自动关联、随时查看"功能，实现全生育期作物图片系统性对比查看，提升图片采集和管理效率 2 倍以上。在种质资源高效利用、突破性品种研发、新品种精准推广等方面为企业降本增效超过 1 000 多万元，大幅提高了育种创新效率和品种的持续产出能力。

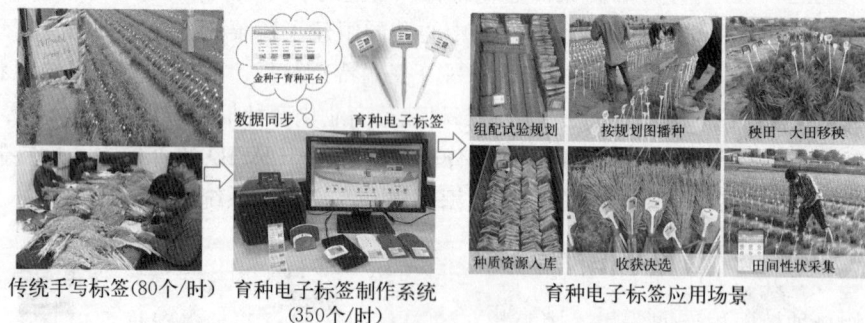

传统手写标签(80个/时)　　育种电子标签制作系统　　育种电子标签应用场景
　　　　　　　　　　　　　　　(350个/时)

图 2-14　水稻商业化育种信息管理平台应用场景

第三章

智慧大田

　　大田种植业是我国农业生产的主要组成部分。由于人口多、耕地面积相对较少，从保证粮食安全角度出发，我国政府一直把粮食生产放在农业主要地位。北京市总耕地面积约为 144 万亩，大兴、顺义、延庆、房山等 4 个区耕地面积较大，占全市耕地的 61.71%。北京市属于温带季风气候，夏季雨热同期有利于农作物的生长，近年来，北京市农作物总种植面积呈现先减后增的发展趋势。国家统计局数据显示，北京市大田主要是玉米、小麦、豆类、薯类以及稻谷等粮食作物的规模化种植，2015—2019 年，农作物总种植面积呈逐年下降趋势，并于 2019 年跌至谷值 138 万亩；2019 年后呈现逐年增长趋势，且农作物总种植面积连增两年，增幅相对较大。2022 年，北京市粮食种植面积为 115.1 万亩、产量 45.4 万吨，同比分别增长 26.0% 和 20.1%。北京作为首都，是全国政治、文化中心和国际交往中心，北京承担着服务国家高水平农业科技自立自强、服务北京国际科技创新中心建设、服务首都乡村振兴和农业现代化走在前列的重要使命，大田种植业融入农业信息技术向高端现代农业发展，在全国起到引领作用。经过十余年的快速发展，农业信息技术不断更新换代，基础设施成本不断下降，在国家重视农业信息化的大背景下，物联网、人工智能、云计算等技术在农业各个方面均得到了大量的应用。随着智慧农业技术的发展和应用，传统农业生产正在向现代农业转变，传统的农业机械正在向融合卫星导航定位、智能测控与物联网等新一代信息技术的智能农业装备方向发展。

　　当前，我国农业正值传统农业向现代农业的转型期，劳动力缺失、传统生产方式效率低下、标准化生产程度不高等问题日渐突出，今后"谁来种田、怎样种田甚至无人种田"问题将会成为我国农业现代化发展中的突出问题，将会对我国的粮食安全构成威胁。当前我国农业机械化水平不断提高，2022 年我国农业机械总动力增至约 11.04 亿千瓦，2023 年全国农业机械总动力达到约 12.56 亿千瓦，但仍然无法满足农业高质、高效、低成本发展的要求。以智慧农业为代表的新技术正在世界范围内引领现代农业的发展方向。智慧农业以数据、知识和智能装备为核心要素，将互联网、物联网、大数据、云计算、人工智能等现代信息技术与农业深度融合，实现农业生产信息感知、定量决策、智能控制、精准投入及个性化服务，智慧大田作业为智慧农业的应用场景之一，其具体实现途径是无人农场。无人农场是新一代信息技术、智能装备技术与先进种植农艺深度融合的产物，本质上是实现机器换人，是未来农业发展的大趋势，代表着农业生产力的最先进水平，能够显著提升我国大田作物生产水平，实现农业生产集约、高产、优质、高效、生态、安全等可持续发展的目标，破解"无人种田"难题，对保障国家粮食安全具有重要意义，是我国发展现代农业、成为农业强国的关键支撑。

第一节　智慧大田关键技术

智慧大田以数据和信息为基础支撑，通过自动分析与决策，指导无人化农机装备全自动、全覆盖、高质量、高效率地完成农业生产活动。因此，农田非结构化环境与作物生长信息的准确获取、肥药处方智能决策与生成、农机装备自动驾驶与路径规划、农机具精准作业控制、多机协同作业、种肥药自动补给、机群作业智慧管控等是智慧大田无人农场的关键支撑技术。

无人农场作为智慧大田的实现途径，通常包括感知决策、精准作业、自动驾驶和多机协同4种核心关键支撑技术，覆盖耕种管收全程作业的无人化农机装备，以及支撑无人农场智能决策、任务分配与调度、作业监管与作业分析评价的信息化平台，其核心是智慧大脑。

作为构建智慧大田无人农场的关键支撑技术，信息感知与决策重点是通过获取农田土壤、作物、病虫草害等信息，并对信息进行融合分析，确定土壤和作物缺墒、缺肥、缺营养元素以及病虫草害严重程度等情况，进而给出施肥施药决策处方；精准作业技术围绕农业耕种管收各个环节，根据农艺要求以及决策处方，利用精量播种机、精准施肥机和喷药机等将种、肥、药按质按量施用到地里，在作物收获阶段能够根据作物属性和收获质量等信息对收获机作业工况进行智能调控，实现低损高效收获作业；自动驾驶技术主要解决农机装备在田间自动行走的问题，包括农机作业路径规划、路径跟踪、避障、地头转弯掉头等；多机协同主要解决无人场景下多台农机同步或协同作业的问题，目前比较典型的作业场景有收获机与运粮车协同、多台农机同时开展同类型作业时协同分配任务并规划作业路径、无人播种施肥装备与补给车之间协同。

无人化农机装备将信息感知、精准作业、自动驾驶与多机协同控制相关技术集成到农机装备上，使其具备在无人参与情况下自主完成耕种管收全程作业的能力，是构建无人农场最关键的物质基础。无人农场信息管控平台是无人农场运转的总指挥，其将气象、农田环境、作物、农机等各类信息进行汇总，然后决策出农机最佳作业时间、最合理任务分配、最优作业路径以及种肥药作业处方等，无人化农机装备基于管控平台的决策信息与指令开展农业生产，并将作业信息反馈到平台，平台根据农机作业数据进行作业质量的分析与评价，并结合异常情况对农机作业任务进行优化和调整。无人农场系统架构见图 3-1。

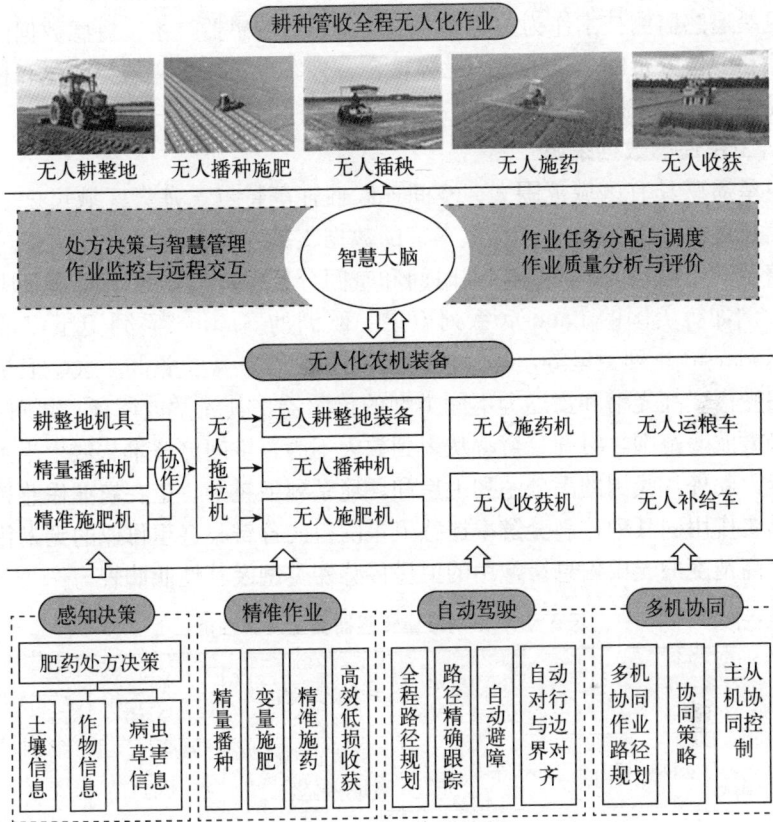

图 3-1　无人农场系统架构

一、"天-空-地"一体化智慧大田监测技术

"天-空-地"一体化大田监测技术是以数据为核心，以农业生产信息化、网络化和智能化为目标，集成卫星平台、无人机平台、地面传感网等现有成熟平台，构建"天-空-地"数据获取技术体系，采用同步定位、地图构建和影像正射纠正等方法，实现作业实时多平台、多设备、多样化数据的协同快速处理、计算与分析。综合利用卫星遥感监测技术、无人机遥感监测技术、地面传感网智能监测技术等，基于大数据智能分析模型，解决作物精细识别、农田利用方式动态监测、"非农化""非粮化"快速发现、大田洪涝灾害遥感监测、粮食产能评估等问题，实现大田智

慧化监测，应用于农机装备和无人农场精准作业，服务于农户生产经营主体。

（一）卫星遥感监测技术

"天-空-地"一体化智慧大田监测技术是当今农业现代化发展的重要支撑，其中卫星遥感监测技术作为关键技术手段，通过传感器技术、遥感数据图像处理技术和图像分析解译技术等的无缝整合，为实现农业生产的智能化和精准化管理提供了强大支持。

1. 卫星遥感数据来源

卫星遥感具有区域范围大、空间连续性强等特点，是大区域尺度农业感知的信息主体，为农业生产提供丰富的数据支持。目前，国内外的卫星传感器涵盖了多个波段，具有不同的时间和空间分辨率，以满足不同农业应用的需求。例如，美国的 Landsat 系列卫星、欧洲的 Sentinel 系列卫星以及加拿大的 Radarsat 系列卫星等，都是常用于农业遥感的卫星平台。这些卫星通常提供多光谱、高光谱和雷达等不同类型的传感器，其光学波段覆盖了可见光、红外和微波等范围，时间分辨率从天到数天不等，空间分辨率从数十米到数百米不等。此外，我国的高分系列卫星和环境系列卫星等，也在农业遥感领域发挥着重要作用。其中，高分辨率遥感卫星的空间分辨率甚至可以达到米级，能够提供高精度的农田信息。常用的卫星传感器类型及其性能如表3-1所示。

表3-1　常用卫星传感器类型及其性能

传感器类型	典型代表		空间分辨率	时间分辨率	波长范围	常用光谱指数	主要用途
光学成像传感器	Landsat系列	Landsat7	15～60米	16天	可见光和近红外及部分短波红外	NDVI、EVI、NDWI	作物生长状态监测、作物类型识别、病虫害检测等
		Landsat8	15～100米	8天	可见光和近红外波段及热红外	NDVI、EVI、NDWI、NDBI	
	Sentinel-2		10～60米	5天	可见光和近红外	NDVI、EVI、NDWI	
	高分系列	GF-1	2～16米	4天	可见光和红外	NDVI、EVI、NDWI	
		GF-2	0.8～3.2米	5天			
	环境系列	HJ-1A	30～100米	4天	可见光和红外	NDVI、EVI、NDWI	
		HJ-1B	30～300米	4天			
合成孔径雷达（SAR）	Radarsat系列	Radarsat-1	8～100米	24天	C波段和X波段	/	土地利用变化监测、洪涝灾害监测、土壤湿度监测等
		Radarsat-2	1～100米	3～4天			
	Sentinel-1		5～20米	6天	C波段		

（续）

传感器类型	典型代表	空间分辨率	时间分辨率	波长范围	常用光谱指数	主要用途
红外传感器	MODIS	250～1 000 米	1 天	红外波段为 0.8～14 微米	NDVI、EVI、SAVI	气候变化、气象观测、火点检测、旱情监测等
高光谱成像传感器	Hyperion	30 米	数天至数周	可见光、近红外和短波红外波段	NDVI、EVI、NDWI、SAVI	植被类型区分、病虫害监测、土壤养分含量分析等
	AVIRIS	几米至数十米	数天至数周	可见光、近红外和红外波段	NDVI、EVI、NDWI、SAVI	

2. 遥感图像数据处理

遥感图像数据处理技术可以快速准确地从大量遥感数据中提取有用信息，以提高图像的解译和分析能力，有利于计算机进一步分析和信息提取。其中包括几何校正、辐射校正、大气校正、镶嵌和投影等操作。几何校正可以消除遥感影像中的几何失真，使影像能够准确地反映地表特征的空间位置和形态，为后续的地物识别、变化检测和空间分析等提供可靠的基础；辐射矫正通过将影像的数字值转换为地表反射率或辐射亮度，可以获取地物的真实辐射特征，对于后续的数据分析和应用具有重要意义；大气校正可以消除大气吸收和散射效应对影像的影响，提高影像的质量和可用性；通过影像镶嵌可以将多幅遥感影像拼接成一幅完整图像，获取更全面、连续的地表信息；最后，投影变换可以将影像从传感器坐标系转换到地理坐标系，使其适用于地理空间分析和地图制图等应用。遥感图像处理结果见图 3-2。

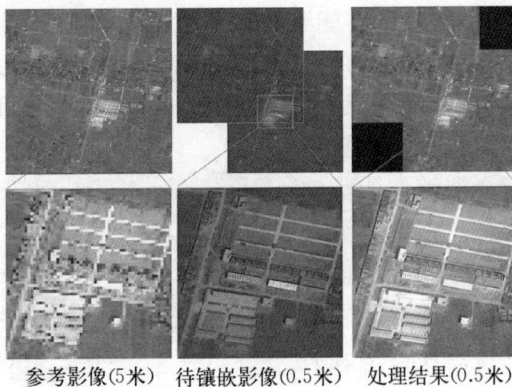

参考影像(5米)　待镶嵌影像(0.5米)　处理结果(0.5米)

图 3-2　遥感图像处理结果

3. 卫星遥感监测的应用

卫星遥感在智慧大田监测的实际应用中，图像分析解译技术发挥了关键的作用。其通过结合遥感数据、深度学习模型和专业农业知识，实现了对农田地块、作物种植等信息的高效提取和动态监测，为卫星遥感应用到农业生产过程提供了全方位、多角度、全链条的信息化技术支持。例如，其可通过协同国产高分系列卫星影像，耦合深度学习语义分割模型与时间序列模型，构建多分支跨模态特征融合网络，实现农田地块特征的自动提取和监测，为农业生产提供精准数据支持；还可利用遥感数据驱动作物模型，结合作物生长特征，对作物种植类型和作物种植面积进行精准提取，实现农田信息的快速监测和农田作物分布动态精细制图；此外，还可以利用多源遥感数据和地理信息系统，结合深度学习模型，分析遥感影像中的水体特征、地形地貌等信息，实现对洪涝灾害的发生和演变更加精准的监测和预警，以加快灾情评估和救援响应速度，最大限度地减少灾害损失。

（二）无人机遥感监测技术

无人机遥感监测技术作为"天-空-地"一体化遥感监测的重要分支，是中小尺度农业遥感观测不可或缺的重要信息来源，有效弥补了卫星遥感信息的不足。相较于卫星遥感监测，无人机遥感监测技术具有高精度和时间连续性的显著特点，能够捕捉到农田中丰富的信息，在农业应用领域展现出显著优势。

1. 无人机遥感数据获取

无人机又称无人驾驶飞行器，是一种通过遥控或自主飞行控制系统操纵的非载人飞行器。根据结构设计和应用场景的不同，无人机可以分为多种类型，其中固定翼和多旋翼无人机（图3-3）是两种最为常见的类型。固定翼无人机，其翼型结构类似传统飞机，依靠机翼产生的升力维持飞行，这类无人机具备出色的续航能力和飞行速度，能够迅速覆盖大范围地区，实现快速监测。此外，其强大的载荷能力使其能够搭载多种设备和传感器，可以执行长距离、长时间的农业监测任务。多旋翼无人机，以其垂直起降、悬停和灵活机动的特点受到广泛关注，它通过多个旋翼产生的升力实现飞行，能够在狭小空间内快速部署和操作。多旋翼无人机通常配备轻量化、小型化的遥感设备，使其适用于复杂地形遥感监测，其机动性强的特点使得多旋翼无人机能够迅速响应各类突发事件，为决策者提供及时、准确的遥感数据支持。同时，多旋翼无人机可以在较小的农业区域进行精细监测。

图3-3 多旋翼无人机

　　无人机通常搭载多种传感器，旨在获取各类数据以满足农田监测分析需求。光学传感器（如 RGB 相机和红外相机）专门用于捕捉可见光和红外光谱范围内的图像信息，对植被生长状况监测、地物类型区分至关重要。雷达传感器可获取地面高程数据，构建精准的地形模型，在夜间或恶劣天气条件下展现出独特优势。热红外传感器则专注于检测地表温度及热量分布，在农业生产管理、火灾预警等方面发挥重要作用。通过这些传感器获取的数据（如高分辨率影像、红外图像、地形数据）可以为农田调查、作物分类、长势分析、养分与土壤水分监测、病虫害预警以及产量预估等提供信息支撑。

2. 无人机遥感技术的应用

　　无人机遥感数据处理是将原始数据转化为实用数据的关键过程，主要包括数据拼接、影像校正、三维建模等技术。无人机采集的影像通常按区域分片，数据拼接技术能整合这些碎片，形成连续无缝的覆盖区域。影像校正技术确保影像无畸变，精确对准地面坐标系统，提升数据精度。三维建模则基于无人机获取的影像和高度信息，构建出详细的三维地图，在农业领域具有广泛的应用价值。相较于卫星遥感，无人机遥感有独特的优势，首先，无人机能够获取超高分辨率的影像，捕捉到更多地面细节。其次，其灵活性使得无人机能够根据实际需求调整飞行路径和监测范围，更好地适应多变的场景。再次，无人机可以进行云下监测，获取稳定连续的数据。在农业领域，无人机搭载的传感器能实时监测作物的表型特征，如覆盖度、叶面积指数等，有助于分析作物生长状态、密度分布和健康状况，支持精准农业管理。此外，无人机遥感技术在为无人农场提供地图、导航等精准服务方面也发挥着重要作用。通过实时监测农田状况，无人机能够指导农场机械设备的运行，确保其按照预定的路径和计划进行作业，从而实现农业生产的自动化和智能化。在样方调查中，无人机能够提供详尽和精确的地形和边界信息，为样方调查的准确性和可靠性提供了有力保障。

　　尽管无人机遥感技术展现出诸多优势，如实时性、灵活性和高分辨率等，但它也面临着一系列挑战。首要问题是高昂的投入成本，包括无人机设备的购置、维护费用以及对专业操作人员进行培训的开支，其次，无人机的航程和续航时间有限，难以实现大规模、连续的地表覆盖。尽管存在这些挑战，无人机遥感在灾害响应、农田监测等方面的应用仍具有不可替代的价值。

（三）地面传感网智能监测技术

　　地面传感网具有实时观测和快速传输的特点，提供地面真实信息，支撑农田信息监测，服务天空平台精度验证。主要包括大田农业物联网、塔基监测技术、农田信息采集系统以及智能巡田机器人。

1. 大田农业物联网

通过物联网和传感器技术建立无人值守的农业生产环境和作物生长信息自动、连续和高效获取。直接获取的农田环境信息包括气候、土壤、地形等参数，其中气候因子包括空气温湿度、风速、风向、光合有效辐射强度、降雨等指标，土壤因子包括分层温湿度、有机质、重金属等指标，地形因子包括海拔、坡度、坡向、高度等地形特征指标。全面监控无人农场区域气象、土壤温湿度、虫情、水环境，并关联农机实际生产作业，建立农机在不同环境下作业质量效果统计库，实现智能调度与科学预判。

部署低功耗的田间图像采集设备，根据后台设置，定期拍摄高清图像并回传，图像监控系统中的 AI 算法模块提取作物图像，通过数学模型关联相关特征值加以分析，从而输出作物长势结果，并于可视化平台呈现。例如在水稻田边部署图像采集设备（图 3-4），回传作物图像，系统进行图像识别，并做出判断：幼苗期/分蘖期/抽穗期，从而输出作物长势与生长时期全过程监控的农作物生长情况。农户或相关专家可以通过系统及时了解作物的生长状态，从而采取相应的管理措施，提高农作物的生长效率和产量。同时，该系统的低功耗特性也使其在长期运行中具有较高的稳定性和可靠性。

图 3-4　地面图像监控

2. 塔基监测技术

通过塔基监测农田，可以实现作物生长信息的快速获取。中国铁塔站址资源丰富，现有超过 210 万铁塔类站点，拥有全国数百万基站站址信息，这些数据包括每个站点的地理位置（经纬度），站点上铁塔、机房、配套等资源的详细信息，精细到铁塔类型、平台高度、平台占用情况、机房类型、机房空间等详细信息。铁塔视联站点监控覆盖面积大、分布广泛、优势明显，而且有超过 8 万人维护队伍，设备在线率优于 90%。目前，中国铁塔持续为国土耕地保护、农业禁捕、智慧农业、病虫害监测、水旱灾害防御以及应急广播等农业领域提供服务，且铁塔具有完备的电力供应和便捷的通信条件，为打造无人机共享服务、构建区域综合治理感知网打下了坚实且独一无二的基础。因此，塔基可搭载高位摄像机等多种传感设备，结合垂直起降固定翼无人机，在数据分辨率、长时序连续观测、响应及时性、应用成本、业务化服务能力方面均具备显著优势。基于塔基数智传感网的农田监测技术，可填补农田建设遥感监测体系中云下监测、近地监测、实时连续监测技术手段和理论方法的空白，为农业监测提供了新的技术手段和解决方案，为农业现代化提供了有力的技术支持和保障。

3. 农田信息采集系统

针对农作物长势以及田间管理信息获取手段落后、信息时效性与精度差等不足，构建一种便携式、大众化且易于操作的农田地块信息采集系统，实现农田地块尺度作物类型和农户属性等信息的获取、公众式参与、开发或定制信息采集。系统集成了摄像头、GNSS 模块、输入模块、中央处理器、无线传输模块及电源模块。摄像头用于拍摄农田地块作物的叶片、植株和地块整体图像；GNSS 模块用于对装置所处位置进行定位，获取三维坐标及时间信息；输入模块用于输入数据信息，数据信息至少包括地块信息、作物信息、生产管理信息中的一种。众筹式农田信息采集系统建立以信息化众包基础设施为支撑的低成本、双向的数据传输通道，以交互方式发布样本任务和收集现场信息，通过互动机制告知用户收集田间样本的位置，确定制作准确的作物图需要的样本数量，进行数据标准化、众包式采集，以反馈机制为基础，协同作业，降低成本，实现高效的作物制图。该系统可以为农田监测提供数据支撑，为农业生产提供重要的信息和决策参考。视田-众筹式农田信息采集系统见图 3-5。

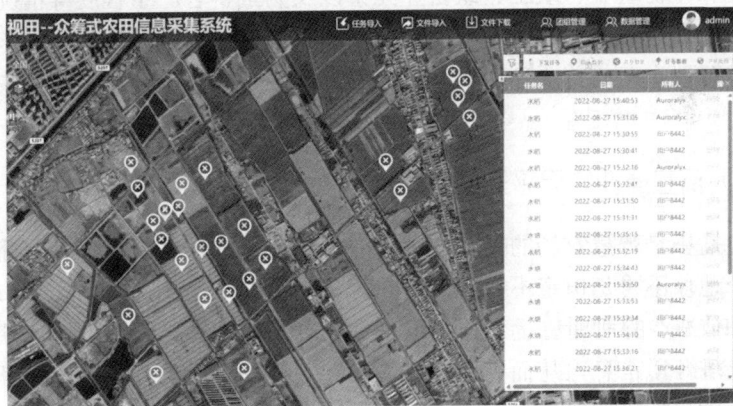

图 3-5　视田-众筹式农田信息采集系统

4. 智能巡田机器人

智能巡田机器人（图 3-6）在农业领域具有多方面优势，其可以自动规划行进路径和作业路径，并拍摄、获取农作物的影像数据以及近距离探测土壤的各项参数，满足智能巡田作业需求，减少作业人员参与，提升巡田作业的智能化程度与田间作业效率。巡田机器人装备的主要功能包括巡田指令处理、行进路径规划、作业路径规划以及任务控制模块，具体如下：巡田指令处理模块用于接收控制中心发送的巡田指令，并解析出巡田机器人执行巡田任务的目标作业区域和对应的巡田任务开始时间；行进路径规划模块根据目标作业区域的地理数据和巡田机器人当前的位置信息，确定巡田机器人需到达目标作业区域的优选边界坐标，再根据优选边界坐标和机器人当前的位置信息进行行进路径规划；作业路径规划模块根据优选边界坐标和地理数据中目标作业区域的内部道路数据进行作业路径规划，生成巡田机器人在目标作业区域进行巡田作业的路径；任务控制模块用于巡田任务开始时间前，控制机器人按照预先规划的行进路径和作业路径进行作业。

图3-6　巡田机器人

二、农机装备作业信息感知与智能决策技术

作为构建智慧大田无人农场关键支撑技术，农机装备作业信息感知与决策重点是通过获取农田土壤、作物、病虫草害等信息，并对信息进行融合分析，确定土壤和作物缺墒、缺肥、缺营养元素以及病虫草害严重程度等情况，进而决策出施肥处方和施药处方，为后续的大田精准作业提供理论依据。该技术是实现大田智慧生产的首要环节，其数据的准确性和决策的合理性直接决定生产效益。

（一）精量播种信息感知与处方决策

精量播种是智慧农场的关键技术之一，与传统播种方式相比，在播种过程中，整个地块不再是恒定不变的播种量，而是根据不同地块的增产潜力情况，适度增加或减少播种量。为了更加准确地指导精量播种，就需要快速获取播种种床的土壤环境信息，从而为播种决策和控制提供实时的理论依据，土壤的环境信息通常包括土壤墒情、土壤电导率、土壤有机质等参数信息。

面向播种作业的土壤墒情有别于传统的原位监测技术，须做到信号快速响应与处理，当前的土壤墒情监测多采用近红外、介电特性等技术原理，通过在播种时实时获取当前土壤含水率，从而为后续播深、播种间距的控制提供理论依据。土壤电导率是评价土壤生产力的一种常用参数指标，当前采用的监测原理多为电流-电压四端法，通过快速预测土壤浸出液电导率的分布趋势，可以为后续播种作业提供参考。土壤有机质是评价土壤肥力水平的最常用指标，当前采用的监测原理多为光谱法，基于土壤中有机质含量的不同会造成反射的光谱频段值不同这一原理，从而确定土壤有机质的含量，而基于土壤的有机质信息指导变量播种作业是一种较为常用的做法。车载式大田土壤电导率快速检测系统见图3-7。

图3-7　车载式大田土壤电导率快速检测系统

虽然用于土壤环境信息监测的传感器类型较多，但受限于播种作业过程中传感器安装空间紧凑、数据响应延迟的影响，当前难以实现多类型土壤传感器的同时检测，而且缺乏地块往年产量、当年气象信息等数据的支撑，使得在线式土壤传感器难以全面综合地决策播种作业，目前基于实时土壤传感器的变量播种控制系统在国外的使用率也相对较低。相应的，目前采用处方图指导变量播种作业仍然是最常用的一种变量播种方式，依据土壤肥力、光照等环境因素的空间异质性来调整作物播种量，利用变量播种装备依据播量决策结果实现不同土壤肥力下的播种量精准调节，从而实现作物生长环境与播种量合理精准配。

（二）精准施肥信息感知与处方决策

精准施肥涉及信息感知、处方决策与精确控制等多项关键技术。在信息感知方面，国内外学者当前多聚焦于作物氮素诊断研究，所采用的监测原理也多集中在光谱技术上，通过分析敏感波峰并建立相关模型，获取包括归一化植被指数 NDVI、叶面积指数 LAI（leaf area index）、植被覆盖度 FVC（fractional vegetation cover）、叶绿素含量等在内的作物养分指标。此外，还有学者通过采用激光诱导技术测定土壤氮素、近红外光谱技术检测土壤氮素等指标，进而反推土壤的营养成分。多波段光谱传感器见图3-8。

在精准施肥处方决策方法方面，国外学者研制了一系列精准施肥管理算法和决策系统，如 DSSAT 系统、养分管理专家系统（nutrient expert，NE）；在实时追肥调控决策技术研发方面，从最初的叶色卡、

图3-8　多波段光谱传感器

SPAD 仪监测指导施肥，到利用实时遥感信息指导施肥，氮营养指数法（NNI）、氮肥优化算法（NFOA）、实地养分管理（SSNM）、绿色叶面积指数（GAI）等追肥调控决策算法在作物生产上都取得了一定的应用成效。国内学者针对小麦、玉米等作物变量施肥的需要开展了施肥推荐模型方面的研究，初步提出了具有时空规律的小麦、玉米栽培管理知识决策模型系统，目前还处于起步阶段。

（三）精准施药信息感知与处方决策

精准施药的核心是获取农田小区域内病虫草害差异性信息，采用变量施药技术按需施药。病虫草害信息实时获取技术主要包括基于光谱、图像和光谱成像 3 种。3 种方法分别适合防除作物出苗前的杂草、行间杂草和行内杂草。基于光谱方法，国外已有 WeedSeeker、Weed IT 等杂草传感器；基于图像方法，国外已有 Autopilot、CamPilot、Robocrop 等视觉导航产品；基于光谱成像方法，我国和澳大利亚正联合研发微光子植物判别传感器。

在精准施药处方决策方法方面，通常是在病虫草害检测基础上，结合土壤、气象、管理等多源异构数据，采用随机森林、人工神经网络等机器学习算法，建立了作物生长状态诊断模型与施药处方决策模型，融合多源数据和知识规则生成田块尺度施药处方。

综合国内外在大田智慧农场的信息感知与智能决策技术方面，国外在种肥药关键信息在线感知技术研究方面较为系统，已推出了面向种肥药精准施用决策的多款在线感知传感器商品，国内多以集成应用国外传感器为主，在传感器组合和决策模型的适应性上都受到了限制。国内科研团队也自主研发了部分土壤、作物传感器，并在不同地区初步开展了不同作物的精准施肥和精准施药的决策模型研究，例如，"知土"土壤成分监测传感器，采用激光诱导技术能够在现场对土壤养分、重金属、微量元素 38 个指标进行快速检测。作物长势监测仪 CropSense（650 纳米、810 纳米）、双波段（650 纳米、850 纳米）主动光源叶绿素含量检测传感器、便携式三波段（660 纳米、730 纳米、815 纳米）以及作物生长监测仪 CGMD303，可获得归一化植被指数 NDVI、叶面积指数 LAI、植被覆盖度 FVC、叶绿素含量等指标。随着传感技术和决策模型的完善，国内自主研发的传感器将在精准作业过程中发挥更大的作用。

三、无人农场精准作业智能控制技术

精准作业智能控制技术是按照农艺需求或处方决策对作物生长所需的种、肥、药等农资通过智能化手段精量投放到特定位置的作业过程。按施用农资的不同可分为精准播种、精准施肥和精准施药。

（一）精准播种

精准播种是农作物生产的关键环节之一。精准播种的目的是保证作物植株空间分布均匀，有利于减小植株间光、热、水、气、养分等的竞争，提高产量。智慧大田播种不同于传统方式，播种作业过程追求更高的精度、更可靠的控制。智慧农场大田精准播种主要包括单粒精量穴播和定量均匀条播两种形式。

单粒精量穴播（图3-9）是播种机按均匀的株距、稳定的播深和一致的行距将单粒种子播入土壤的过程，主要针对玉米、大豆、棉花等需要单粒精量播种的作物。为了实现播种机的智能化作业，传统机械式播种机的关键作业部件包括排种器、导种管、播种深度调节、下压力控制等机构均实现了智能化。利用电机代替传统地轮驱动排种器，以卫星、雷达等速度信号为输入，基于电机随速控制算法驱动排种器产生均匀有序种子流；单粒种子离开排种器后，进入主动控制的输种装置，实现种子从排种器到种沟的稳定投送；为了保证播种深度的稳定，还配备播深主动快速调节装置和基于液压的播种下压力控制系统，实现播深的快速调节和目标播深的一致性控制。

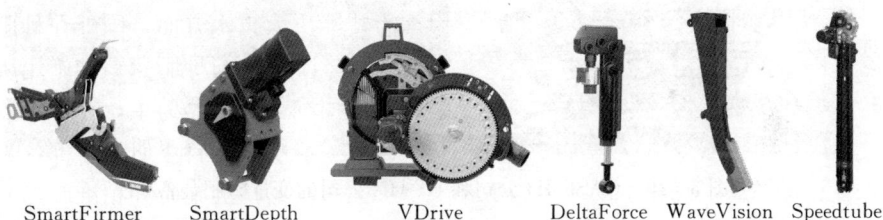

SmartFirmer　　SmartDepth　　　VDrive　　DeltaForce　WaveVision　Speedtube

图3-9　单粒精量穴播技术

定量均匀条播是播种机按照作物所需播量将种子均匀播撒到深浅一致土层的过程，主要针对小麦和直播的水稻，基本要求是播量精确、下种均匀、深浅一致。条播机根据种子输送方式的不同，分为机械式和气力式，机械式以不同曲线或形状的外槽轮式排种器为主要种子分配部件，气力式主要以气送式集排器为种子分配部件，多用在大型播种机上。为实现智能化作业，目前主要方式也是以电机驱动排种，配合智能人机交互系统，实现播量的快速调整和高精度控制。

（二）精准施肥

精准施肥是指通过农田作业装备对化肥实施精准投入，准确控制化肥的精量、定位施用。从作业过程可以分为施肥量标定、精量施肥控制和施肥智能监测。

施肥量标定的目的是确定施肥器每转施肥量，标定后的结果作为精准施肥控制的基础。常用基于称重传感器的闭环施肥量快速标定技术，该技术以称重传感器测量值与目标施肥量的差值为输入，调整施肥轴驱动电机转速使施肥量达到目标值，从而计算每转施肥量。

精量施肥控制主要结合目标施肥量、标定每转施肥量和施肥机前进速度，实现排肥轴转速精准控制，达到精量施肥的目标。精量施肥控制可应用于精量施肥和变量施肥，精量施肥在整个作业区域进行肥料的均匀定量投入，该方式是当前国内主要施肥方式。变量施肥依据土壤养分空间区域分布状况、作物需肥规律、目标产量等，按区域调节施肥比例和施肥量，包括基于处方图的变量施肥和基于实时传感器的变量施肥。受限于实时传感器的性能，基于实时传感器的变量施肥技术还处在研究阶段。但随着遥感技术的发展和基于遥感技术的施肥决策模型研究的深入，基于遥感技术的无人机变量施肥或将成为一个突破口。施肥智能监测以施肥传感器和卫星测速定位为主要部件，实现作业量统计和作业故障预警等功能。CASE IH公司和KUHN公司的变量施肥装备见图3-10。

图3-10　CASE IH公司和KUHN公司的变量施肥装备

（三）精准施药

精准施药核心在于获取农田小区域内病虫草害的差异性，采用高效喷雾技术和变量施药技术按需施药。

目前光谱、图像、可见光等技术是农田病虫草害识别的主流技术，从功能上已经基本实现了病虫草害的识别。有赖于此，智能精准施药从全区域均匀喷洒向精准变量喷洒过渡，主要依赖牵引式/悬挂式喷杆喷雾机、自走式喷杆喷雾机和航空植保机实现加药、喷洒、搅拌、冲洗主罐等一体化作业，并具备喷头调节、喷杆控制、变量喷施、智能监控等先进技术。我国企业在精准喷药领域形成了众多符合我国国情、具有自主知识产权的产品，在国内具有较高认可度。在巨大的市场需求驱动下，以电动多旋翼植保无人机为主的航空植保机械在我国快速发展，成为高秆作物、水田、丘陵山地等场景下植保作业的有效方式，是地面喷药机械的有效补充。一键起飞、自主路径规划、精准施药控制、自动绕障、仿地形飞行等先进技术在植保无人机上快速迭代，推广应用。极飞植保无人机依据处方图精准变量喷药见图 3-11。

图 3-11　极飞植保无人机依据处方图精准变量喷药

综合国内外精准作业技术，在精准作业监测与控制技术上国内外均有广泛研究及成熟产品的应用。在处方生成和智能决策方面，无法快速、准确、低成本地获取地块种肥药处方图，缺乏准确制定基于实时传感器决策模型的数据和理论基础，被认为是限制智能精准作业技术发展的瓶颈，也是未来精准作业技术创新发展的突破口。

四、大田农业装备自动驾驶技术

（一）自动驾驶环境感知技术

自动驾驶的环境感知是服务于农机自主行走的农田环境感知技术，主要包括对农田地块边界的感知、作物行的感知和田间障碍物的感知。

农田物理边界的信息感知主要是对农田在耕种过程中人为或自然形成的耕地边界的检测，可为自动驾驶确定起始行、转弯掉头处和结束行，对确定农机自动驾驶的作业范围具有重要意义。常用的农田地块边界检测方式主要有基于 GNSS（global navigation satellite system）高精度定位的检测、基于遥感方法的检测和基于车载视觉信息的检测。目前在自动驾驶中应用最多的地块检测方法是采用 GNSS 的预先定位检测方法，基于遥感影像的大面积地块边界的提取和车载传感器的实时检测仍处于研究阶段。

作物行的感知是确定农机自动驾驶每个作业行路径的基础。对于无作物场景的农机自动驾驶作业，如耕整、播种环节，确定作物行主要采用 GNSS 高精度定位数据生成作业行线，对于苗期田间管理的作物行感知主要采用基于车载传感器如图像等的实时感知。

田间障碍物的感知是农机自动驾驶安全作业的基础。农田中障碍物主要分为地面障碍物与负障碍物两大类，地面障碍物中包含了电线杆、土坡、石块、草垛等静态物体与人、牲畜、其他农机车辆等动态物体。而负障碍物主要是指沟渠、深坑等低于路面影响作业和通行的地物。在障碍物检测工作中，主要手段为通过视觉相机、雷达等传感器对障碍物进行特征提取。

（二）无人化农机路径规划方法

无人化农机路径规划是在已知地图环境的基础上，以一个或多个条件（例如非作业状态移动距离、工作总时长最短等）作为约束，实现对待作业区域的完全遍历，进而规划出全部区域作业路线的路径规划算法。无人化农机路径规划算法根据不同的目标有着不同的方法，但所有方法的最终目标都是通过最少的时间最大化土地利用率，规划过程主要对两个方面进行考虑：一是作业区域的全覆盖路径规划，二是地头区域的调头转弯路径规划。

针对作业区域的全覆盖路径规划主要有两种方式：一种是由驾驶员规定初始作业路径，并通过不断对其平移实现对农田的全覆盖；另一种是在特定的农田环境下，如矩形农田中，以梭行法、套行法或螺旋法进行作业（图 3-12）。

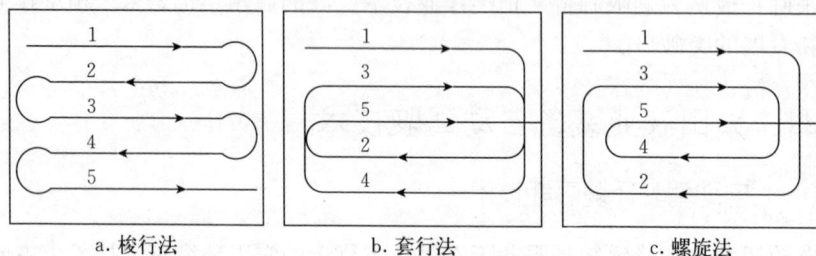

a. 梭行法　　　　　　　b. 套行法　　　　　　　c. 螺旋法

图 3-12　全覆盖路径示意

近年来，因全覆盖作业相较于手动作业主观判断的作业方式，具有降低路径重复率，提高作业质量与效率的优势，在耕作、喷药、施肥、收获等领域进行了广泛的研究与应用。但是，由于农田作业环境复杂，大部分田块为不规则地块，全覆盖路径规划存在重复率高、无法覆盖整个区域等问题，且农机作业过程需考虑最优作业路径、避障以及绕障等特定的作业场景，单一的路径规划算法无法满足农机自动驾驶需求，国内外学者多采用多种算法结合的方式进行作业区域的全覆盖路径规划算法优化。针对农田地头转弯、掉头等路径规划需求，相关学者多从机具自身运动属性结合田块特点，对地头转弯局部路径算法进行设计优化，以达到最好的地头转向效果。

（三）路径跟踪控制技术

在规划好作业路径的前提下，农机自动导航系统通过实时采集传感器信息的方式获取车辆状态信息，如位置、航向等姿态信息以及速度、加速度等运动学信息，利用运动学或动力学建模结合所选路径跟踪控制算法计算并获得车辆运动控制参数，如车速、转向轮转角等，最终达到使车辆可以自动跟踪由规划算法得到的轨迹路线的目的。农机自动导航作业过程对规划路径的跟踪效果直接影响作业质量和效率。目前，农机自动导航路径跟踪方法主要包括 PID（proportion-integral-derivative）算法、模型预测控制算法和纯跟踪控制算法等。

　　PID 算法是一种基于反馈误差的控制方法，不需要对被控制对象建模，原理简单，控制性能良好。由于 PID 控制参数受外界环节以及车身状态影响较大，参数的调整过程耗时严重，影响作业效率，单一 PID 控制方法无法满足农机自动驾驶作业需求，针对该技术瓶颈，许多学者应用改进的 PID 控制器对轨迹追踪进行了研究。

　　模型预测控制算法（model predictive control，MPC）通过对当前模型进行预测，并对其进行滚动优化和反馈校正算法控制，以达到控制目标的目的。近年来，国内外相关学者基于 MPC 算法结合农机实际作业情况对农机路径跟踪控制算法进行了设计及优化，对路径跟踪控制精度有了一定程度的提高。

　　在农机自动驾驶路径跟踪领域，纯跟踪算法以其简单、易实现的特点，得到了广泛应用。该算法利用几何关系计算农机到达指定位置所需走过的圆弧路径，进而获得车身运动控制参数，以实现路径跟踪的效果。然而，农机作业环境复杂，作业过程常伴随自身定位的偏差及波动，车辆系统在传统的基于几何模型的跟踪控制中不宜进行几何路径的调整，基于该现状，相关学者对纯跟踪系统进行了相关的算法优化，提出一种改进纯追踪模型的农机路径跟踪方法，对 GPS 的航向误差和横向误差用卡尔曼滤波进行平滑处理，利用横向误差和航向误差建立了适应度函数，采用横向误差作为主要决策参数，利用粒子群优化方法来调整纯追踪模型的前视距离，有效提高了农机作业时的精度。

（四）作物对行与边界对齐控制技术

　　稻麦收获边界对齐控制是农机自动驾驶系统在作物收获环节的一个特殊场景，由于稻麦收获时一般不需要对行作业，其主要的工作路径为使割台边界沿着作物边界行走作业。目前关于稻麦收获边界对齐控制的研究主要有收割边界的检测和自动对齐的控制两方面，其中收获环节的作物行感知以图像和二维激光雷达检测为主，收获环节的自动对齐控制以基于动力学模型的控制为主。

（五）主从农机协同控制技术

随着农业机械化水平的迅速提高，提高农机田间作业效率、降低能源、人力消耗的多机协同作业逐渐成为农机应用的发展趋势之一。农机多机协同作业研究最早起源于 21 世纪初，我国在 2010 年前后开始了多机协同作业研究，主要包括多机协同路径规划与主从协同控制两方面。

多机协同路径规划能够提高协同系统的执行效率，实现区域农田内的多机协同作业调度管理，主从协同作业是针对主从农机间距保持、速度跟随、姿态跟随等进行精确控制的技术，是多目标优化控制问题，广泛应用于耕地、播种、收获等环节。近年来，国内外学者针对主从农机协同作业开展了大量研究。

经过近 30 年的研究，国内外学者已经在环境识别、导航避障、路径规划、多机协同等自动驾驶关键技术方面取得突破，围绕水田、旱田作物在耕、种、管、收全程无人化的生产需求方面创制了多种无人化作业装备，并开展了应用示范。然而目前在不规则地块的边界信息获取以及路径规划还需要进一步研究；今后还需要结合区域气候、农艺、地形、作业能力和作业效率等约束开展作业方向、不规则地块子区域划分、自动加装补给等路径规划相关的研究。此外，还需要针对高速作业、土壤湿滑、坡地等情况开展高精度导航控制算法的研究，保障无人农机的作业质量。在多机协同方面，机群的任务动态分配是今后研究的重点和难点。针对作业时间窗口的改变、可调配农机数量的增加等突发情况，快速完成作业任务的优化与再分配，对于抢种、抢收保障粮食生产至关重要。

（六）自动转向控制技术

自动转向控制系统是自动导航与路径跟踪控制的关键，控制方法的选择及控制系统性能对整个控制系统起着至关重要的作用。目前，国内外常见的农业装备自动转向驱动方式主要有电液和电机驱动两种。由于农田环境复杂，设计控制系统时应考虑自动转向系统的应用环境、导向轮在工作过程的滑移等因素。因此，转向控制的方法能否较好地适应控制环境，关键在于如何调整控制参数以提高控制系统的快速性和准确性。总体来说，常用的自动转向驱动方式为电液驱动和电机驱动两种。电液驱动转向方式一般用于农业装备主机厂商预装（即前装），而电机驱动转向方式则更适用于农业装备出厂后改造（即后装）。随着农业装备自动驾驶系统后装市场的发展，对自动转向装置提出了强适应性、加装快速性、高可靠性要求，因而，农业装备自动转向装置的主流方式转变为电机驱动。国内农业装备自动转向控制技术产品见图 3-13。

a. 上海联适AF301农业装备北斗自动驾驶系统　　b. 农芯科技AMG-1202农业装备北斗自动驾驶系统

图3-13　国内农业装备自动转向控制技术产品

五、大田无人化作业装备

无人化作业装备是大田无人农场全生产环节中所使用的移动设备的统称，其发展得益于物联网、大数据、云计算以及人工智能技术在农业智能装备、机器人领域的快速推广应用，现已基本涵盖了农作物耕、种、管、收的全程无人化生产环节，可全自动、全覆盖、高质量、高效率地完成各项必需的农业生产活动。

土地耕整是大田无人农场中各项农业生产环节的基础。无人耕整作业设备是指采用具有自动驾驶功能的拖拉机或具有足够动力源的机器人挂载犁具、深松机、旋耕机以及联合耕整等整地机具开展大田无人耕整作业，具备路径规划、路径跟踪、耕深检测以及机具控制等功能。其中，采用无人驾驶拖拉机挂载深松机进行旱地深松，田间导航作业误差≤2厘米，自动转向稳态误差≤0.23°，作业质量好、作业效率高。如图3-14所示为北京市农林科学院智能装备技术研究中心研发的无人化耕整地装备。

图3-14　无人化耕整地装备

播/栽、施肥和喷药是大田无人农场中种、管生产环节的重要部分。无动力精准播/栽、施肥和喷药机具与无人驾驶拖拉机组成种苗肥药无人化作业装备。自走式机具安装自动驾驶系统及自动控制装置，经无人化改造形成无人作业装备，可实现大田农资的无人化精准施用。种苗肥药无人化作业装备多具备农资播施量快速精准调节、自动精准播施、余量检测与加装预警、作业质量监测、数据远程传输等功能，部分无人作业装备配备处方图可实现变量无人作业，改变了传统粗放型农资投入模式，提高了作业精度和肥药利用率，实现了作业过程数据的实时监控。图3-15所示为北京市农林科学院智能装备技术研究中心研发的无人化播种、喷药装备。

a. 无人化播种装备　　　　　　　　b. 无人化喷药装备

图 3-15　无人化播种、喷药装备

　　物料补给是实现农机全程无人化作业的关键，也是其中的薄弱环节。目前农机作业过程中的物料补给以人工和简易机械为主，劳动强度大、补给效率低。现有的物料补给方法和装备无法满足农机无人化补给的作业要求。今后应结合无人化作业过程中种、肥、药、油等物料的补给需求，开发适合不同物料运送的无人化补给移动平台，集成研制模块化无人化物料补给装备，实现大田无人农场中种、肥、药、油等物料无人化自动补给。

　　作物收获是无人化作业的最终环节，也是一锤定音的环节。自走式收获机械安装自动驾驶系统及自动控制装置和无人化改造，结合已改装完毕的配套运粮车，可实现大田作物的无人化精准收获，具备作物行感知、障碍物检测、路径规划、路径跟踪、作物对行、边界对齐、主从协同以及割台控制等功能。其中，作业路径跟踪精度±2.5厘米；可实现地头自动掉头并与作物边界自动对齐，对齐误差≤10厘米；可实现收割机机器人脱分、清选等关键作业部件的工况自动控制，控制精度≥97%。图 3-16 所示为北京市农林科学院智能装备技术研究中心研发的无人化收获装备。

图 3-16　无人化收获装备

　　综上，目前无人化农机装备研发主要聚焦于自动驾驶、精准作业等单机智能控制技术，而多机协同、主机与机具作业协同等相关技术研究不足。在单机控制方面也存在问题，如无人化农机装备自动驾驶目前主要根据规划好的路线进行导航跟踪，尚无法实现基于实时传感信息进行导航和避障控制。未来，无人化农机装备一定朝着更高智能化程度的自主无人方向发展，面向非结构化农田环境信息感知、自主路径规划与导航避障、多机自主协同等核心技术将成为亟待突破的关键技术难题。

六、大田智慧生产管控平台构建技术

基于物联网、大数据、云计算、人工智能等新一代信息技术的管控平台是满足大田智慧生产监测、决策和管控的"大脑"。目前，国外主流农机企业面向农场生产运营、农事服务及农机作业与运维管理等需求，广泛利用大数据、云计算和移动互联等新一代信息技术，打造基于智能服务和数字化应用的农业智能决策与管控平台，实现农业生产环境、作物生产信息、农机作业信息的快速感知、采集、传输、存储和可视化，向用户提供农作物全生命周期的管理、监测和运维服务以及农场生产智慧管理服务，提高农场的生产效率和经济效益。我国经过多年发展，目前在大田智慧生产管控方面建成了多个适应国内农业生产模式的服务系统，并实现了业务化运行，不断催生农业新产业、新业态、新模式，用新动能推动农业新发展。

大田智慧生产管控平台技术主要包括大数据接入与数据清洗技术、生产智慧管控技术、云服务技术。数据技术主要指农业生产全程大数据的采集、清洗、存储等，主要解决农业生产数据获取的难题。生产智慧管控技术主要根据作物生产农艺等要求，基于农业生产大数据对作物生长状态进行实时监测，对肥水药精准施用进行决策，对农机全程作业进行监测、调度、任务分配、路径规划、作业分析评估等。

（一）大数据接入技术与数据清洗技术

1. 数据接口

大田智慧生产管控平台首先需要解决的是多元数据如何接入的问题，其中关键是平台数据接口设计。一般情况下，通过采用基于面向资源的架构思想，运用 MVC 分层架构技术，设计和开发大田智慧生产管控平台接口服务及数据接入接口服务，为各类平台用户提供用户信息配置、农机位置、作业轨迹、作业图片、终端信息注册、地块信息推送、区域农机作业量、单车作业量等信息，是实现平台数据交互的常用技术。Web 服务是一个平台独立的、低耦合的、自包含的、基于可编程的网络应用程序，可使用开放的 XML 或 JSON 数据标准格式来描述、发布、发现、协调和配置这些应用程序，用于开发分布式的互操作的应用程序。Web 服务通过向外暴露一个能通过网络进行调用的接口，为不同平台环境、编程语言及用户提供数据交互操作服务。MVC（model - view - controller）设计模式是将模型层、视图层、控制层进行 3 层分离，可极大地降低系统中各个接口间的耦合度，提高系统代码的重用性和可维护性。

2. 数据清洗

以农机作业轨迹数据清洗为例，针对接入的农机轨迹大数据集中存在的重复数据、缺失轨迹属性数据、属性范围异常数据、丢失数据、漂移轨迹数据、停歇轨迹数据等异常情况，进行相应的基础数据清洗算法的研究与设计实现，有效地完成了对轨迹数据集的初步清洗。根据农机运动轨迹的时空分布特征，基于 DBSCAN 聚类算法扩展思想对农机轨迹数据的空间分布进行识别。农机异常轨迹识别算法的基本思想：针对时空轨迹数据集，分别以各段轨迹中的每一个轨迹点为圆心，以距离阈值为半径绘制圆形区域。根据农机速度、轨迹分布特征，计算轨迹点作用域内的轨迹点数量。道路行驶轨迹、田间作业轨迹呈现出不同的聚簇结果。田间作业轨迹点密度较高，具有较多的核心轨迹点；道路行驶轨迹呈线状，则核心轨迹点数量较少。对于达到最小数量阈值的核心轨迹点，统计累加数量，并进行核心轨迹点分布密度的比较。

为了验证识别结果的正确性，采用遥感卫星地图数据，叠加农机轨迹点数据，进行目视解译，图 3 - 17a 中农机轨迹表现为高集中稠密的空间分布特征，图中轨迹点被标记为绿色，代表农机作业深度达标，结合深度属性的正常显示，判定轨迹为正常田间作业轨迹。图 3 - 17b 所示为其中一条异常轨迹，农机轨迹的空间特征表现为松散的、线性的分布特点，识别算法判定为道路行驶轨迹，但轨迹点却具有合格作业深度的属性特征，所以此轨迹为异常轨迹。

3. 数据存储

农机信息存储模型利用分布式/并行系统成熟的大文件组织管理技术来存储海量大文件。同时，考虑到内存随机读取、读写速度快的特点，将其应用于矢量数据和地图瓦片的快速访问及服务。而结构化的地理空间元数据，则利用空间数据库集群进行管理。内存中直接存放"热点"数据，针对内存断电会丢失数据的特点，需要定时备份到硬盘文件或数据库作为灾备，同时建立内存可靠性保护，实现多副本管理。这样农机信息将呈现为内存、数据库、文件系统等多种存储形态。

构建统一时空基准，根据数据存储内容设计不同的数据库模型。针对结构化矢量数据如影像数据、格网数据以及业务表格等，主要以"电子地理信息软

图 3-17 农机作业轨迹特征

件＋关系型数据库"存储；针对非结构化数据如切片数据、影像数据、三维模型、激光点云等，主要以集中存储 NAS 或分布式文件存储 HDFS 进行储存。各子库的数据录入时都要录入元数据信息，以提高查询检索效率，元数据统一存储在关系型数据库中。

北京市智慧大田监测监管平台所使用的影像数据来源于我国的高分 2 号卫星和高分 6 号卫星，以及无人机航飞影像数据，因为不同来源影像数据的传感器分辨率、幅宽和波段各不相同，而平台所用的影像需要将多源数据加工处理成平台可用的数据，所以需要建设时空数据处理系统，将影像数据自动预处理，减少人工处理工作量，提高数据处理工作效率。

农田时空数据变化分析涉及海量时空数据查询，时间跨度大、地域关联强。时间片查询、时间段查询，以及时空关联查询等往往比较复杂，这对时空数据库查询效率提出了更高的要求，必须利用海量空间管理技术设计专门的农田时空数据库管理系统。其核心就是要构建高效时空索引架构和设计快速时空数据查询引擎。

（二）生产智慧管控与云服务技术

农机大田生产智慧管控涉及的云服务主要包括农机作业监管的农机作业实时定位服务、农机历史轨迹回放服务、农机作业量统计服务、农机作业核算服务、农机作业报表服务、农机作业面积计量服务、农机作业地块自动识别服务、农机作业边界自动提取服务、农机参数信息查询服务等。

1. 农机作业实时定位服务

农机作业实时定位服务主要实现了农机实时位置信息的监控服务，并提供直观的可视化展示。具体包括农机地图定位跟踪与显示、地图模式管理、农机跟踪类型切换、农机监控列表、地图比例尺、坐标转换与显示等主要功能模块。农机作业实时定位服务如图3-18所示。

图3-18　农机作业实时定位

2. 农机历史轨迹回放服务

农机历史轨迹回放服务主要实现对农机历史运行轨迹的管理和可视化再现。通过在农机列表框中选择一辆作业车辆或在搜索框中输入车牌号检索，选择要操作的车辆，弹出的轨迹查询面板将自动查询本年内以天为单位的轨迹记录，可以选择系统预置的其他时间段，也可以点击自定义按钮，输入自定义的起始时间进行查询。选择要播放的轨迹记录，点击该行的播放按钮，即可进入播放模式，开始轨迹播放，同时显示播放控制面板，如图3-19所示。

3. 农机作业量统计服务

农机作业量统计服务主要实现对农机作业量按区域、车辆、作物类型、作业类型、时间等参数进行分类统计，结合统计指标以图表的形式展现。通过筛选选项分为作业区域、作业车辆、作物类型、作业类型、统计时间，可以通过使用一个或多个选项得到所需的统计信息。其显示设置分为两项：统计指标和图表类型。其中统计指标包含6个指标：作业面积、达标面积、地块面积、重叠面积、作业/空闲时间和作业/空闲里程，6个指标综合参考能够详细地分析农机作业效率。图表类型分为4类：柱状图、线状图和饼状图，3种不同图表分别体现出数据的总量、变化和比例。切换显示指标和图表类型，无须再次统

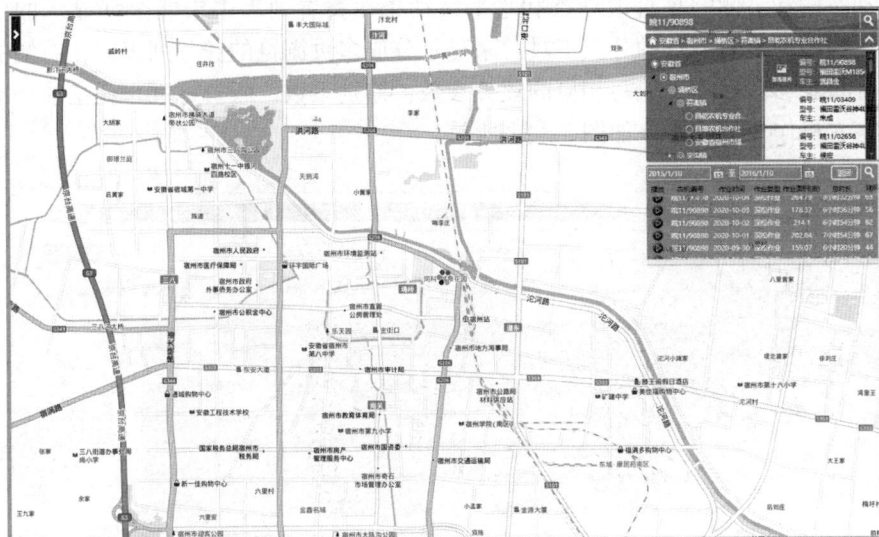

图 3-19 农机作业轨迹回放服务

计即可展示对应的统计信息。此外，统计数据可以以表格形式显示，通过图表
按钮切换，如图 3-20 所示。

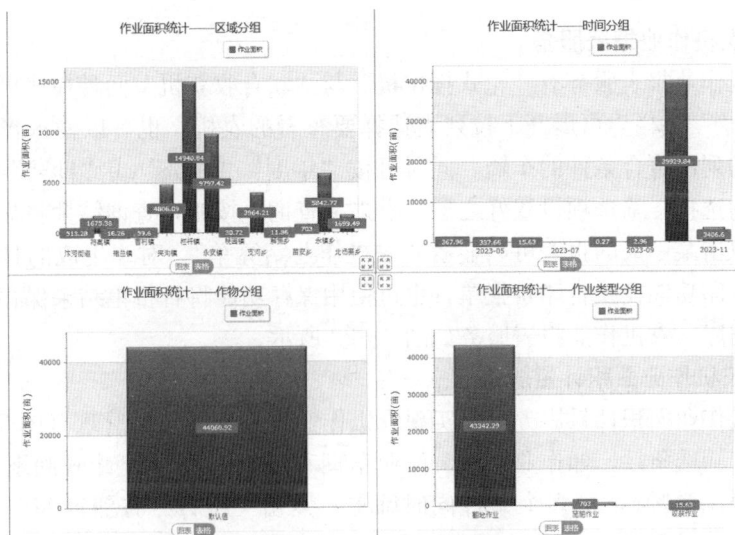

图 3-20 农机作业量统计服务

4. 农机作业核算服务

农机作业核算服务主要实现对农机作业的费用核算。列表形式显示当前登
录账号所在的作业区内，系统记录入库的所有尚未核算的作业任务。可以通过

拖动右侧和下侧的垂直滚动条和水平滚动条，查看列表中未能全部显示的信息；利用列表右下角的分页工具，来显示分成多页浏览的任务列表；在右侧的任务核算参数部分，填写相应的核算参数：差别系数、收费标准、耗主油和油价。农机作业核算服务如图 3-21 所示。

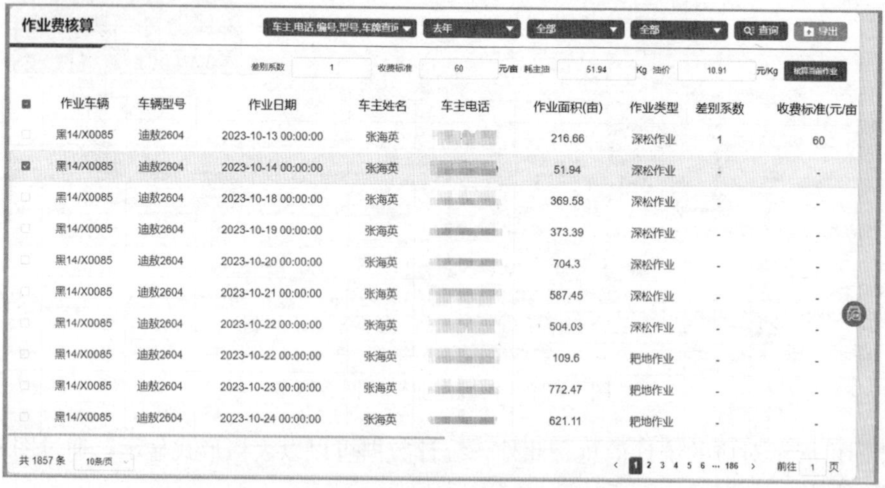

作业车辆	车辆型号	作业日期	车主姓名	车主电话	作业面积(亩)	作业类型	差别系数	收费标准(元/亩)
黑14/X0085	迪敖2604	2023-10-13 00:00:00	张海英		216.66	深松作业	1	60
黑14/X0085	迪敖2604	2023-10-14 00:00:00	张海英		51.94	深松作业	-	-
黑14/X0085	迪敖2604	2023-10-18 00:00:00	张海英		369.58	深松作业		
黑14/X0085	迪敖2604	2023-10-19 00:00:00	张海英		373.39	深松作业		
黑14/X0085	迪敖2604	2023-10-20 00:00:00	张海英		704.3	深松作业		
黑14/X0085	迪敖2604	2023-10-21 00:00:00	张海英		587.45	深松作业		
黑14/X0085	迪敖2604	2023-10-22 00:00:00	张海英		504.03	深松作业		
黑14/X0085	迪敖2604	2023-10-22 00:00:00	张海英		109.6	耙地作业		
黑14/X0085	迪敖2604	2023-10-23 00:00:00	张海英		772.47	耙地作业		
黑14/X0085	迪敖2604	2023-10-24 00:00:00	张海英		621.11	耙地作业		

图 3-21 农机作业核算服务

5. 农机作业报表服务

农机作业报表服务有"轮式拖拉机"与"联合收获机"两种模式可选。在"作业车辆"一栏里可展开下拉列表选择要查看的农机，也可以输入车牌号由系统自动列出符合条件的车辆。同时可按"年度""月份"或"日期"进行查询时间的选择。筛选项设置好之后，点击"查询"按钮，查询结果将显示在列表中，双击某一天的报表可以显示"农机作业结算单"。对于生成的日报单可以使用打印功能在线打印日报单，也可使用保存功能将日报单结果保存至系统后台数据库。农机作业报表服务如图 3-22 所示。

6. 农机作业面积计量服务

农机作业面积计量服务主要实现农机作业日作业详情的管理（图 3-23）。首先确定筛选条件，如作业区域、作业车辆和统计时间（统计时间下方提供了快捷时间选项），可多个条件同时筛选。点击"统计"按钮，左侧就会显示需要的统计数据。可通过双击某项统计数据跳转到作业质量统计，查看详细作业信息及地图信息。用图表和地图的形式直观具体地反映出农机的作业质量，其由 5 部分组成：①农机作业达标图表统计，用饼状图直观地显示出达标与未达标所占比例。②以天为单位显示作业统计信息。③地图上连续深松作业点，灰色为转移中（未作业）、红色为未达标、绿色为达标，详细具

图 3-22　农机作业报表服务

体地反映了农机的作业质量。④地图图层切换功能。⑤返回农机作业质量统计列表按钮。

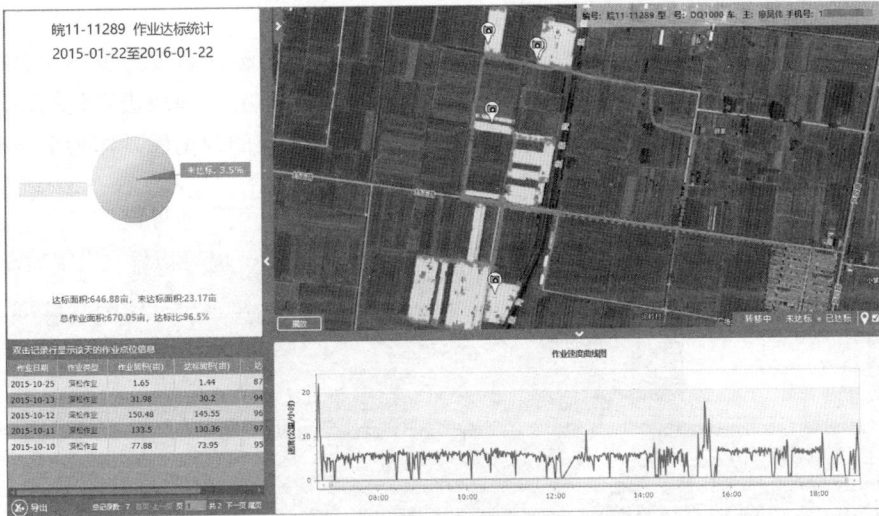

图 3-23　农机作业面积计量服务

7. 农机作业地块自动识别服务

农机作业地块自动识别服务（图 3-24）依据农机作业区域自动分割算法，对农机作业的轨迹信息进行分析处理，识别出作业地块区域轨迹和农机道路行进中的轨迹，结合农机作业边界自动提取服务，提取出作业地块地理空间信息，并将地块信息存储。地块自动识别由服务器每日定时执行，并完成地块数据的存储。该服务为用户提供单台农机单日的作业地块信息，包括各个作业地块的边界、作业位置解析信息、地块面积，以及作业地块的重叠信息。

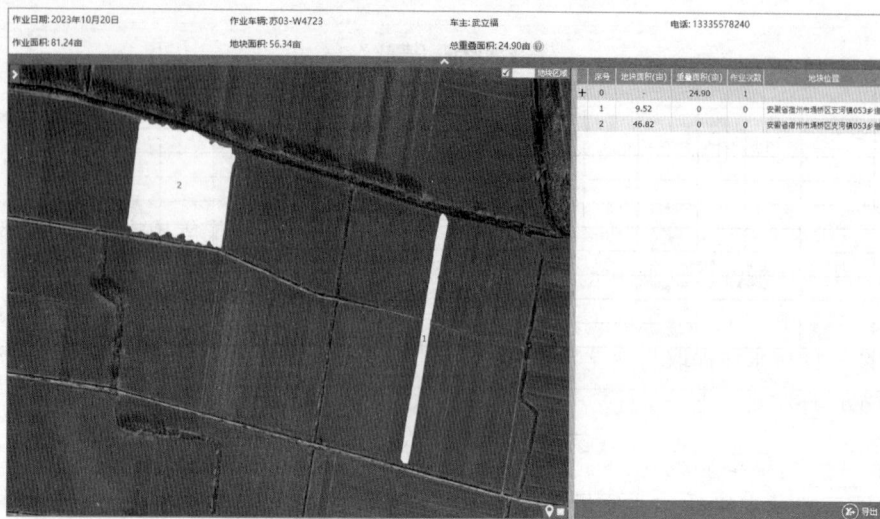

图 3-24　农机作业地块自动识别服务

8. 农机作业边界自动提取服务

农机作业边界自动提取服务（图 3-25）是空间信息计算支持服务，运行于服务器后台，用于由农机作业轨迹提取出作业地块边界。地块边界包括地块轮廓形状、地理位置、作业属性信息等，信息存储于空间数据库，作为平台分析作业数据的依据。

图 3-25　农机作业边界自动提取服务

9. 农机参数信息查询服务

农机参数信息查询服务提供农机档案及其配置参数的查询服务，包括农机类别、农机型号、农机牌照、发动机编号、底盘编号等农机属性信息，以及农机归属地、车主机手姓名和联系方式等农机档案附属信息。

第二节　北京智慧大田典型案例

一、华北大田洪涝遥感监测

2023年8月，受台风"杜苏芮"影响，我国华北、黄淮等地出现极端强降雨，引发区域性严重洪涝灾害，造成大面积耕地受淹受损，对当地粮食生产产生巨大影响。基于卫星遥感智慧大田监测技术，利用国产高分卫星数据资源开展受淹区域水体提取与变化监测分析，实现高标准农田与一般耕地受淹面积及退水过程监测，进一步评估受淹区一般耕地与高标准农田受淹情况与排涝能力。

（一）基本情况

高标准农田是旱涝保收、高产稳产的农田，是耕地中的精华，高标准农田建设已成为保障我国粮食生产的关键举措之一。截至2022年底，我国已累计完成10亿亩高标准农田建设，全方位夯实粮食安全根基，高标准农田建成后，基本能达到"大灾少减产、中小灾害不减产、没有灾害多增产"的目标。据测算，2010—2021年我国耕地总体受灾情况从4.7亿亩左右降低到2.6亿亩左右，其中高标准农田建设起到了关键作用。2023年7月29日至8月2日，受台风"杜苏芮"影响，海河流域中南部出现强降雨，北京、天津、河北中南部等地出现暴雨到大暴雨，其中北京的门头沟区、房山区，河北的石家庄、保定、邢台等地局部出现特大暴雨，造成人员伤亡、房屋倒塌、农作物受灾严重。经综合分析研判，水利部将本次洪水判定为流域性特大洪水，并命名为海河"23·7"流域性特大洪水。当发生洪涝灾害时，通过卫星、无人机等遥感监测方法，可以快速获取水体范围和水体变化情况，及时评估洪涝灾害对农田的影响，包括受灾区域的变化、损失的程度和影响范围等。因此，为掌握台风"杜苏芮"影响下的农田受淹情况，对降雨较大的45个县级行政区开展遥感监测，监测区域总耕地面积为2455万亩，其中一般耕地面积1033万亩，已建成高标准农田面积1422万亩，占总耕地面积的58%。

（二）智慧化建设

1. 受淹区确定

利用国产"高分三号"雷达卫星影像进行遥感监测分析，对雷达影像数据经过预处理后，采用地形坡度筛选、影像直方图分析及形态学处理方法，提取45个县级行政区内受淹初期（7月31日）、中期（8月2日）、后期（8月8日）3个时期的水体分布（图3-26）。

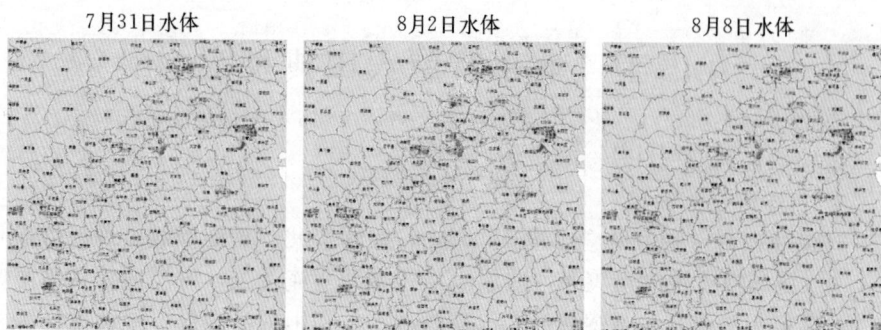

图 3-26 初期、中期、后期水体分布图（图上红色区域为水体）

2. 大田受淹情况分析

将 45 个县级行政区 3 个时期的水体分布与第三次全国国土调查耕地数据、全国高标准农田上图入库数据进行空间分析，水体与一般耕地（未建高标准农田的耕地）重合区域视为一般耕地受淹区，水体与高标准农田重合区域视为高标准农田受淹区。通过空间分析，得出 3 个时期一般耕地、高标准农田的水淹面积及变化情况。根据卫星影像解译及分析结果，从表 3-2 的统计数据来看，水淹初、后期的一般耕地、高标准农田的水淹区面积基本一致，水淹中期的水淹区面积较其他两个时期明显增加，比较清晰地表明水淹中期是此次水灾的重要时间节点。

表 3-2 一般耕地、高标准农田受淹面积

日期分布	一般耕地			高标准农田		
	总面积 （万亩）	受淹面积 （万亩）	受淹比例 （%）	总面积 （万亩）	受淹面积 （万亩）	受淹比例 （%）
初期（7.31）		15.92	1.54		9.48	0.67
中期（8.2）	1 033	42.66	4.13	1 422	30.33	2.13
后期（8.8）		15.28	1.48		9.46	0.67

在水淹初期，高标准农田、一般耕地的受淹面积为 9.48 万亩、15.92 万亩，分别占高标准农田、一般耕地总面积的 0.67%、1.54%；在水淹中期，高标准农田、一般耕地的受淹面积为 30.33 万亩、42.66 万亩，分别占比为 2.13%、4.13%；在水淹后期，高标准农田、一般耕地的受淹面积为 9.46 万亩、15.28 万亩，分别占比为 0.66%、1.48%。从三期数据来看，高标准农田成灾比例均明显低于一般耕地受淹比例，表明高标准农田抵御水灾的能力明显高于一般耕地。

从水淹中期到晚期来看，雨势进入消退过程，水淹农田逐步排涝。以水淹中期作为洪涝峰值基准计算，高标准农田受淹面积从 30.33 万亩降至 9.46 万

亩，已排涝 68.8%；一般耕地受淹面积从 42.66 万亩降至 15.28 万亩，已排涝 64.2%，高标准农田的排涝比率比一般耕地高 4.6%。分析结果表明高标准农田区域在退水过程中的排涝效率更高，高标准农田排涝能力总体高于一般耕地，退灾效果速度快。

3. 重点区域受淹情况

从遥感监测分析结果看，45 个县级行政区划中，受淹面积比例排名前 9 的分别是涿州市、雄县、安新县、房山区、涞水县、高碑店市、清苑区、徐水区、门头沟区。水淹中期，涿州市和雄县超过 15% 的一般耕地都遭受了洪水的侵袭。然而雄县高标准农田受淹面积比例显著低于涿州市，说明雄县高标准农田抵御洪涝灾害的总体能力更强。房山区、涞水县一般耕地受淹面积比例和高标准农田受淹面积比例较为接近，说明这两个地区高标准农田抵御洪涝灾害的能力与一般耕地较为接近。

图 3-27 为河北省雄县一般耕地、高标准农田受淹区域示意，其中，横向分别表示水淹初期、中期、后期 3 个时期；纵向分别表示受淹区域（水体）、

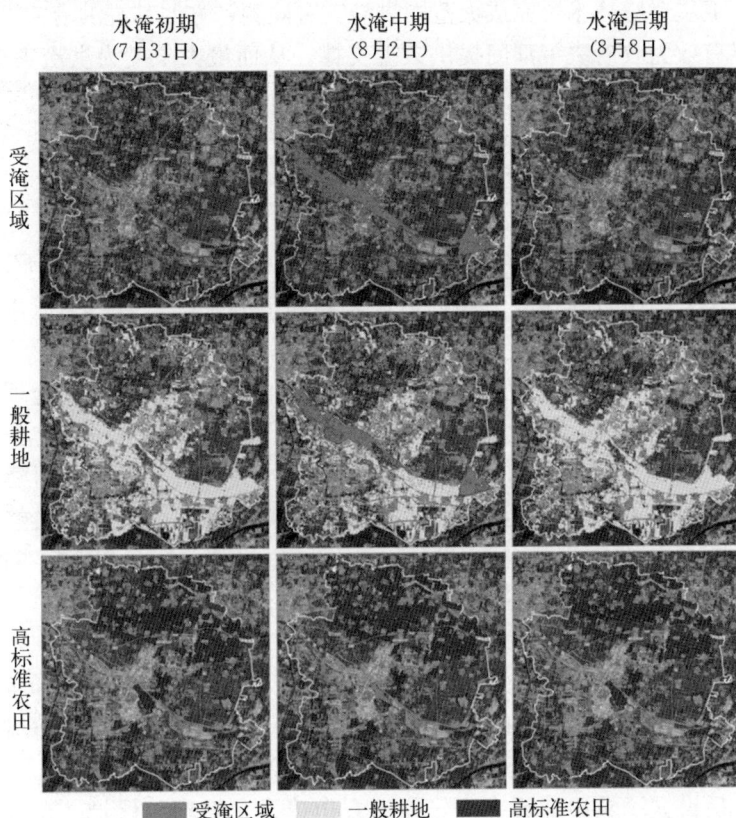

图 3-27　河北省雄县一般耕地、高标准农田受淹区域示意

（受淹）一般耕地、（受淹）高标准农田。对比 3 个时期可以看出：第一，大部分一般耕地/高标准农田的受淹时间不长，水淹后期，洪水逐步消退；第二，水淹最严重时期受淹区域集中在中部，大片农田被淹，但这一区域高标准农田建设较少，说明雄县在高标准农田建设时规划选址较好，避开了易受洪水侵袭的区域。

（三）应用成效

通过卫星遥感监测手段分析受"杜苏芮"影响严重的 45 个县级行政区，高标准农田与一般耕地受淹面积及退水过程，高标准农田的抗灾减灾能力明显高于一般耕地，受淹面积比一般耕地少 28.9%～40.5%，总体排涝能力比一般耕地高 4.6%。高标准农田在防灾减灾方面效果突出。从雄县一般耕地、高标准农田受淹区空间分布可以看出，中部区域大部分一般耕地受淹，但这一区域高标准农田面积较少，说明这一区域高标准农田的规划选址较好，从源头上保证了"高标准农田是耕地中的精华""抗灾能力强"的特性。

利用卫星遥感技术可完成大范围洪涝灾害监测，方便掌握洪涝灾害总体情况，可以有效为政府决策部门提供数据支撑，从而最大限度为洪涝灾害防御、减灾救灾决策提供支撑。

二、大田智慧化管理平台建设

构建大田综合监测监管平台是实现"藏粮于地、藏粮于技"新时代国家粮食安全战略、实施乡村振兴战略的迫切需要和重要基础，有助于促进信息技术与智慧大田建设、监测、评价和管理的深度融合，推动农田建设管理智慧化改造升级，进行资源优化配置和科学管理，有效提升农田建设管理效率和水平。为方便各级农田建设管理人员及时查询了解、汇总分析、监督管理农田建设项目，建立全国农田建设综合监测监管平台，并开发了农田建设核查App，有力支撑了全国范围内开展的高标准农田建设工程质量专项整治百日行动。

（一）基本情况

农田是农业生产最基本的物质条件，承载着食物供给与生态调节等多重功能，直接关系到国家稳定、民生福祉和社会经济发展。党中央、国务院一直高度重视农田建设，国家发展和改革委员会、财政部、原国土资源部、水利部、农业部先后设立了农田建设专项，支撑农田建设、管理和保护。在农业农村部、中国农业科学院的大力支持下，经项目建设单位中国农业科学院农业资源与农业区划研究所有关部门的通力合作和努力，构建了全国农田建设综合监测监管平台，实现农田建设的统一规划、统一标准、统一建设、统一监测、统一监督评价。针对农田建设、管护、利用等监测监管需求，在桌面端系统的基础上，研发低成本、高安全、易操作的高标准农田建设项目核查系统 App（简称核查 App），利用现场拍照、录音、录视频与高精度定位等技术手段，实现现场快速核查与在线实时查看。2023 年央视 315 晚会报道江苏省盐城市滨海县高标准农田建设存在质量问题后，农田建设管理司迅速组织开展高标准农田建设工程质量专项整治百日行动（简称百日行动），组建调查组，赴全国 31 个省、自治区、直辖市开展实地抽查。根据百日行动工作方案，以及《实地抽查技术手册》要求，实地抽查过程建议全程使用核查 App，精准定位项目区位置，现场查阅电子化资料，并以信息化形式记录核查情况。

（二）智慧大田建设

基于"天-空-地"一体化智慧大田监测技术，构建全国农田建设综合监测监管平台，平台汇集了国土三调数据、高标准农田数据、三普样点数据、耕地质量监测点、遥感种植利用监测等成果数据。其中全国高标准农田数据以矢量数据形式加载展示，并展示项目名称、项目编号、行政区、立项年度、面积、投资情况、地形地貌、建设内容等信息；国土三调数据分水田、旱地、水浇地 3 个图层进行展示，可以在平台中查看和分析高标准农田项目区是否建设在耕地范围内，为后续新增高标准农田建设项目规划选址提供依据；北京市遥感种植利用成果数据分为水稻、玉米、小麦等图层进行展示，可以查看作物的种植分布情况。基于平台的监测监管模块，利用卫星遥感、无人机、人工智能快速检测技术，对区域农田"非农化""非粮化"等情况进行实时监测和智能化分析，加大对违法违规行为的监测力度，实现智慧大田的监测监管。基于农田建设问题监督随手拍微信小程序（简称随手拍），用户可以根据具体情况自定义信息采集的内容，满足不同地区和农田管理的特殊需求，实现数据标准化、众包式采集。平台集成了农田信息采集与展示一体化功能，实现了信息的全程闭环，不仅能高效采集信息，还能直观展示数据，为农田管理者提供更好的决策支持。

为支撑"百日行动"工作，核查 App 利用原生 Android 开发方式有效解决了地图加载大量数据卡顿、闪退等一系列的性能问题和用户交互问题。此外，核查 App 优化了核查数据导入过程，实现了自动化的数据处理流程，对高标准农田数据、附件数据、国土三调数据通过栅格切片、嵌入式数据库等技术实现了安全加密加固。根据历史项目清查评估结果，核查 App 可分类展示"符合、部分符合、提质改造"等三类项目的空间分布情况；提供项目检索、显示浏览以及收藏等功能，便于核查项目精准定位（图 3-28）。

图 3-28　核查 App 主界面

核查 App 还加入了高标准农田建设项目核查情况记录功能。对待核查项目规划设计、土地平整、田块整治、土壤改良、灌溉与排水、田间道路、农田防护与生态环境保持、农田输配电、耕地利用以及其他内容进行情况核实，填写录入"符合、部分符合、不符合"等情况；现场采集照片、视频、音频等资料，自动记录拍照位置、方位角、核查项目状态、核查人员等信息；提供项目核查状态（已核查、未核查）管理功能。

同时，核查 App 新增兴趣点检索功能，根据关键字检索地图上的位置，进行快速定位兴趣点，查询兴趣点高标准农田建设情况，也可以根据该兴趣点进行导航；并新增位置收藏与导航功能，在核查 App 上选择项目位置并标记，利用研发的导航功能，导航到该标记点进行实地核查；提供核查全过程轨迹记录功能，可根据轨迹对核查点位信息关联检索查询（图 3-29）。

（三）应用成效

核查 App 为"百日行动"提供技术支撑，基于核查 App 进行农田建设监测监管，形成智慧化高标准农田建设工程质量监管制度。"百日行动"期间，每个调查小组都配备了核查 App 及相关软件，并在核查 App 中导入核查目标县的全部高标准农田空间分布数据、项目全部资料以及国土"三调"耕地数据。截至 2023 年，核查 App 已导入全国 31 个省、自治区、直辖市部分数据，实现"百日行动"实地调查县全覆盖，数据总量约 2TB。

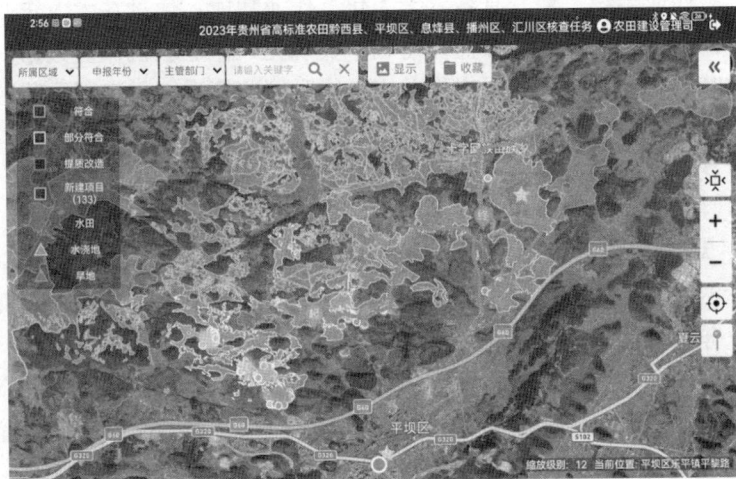

图 3-29　核查情况及核查轨迹记录

三、京津冀协同小麦-玉米一年两熟无人农场

河北省紧邻北京市，是我国的农业大省，近年来，京津冀协同合作框架下北京市农林科学院等科研单位与河北省农业农村厅深度合作，通过主要农作物生产全程机械化示范项目在全省 39 个区县、79 个合作社开展了"智慧农场"建设，全省农机装备水平不断提高，推动了主要粮食作物全程机械化、精准化作业和农机信息化管理水平。在此基础上，利用北京市技术辐射作用建设小麦-玉米生产"无人农场"，开展主要粮食作物重点环节的"无人化"智能作业装备试验示范，以点带面，加快推进河北省智慧农机发展，实现农机农艺、机械化信息化深度融合，促进区域现代农业发展，在全国起到引领带动作用。

（一）基本情况

结合河北省赵县现代农业生产发展特点，针对当地小麦-玉米一年两熟"无人化"生产需要，在京津冀协同创新发展战略的指引下，由河北省农业机械化管理局和赵县农业农村局牵头，依托北京市农林科学院智能装备技术研究中心赵春江院士团队技术力量，在赵县光辉农业机械服务专业合作社建设小麦-玉米生产无人农场，示范面积 110 亩，结合农时需要，开展小麦-玉米主要环节"无人化"智能装备示范应用。在充分利用现有农机装备基础上，对示范点生产所需要的拖拉机、自走式喷药机、联合收割机等设备进行智能化改造，集成无人驾驶作业系统，使其具备"无人化"作业功能；通过在无人作业农机装备上安装作业监管终端和视频监控终端，实现无人作业农机作业数据以及视频影像的实时回传；通过构建无人作业农机物联网监管系统，实现示范区无人作业农机的远程可视化管控和管理。

（二）智慧大田建设

1. 无人驾驶拖拉机

结合小麦、玉米无人化耕整地、播种施肥作业需求，对赵县光辉农业机械服务专业合作社时风2104G拖拉机和东方红LF1104-C拖拉机进行了无人化智能改造。拖拉机集成了农芯科技AMG-1202北斗导航无人驾驶系统，系统由农机北斗自动导航、拖拉机行进方向与速度控制装置、作业操控装置、障碍物感知，以及遥控装置等组成。通过加装自动转向、油门调节、自动换向和发动机启停等线控装置，以及机具升降装置，结合基于北斗的无人驾驶控制系统对作业路径和行为动作实时进行规划，实现在示范田块内按照规划路线进行无人耕整地、免耕播种作业，实现地头无人转弯、高精度直线行走、无人抬升和下落机具，无人驾驶农机直线路径跟踪误差≤±5厘米，达到拖拉机在无人驾驶情况下完成耕整地和播种施肥环节的作业。田间无人耕整地和免耕播种作业见图3-30。

图3-30　田间无人耕整地和免耕播种作业

2. 无人驾驶自走式喷药机

结合小麦、玉米无人化植保作业需求，对赵县光辉农业机械服务专业合作社的3WSH-500自走式喷杆喷药机进行无人化智能改造。喷药机集成了AMG-1202北斗导航无人驾驶装置和变量喷雾控制系统AMC-3001控制装置，结合基于北斗的无人驾驶控制系统对作业路径和行为动作实时进行规划，对无人喷药机喷洒高度进行实时调整、喷杆实时调平，对喷药量进行精准控制，实现在示范田块内按照规划路线进行无人喷药作业，实现地头无人转弯、高精度直线行走、精准喷洒，防止重喷、漏喷，无人驾驶农机直线路径跟踪误差≤±5厘米，达到在无人驾驶情况下完成高效植保作业。田间无人驾驶精准喷药作业见图3-31。

图3-31　田间无人驾驶精准喷药作业

3. 无人驾驶联合收获机

结合小麦、玉米无人收获作业需求，对赵县光辉农业机械服务专业合作社的雷沃谷神GM100联合收获机机进行无人化智能改造。系统将机械、液压与电气控制相结合，通过路径规划、行驶方向自动控制、行驶速度自动控制等自主研发核心算法控制技术，综合计算机技术、传感器技术、AI智能控制技术等，可实现±2.5厘米的高精度行走作业，远程无线打火/熄火、地头自动升降割台、自动转弯作业、智能粮仓状态语音播报功能，实现无人作业，提高作业质量和效率，显著减少作业时间、有效避免了漏割和重割。田间无人收割作业见图3-32。

图3-32　田间无人收割作业

4. 无人作业农机物联网监管系统的构建

针对赵县光辉农业机械服务专业合作社无人作业农机远程监管的需求，定制开发了一套无人作业农机物联网监管系统，能够对示范区无人作业农机进行远程可视化管控和精准化调度管理。系统面向合作社管理人员提供无人农机作业远程监控与管理服务，系统支持拖拉机、自走式喷药机、联合收割机等多种无人驾驶系统远程监控管理，支持对无人驾驶实时监控、远程控制、运维服务和数据共享等，支持各作业环节无人驾驶农机精准高效协同作业。

赵县无人作业农机物联网监管系统主界面见图3-33，无人作业农机实时视频图像监控见图3-34。

为了更好地对无人农机作业情况以及作业数据进行监控和管理，便于进行系统的展示和人员培训，在合作社建设赵县"无人农场"运维监管平台，在合

图 3-33　赵县无人作业农机物联网监管系统主界面

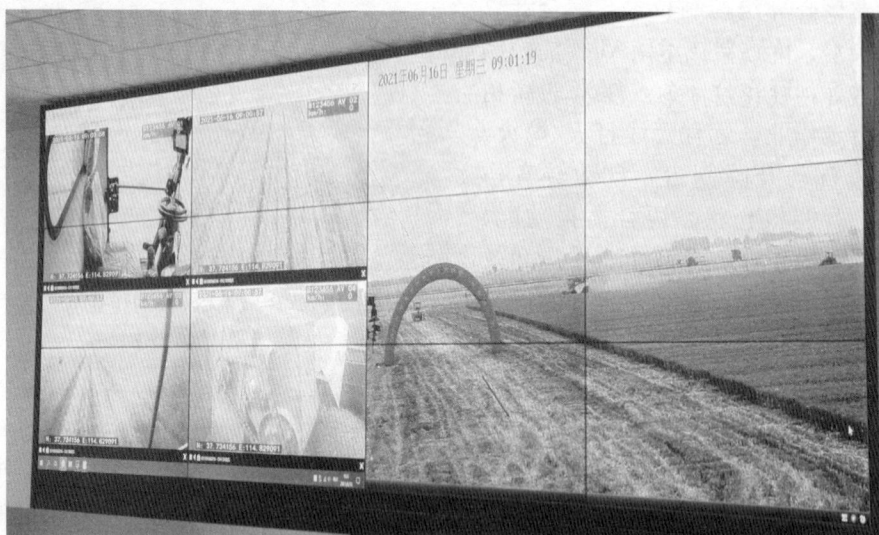

图 3-34　无人作业农机实时视频图像监控

作社新建的监控培训室，建设无人农场农机作业监管与服务大屏幕展示系统（图 3-35），能够对示范点无人作业农机物联网监管系统进行常态化展示，同时满足农机合作社农机信息化管理需求。

（三）应用成效

通过在赵县光辉农业机械服务专业合作社开展无人农场建设，开展田间作业的主要环节（耕整地、种植、植保、收获）无人作业技术试验示范，实现了合作社小麦-玉米生产和管理全程的无人化，能够降低合作社人工劳动力投入成本 60％以上，大大降低劳动强度，解决了合作社劳动力资源短缺的问题，同时显著提高传统农机作业效率 50％以上，通过高精度的精准作业提升农机作业质量，土地利用率至少提高 0.5％～

图 3-35　无人作业农机物联网监管系统演示

1％，提高了农业生产效率和资源利用率。

　　建立了赵县"无人农场"运维监管平台，能够实现无人作业农机远程可视化管控和管理，形成了完整的小麦作业"无人化"机械装备与技术解决方案，打造了河北省乃至全国科技含量高、技术领先、全面集成、高度定制化、可复制可推广的"小麦无人化农场"样板工程，推动物联网、智能农机装备等无人作业技术的规模化应用，推动智慧农业的发展，促进乡村产业振兴，为我国实现农业现代化发挥重要作用。

四、京吉合作公主岭玉米无人农场

　　为深入推进东北振兴与京津冀协同发展等重大区域发展战略对接合作，在北京市技术辐射作用下，结合吉林省公主岭市玉米全程生产的机械化、数字化、智能化的需要，在吉林省农业科技示范园内建设公主岭市高标准农田玉米无人农场示范基地，通过对拖拉机、自走式打药机、收获机等农机装备进行智能化升级改造，构建无人作业农机远程管控系统，开展玉米耕整地、播种、植保生产关键环节"无人化"作业示范应用，探索建设技术先进、智能少人的玉米生产全程机械化智慧农业标杆工程和科研示范基地，推动现代农业产业的升级转型。

（一）基本情况

　　吉林省公主岭市玉米无人农场由公主岭市农业农村局和北京市农林科学院智能装备技术研究中心负责建设，无人农场位于吉林省公主岭市 102 国道南侧吉林省农业科技示范园内，无人农场建设面积 67 万平方米（1 000 亩），其中核心区（旱田）23 万平方米（350 亩）。玉米无人农场由信息感知系统、智能农机装备、管控云平台 3 部分组成。

(二) 智慧大田建设

1. 信息感知系统

构建了包含无人机遥感设备、田间综合监测站、物联网测控系统的"天-空-地"一体化观测和数据感知系统，能够自动监测农场环境及作物生长信息，并传输至智慧农机管理系统。

部署了无人机遥感设备用于开展农田地块信息、作物信息采集监测，为农场生产管理和农机装备无人作业提供基础地块边界、作物长势等信息数据。采集到的农田地块与作物信息如图3-36所示。

此外，无人农场部署了田间综合监测站点和物联网监控系统，用于实时采集土壤肥力、土壤温湿度、大气温湿度、日照辐射等玉米生长环境信息和叶龄等生长状态的信息，

图3-36 农场地块信息采集

为农场生产管理和农机装备精准作业提供基础数据。虫情、土壤、气象观测站如图3-37所示，采集到的玉米长势、虫情分布如图3-38所示。

图3-37 虫情、土壤、气象监测站

2. 智能农机装备

面向无人农场高效、精准作业需求，将现有的拖拉机及其配套机具、植保机、收割机、运粮车等进行无人化改造，加装无人驾驶系统、精准作业控制装置、远程监测终端等，通过与无人农场云平台进行数据共享和指令交互，实现

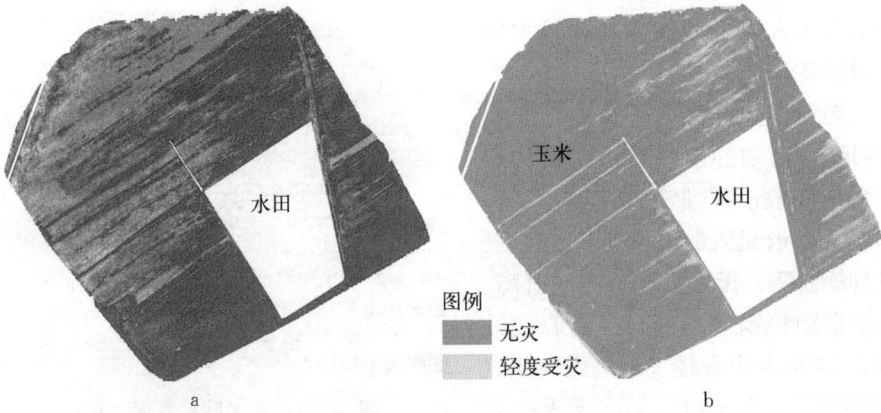

图 3-38　玉米长势、虫情情况分析图

玉米的耕、种、管、收无人化作业。

　　无人拖拉机可搭载深松机、秸秆还田机等农机具进行无人耕整作业，可实现自主规划路径、运行状态实时监测、作业效果实时拍摄上传、作业机具自动升降（图 3-39）。

　　无人拖拉机挂接电驱播种机，并集成高精度卫星定位系统、导航控制系统、精量播种控制系统、作业路径规划系统和网络通信系统，实现主从机协作，完成无人播种作业。玉米无人播种作业场景如图 3-40 所示。

图 3-39　秸秆还田无人作业

图 3-40　玉米播种无人作业

　　在植保环节，利用无人机搭载多光谱相机采集农田作物信息，采用机器视觉算法对田间作物长势和养分等信息进行分析，生成叶片氮素含量分布图（图 3-41），并决策出施肥量；搭载可见光相机采集农田环境图像，分析并获得玉米病虫害信息，制定施药处方图；通过云平台管控系统将施肥、施药处方图下发至地面作业机器端，由无人植保机实现精准变量喷施。

　　采用无人驾驶高地隙喷杆喷雾机实现精量变量喷洒作业，实现了作业路径自主规划、高精度路径跟踪、地头自动转向、行进速度自动调控、喷杆升降折叠融合控制、紧急避障、远程遥控等功能，减少了药害产生，降低了用人成本，提升了高地隙植保机利用率，为玉米无人农场植保作业提供关键技术装备。

无人收获机集成了作业信息检测系统、自动导航系统、障碍物检测系统和收获作业智能控制系统，实现了玉米无人收获作业状态、工况自动监测、无人驾驶、自动避障、作业自动控制等功能，提高收获效率3~4倍，为农场玉米的无人化收获提供了有力支撑。玉米无人收获作业场景如图3-42所示。

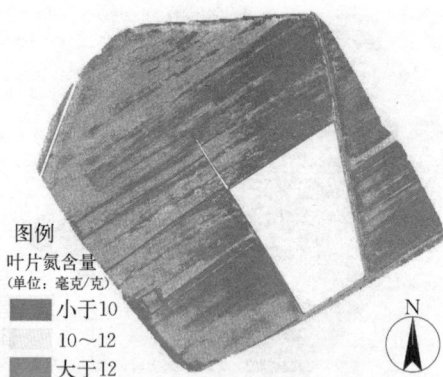

图例
叶片氮含量
（单位：毫克/克）
小于10
10~12
大于12

图3-41 玉米叶片氮素含量

a

b

图3-42 无人收获机实现白天黑夜无间断作业

3. 无人农场云平台

无人农场云平台（图3-43）主要包括无人农场基础地理信息管理系统、无人农机远程管控系统、智能农机精准作业管理系统和无人农机作业展示系统4部分。其中，无人农场基础地理信息管理系统通过农场田块尺度的厘米级数字地图测绘和处理，为无人农机精准作业提供基础地理信息支撑；无人农机远程管控系统主要面向智能农机装备的作业管控，提供农场耕种管收作业监管、工况监控、前后台交互和作业管理等服务；智能农机精准作业管理系统及数据库主要面向智能农机装备基准作业，提供基础农作数据维护管理、变量处方管理、农机作业参数共享、农机作业质量监管等服务；无人农机作业展示系统为农场日常系统运维、运营服务和展示提供基础平台。

（三）应用成效

吉林省公主岭市围绕发展现代农业的战略需求，构建了玉米全程无人化生产农场，实现了玉米耕、种、管、收全程无人化作业，极大提高了玉米生产效

图 3-43 无人农场云平台

率，减少了人工投入。以玉米收获环节为例，无人驾驶收获机可以 24 小时不间断工作，玉米收获速度提升了 3～4 倍，67 万平方米玉米 3～5 天即可完成收获，节省人工 50～60 人。在其他环节，无人化播种机在节省人力的同时，还可以实现精量播种和区段播种控制，有效避免了地头重复作业，提高了作业质量，减少了种子投入。

公主岭市玉米无人农场的构建与应用是现代科学技术与农业深度融合的典型案例，作为农业领域先进生产力的代表，无人农场技术促进了农机装备的转型升级，推动了现代农业生产方式的转变，具有重大的社会效益与经济效益。

第四章
智慧菜田

  我国蔬菜种植面积整体上稳定在 3.2 亿亩以上，有效地保障了全国人民的菜篮子，全国形成了良好的蔬菜分布布局，但随着国内外局势的改变，转变了人们对于农业产业布局的认识，大型城市的粮食蔬菜自给率问题尤为突出。北京要求通过"十四五"期间的不断努力，到"十四五"末期全市蔬菜自给率将由 10% 提升至 20%。经过多年的发展，北京市的蔬菜种植业构成了以大兴、延庆南北的两大菜园子及通州、顺义等东厢菜园子为主的生产配置。截至 2022 年，北京市蔬菜总种植面积已超 75 万亩，总产量超 180 万吨，其中设施蔬菜种植面积约 20.7 万亩，露地蔬菜种植面积约 55 万亩。目前北京市的蔬菜可划分为结球类、根茎类、茎叶类、茄果类等，总共有 300 多个蔬菜品种，其中，大白菜、白萝卜、生菜、甘蓝、花椰菜和菜豆是当前北京市种植面积最大的露地蔬菜品种。

  北京市从事蔬菜生产的乡（镇）有 151 个、村有 2 089 个，缺少蔬菜生产端的龙头企业，生产的集约化、规模化程度均受到一定限制，同时高昂的土地、人力、水资源等成本也是北京蔬菜发展面临的制约性因素，致使蔬菜产业不断向远郊区县或者周边地区转移。机械化水平较低也是制约北京市蔬菜产业发展的另一个重要因素，2022 年，北京地区蔬菜机械化整体水平仍不足 50%，除了耕整地、植保等作业环节机械化率较高以外，其他环节仍然主要依靠人工完成，人力成本在蔬菜生产成本中占比接近 70%，且仍有继续上升的趋势。蔬菜生产管理方面，传统方式仍是通过水、农药、化肥的过量使用以获得较高的蔬菜产量，但粗放的管理方式不仅浪费了相应的水肥药资源，还会对土壤、地下水等造成污染。

  在我国人口红利消失的大背景下，北京市农民非农化、农村劳动力老龄化等问题尤为突出，进而导致了农业从业人口快速下降、人工投入成本快速上升等现实问题。蔬菜无人农场已经成为解决将来"谁来种菜"问题的唯一可行技术模式，蔬菜无人农场是人工智能技术、种植农艺、农机制造相向融合的产物，是跨域合作成果。蔬菜无人农场的发展将推动蔬菜生产模式的颠覆性变革，推动物联网、大数据与云计算、人工智能与机器人等新一代信息技术在蔬菜领域中的应用取得突破。

第一节　智慧菜田关键技术

耕整地环节，机械向着高效、联合方向发展，将微电脑技术、电子技术、通信技术和自动控制技术等应用在耕整地机械上，实现机械装备自动化和智能化。蔬菜种植环节中，全自动移栽机械的研制已经成为研究应用的重点与难点，将机电一体化技术、机器人技术、柔性取苗技术等应用于移栽机械上，能够一次性完成分秧、输送、栽植等复杂动作，实现低损高质量移栽作业，解决蔬菜种植过程中移栽种植减人工难的瓶颈问题；田间管理环节，根据品种、生育期、墒情建立智能化水肥灌溉模型，按需施用，节水节肥；无人植保效率高、降低农药使用，生态环保；田间巡检机器人实现长势、病害等智能化分析；收获环节，国产化蔬菜采收机正加快研制和推广，结球类叶菜、根茎类蔬菜收获机逐步开展推广，正朝着全自动方向发展。智慧菜田关键技术总体框架见图4-1。

图4-1　智慧菜田关键技术总体框架

一、蔬菜育苗智能化管理技术

目前，中国蔬菜移栽种植面积达980万公顷，种苗需求量已达6833亿株/年，而当前全国的生产能力为2000亿株/年，约占年蔬菜种植总需求量的30%，其中优质种苗只占生产种苗量的40%。蔬菜种苗存在着巨大缺口，这也是中国集约化、智能化育苗发展的动力。种苗生产管理智能化对于实现蔬菜种苗生产向集约化、自动化、智能化方向发展具有重要的实践意义。

种苗智能化生产方案集物联网、云计算、人工智能、无线通信等技术于一体，依托部署在种苗生产设施温室现场的各种传感节点（环境温湿度、土壤水分、二氧化碳、图像等），从播种环节到种苗出厂全流程实现蔬菜种苗生产机械化、信息化、智能化，推动种苗生产向产业化、标准化、规模化方向发展。降低育苗管理成本，让种苗生产管理更精确化，有利于种苗质量的提高，节省人力物力，种苗智能化生产方案的应用使种苗生产从以人力为中心、依赖孤立机械的生产模式转向以信息和高新技术为中心的生产模式。

（一）蔬菜育苗环境智能调控系统

采用环境智能调控系统，改善人工管理环境滞后现象，降低用人成本，减少环境调控反应时间，优化种苗生长环境，实现对环境的有效控制，促进高产、优质、高效生产。环境调控系统硬件设备包括数据采集设备和环境调控设备。数据采集设备包括温湿度光照环境传感器等。环境调控设备包括补光灯、上卷膜、下卷膜、环流风机、风机、水帘、智能雾化器、遮阳网、保温被、除湿仪。调控系统由以下几个部分组成。

1. 智能放风调控

温室内多点部署主动放风装置，实现与环境参数进行智能控制。将温室外内环境参数输入时序网络模型，输出放风决策，单个设备通风量在300~1 000 米³/时范围内，远程控制放风设备，实现温室内主动通风换气。根据人工控制、定时控制或智能远程控制，完成温室局部精准环境调控。

2. 智能雾化调控

智能雾化调控是根据大棚环境温度监控值自动检测是否需要降温加湿，实现大面积加湿。同时，增加空气负离子有利于种苗生长，降低病虫害的发生。设置手动和远程两种控制方式，手动开启方式即将控制柜上高压雾化按钮转到"手动"状态开启雾化机，"停"状态停止喷雾；远程自动模式即将制柜上高压雾化按钮转到"自动"状态，可通过系统远程控制开启。

3. 智能补光系统

温室内每隔3~5 米安装1 盏 LED 灯，照射角度约50°，测量范围：0~200 000 勒克斯；测量精度应不低于±5 勒克斯。建立育苗生长与补光和遮阳关系，根据育苗需求进行开启遮阳或增强补光，补光控制决策系统为物联网控制的子系统，并接入云端管理软件，实现光照强度的智能调节。

4. 智能通风系统

智能通风系统通过室内外环境因子差值对比，预测温室内环境变化趋势，以适宜种苗生长为核心，动态调整通风策略，保证温室的自然通风效果，提高温室内空气均匀度，实现温室内温度、湿度的智能调控。

5. 湿帘风机降温系统

湿帘风机降温系统是利用水的蒸发降温原理实现降温目的，其降温过程是在其核心即湿帘内完成的。水均匀地淋湿整个湿帘墙，在湿帘波纹状的纤维纸表面形成一层薄水膜。当风机抽风时，将温室内的高温空气抽走，形成负压，温室内外的气压差迫使室外干热空气穿过湿帘介质进入室内时，水膜上的水会吸收空气中的热量进而蒸发成水蒸气，带走大量的潜热，使经过湿帘的空气温度降低。在风机的作用下，这些被降低温度的空气源源不断地进入温室，从而达到室内降温的目的。

6. 遮阳保温系统

根据温室环境升降温需求和作物光照需求，进行遮阳降温或棉被保温，可有效避免植物遇强光灼伤而发黄枯萎，延长收获期，增加产量，进而提高作物品质。

7. 加温系统

主要用于冬季低温天气，设计条件：在室外－25 ℃低温时，保证室内平均温度不低于18 ℃。热源采用燃煤锅炉系统（或市政供暖），温室四周布置圆翼散热器，苗床下布置光管散热器，实现立体加热补温，使补温更均匀，效果更好。

（二）蔬菜育苗水肥智能调控系统

育苗水肥智能调控系统由穴盘基质含水量智能调控和配肥智能调控实现，其中，穴盘基质含水量智能调控可通过含水量的实时监测完成精准灌溉；配肥智能调控通过设置pH和EC，完成自动配肥。

1. 设备组成

主要包括移动苗床、称重苗床、显示器、喷灌车（不锈钢主框架、旋转、防滴漏水雾化喷头、调速电控箱、轨道等）、水肥一体机（上位机软件、下位机可编程序控制器、电磁阀、管道系统、控制子系统、配肥子系统、灌溉子系统过滤装置、流量压力监测、GM隔膜计量泵和机架）。

2. 应用系统与分类

通过生产环境参数、日灌溉量、苗盘重量基于神经网络数据驱动方法计算出当前蒸腾量、基质含水量，辅助决策下一次喷灌时间及喷灌量，联动调动温室喷灌车、喷灌管口和水肥一体机，育苗温室穴盘基质含水量设备测量精度误差5%以内，实现温室育苗棚自动灌溉。

（1）基于移动苗床的智能灌溉系统。通过苗床、育苗温室、种苗状态等多维度的数据采集，利用5G物联网传输并进行大数据分析，通过大数据和传统农业技术的融合，对蔬菜种苗当前水肥需求进行综合评价，再通过5G物联网水肥一体机智能灌溉系统，针对种苗生长状态自动进行水肥管理。基于移动苗床的智能灌溉系统对运输过程中的种苗进行检测识别，自动精量控制，极大地降低人力成本，提高种苗质量。

（2）基于水肥一体机的智能配肥系统。智能配肥机配有储肥罐和原液桶，可接入pH、EC、水流量3类数据，根据蔬菜不同时期的需肥量，并实现pH、EC的远程自动配肥控制设计。具体施肥过程为智能配肥机与喷灌系统联动控制，喷灌机开启会自动关联水肥机启动，为甘蓝苗提供水分和养分。播种后第一次浇水应浇透，保持基质最大持水量在85%以上。根据实际情况，高温季节需要多喷水，便于降温、保湿，防止病虫害等发生。

（三）蔬菜育苗智能化管理云平台

育苗智能化管理系统从架构上分为4个层次：第一层为监测层，负责获取环境信息，包括育苗温室内空气温湿度、光照强度、二氧化碳浓度、氮磷钾浓度、现场影像获取、声纹采集、设备状态获取等，将数据汇聚至服务器内，为下一步的分析做准备；第二层为控制层，包括对视频监控焦点、光圈、监控方向的控制，卷帘、湿帘、风速、温度的控制，肥料、水量的控制等；第三层为分析层，主要通过采集的数据，结合品种模型，进行环境、病害、长势、投入产出等分析，为管理者提供决策依据；第四层为管理层，主要是进行业务管理，包括订单、播种、催芽、数据接口管理等。育苗智能化管理系统通过集成先进的传感器和控制技术，实现了对育苗温室环境、水肥供给以及现场视频的实时监测与控制。该系统能够精准地调整温室内的温度、湿度、光照强度和营养液供应，确保育苗过程中的最佳生长条件。通过远程控制功能，操作人员可以在任何位置对温室进行监视和管理，从而优化资源分配，提高生产效率。智能调控技术进一步减少了人工干预的需求，通过自动化程序精确控制育苗环境，从而降低了人工值守的劳动量。此外，系统还具备数据分析和决策支持功能，能够根据历史数据和实时信息预测育苗需求，实现更加科学和精细化的管理。总体而言，育苗智能化管理系统不仅提升了育苗的质量和效率，也大幅度减轻了人工劳动强度，推动了农业生产向智能化、自动化的方向发展。蔬菜育苗智能化管理平台见图4-2。

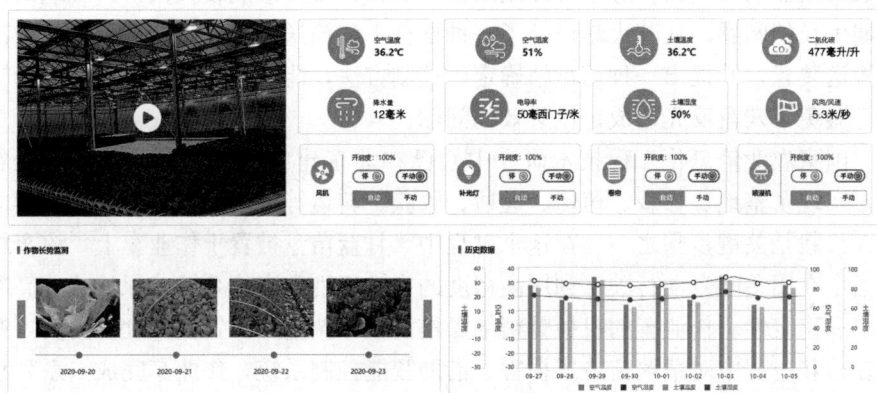

图4-2　蔬菜育苗智能化管理平台

二、蔬菜无人化移栽技术

近年来随着我国农业机械化水平逐步提高，移栽是蔬菜生产机械化中面临的难点性环节。我国当前蔬菜移栽主要以人工和半自动移栽机为主，相对于人工作业，半自动移栽机仅仅将人从栽植作业中解放出来，还需人工从穴盘中取出幼苗并投放至送苗杯或直接投放至栽植机构中，由机器实现移栽，作业仍需人工辅助完成，人工取投苗使得移栽效率并不高，难以实现高速移栽，同时人工取投苗过程重复枯燥，易发生漏苗现象，智能化自主移栽应用的需求十分迫切。

国内移栽机械的相关研究起步相对较晚，虽然目前半自动移栽机的研制已趋于成熟，并逐渐在蔬菜产业生产过程中推广应用，移栽效率仍有待提高。我国高校及科研单位也开始对自动移栽机进行探索。现代农装科技股份有限公司研制的悬挂式自动移栽机采用机电气组合、传感器和PLC控制技术实现钵苗的自动取苗和输苗过程。新疆农业大学研制的悬挂式自动移栽机通过夹取钵苗茎和气动控制的方式取出钵苗。目前我国对自动移栽机的研究还处于探索阶段，研制出的自动移栽机械机型大多处于试验阶段。

目前国内对移栽机的研发更偏向于精准化、智能化。从之前为了实现某一特定作物移栽作业而对移栽机械结构的设计优化，逐步有对现有机械结构添加自动控制系统使其能更加精确、快速地完成移栽作业的趋势。河南科技大学设计了一种内置式钵苗夹持力传感器，并通过嵌入方式实现取苗爪与传感器一体化设计，可用于移栽机取苗机构夹持实时精准检测。中国农业机械化科学研究院设计了一套栽植静轨迹无级可调的往复式鸭嘴栽植装置。解决了株距过大会

81

造成栽植器前移撕膜，过小会导致栽植器后移带膜，形成较大穴口，影响幼苗后期生长的问题。江苏大学设计了一种准杆平移输送、双传感器融合定位的苗盘输送装置，并提出一种苗盘精确定位控制方法，能更加准确地对苗盘进行输送，避免了穴盘反光造成定位失效的问题。

国家农业信息化工程技术研究中心已在北京建成首个生产型蔬菜无人农场，实现了整地、移栽、植保、巡检、收获、转运等全过程无人化作业，其中无人移栽是关键步骤之一。在这个过程中，甘蓝苗盘被置于作业车上，该车根据指令在田垄间自动行驶，利用高精度的视觉识别和定位系统确保移栽的高准确率和稳定性。作业车的机械臂精细操作苗盘，调整其位置及力度和角度，避免在移栽过程中对蔬菜苗造成损害。借助智能控制系统，作业车完成一系列移栽动作，确保了无人移栽技术的高效率、精确度和可靠性。这种无人移栽技术的应用不仅大幅提高了农业生产效率，还通过精确控制种植过程中的各个环节显著增强了作物的生长质量和产量。更重要的是，它引入了智能数据分析，通过收集和分析农作操作的数据，可以持续优化移栽策略，实现蔬菜定植的精准化作业。

三、蔬菜智能化田间管理技术

（一）水肥灌溉决策技术

农作物的生长主要依靠养分和水分的供应。精准施肥和精准灌溉一直是智慧农业的研究热点，水肥灌溉决策可分为田间信息采集、信息管理与决策、执行系统3个部分，其结构如图4-3所示。田间信息采集技术是实现农业精准施肥灌溉的第一步，分析了网格格式测量、全球定位系统监测、遥感监测和无线传感器自动监测技术的原理和应用。利用上述技术收集蔬菜生存环境和生长条件信息，掌握生长的动态变化，合理利用信息。信息管理和决策系统是精准施肥和灌溉的核心，此部分负责对收集到的信息进行合理的分析和整合，并根据这些信息做出决策。执行系统是精准施肥和灌溉的终端实现部分，可变施肥和可变喷洒技术是该系统的两大基本技术，上述技术结合实现对蔬菜精准的水肥调控，有效节约水资源和提高田间肥料利用率。

1. 灌溉施肥信息管理

土壤墒情反映了土壤含水率的多少，对蔬菜生长环境的优劣起着决定性作用。田间蒸腾量用于确定因天气条件变化引起的农田水分损失，它涉及蒸发和植物通过叶片气孔的蒸腾作用。这一过程受到天气参数（如太阳辐射、温度、相对湿度和风速）、作物因素（包括类型、生长阶段、品种和种植密度）以及管理和环境因素的影响。国内外学者在土壤墒情原位监测方面取得了许多开发

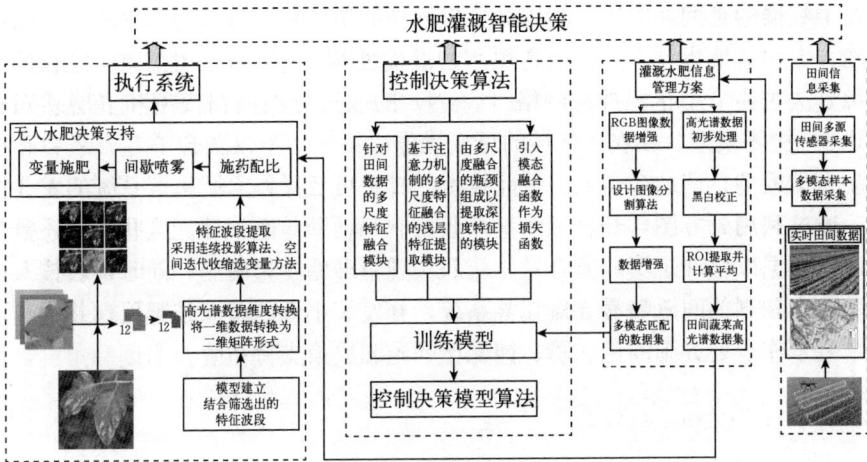

图 4-3　露地蔬菜水肥灌溉决策技术框架

成果，采用了包括电阻法、频域反射法、时域反射法、中子法在内的多种方法。部分学者开展了车载式土壤墒情在线监测装置的探索，可实时获取播种时的土壤含水率，为播种深度和间距的控制提供理论依据。灌溉施肥信息管理系统通过土壤水势分析仪和土壤养分分析仪，实现对温室大棚内土壤水分含量和养分的实时监测。该系统能全面、科学、真实地反映监测区土壤的变化情况，及时准确地提供土壤墒情和养分状态信息，为智能灌溉施肥提供重要基础信息。此外，土壤电导率和有机质含量的监测为蔬菜种植作业提供参考，这些数据与田间灌溉施肥活动紧密相关，智慧农业的发展标志着从传统粗放型向精细化管理转变。结合农田的实际特点，利用网络技术及 GPS 和传感器技术开发的农机实时监控系统对提高传统农业水平起着关键作用。水肥信息的实时获取和智能化管理表明智慧农业正在向更高效、科学的方向发展。

2. 控制决策方法

传感器通过无线 WiFi 技术将采集到的数据信息传输到服务器，控制决策系统通过对比采集到的土壤水分和养分数据与系统预设水肥灌溉配方数据的差值，制定灌溉施肥决策，通过无线技术控制决策系统形成指令，发送至灌溉施肥系统。

精准决策技术是指在收集相关农田整体情况，利用大数据整合后，进行适当的处理和优化以获得最佳的作物管理决策方案。在农业中，精准施肥和精准灌溉可以在农场管理方面辅助农民做出正确的决策，因此可以被描述为将数据转化为决策的大脑。

决策支持系统在农业中应用广泛，是一种基于计算机的农业决策系统，如水肥专家系统是应用计算机技术模拟专家来处理定性知识方面的问题，计算机对海量农作物生产数据进行管理和分析，节省了大量人力，避免了人为错误，方便了数据的查询和应用。利用计算机软件的仿真功能进行仿真预测，可以更准确、更快速地指导生产，提高预测的准确性和效率，增强生产的可预测性。决策算法主要采用卷积神经网络（CNN）的改进分类回归模型和多层感知器（MLP）检测模型。在农业机械的可变操作决策中，不仅融合了专家经验和机械动力学模型，还结合了人工智能技术。具备可变操作水肥决策系统的农业机械，通过利用处方图，开发了变量作业控制和辅助导航软件。这些机械还整合了遥感数据以估计土壤的氮含量，从而实现精准的变量施肥。同时，农技人员运用脉宽调制的间歇喷雾变量喷雾系统，开发了小麦的精准施肥器，并构建了一个基于作业处方图的氮、磷、钾配比的施肥决策支持系统。

（二）蔬菜田间巡检技术

随着计算机视觉和人工智能等先进技术的发展，使用巡检机器人等农机对田间蔬菜生长状况进行监测成为一种有效手段，但现今多数相关农机仍需要人为操纵巡检机器人来完成路径导航避障、蔬菜信息采集，自动化程度还远远不够，劳动力的解放以及作业质量参差不齐的问题仍有待解决。田间巡检工作过程主要可以分为自动定位导航与多机协同控制两个部分。将自动导航技术应用于田间巡检机器人上，可以有效减少重复作业区域面积、优化作业路径、延长工作时间，除此之外还能减少农民重复枯燥的劳动工作量、降低人工成本并提高作业的效率和质量，实现真正意义上的自动化。多机协同系统将实现多目标优化，提高调度管理效率和经济效益，真正意义上促进田间监控向无人化的方向发展，有着广阔的发展前景。

1. 视觉融合定位导航技术

自主定位和导航主要利用全球导航卫星系统和视觉定位技术。RTK-全球定位系统和 RTK-北斗导航卫星系统在精准农业中的广泛应用，推动了农业装备自动导航技术的发展。基于国外惯性测量单元三维姿态测量与补偿技术，高精度定位技术在坡度为 15°时定位精度可达 1 厘米。当前农机卫星驱动全方位调平智能控制系统主要依靠实时动态导航技术，通过载波相位差分实现高精度导航控制。

导航定位技术、高度自适应集成技术、无人行走与自主作业协同控制技术在高端农机中是比较成熟和标准的。基于视觉和激光的线检测，特别是视觉线检测的环境鲁棒性，影响其实际应用。为使卫星定位和视觉导航的结合更好地满足农业场景的需求，使用增强现实技术来构建环境的 3D 图像；直线路径跟踪的级联模糊导航控制；激光雷达通过点云提取和识别雷达（point extraction and recognition lidar，PEARL）从 2D 点云中提取线等方案被相继提出。视觉的农业物联网导航系统的概念和智能农业机器人双目视觉导航算法，融合图像中作物行的边缘轮廓和高度信息提取导航参数。高精度路径线性跟踪控制精度达到 2.5~3.0 厘米，运行速度达到 25 千米/时。美国传感器融合导航技术利用卫星和机器视觉融合定位技术，实现独立作业条件下的高精度和全幅收获，相比之下，我国作物边界识别技术采用的是卫星定位和机器视觉信息融合技术，需要进一步推进。

农机的路径规划需要满足相关农艺规范的要求，同时优化参数，如作业距离、时间、转弯次数和作业区域的能耗遵守重量和泄漏限制。它涉及确定一条合理的行走路线，以确保农业机械的无人驾驶和自主操作。农业设备在田间环境中的行驶路径包括作物行的直线段跟踪和曲线段连接。直线段路依赖于 A-B 线导航技术。全面的田间覆盖路径规划考虑了农田区域内的转弯和行驶路径。目前有 4 种规划形状方案：S 形、口形、背形和对角线形。区域路径规划侧重于转弯路径，包括弓形、半圆形、梨形和鱼尾形。在多目标路径规划中，采用了基于最小化成本的最优覆盖规划方法；而针对自主土地平整作业，也进行了路径优化。规则块全覆盖路径规划算法相对多目标优化问题更加成熟，未来的开发集中在不规则块、多障碍、多约束、用于不同主机和机器转弯半径和路径的自适应路径规划算法上来绕过不同的障碍。

障碍物检测方法包括超声波雷达、激光雷达、红外传感器、视觉传感器和多传感器融合。在农业设备环境中的障碍感知技术中，红外技术可以有效地检测人类和动物，而超声波和激光雷达系统可以提供广泛的测量范围以及距离和速度方面的高检测精度。3D 雷达测量精度高，但成本高。结合视觉和 2D 雷达进行障碍物检测是一种最佳解决方案，多传感器融合是农田障碍物感知的关键技术热点。采用单目视觉传感器结合强化学习算法来检测障碍物；3D 点云及多传感器融合障碍物感知方案；全景摄像机快速检测运动农业机械周围的动态障碍物等方法都被应用在田间避障领域中。

2. 多机协同控制系统

农业设备的多机协同控制可分为主从协同作业控制和联合操作控制。现代农业机械发展成大型和复杂的，或者通过多个小型机械的协同操作方式，提高了生产效率。多机协同操作对操作窗口内的时间敏感任务非常有利。主从协同作业是针对主从农机间距保持、速度跟随、姿态跟随等进行精确控制的技术，是多目标优化控制问题，广泛应用于耕地、播种、收获等环节，多机主从协同工作技术在美国和德国已经得到应用，但是国内合作经营下的蔬菜种植仍然较为分散，具有挑战性，主从协同操作下的控制技术是未来技术的发展方向。

利用蚁群算法对多机协作任务进行规划，建立了任务分配模型系统、农机跟随结构协作导航控制方法、反馈线性化和滑模控制理论等，同样广泛用于路径跟踪和编队保持控制律。多无人机协作是一种新兴的农业机械智能控制中的技术,侧重于飞行控制跟踪协作算法。未来实用协作技术应解决单机异常诊断和编队恢复、跨区域空地协同、云端协同调度、农业装备集群协同运行管理与控制平台技术。此外,多农业装备集群协同云调度技术应着眼于分布式多机协同远程操作、维护技术和人机并发控制技术。

四、蔬菜无人化收获技术

随着人工智能算法的进一步发展,蔬菜无人收割方式也在不断迭代,充满了机遇和挑战。蔬菜无人收获方式主要包括目标蔬菜的快速准确识别与定位、采摘路径规划、末端执行器在采摘机器人中的应用3个方面。提高蔬菜收获效率是收获机器人研究的重点和热点。在机器学习、传感器和知识存储等技术的推动下,如何实现多环境、多源信息的快速准确识别,获得适当的采收对象,进一步优化控制策略,都是重要的发展方向。蔬菜无人化收获技术框架如图4-4所示。

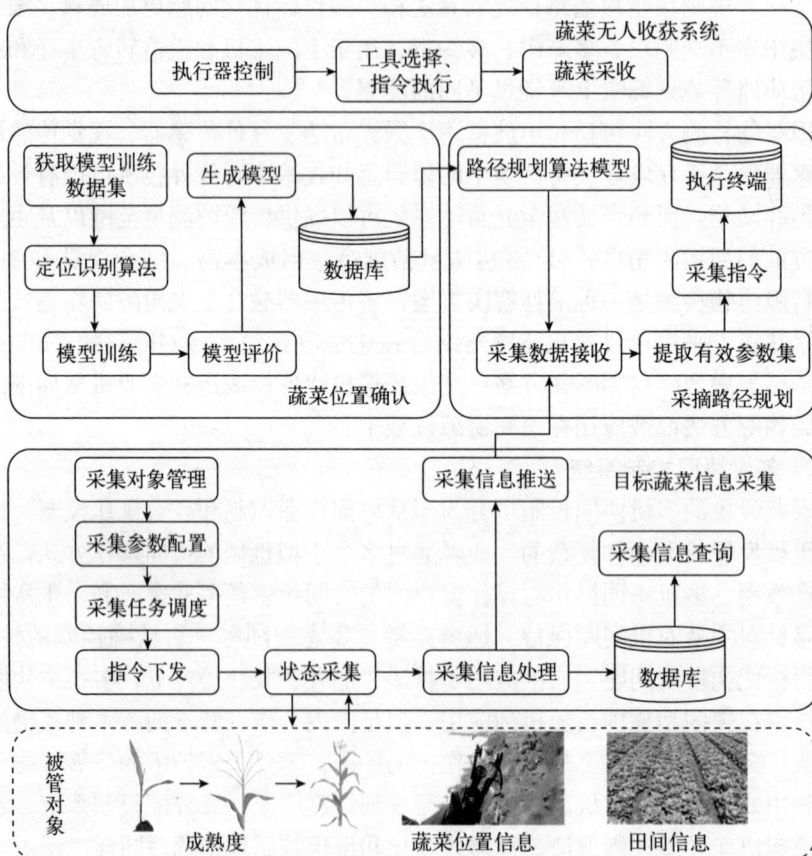

图4-4 蔬菜无人化收获技术框架

使用机械来收获蔬菜的想法首先是由美国人 Schertz 和 Brown 提出的。在 20 世纪 60 年代，采摘机器人通常由 5 个部分组成：采摘机械臂、末端执行器、机器人视觉系统、控制系统和行走系统。由于作物株高、形状等不同，各国研究人员开发了各种类型的采摘机器人及其针对特定作物的末端执行器，在操作原理、结构形式、复杂性、操作效果和性能方面有很大不同。采摘机器人能有效提高生产率和安全指数，采摘机器人抓取和操作形状复杂、叶片易折断的蔬菜是采摘机器人自动化操作中的一项共性关键技术，也是智能系统的集中体现。

1. 目标蔬菜的快速准确识别与定位

采摘机器人首先通过摄像机识别和定位目标蔬菜，并根据获得的蔬菜图像提取目标水果的特征信息。机械臂根据识别信息驱动末端执行器到采摘点完成采摘，因此目标蔬菜的识别和定位是决定采摘机器人采摘性能的关键技术之一。在非结构化的田间环境中，采摘机器人对蔬菜的识别和定位受到各种外部因素的影响，如光线和遮挡，世界各地的科研人员对此问题进行了广泛的探讨，采摘机器人的识别技术主要分为两种方法：一是传统的智慧图像技术，二是基于几何形状特征的机器学习方法。这两种方法在处理颜色特征与背景相近的水果时都适用。然而，在田间自然环境中，由于遮挡问题严重，目标蔬菜的形状容易被遮掩，这会降低识别的成功率。基于几何形状包括蔬菜识别检测方法在早前广为应用，叶片较光滑的适用于纹理的特征蔬菜识别，但基于纹理特征的蔬菜识别受光照条件、果树生长环境和蔬菜形状的影响较大，因此该方法适用于温室环境。基于个体特征的蔬菜成熟度识别方法有其局限性，融合两种或多种特征可以更好地提高蔬菜识别的准确性和鲁棒性。基于颜色特征的方法适用于蔬菜识别，其中蔬菜颜色与背景明显不同，但受光线影响更大，因为光线变化会影响阈值的选择，导致识别成功率较低。

随着机器学习在农业垂直领域的不断赋能，其在蔬菜成熟度识别检测、采摘定位方面得到广泛应用。K‐means 聚类算法可以在训练样本上不定义标签情况下，自动对目标蔬菜和背景进行分类，识别准确率为 80％～90％，但 K 值求解较为复杂。贝叶斯分类器分类更简单快捷，主要通过最小概率对图像进行分类，识别准确率约为 75％～80％，但受光线影响较大。KNN 聚类算法基于对图像训练的特征向量进行分类，识别准确率为 85％～90％，但受 K 值大小的影响。AdaBoost 和 Haar‐like 特征算法通过弱分类器的线性组合构造强分类器，识别准确率为 86％～96％，但训练时间较长，识别成功率较低。支持向量机 SVM 算法基于线性或非线性回归分析进行分类，识别准确率为 90％～93％，但未训练样本集需要重新计算，增加了识别时间。

采摘机器人一般可以分为室内和室外两种型号，取决于蔬菜生长的环境。

在室外环境中，收割过程中会受到复杂多变天气的影响。此外，天气会导致光线、温度和湿度环境发生巨大变化，尤其是视觉系统的识别和定位光线。蔬菜可能生长在树枝和树叶密集区域的室外环境中，对采摘机器人的避障也有严格的要求。室内环境比室外环境影响因素少。蔬菜无人化收获技术与装备见图4-5。

a. 白萝卜自动化采收技术   b. 甘蓝无人化收获技术

图4-5　蔬菜无人化收获技术与装备

2. 采摘路径规划

采摘机器人通过机器人视觉确定蔬菜的位置信息后，需要控制机械臂驱动末端执行器运动到采摘点完成采摘。然而，由于在机械臂的运动过程中存在诸如树枝和树干之类的障碍物，所以需要为采摘机械臂进行路径规划。采摘路径规划是一条计算机导出的函数曲线，具有规律性，基于关于机械臂末端位置、目标水果位置和障碍物位置的信息。然而，由于采摘机器人具有一定的采摘空间，为了更好地完成采摘任务，其轨迹必须满足采摘机械臂的运动学和动力学分析。采摘机器人路径规划一般可以分为全局路径规划和局部轨迹规划。

全局路径规划是指已知全局环境，并根据算法搜索最优或接近最优的路径。主要方法有直观图表法、自由空间方法、最佳控制方法、拓扑方法、网格法和神经网络方法。局部路径规划侧重于在完全未知或部分可知的环境信息基础上，考虑机器人当前所处的局部环境信息，让机器人具有良好的避障能力，通过传感器检测机器人的工作环境，获取障碍物的位置、几何属性等信息。随着概率图法等随机抽样方法被提出，结合后算法能有效在自由空间中获得采样点，并通过采样点构建路径栅格地图，然后使用搜索算法在路径栅格地图上搜索可行路径。路径规划引入随机节点生成函数和节点增强点可以有效解决移动机器人的路径规划问题，改进蔬菜夹取路径，算法具有计算量小、实时性好的优点。综上所述，机器人采摘轨迹规划已得到广泛关注，机械臂运动轨迹的优化同样具有重要的理论意义和应用价值，由于实时性更高，需要持续优化机器人采摘作业过程中运动轨迹，以获得适合采摘作业的轨迹，其主要作用于末端执行器。

3. 末端执行器

末端执行器直接对蔬菜进行采摘操作，影响采摘机器人的采摘性能和采摘效率。工业机器人的末端执行器功能过于简单，无法适应蔬菜采摘需求。根据目标的特殊性，采摘机器人的末端执行器可以根据抓取方法分为剪刀型、吸附型、手指钳型和其他类型。日本、荷兰和美国开发的采摘机器人的末端执行器仍然存在成功率和效率低的问题，并且容易损坏蔬菜。采摘机器人的实际采摘性能不仅取决于单个单元，采摘机器人其性能还要求各种工作部件协同工作，还取决于系统的有机集成。尽管各国对采摘机器人的关键部件协同工作的能力进行了广泛探索，但一款通用型蔬菜采摘机器人还尚未问世，也是未来发展的主要突破方向。

五、蔬菜产后分选分级

针对传统蔬菜商品化过程单纯依靠人工检测工作量大、准确性不高等实际问题，以甘蓝为例，开发了一套多信息融合的综合分级装备。该装备利用深度学习技术开发甘蓝裂球、虫孔、腐烂等多类型缺陷检测方法，实现了缺陷的快速识别和精准定位。同时，通过图像畸变校正技术提取甘蓝图像的边界轮廓、投影面积、横径等关键特征，并应用偏最小二乘法、支持向量机、人工神经网络等技术构建了一个综合的甘蓝尺寸预测模型。此外，对重量传感器的布局进行优化，在甘蓝分级的同时实现重量感知。从而在尺寸、缺陷和重量等多个维度上实现甘蓝的商品化自动分级分拣。

(一)农产品质量分类一般流程

相对于人工检测来讲，机器视觉技术具有检测精度高、可重复性强、检测速度快、检测结果客观可靠、检测成本低等优点。伴随着信息技术、通信技术的发展，机器视觉技术日臻成熟，已成为自动化检测领域不可或缺的重要工具。在农产品质量品质与安全检测方面，机器视觉技术目前已广泛应用于农产品形状、颜色、尺寸及部分外部缺陷检测。机器视觉检测技术所具有的客观、快速、无损的优点对于提高农产品商品化自动分级处理具有重要意义。同时，现代成像技术的蓬勃发展，也将必然拓展和深化机器视觉技术在农产品品质与安全无损检测方面的应用领域。甘蓝综合分级装备采用机器视觉技术，特别是彩色成像技术对甘蓝的外部品质，包括颜色、尺寸等指标进行检测。

1. 图像预处理

在图像处理分析时，图像的质量直接影响特征提取、识别分类的效果和精度。农产品质量品质检测分选过程中，视场光照条件、分级线机械振动、所检测农产品的形状、色泽等都会影响成像质量。为了确保农产品品质特征的准确提取，在进行图像处理分析之前，通常需要先对图像进行预处理。这里简要介绍农产品品质检测中常用的几种图像预处理方法，包括图像平滑、边缘提取、掩模处理等。

图像平滑（smoothing）主要用于减少图像中的噪声。通过对图像中每个像素的值与其邻域内的像素值进行某种形式的平均处理，可以有效地去除或减少噪声。常用的图像平滑技术包括均值滤波、中值滤波和高斯滤波等。边缘提取（edge detection）是图像处理中的一项基本任务，目的是识别图像中对象的边界。这对于农产品品质检测尤为重要，因为它可以帮助识别果实的形状、大小和缺陷等特征。常用的边缘提取算法有 Canny 边缘检测、Sobel 算子、Prewitt 算子等。掩模处理（masking）是一种图像区域选择技术，通过它可以对图像的特定区域进行操作，而不影响图像的其他部分。这在处理有特定形状或需要特别关注的农产品时特别有用，例如在检测果实上的特定病害或损伤时。掩模可以是简单的二维形状，也可以是更复杂的基于图像内容的掩模。

2. 特征提取

特征提取是机器视觉和图像处理中一个非常重要的概念，是指计算机获取图像特征信息的操作。图像特征提取可以看作图像分析的起点，特征提取的准确与否直接决定了图像分析算法的成败。对于农产品外观品质来讲，可以通过机器视觉系统获取农产品图像，并通过图像处理技术提取其颜色特征、形状特征、尺寸特征等，然后对相关特征进行分析和量化，进而实现外观品质的检测与分级。

3. 图像的识别分类

图像的识别分类数据挖掘的重要方法和途径，机器视觉技术领域的识别与分类概念是指在已有特征数据的基础上，通过构造分类函数或模型实现数据归属的预测，其中分类函数或模型即我们常说的分类器。图像识别和分类属于高层次的图像处理范畴，输入是图像特征，输出则是分类标签或识别结果。图 4-6 为基于图像技术的农产品质量品质图像识别分类算法的一般流程，主要包括图像预处理、分割与特征提取、图像分类算法训练与模型构建等。

分类器是数据挖掘、机器学习、人工智能中依据特征对样本数据进行分类的方法的总称。目前分类器在农产品质量品质检测分选方面的应用比较广泛。基于深度学习的图像分类模型是农产品质量品质和检测评估以及自动化分级的重要智能工具，随着机器学习、大数据分析和人工智能技术的飞速发展，基于智能分类模型的图像识别分类算法将会更多地被应用于农产品和食品质量品质和安全评估领域。

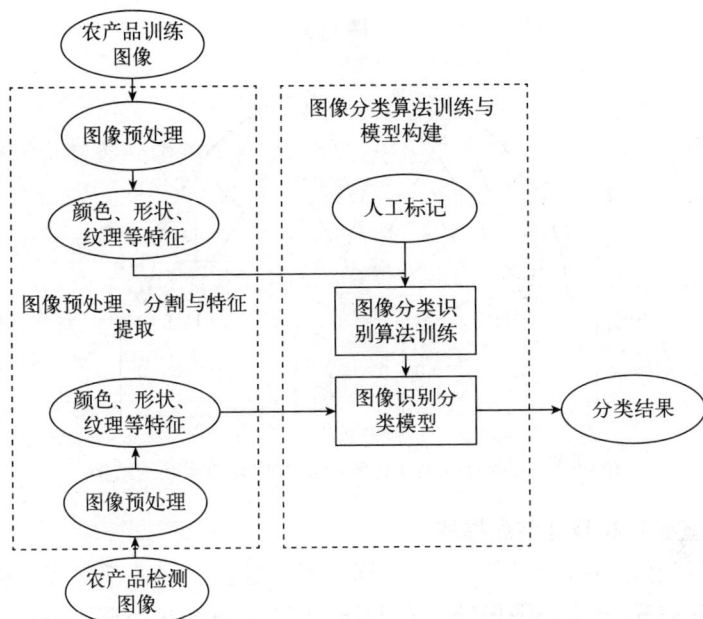

图 4 - 6　农产品质量图像识别分类算法的一般流程

（二）甘蓝综合品质检测分级分拣系统

1. 甘蓝外部品质检测漫反射均匀照明系统构建

搭建甘蓝外部品质检测漫反射均匀照明系统（图 4 - 7）。采用高清 RGB 相机和高频闪、窄带频段 LED、漫反射穿顶为组件的照明系统，通过仿真优化光源、光箱布局，提供高质量、无阴影、无亮斑的均匀照明模式。同时设计柔性上料和传输装置，减小甘蓝样品在检测过程中的互相碰撞和机械碰伤，实现甘蓝样品图像的动态快速采集。

2. 甘蓝缺陷快速识别

以卷积神经网络为代表的深度学习算法在农产品品质检测中已经得到广泛应用。但当前的研究网络结构复杂，难以在蔬菜分选线进行实时部署和应用。本项目采集获取不同缺陷种类甘蓝样本的动态图像，包括裂球、爆花、病虫害等，并完成人工对缺陷部位和种类的标记。以获取人工标记后的高清 RGB 图像作为深度学习网络的输入，通过对大量原始甘蓝缺陷图像的分析，开发采用将卷积神经网络与基于自注意力机制 Transformer 网络相融合的深度学习方法，突破卷积神经网络和 Transformer 模型的限制，形成兼顾局部特征和全局特征的缺陷检测模型，实现甘蓝图像中缺陷区域的准确获取与评估。

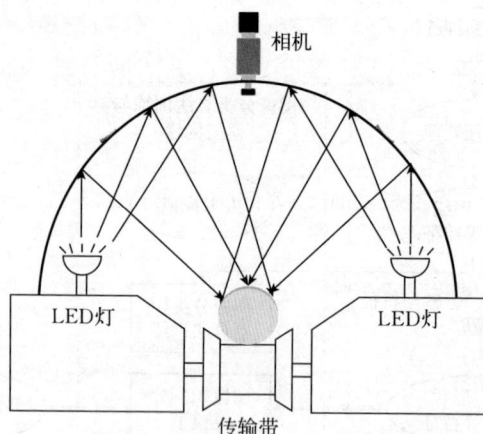

图4-7　甘蓝外部品质检测漫反射均匀照明系统结构

3. 甘蓝颜色和尺寸信息提取

针对颜色信息提取采用亮度校正算法减小甘蓝表面曲率对光照强度的影响，将获取的RGB空间图像转换到HIS、CIE Lab颜色空间，提取多个颜色空间下的颜色特征，采用人工神经网络、支持向量机分类算法建立颜色分级模型。对于尺寸检测，提取甘蓝边缘轮廓特征，根据轮廓特征进一步提取果径等尺寸信息。对于形状检测，提取圆形度、复杂度、形变度、偏心度及边界图像傅里叶描述子等果形特征，并采用特征优选算法从上述特征中进行优选，建立优选特征的甘蓝形状分级算法。集成以上技术的甘蓝品质综合分级装备，能够综合考量颜色、尺寸、形状、缺陷和重量信息，实现甘蓝的全面分级。甘蓝综合品质检测分级分拣技术路线见图4-8。

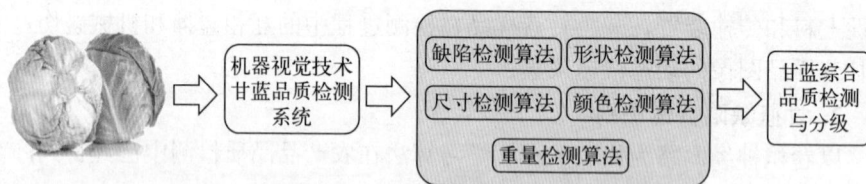

图4-8　甘蓝综合品质检测分级分拣技术路线

所谓图像分割是指根据灰度、彩色、空间纹理、几何形状等特征把图像划分成若干个互不相交的区域，使得这些特征在同一区域内，表现出一致性或相似性，而在不同区域间表现出明显的不同。简单地讲，就是在一幅图像中，把目标从背景中分离出来，以便于进一步处理。从生产线抓拍的图像可以简单地分成两部分，即甘蓝和背景。如何将甘蓝从背景中分割出来，以及分割的好坏直接影响后续图像的特征提取乃至甘蓝的最终等级。图像的分割一般基于边缘的分割和基于区域的分割两大类，而阈值化分割是基于区域分割中使用很广泛的一种分割方法。通过对甘蓝图像直方图的分析，获取采集到的 RGB 图像中甘蓝和背景存在比较鲜明的差别的关键阈值，从而利用这一全局阈值将甘蓝从全背景中分割出来。阈值法是一种传统的图像分割方法，因其实现简单、计算量小、性能较稳定而成为图像分割中最基本和应用最广泛的分割技术。

对于颜色信息的提取，采用上述亮度校正算法减小甘蓝表面曲率对光照强度的影响。颜色模型从人的视觉系统出发，用 H、S、I 这 3 个参数来描述色彩，它反映了人的视觉系统感知彩色的方式，这种彩色描述对人来说是直观的、自然的。HSI 模型将亮度、色调、饱和度分离开，这样进行图像处理时能够通过将色调和饱和度去除来降低图像中光线变化和颜色变化的影响。其中，色调 H 主要描述颜色的外观，使得基于 HSI 模型开发的图像处理算法在色彩信息处理方面展现出优势，这种模型在机器视觉领域得到了广泛的应用。因此，将甘蓝图像从 RGB 颜色系统转换至 HSI 颜色系统，利用色调分量 H 来确定甘蓝的颜色特征成为了一种有效方法。同时，甘蓝尺寸的测量通过其最大横断面直径来实现。为了从图像处理中获得最大横断面直径，一般采用提取每个甘蓝图像的当量直径作为其尺寸特征。

4. 甘蓝缺陷检测模型部署

YOLOv7 - CACT 复杂的网络结构导致计算量较大，Python 语言或者单纯的 C++语言调用模型都无法满足这样的实时性要求。针对高通量甘蓝外部瑕疵检测的需求，基于 TensorRT 的模型部署方法展现出了其有效性。TensorRT 是一种低延迟、高吞吐率的推理优化器，通过分析输入网络特征结构，重构计算图并加速推理，不需要在实时运行和检测精度性能之间做出权衡，经过适当调整即可同时满足实时运行和高精度检测的要求。经过优化的检测模型具有更高的推理速度，从而使部署后的检测模型能够满足实时性要求。TensorRT 使用一系列优化技术对 YOLOv7 - CACT 模型进行优化，包括层融合、卷积算法选择、网络剪枝和精度调整等。通过这些优化，可以减少计算量和内存占用，提高推理速度。在模型优化完成后，TensorRT 将优化后的检测模型转换为高度优化的计算图，从而能够在 GPU 上并行计算，实现高速推理。该方法最终将网络模型从 pt 格式文件转换为 TensorRT 可以调用的 engine 格式文件，其中模型计算精度可以设置为 16 位浮点数，最后将优化后的检测模型部署到计算机上，最终实现甘蓝缺陷的快速在线检测。图 4 - 9 为设计和开发的用于甘蓝品质检测和分选的自由果托式分拣设备。

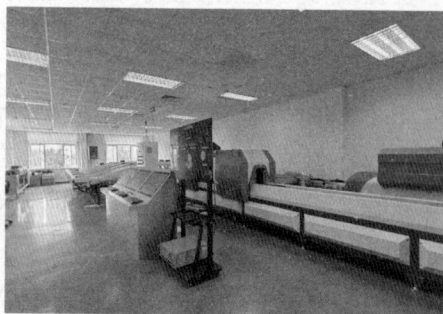

图4-9 甘蓝品质检测和分拣设备

第二节 北京智慧菜田典型案例

一、昌平区小汤山镇智慧菜田示范基地

(一)基本情况

北京市的蔬菜种植主要分布在昌平、顺义、房山等郊区,采用大棚和露地种植方式,涵盖了叶菜、根茎、果菜等多种类型。北京作为经济发展水平较高的地区,人工成本高于全国平均水平,特别是在种植、收割等劳动密集型环节,造成直接成本急剧上升。同时,环保与生态农业的推广使得有机肥料和生物农药的使用成本远高于传统化学产品。此外,土地租赁成本在北京也相对较高,尤其是近郊区域,这进一步增加了蔬菜生产的总成本。尽管一定程度上现代农业技术已被引入以提高效率,但仍有部分地区依赖于传统种植方式,导致生产效率不高,且蔬菜品质难以保证。另外,当前农民老龄化严重,农业高科技应用的需求和农民的实际操作能力无法平衡,设备的易用性和实用性难以两全。针对这些问题,迫切需要将智能化技术运用到蔬菜生产农机装备上,通过技术集成实现无人化、少人化作业,降低机手的工作强度、难度,提高作业的精准度和生产效率。

赵春江院士团队在露地蔬菜无人农场领域有着丰富的研究经验,通过开发先进的技术,包括自动化种植机器人、智能传感器和数据分析等实现无人农场的自动化种植和管理,为农业生产提供更可持续的农业解决方案,提高了农业生产的效率和质量。

近几年,联合育种、栽培、植保等专家从2020年开始依托昌平小汤山国家精准农业研究示范基地开展了露地蔬菜无人农场宜机化农艺种植模式研究、自主无人系统装备研制,经过多个茬口的反复试验,已在北京、河北、内蒙古、天津等地开展无人化露地作业实验，通过多次实验，将人工与无人化作业进行对比，无人化智慧农业技术的应用可以减少传统农业中人力劳动的投入，降低农业生产的成本，包括人力成本、物资成本、时间成本等。

智慧菜田技术作为智慧农业、智能农机等多领域交叉的科研成果在小汤山基地落地实施，为解决当前农业从业人员老龄化和作业非标化等突出问题提供了智能化、信息化解决路径。国家精准农业研究示范基地蔬菜无人农场见图4-10。

图4-10　国家精准农业研究示范基地
蔬菜无人农场

（二）智慧菜田建设

1. 无人农机作业系统及平台

露地蔬菜无人作业系统（图4-11）集成北斗定位导航、自主路径规划、车辆轨迹跟踪控制、激光雷达避障、农机具姿态调优等关键技术，自适应配装蔬菜不同种植结构、栽培模式、作业环节农机具参数等，具备自主作业规划、智能紧急避障、夜间连续作业、机具智能适配、作业质量监测、多机实时协同作业等功能，通过灵活的作业路径规划与机具调控，实现了农机全自主无人作业。目前系统安装方式有两种：一种是后装式的，约翰迪尔1204拖拉机（图4-11）是通过无损式加装传感器、线路控制等实现了不同作业的适配；

图4-11　无人作业系统

第二种方式是前装式的，国产鲁中1404-CVT拖拉机（图4-12）实现了定制集成，并实现了无驾驶舱拖拉机的创制（图4-13）。

图4-12　鲁中1404拖拉机前装式无人作业系统

图4-13　国内领先的无驾驶舱蔬菜全程无人化平台

无人农机可以适配深松机、旋耕机、起垄机、移栽机、结球类蔬菜收获机（图4-14、图4-15）等进行无人作业，实现甘蓝等蔬菜品种从耕整地、移栽、田间管理、采收等生产全过程的无人智能化生产与作业。

图4-14　无人农机＋甘蓝移栽机

图4-15　无人农机＋甘蓝采收机

2. 智能巡检机器人3.0

智能巡检机器人3.0（图4-16）集成无人作业系统、视觉识别、作业模型构建、核心算法、机器学习、四轮万向控制等核心技术，可进行自主路径规划与智能避障，开展蔬菜长势巡检、田间运输等智能化复合作业。

整机重量950千克，载药量300升，每小时作业面积9亩，车体最大行走速度为1.5米/秒。电池采用60伏、100 AH锂电池，并采用油电增程技术，实现10小时连续作业功能。机器人采用高精度差分GPS定位技术，定位精度可达到

图4-16　智能巡检机器人

2～3厘米。机器人通过激光雷达实现360°高精度的障碍物感知识别，采用自适应轨迹控制跟踪技术实现精准作业，完全实现无人作业。

巡检机器人主要用于田间技术巡检，为减轻日常田间管理劳动投入强度，以及存在遗漏等问题。通过巡检机器人能够进行自主作业巡检，对每行、每株进行标记，实现单株连续性生长发育，并能够准确识别长势分析、病虫草害分析图，为生产提供精准管理和提前预警。

3. 运输机器人

运输机器人（图4-17）在农田中通过性比较好，能应对各种恶劣路况，是解决蔬菜从田间到地头的主要智能工具，可以极大解决人力搬运的成本投入问题。机器人目前有遥控、CAN通信控制、自主导航等3种控制方式。运输机器人长宽高尺寸为170厘米×120厘米×120厘米，最大载重为300～800千克，运行最高速度为5千米/时，采用48伏、200AH锂电池供电，最大续航时间为4小时。运输机器人还可实现多机协同编组作业，能够不间断、接续蔬菜运输到地头，提高搬运作业效率30%以上。

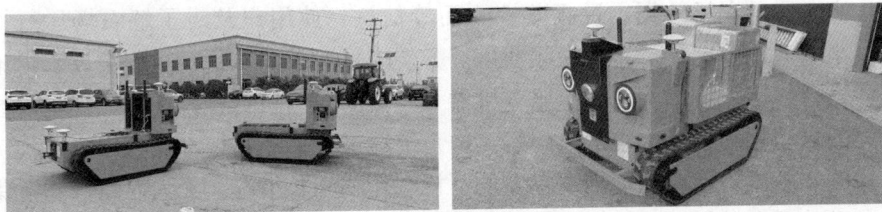

图4-17　运输编组机器人

4. 智能植保机器人

露地蔬菜智能植保机器人（图4-18）以蔬菜关键生育期叶片光谱与图像数据，建立病虫草害光谱图像信息与农药需求决策模型，以处方决策的方式导入自主精准施药机。该机主管道上安装电动阀，控制调节总的喷药量值。同时每个喷头对应安装一个电磁阀、一个流量传感器；该机控制系统通过对北斗定位信息、施药决策的实时解析，获取当前位置的施药量，并将该施药信息发送到下位机ECU（电子控制单元）控制器，控制器控制每个喷头的开闭，实现按照处方决策的方式施药，且有效避免了重喷和漏喷，农药利用率提升15%以上。同时每个喷头装有流量传感器，实现了将喷头流量实时上传物联网，方便查看与管理。该机型幅宽12米，极大地提高了作业效率。

图4-18　智能植保机器人

5. 萝卜采收机器人

萝卜采收机器人（图4-19）采用履带自走式结构，全液压底盘，每次采收1行，利用链夹将白萝卜菜叶夹拔后进行切割，加装无人作业系统实现全自动无人采收。机器长宽高为4 100毫米×2 450毫米×1 600毫米，最小离地间隙180毫米，作业速度为0～1.6米/秒，作业效率为0.15～0.25公顷/时。

6. 无人农场数据舱

无人农场数据舱（图4-20）又名智慧菜田现场管控决策中心，集高科技和智能化于一体，由舱体、舱体控制系统、物联网中央控制系统、人机界面主机、显示系统、小型会议系统、服务机器人、园区VR系统等多个部分组成。舱体采用轻质高强度材料制成，确保耐久性、气密性和防水性。舱体控制系统的核心职能在于监控环境状态，优化设备运行环境。物联网中央控制系统通过收集和分析来自各种传感器的数据，自动调节灌溉、照明、施肥等农业活动，实现精准农业管理。人机界面主机提供直观操作界面，便于用户监控和管理农场运行。显示系统可以根据用户的具体需求配置拼接大屏或其他类型的显示器，实时展示农场数据、视频监控画面等信息，使用户及时了解农场运行情况。小型会议系统支持多人视频通信，方便农场管理团队进行远程会议，讨论农场运行策略、技术问题等。服务机器人在数据舱内执行各种任务，提高农场管理的自动化和智能化水平。园区VR系统通过虚拟现实技术，为用户提供沉浸式的农场体验，可以远程巡视农场，检查作物生长情况。无人农场数据舱集成各类数据和系统，打破信息孤岛，实现数据共享和智能分析，使得农场管理从传统的经验驱动向数据驱动转变。

图4-19 萝卜采收机器人

图4-20 无人农场数据舱

（三）应用成效

国家农业信息化工程技术研究中心吴华瑞研究员带领国家大宗蔬菜产业技

术体系智能化管理团队，于 2020 年开展了蔬菜规模化生产人机智能协作技术研发与应用，突破了农田环境下的自主路径规划、苗垄识别、多传感器融合避障、农机具姿态调优等关键技术，构建了我国首个面向蔬菜规模化生产的无人农场集成技术系统，探索形成了露地蔬菜规模化生产无人作业技术模式和整体解决方案，支持露地蔬菜平整地、起垄、移栽、田间管理和采收等全程 24 小时连续无人化作业，该成果被列为农业农村部 2020 年十大引领性技术。近两年技术成果进一步扩大应用场景，实现了无人农机作业、田间水肥管理、物联网数据采集等全程智能化集成，基于蔬菜规模化生产人机智能协作技术进行应用领域拓展创新，联合研发的驾舱拖拉机、巡检机器人、打药机器人、运输机器人等一批机器人产品相继投入生产应用，蔬菜无人农场的技术体系已初步成型，技术成果在北京昌平、河北沧州、内蒙古乌兰察布、湖北武汉、天津静海等地进行生产性应用，露地蔬菜全程减人工智能化技术被评选为 2022 年度中国农业农村重大新技术新装备。

经济效益：通过实现蔬菜规模化生产的无人作业，减少了人工成本，特别是在种植、管理和采收过程中，只需要少数几名劳动工人与机器协作，大大降低了人工成本。这为农场主和农业从业者带来了明显的经济效益。

社会效益：尽管农场内的自动化和信息化技术降低了对劳动力的需求，但与此同时，机器人技术的发展也创造了与这些技术相关的就业机会，例如维护、监控和操作。这有助于减轻农村地区的就业压力。

生态效益：通过精确的信息化管理和监控，农场能够更有效地利用土壤、水资源和肥料。这有助于减少资源浪费，提高资源的可持续利用性。

产量增加：通过智能化管理和无人作业技术，蔬菜生产过程更加精确和高效。这导致了产量的显著增加，尤其是在甘蓝和辣椒等作物的生产中，产量提高了 3%～5%。这不仅提高了农场主的收入，还有助于满足市场对高品质农产品的需求。

农药和化肥使用减少：智能农场技术的应用使得农药和化肥的使用更加精确和高效，避免了过度使用的情况。这有助于减少对环境的污染，改善土壤和水质。

二、昌平区金太阳蔬菜无人农场

（一）基本情况

北京市昌平区金太阳蔬菜无人农场是一个位于昌平区的创新性农业项目，旨在推动现代农业科技的应用，解决土地资源的再利用和农业生产效率的提升。2022 年 6 月，北京市农林科学院信息技术研究中心与昌平区科委、阳坊镇政府三方共同在金太阳农场建设北京首例生产型蔬菜无人农场，示范面积为50亩，展示了现代农业的最新技术和方法。主要目标是应对"退林还耕"地块的问题，通过现代农业科技的应用，将这些地块改造成高效、信息化的生产型蔬菜农场。示范以甘蓝与辣椒为研究对象，从整地、施肥、灌溉、起垄、定植、巡检、植保、采收等全流程实现无人化种植与管理，建立了一套退林还耕地改造的生产型蔬菜无人农场种植模式，节约人工成本 76 230 元，甘蓝获得了亩产 9 000 斤*（商品化净菜 5 000 斤）产量，并作为"抗疫保供"蔬菜发挥了积极作用。基地同年获得昌平区"退林还耕示范户"的荣誉，蔬菜无人农场得到昌平融媒体、北京日报、北京青年报的报道。

2023 年 5 月，由昌平区科委"蔬菜无人农场应用场景"项目支持，打造了无人农场智慧控制中心、培训展示、机器人孵化基地等，进一步提升蔬菜无人农场的数智化水平。春茬采用新型移栽机，60 亩甘蓝已经完成无人化移栽，移栽效率提升到了 95% 以上，目前长势良好，下一步继续以示范地块进行无人农场新技术与新装备示范，以农业植保机器人、巡检机器人、运输机器人、采收机器人等进行生产验证，将蔬菜无人农场的减人工水平达到85% 以上。

（二）智慧菜田建设

北京市昌平区金太阳蔬菜无人农场通过信息化建设，将传统农业与现代技术相结合，创造了一套全新的无人农业模式。金太阳蔬菜无人农场的信息化建设，包括自主路径规划、多传感器融合避障、农机具姿态调优、机器人技术应用、数据采集与分析等方面的内容。

1. 自主路径规划技术

金太阳蔬菜无人农场引入了自主路径规划技术，借助全球定位系统（GPS）等现代技术，使农机能够在田地中自主规划作业路径。通过自主路径规划，农机能够高效地移动到需要作业的区域，无须依赖预先制定的固定路径。这降低了机械在田地中的等待时间，提高了作业效率。同时避免了重复作业，因此节约了时间和能源资源。机械在作业过程中能够避免多次覆盖同一地区，从而减少了油料和电能的消耗。在无人旋耕作业中，农场无须雇佣大量的劳动力来进行这项繁重的工作。自主路径规划技术使农机能够自动进行旋耕作业（图 4-21），从而大幅度减少了人工成本。通过将自主路径规划技术与无人旋耕作业相结合，金太阳蔬菜无人农场取得了显著的经济效益，降低了劳动力成本，提高了作业效率。

---

　　* 斤为非法定计量单位，1 斤＝0.5 千克。——编者注

2. 多传感器融合避障技术

为确保农机在作业过程中能够避免碰撞和事故，金太阳蔬菜无人农场采用了多传感器融合避障技术。这项技术包括使用激光雷达、视觉识别等传感器来实时检测周围环境，确保农机能够安全地导航和操作。传感器能够感知障碍物的位置和距

图 4-21 自主路径规划无人旋耕作业

离，然后通过实时数据分析，农机可以智能地调整行驶方向和速度，以避免潜在的碰撞。这不仅提高了农机操作的安全性，也降低了事故发生的风险。在金太阳蔬菜无人农场中，各种传感器分布在农机和设备上，能够实时感知周围环境的障碍物、地形和其他特征。这些传感器收集的数据被传输到智能控制系统进行分析和处理。基于传感器数据，智能控制系统可以实时决策并调整农机的行驶路径、速度和方向，以确保安全和高效的作业。通过将多传感器融合避障技术与无人化移栽作业（图 4-22）相结合，金太阳蔬菜无人农场实现了高度的自动化和智能化。这不仅提高了农场的生产效率，还确保了农作物的健康生长和质量。这些技术的应用为现代农业的可持续发展提供了重要支持。

3. 农机具姿态调优技术

金太阳蔬菜无人农场应用了农机具姿态调优技术，通过实时监测和调整农机的工作姿态，以适应不同的种植结构和作业环境。这项技术使得农机能够更好地适应田地的不平整和植物的生长状况。农机具姿态调优技术能够实时监测农机的倾斜角度、高度和方向等参数，然后通过自动化系统进行调整，确保农机在作业过程中保持最佳的工作姿态，有助于提高作业的精准性和效率。农机具姿态调优技术确保了农机在起垄作业中能够保持稳定，从而使得土壤起垄更加精准。这对于植物的生长和根系的发育至关重要。无人化农机具备自主路径规划和操作能力，不需要人工干预。它们能够根据作业需求自动调整姿态，使起垄作业高度自主化。通过将农机具姿态调优技术与无人化起垄作业（图 4-23）

图 4-22 无人化移栽作业

图 4-23 无人起垄作业

相结合，金太阳蔬菜无人农场实现了高度自动化和精细化的土壤起垄作业。这不仅提高了作业的效率，还确保了种植的成功和高产。

4. 机器人技术应用

金太阳蔬菜无人农场不仅引入了自动化农机，还使用了各种农业机器人，包括农业植保机器人、巡检机器人、运输机器人和采收机器人等。这些机器人能够执行多样化的任务，从农田巡检到农产品采收（图4-24）。它们配备先进的传感器和智能控制系统，能够自主完成各种农业作业，减少了人工劳动的需求，提高了农场的智能化水平。这些机器人不仅提高了作业效率，还减轻了农业从业人员的工作负担。巡检机器人负责定期巡视整个农场，检测植物生长情况、土壤湿度、气象条件等。它们使用视觉识别和传感器技术来获取大量的农场数据，这有助于农场管理人员做出精确的决策。机器人技术的应用使得无人农场的管理更加智能化、高效化和精确化。

5. 数据采集与分析

为实现全程智能化集成，金太阳蔬菜无人农场进行了物联网数据采集。各种传感器和设备收集田间数据，包括土壤湿度、气象条件、植物健康等信息。这些数据用于建立决策支持系统，以优化农业管理和作业计划。数据采集与分析有助于精确监测作物的生长状况，及时调整水肥管理，减少资源浪费，提高了农产品的质量和产量。数据采集与分析技术的应用对于实现智能化水肥灌溉（图4-25）起到了重要作用。基于实时数据，农场管理系统能够制定精确的灌溉计划。这确保了每个地块都获得了适量的水分，这不仅提高了农业生产的效率和可持续性，还减少了资源浪费，有助于提供更多高质量的农产品。

图4-24　无人巡检作业

图4-25　智能化水肥灌溉

（三）应用成效

北京市首个生产型蔬菜无人农场落地昌平，金太阳农场正在示范建设全市首个生产型蔬菜无人农场标杆性项目，在"退林还耕"后的地块上种植蔬菜，完成了全流程无人作业试验（图4-26）。目前，在总面积50亩的农场中，70%以上都实现了智慧化自主管理，经测产，达到商品化水平的首茬甘蓝获得了亩产5 000斤的产量，有力证明了生产型蔬菜无人农场获得示范成功。

经济效益：通过实施智慧化管理和无人化农业技术，农场成功地节约了人工成本76 230元。这包括了在整个生产周期中减少了劳动力需求，降低了劳动力成本。

图4-26　北京市昌平区金太阳蔬菜无人农场

增加产量：项目的亩产量取得了卓越的成绩。特别是甘蓝的亩产达到了9 000斤，其中商品化净菜达到5 000斤。高产量有助于提高销售收入，增强了农场的经济效益。

社会效益：无人农场设立了培训展示区，用于向农民和农业从业者展示现代农业技术和最佳实践。这有助于推广农业科技的知识，提高农业从业者的技能水平，促进农村地区的农业现代化。

生态效益：通过智慧化管理和现代农业技术的应用，农场能够更有效地管理土壤、水资源和肥料，有助于减少资源浪费，提高资源利用效率。

农产品供应稳定性：在抗疫期间，金太阳蔬菜无人农场发挥了积极作用，为当地提供了稳定的蔬菜供应。

农药和化肥使用减少：无人农场可以更精确地监测和管理植物的健康状况，从而减少了对农药和化肥的使用，有助于减少对环境的负面影响，改善土壤质量。

第五章

智慧果园

果树产业是集产、供、销于一体的技术密集型和劳动密集型相结合的产业，兼具经济、社会和生态效益，并与休闲旅游、农耕文化等紧密结合，在农业发展中占据十分重要的战略地位，是我国大农业观、大食物观、多元化食物供给体系建设中的重要一环。北京地区果树种植历史悠久、资源禀赋独特、文化底蕴深厚，形成了近百万株百年老果树和百余个名特优地方品种群，呈现出"一环、三带、百群、千园"的现代果业总体布局，根据第九次全国森林资源清查结果显示，全市果树种植面积 188.5 万亩，包括苹果 12 余万亩、梨 8.7 万亩、桃 28 万亩等，为全市森林覆盖率贡献了 7.6 个百分点，带动了 20 余万人就业，户均果品收入 1.5 万余元，逐步形成了以苹果、梨、桃、板栗等为代表的九大树种优势产业带的总体布局，在乡村振兴、绿色富民、文旅融合、生态安全等方面发挥着不可替代的作用，综合效益突出，应用前景广阔。

传统果园生产中面临着人口老龄化带来的劳动力短缺、农机作业装备与生产资料管理困难、生产效率低下等问题，制约着果树产业的高质量发展。在当今农业数字革命浪潮下，信息技术与果业深度融合，推动着果业向网络化、精准化、智能化的现代化发展模式转型升级，是信息技术在果业中由单项应用走向综合应用的必然体现，推动着果业走上高产、稳产、低耗、高效，以及"人—资源—环境—生产关系"相互协调的可持续发展道路。《北京市加快推进数字农业农村发展行动计划（2022—2025 年）》中明确提出"建设一批数字化果园，搭建果园'天-空-地'一体化数据信息采集监控体系，实现虫情、墒情、灾情和果树长势的自动监测、智能诊断和应急预警；集成研制果园宜机化简约省力智能装备，搭建果园剪枝采摘作业、水肥药精准投入、打药等简约省力应用场景"等要求，为智慧果园建设指明方向。

第一节　智慧果园关键技术

智慧果园是以数据为核心，综合应用现代信息技术与智能装备，与果园生产、管理、经营、服务等各个环节深度融合的一种现代农业生产方式。就应用环节划分，智慧果园关键技术体现在果园环境与果树长势信息采集监控、果园水肥投入精细管理与农机装备智能作业、果品全产业链信息化生产与安全溯源管理、果品质量安全分级分选等主要方面，核心包括：①基于遥感多光谱监测技术、物联网多传感融合技术、人工智能图像识别技术等集成搭建果园"天-空-地"一体化信息采集监控体系，缓解果园生产缺乏科学数据、监测体系不成熟等问题；②基于水肥耦合一体化灌溉技术、北斗卫星定位导航技术、无人驾驶智能行驶技术、精准靶向识别技术、智能模型精量控制技术等搭建果园水肥一体化与智能装备作业体系，缓解果园农资与人工投入成本高、生产效率低、农事作业精细化不足等问题；③基于大数据分析技术、云平台服务技术、ERP数据管理技术、区块链溯源技术等搭建果业全产业链安全溯源体系，缓解产业融合不紧密、安全生产与透明供应水平不高等问题；④基于机器视觉技术、可见/近红外光谱技术、水果智能分级装备技术搭建果品检测分级体系，缓解果品标准化程度低、品牌溢价能力不足等问题。智慧果园关键技术集成应用总体框架如图5-1所示。

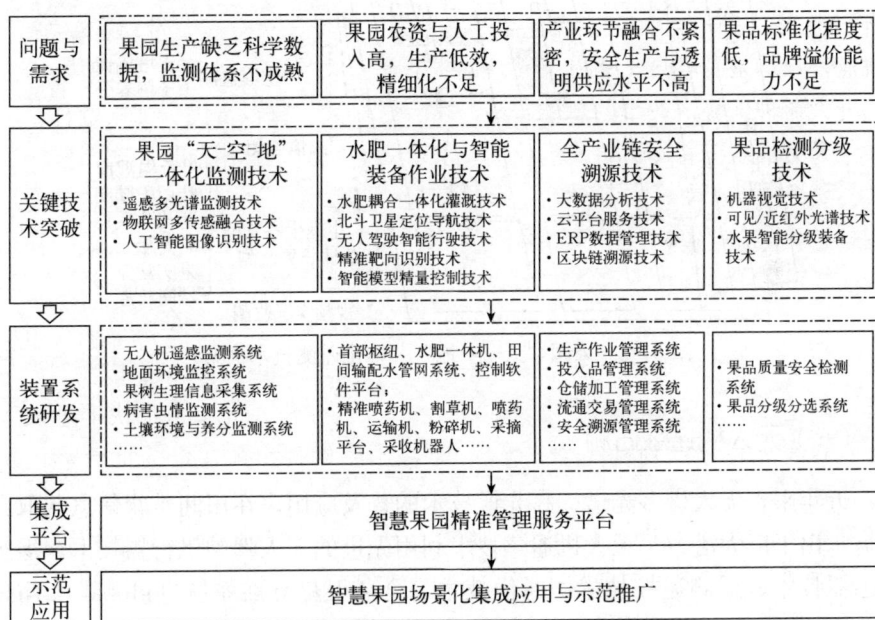

图5-1　智慧果园关键技术集成应用总体框架

一、环境监控

果园是一个复杂的生态系统，影响果树生长的因素较多，种植环境、气象

105

因素、土壤条件、病虫害发生和栽培管理方式等都会对其造成较大影响。实时、快速、准确地采集果树生长环境信息是实现果园精细化管理的重要基础，能够为果园的生产提供有益的数据参考和决策依据。综合应用遥感无人机多光谱、农业物联网多传感融合、人工智能图像识别等前沿信息技术，集成空中无人机遥感监测，地面果园气象、病害虫情、果树生理生态等监测，地下土壤墒情和养分等监测，搭建果园"天-空-地"一体化监测技术体系（图5-2），实现果园土壤、生态环境和果树个体及群体信息采集，使果园监测数据来源更丰富和精准，提高数据价值密度，促进果园生产管理决策有据可依、有的放矢。

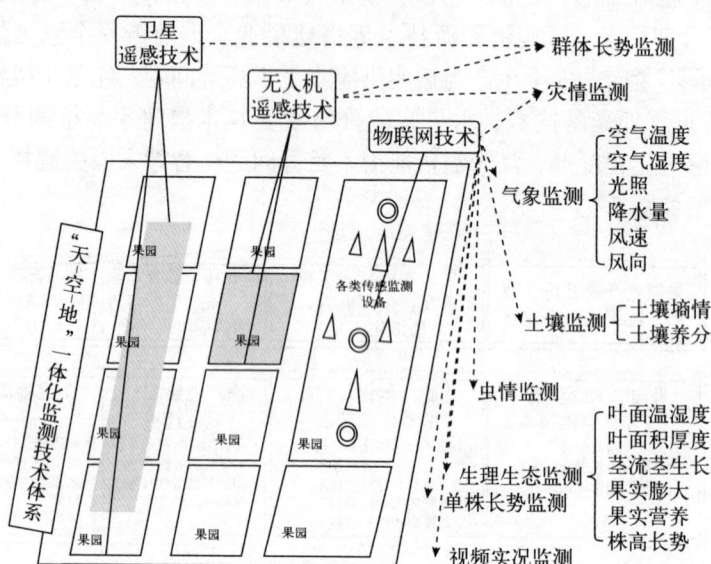

图5-2 果园"天-空-地"一体化监测技术框架

（一）无人机遥感估测

近年来，无人机多光谱、高光谱技术的普及应用，在田间生物信息获取方面显示出了巨大潜力。无人机遥感技术利用先进的无人驾驶飞行器技术、遥感传感器技术、遥测遥控技术、通信技术、全球卫星导航系统（global navigation satellite system，GNSS）差分定位技术和遥感应用技术，能够实现自动化、智能化快速获取资源、自然环境、灾害等空间遥感信息，且完成遥感数据处理、建模和应用分析的应用技术。无人机遥感技术要求搭载的仪器所占空间小、重量轻、抗震性优良。光学遥感技术具有所占空间小、时间短、成像简单、费用少等一系列优点。无人机通过搭载有合成的多功能探测器，以近红外光作为遥感测量的手段，采集多波段光谱数据，依靠地面操作站对无人机实施操控。果园遥感立体化监测（图 5-3）主要利用多旋翼无人机遥感平台及地面原位观测光谱传感器构建地空监测网络，通过对大面积果园、土地进行航拍，从航拍的图片、摄像资料中充分、全面地了解果树的环境状态、地形地势、果树养分状态、叶面积等信息，同时结合地面果树冠层光谱传感器实现空地搭配的监测体系，配合数据采集及服务器端数据管理软件，实现 NDVI、叶绿素、长势等信息实时分析，便于更好地进行田间管理。

a. 监测无人机　　　　　b. 影像加工分析　　　　　c. 长势监测分析

图 5-3　无人机遥感数据采集加工示例

（二）物联网监测

目前果园环境与长势监测系统并不完善，集成功能较少，缺乏可靠的规律及模型，难以完整地采集果园生态环境和果树生长发育等各项参数。随着智能感知技术的不断升级，采用新材料、新机理、新工艺的新型传感器不断涌现，实现高灵敏度、高适应性、高可靠性并向嵌入式、微型化、模块化、智能化、集成化、网络化方向发展。针对果园信息采集、节点能量管理和无线传输等环节中遇到的实际问题，从果园的生产管理实际出发，融合多传感器技术，设计应用于果园生产环境下的无线传感器网络节点，以及进行数据融合的汇聚节点，建立一套功能完备的果园地面环境与长势智能监测体系。

1. 气象墒情监测

气象墒情监测（图 5-4a）应集果园环境信息采集、数据存储、统计、分析、远程发布功能于一体，采集果树生长过程的环境参数，自动实时监测果园空气温湿度、风速风向、降水量、太阳辐射等气象信息，以及土壤剖面含水量、温度、电导率信息，结合果树生长需要，为果园农户提供灾害预警与气象指导服务。也可采用物联网多参数采集端（图 5-4b）实现果园气象、土壤环境主要参数的一体化采集。

2. 虫情监测

虫情监测（图 5-4c）主要利用现代光、电、数控技术、无线传输技术、互联网技术,集害虫诱捕和拍照、环境信息采集、数据传输、数据分析于一体,构建出一套害虫生态监测及预警系统,实现了害虫的诱集、分类统计、实时报传、远程检测、虫害预警和防治指导的自动化、智能化。

3. 生理生态监测

生理生态监测系统通常由果树本体感知监测系统(树干微变化传感器、叶面温度传感器、叶面湿度传感器、果实微变化传感器等植物生理传感器)及果树冠层微气候监测系统(图 5 - 4d)共同构成,通过分析果树的生长状态及长期生理特性,同时结合微环境的空气温度、湿度监测,为生产管理人员合理调控环境及灌溉施肥决策提供可靠的数据依据,指导技术人员进行科学管理。

4. 视频监控

视频监控系统(图 5 - 4e)针对果园环境监控、果树生长以及安全防范的需求,获取果树生长情况的实时画面,实时监测果树的生长状况和果园管理,保障果园的生产活动与设施的正常运转。

5. 土壤成分快速测量

土壤成分(养分、重金属等)关乎作物生长、农产品安全和人类健康。土壤成分的现场、快速、原位测量是在全球内饱受关注的世界性难题。我国自主研发的土壤成分快速测量系统(图 5 - 4f)为全球首台快速土壤检测设备,基于激光诱导击穿光谱学、激光吸收和散射光谱学原理,实现主要养分(硝态氮、全氮、有机质、全钾、水溶性钾、水溶性镁、水溶性钙)、重金属(汞、镉、铬、铅、铜、砷、镍、锰、锌、锑)、微量元素和其他元素(铁、钼、钴、钒、钛、硒、铷、钡、镓、锡、银、锶、硼、钇、锆、镧、铈、钍、铌、钙等),共计三大类、36 个土壤指标的"无化学药品投入"快速测量,将原需数周的实验室检测周期缩短到了田间 10 分钟,核心技术完全自主,70%器件实现了国产化。

6. 生态水质监测站

生态水质监测站是以在线自动分析仪器为核心,运用现代传感器技术、自动测量技术、自动控制技术、计算机应用技术以及相关的专用系统管理分析软件和通信网络所组成的一个综合性的在线自动监测系统。对监测点的水质状况进行实时在线监测,包括 pH、电导率(COND)、溶解氧(ODO)、浊度(NTU)、温度(TP)传感器,通过数据采集模块进行数据统一传输,由大数据软件平台对数据进行统一分析处理,实时掌握水体环境各项参数指标,为用户提供各监测点水质实时动态数据。

(三)动态巡检监测

随着机器人技术的不断进步,巡检机器人的性能得到了大幅提升,自主导

a. 气象墒情站   b. 虫情监测站

d. 视频监控站

e. 物联网多参数采集端   f. 土壤成分快速测量仪   c. 果树冠层微气候监测站

图 5-4 果园物联网信息采集设备示例

航、路径规划等技术日益完善，视觉、激光、声学、红外等多种传感器技术的广泛应用使机器人的感知识别能力不断增强，巡检机器人与人工智能（artificial intelligence，AI）的结合带来了更高效、更精准、更可靠的巡检服务，巡检机器人在农业领域的应用逐步扩大。

果园智能巡检机器人（图 5-5）采用模块化、智能化的设计理念，集成应用农业机器人平台，结合定位、路径规划、自动导航等技术，通过实地调查，针对园区的实际情况，设计巡检/导览路线，实现园区不同时段、不同地点的无人作业，并基于农业传感器、图像识别等技术，动态监测园区生长情况和环境信息。巡检机器人集成了远程控制技术、多传感器信息融合技术、导航定位技术、图像识别技术、红外检测技术和视频采集技术等。田间作业需具备自主充电、设备非接触检测、故障报警、远程监控等功能和自主导航、行走平稳、耐用性强等特点。自主充电技术是智能巡检机器人作业的重要支撑；视觉导航技术提升了机器人自主导航的定位能力；通过激光雷达、视觉相机、红外温度传感器、物联网传感器等多种传感器融合，巡检机器人能够随时进行线路扫描、故障监测等工作，及时上传数据，保证巡检工作安全与高效。巡检机器人与 AI 技术结合，使机器人在自主导航、故障诊断、视觉识别、数据分析等方面的能力得到显著提升：AI 辅助巡检路径的自主规划，使机器人有效避开障碍物，机器人可以通过学习数据模型和对比实际数据，对机器人自身的故障进行快速准确的诊断和修复，提高机器人的运行效率、安全性和可靠性；通过图像识别和深度学习算法的应用，机器人可以更准确识别目标物体、人员和环境等信息，还可用于果实计数、辅助果园估产和进行产量管理决策；AI 巡检机器人搭载传感器采集大量的巡检数据，借助 AI 算法实现数据挖掘和分析，为后续的果园生产管理决策提供数据支持。

图 5-5 巡检机器人监测作业示例

二、水肥投入

水肥一体化技术（图 5-6）的应用在果园节水节肥、提高产量、省工省力、减轻病虫害等方面具有显著作用，通过科学调控和管理，使水肥要素协同配合，促进果树生产水平和水肥利用效率提升。水肥一体化投入技术借助压力系统（或地形自然落差），将可溶性固体或液体肥料按土壤养分含量和作物种类的需肥规律和特点配兑成肥液，肥液与灌溉水一起经过可控管道系统，经水肥相融后，通过管道和滴头形成滴灌，均匀、定时、定量地浸润作物根系发育生长区域，使主要根系土壤始终保持疏松和适宜的含水量，同时根据果树的需肥特点、土壤环境和养分含量状况把养分定时、定量、按比例直接提供给作物。水肥一体化的核心是水肥耦合技术，需要拟合果树需水规律和需肥规律，根据园区气象、土壤墒情、土壤肥力、果树长势、目标产量等统筹协调施肥与灌水的关系，以水带肥、少量多次，确定具体灌溉施肥次数、时间、用量。

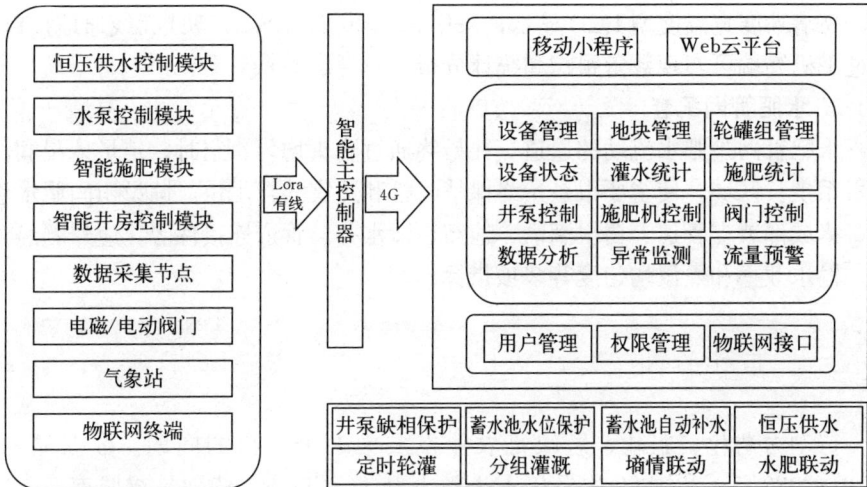

图 5-6 水肥一体化投入技术框架

（一）水肥一体化首部装置

1. 首部控制装置

首部系统是整个系统装置的动力和控制单元，其过滤系统采用离心过滤器、砂石过滤器、叠片过滤器；增压系统选用水泵、ABB 调频柜；并搭建钢结构泵房，外接波纹板储水罐，内部由智能控制柜统一调控，实现泵房蓄水罐液位、总管路流量等监测，以及过滤系统、抽水泵、照明等控制。施肥机是水肥系统装置的核心，允许将水溶性肥料加入灌溉用水中，为精准施肥灌溉提供控制决策。施肥机常采用混合罐的在线式工作方式，即母液和清水在混合罐内充分混合均匀，达到设定值后，再通过系统自带的灌溉泵输出肥水，系统应具备双通道 EC 和 pH 检测，出现检测误差提供自动报警。

2. 水肥管理系统

水肥管理系统整合气象、土壤、影像等监测数据以及水肥经验，研究应用水肥投入相关积温模型、水肥模型、防霜冻模型和气象环境预警模型等，按照灌溉方案或灌溉制度实现定时/定量灌溉，按照施肥方案或施肥制度实现施肥机按比例施肥，可提供手动、经验、自动 3 种模式远程控制灌溉量和施肥量，科学管控指导灌溉和施肥。

（二）水肥一体化灌溉控制

1. 灌溉控制终端

灌溉控制终端主要采用锂电池和太阳能板供电，利用无线 LoRa 扩频通信技术，通过手机终端和 Web 端远程控制阀门开闭；智能计量器误差在±2％内，高清晰度宽温度型 LCD 显示，采用 M‐BUS、RS‐485 或无线通信接口，通过手机终端可实现数量跟踪和统计分析。

2. 水肥管网配套

水肥管网是肥水流动的通道，并最终通过滴头均匀、定时、定量地浸润作物根系生长区域，使主要根系始终保持疏松和适宜的含水量。铺设田间肥水管网，集成部署支管道、树根滴箭、地布、泄水井、管道连接件等，应兼顾经济性、输水效率和灌溉均匀度等多项指标。

三、宜机作业

劳动力老化、弱化、短缺是农业发展中一个突出的问题。数据显示，2010—2020 年，我国 60 岁及以上人口上升了 5.44％，特别是在城市，不愿种、不会种、不提种情况普遍。以提高果树产业生产效率为目标，开展果园智能农机装备集成应用，打造出"机器值守""无人作业"的现代果园应用场景。聚焦果园耕整地、水肥灌溉、喷药、除草、剪枝、花果管理、采收运输和监测巡检等关键环节，研究果园全程机械化关键技术和成套智能装备（图 5‐7），开展一系列的智慧果园智能农机装备集成应用，如：北斗导航精准喷药机、无人驾驶开沟机、无人驾驶割草机、无人驾驶粉碎机、无人驾驶辅助管收机、无人驾驶靶向喷药授粉机、多功能植保机等设备，以智能农机装备的集成应用促进果树产业结构调整、节约人力、降低成本、提质增效，推动果园种植精细化作业管理水平提升。

（一）导航和智控农机

1. 北斗导航精准喷药机

无人驾驶技术是实现无人作业的核心技术，涉及计算机、电子、控制和通信等多个学科。无人驾驶技术使农机装备具备自主行走和自主作业的能力，在作业过程中，控制系统会不断地比较农机装备的真实位置与规划路径之间的偏差，向农机装备的转向系统发出指令，让农机装备快速准确地修正前进方向，使得农机装备始终保持在正确的航线上；通过北斗卫星可以提供全天候、高精度和实时的位置、速度和时间信息，经过差分改后，北斗终端的定位精度可以达到 1 个厘米，通过软件平台可自定义运行轨迹，在不同的区域设定相应速度，根据边界和障碍物分布，规划作业的最优路径，让农机装备"按图索骥"作业。北斗导航精准喷药机采用最新低速无人驾驶技术，具有定位、路径规划、自动导航功能，履带底盘适应力强，万向喷头全面覆盖，油电混合续航更长，夜间作业防效更佳；整体模块化设计具备扩展性、云端管理、远程控制，实现果园全自主导航的精准喷洒作业。

2. 靶向喷药授粉机

靶向识别技术是果园对靶精准喷雾的基础和前提，在喷药过程中实时获取靶标的特征信息，才能确定靶标位置，并为计算靶标药量和风力供给需求提供支持。靶向识别技术涉及光电感知、超声波传感、激光雷达、图像、光谱和电子鼻等技术，探测的特征信息有果树位置、冠层外形轮廓、冠层体积、冠层内部结构、枝叶稠密程度、病虫害程度等。果树位置是对靶喷雾控制中最基本的特征信息，基于靶标位置探测结果，根据对应位置冠层有无，控制喷雾开关，大大降低了药液浪费和环境污染。果园喷雾靶标具有不连续种植和冠层较大、枝叶稠密的特点，为了提高药液穿透能力，国内外推广使用风送喷雾技术，该技术是高速气流将喷头雾化的雾滴做进一步撞击，雾化成细小均匀的雾滴，增强了附着性能，同时强大气流翻滚枝叶裹挟着雾滴穿入靶标内腔，大大增加了雾滴贯穿能力。只有风力和药量都得到精确控制，才能实现果园对靶精准喷雾，喷雾药量调控不仅需要对管道总药液进行控制，而且需要对不同高度位置喷头药量进行独立调控；风速风量的控制主要通过改变风箱出风口面积、进风口面积、风机转速、调节风箱喷头到喷雾靶标的距离等方式。靶向喷药授粉机采用红外传感器动态探测果树靶标，通过测速传感器实时测定作业速度，建立速度、靶标探测信息及喷雾压力等多因素信息融合模型，实现变量喷药作业，显著节省药量和提高作业效率，喷雾幅宽宜达 10 米以上、喷幅高度 4 米以上、负载坡度大于 20°。

3. 省时省力农机

无人驾驶农机组具有省时省力作业特点，主要包括开沟机、割草机、粉碎机、辅助管收机、运输机等装备，通过对现有农机装备的智能化改装升级（图 5-7），实现果园常规作业的简约省力和远程管控，设备应具有自动行走、防止碰撞、25°的爬坡等功能，可通过云平台实现对作业轨迹、作业时间、作业量的管理，对作业情况通过折线图、饼状图的方式进行不同维度的统计与分析。无人驾驶开沟机实现果园开沟作业，开沟深度为 30～35 厘米；无人驾驶割草机割草宽度为 550 毫米，割台调节高度为 0～150 毫米，电动履带式自走，最远遥控距离为 600 米；无人驾驶粉碎机是通过变速箱联动破碎树枝的机械，配备无人驾驶车，车令作业更加方便，10 马力*常发单缸风冷柴油机，设置 3 个前进挡和 2 个倒退挡，粉碎直径 10 厘米；无人驾驶辅助管收机具有自动行走、可升降和扩展平台，辅助开展果园剪枝、采摘、套袋等农事作业，设备离

---

* 马力为非法定计量单位，1 马力≈735 瓦特。——编者注

地间隙 76 毫米、装载负荷 250 千克、后轮履带驱动，续航时间 5～8 小时。

a. 北斗导航精准喷药机　　　　b. 靶向喷药授粉机　　　c. 多功能室外杀虫植保机

d. 无人驾驶开沟机　　e. 无人驾驶割草机　　f. 无人驾驶粉碎机　　g. 无人驾驶辅助管收机

图 5-7　果园宜机化智能作业装备示例

（二）果园采收机器人

鲜食果蔬采收是操作最复杂、机械化率最低的生产环节之一。鉴于果蔬采收无机可用、雇工成本高涨的产业难题，研发具备复杂操作能力的采摘机器人代替和辅助人工作业，是提升果蔬产业效益的有效途径。采摘机器人作为支撑鲜食果蔬产品全流程高效生产的核心装备，在全球智慧农业领域受到广泛关注。近年来，随着标准化果园生产技术和人工智能技术理论的突破性发展，鲜果收获机器人的技术攻关和产业应用取得显著成绩。以苹果、草莓、番茄和猕猴桃大宗鲜果为对象，一系列鲜果采摘机器人商业化产品被研发和应用。国外代表性的机器人产品例如，美国 Abundant Robotics 公司研发的苹果采摘机器人（图 5-8a），由并联机械臂操作吸附式采摘执行器进行果实采摘；新西兰 Robotics Plus 公司推出了猕猴桃四臂并行采摘机器人（图 5-8b），综合采收效率约 5.5 秒/果；以色列 FFRobotics 公司研发的苹果采摘机器人（图 5-8c），采用 12 组直角坐标式机械臂从机器人双侧进行并行采摘；西班牙 Agrobot 公司研发的草莓采摘机器人（图 5-8d），最多可扩展 24 组手臂进行并行采摘。国内苹果、番茄和草莓等典型果蔬采摘机器人处于科研样机向工程产品发展的关键时期，在熟果视觉识别、自动导航平台以及机械臂研发等单项技术方面紧跟国际前沿，具有良好的技术储备，如单执行器作业模式下采收效率达到 300 果/时，熟果识别率约 90% 以上，作业对象覆盖 5 类以上大宗鲜食果蔬。然而国内采摘机器人作业系统综合性能与国外先进产品依然存在较大差距，整机采摘效率约为国外先进产品的 30%，有效采收率不足 40%，尚难以满足实际生产推广应用要求。主要瓶颈问题表现为：机器人以单臂构型为主，果实采收效率低；果实损伤多，影响鲜果品质；国产化智能芯片和操作系统缺乏，核心部件成本高；人机交互协同不足，使用操作复杂；生产设施不标准，智能采摘通用性差。鉴于此，农业农村部将果蔬采摘机器人列为国家层面优先开展研发的短板机具。

a. 苹果收获机器人　　　　　　　　b. 猕猴桃收获机器人

c. 苹果收获机器人　　　　　　　　d. 草莓收获机器人

图 5-8　国外水果收获机器人示例

近期，我国围绕果园采摘机器人关键技术开展持续迭代创新研究，在果实视觉识别定位、多臂采摘作业控制、整机系统集成等方面取得重要突破，成功研发了"采-收-运"一体式果园多臂采摘机器人（图 5-9），并在京郊矮砧密植标准果园进行了示范应用。采摘机器人可代替人工进行果实采摘、收集和转运，作业效率显著提升。研究团队面向实际生产需要，结合我国标准果树树形特点，开展多臂采摘执行机构构型优化设计，机器人作业空间对树冠覆盖率达到 85% 以上；创新研究复杂背景下多任务识别人工智能算法，提出基于无标定视觉伺服的眼手自主高效协同控制方法，机器人采摘综合效率达到 500 果/

时，约为人工采摘的5倍，作业性能与国际同类产品相当，部分核心技术可达到国际先进水平。以智能采摘机器人为核心支撑，创新应用"农机农艺融合、人机共融协作"技术理念，打造京郊特色果蔬全流程无人化生产场景，探索出一套可复制、可推广的设施农业生产新模式，引领全国智慧农业发展新模式。

图5-9 四臂苹果采摘机器人示例

（三）果品智能分级装备

因富含人体所需维生素、矿物元素以及粗纤维等营养物质，水果已经成为人们日常饮食中必不可少的食物，随着居民生活水平的提高和健康饮食习惯的提倡，消费者对水果品质的要求也在不断提高。产后的品质分级是水果商品化处理的关键，是现代果业做强产业链、优化供应链、提升价值链的重要基础。将坏果、病果尽早剔除，按等级进行定价和处理，有利于减少农产品损失，提升水果的整体品质，对提高果业生产经营效益、做大做强农产品加工流通业、发展乡村产业、拓宽农民增收致富渠道等具有重要意义。当前，基于无损检测技术的分级装备已经广泛应用于水果采后的外部、内部品质的快速检测分级。机器视觉技术涉及计算机科学、电子学、信息技术、人工智能、图像处理、模式识别等诸多领域，利用光机电一体化的手段使机器具有视觉的功能，目前，基于彩色成像技术的机器视觉检测系统非常成熟，是水果外部品质检测应用最为广泛的技术，可以实现水果尺寸、形状、颜色、常规缺陷等指标的快速无损检测。光谱成像技术将成像技术和光谱技术两种经典的光学传感技术集成在一起，可以同时获取所测对象的空间图像和光谱信息，和传统的彩色成像技术相比，高光谱成像技术在果蔬的外部难检缺陷如轻微损伤、轻微腐烂等方面，展现了巨大的技术优势。但高光谱采集往往需要较长时间且价格昂贵，通常在实验室条件下用于水果评估方面的基础研究，从高光谱系统中挑选用于特定外部品质检测的特征波长来构建多光谱成像系统来提高检测效率。结合深度学习算法，目前在商业化分选设备上已广泛应用。三维成像技术是一种利用三维成像设备获取被测对象三维图像的技术，主要包括飞行时间法（time of flight，TOF）成像技术、结构光（structured light）成像技术等。TOF 通过连续发射光脉冲到被测物体上，然后在传感器端接收从物体反射回来的光信号，进而计算发射和接收脉冲的飞行往返时间来得到相机平面到被测物的距离，基于TOF 原理开发的 Kinect V2 相机，结合点云数据或直接获取的深度信息，可以用于诸如猕猴桃的直径、长度、体积等参数的估测；结构光是指一些具有特定模式的光，光学投射器将结构光投射到场景中，场景曲面的几何形状会扭曲结构光图案，扭曲后的结构光被相机接收，就可根据结构光失真的信息提取场景的三维信息，例如，在苹果无损检测的过程中往往难以区分果梗/花萼与缺陷，但依据果梗/花萼的凹陷特性和点阵结构光编码模式的改变就可以来定位果梗/花萼区域。可见近红外光谱分析法是一种吸收光谱分析法，反映了 C-H、N-H 和 O-H 等含氢基团振动的倍频和合频吸收，且具有丰富的结构和组成信息，由于谱带重叠等问题，需要依靠化学计量学、机器学习等方法进行光谱数据的分析处理，该技术分析速度快、成本低、效率高、无污染、样品不需预处理、操作简单，以及可以同时测定多种成分和指标，特别适用于果蔬内部品质的快速检测，在苹果、梨、桃、柑橘、西瓜等类球形果蔬的可溶性固形物、酸度以及内部病变检测上应用十分广泛，已由前期实验室条件下的静态检测逐渐过渡到现场条件下的动态检测，并实现了商业化应用。

相比于国外果蔬智能化分选设备制造商，国内相关科研院所和企业起步较晚，但进展很快，开发的众多装备已经陆续在国内果蔬分选市场进行应用。例如，我国研发的果杯式果蔬品质检测分级装备（图 5-10），该装备主要包括自动化滚筒上料、单果化、单果定位、返果、独立果杯输送、实时视觉检测、实时可见/近红外光谱检测、动态称重、自动卸果等模块。在对果蔬进行检测和分级时，检测对象首先被输送至自动化滚筒上料区域，滚筒在提升输送物料的同时进行自转以带动物料旋转，随后，物料进入单果化单元，通过皮带差速的方式使物料单独排列，单独排列的物料被逐个定位在位于输送链上的独立滚轮式果杯内，果杯中的单个物料跟随输送链向前运动，当到达视觉检测工位区域后，果杯滚轮在滚轮支撑导轨的作用下将物料抬起并带着物料旋转，从而使相机能够拍摄到待测物料的全表面图像，以便对物料表面信息进行全方位检测。目前该系统针对每个果蔬可以采集 9 个不同位置下共 36 张图像，主要用于其颜色、尺寸和缺陷的同步检测。离开图像检测区域后，果杯滚轮下沉，物料停止翻转，然后进入动态称重模块，获取果蔬的重量信息，随后进入可见/近红外光谱检测模块，该模块为自主研发的可见/近红外全透射内部品质检测系统 Online NIR。内置高灵敏度光谱仪和照明装置，照明装置可根据具体需求加装聚焦和衰减装置，从而实现光源调节和实时动态校正，消除环境因素造成的光的干扰和漂移。整个系统的图像、光谱采集均有计算机控制，计算机将内部、外部和重量的检测结果编码后发送给 PLC 控制系统，PLC 控制系统对接收到的检测结果解码后，在特定时间对指定位置的卸料电磁阀控制单元发出卸料指令，完成对该物料的实时检测与分选。该套分选系统适合苹果、梨、脐橙等类球形水果的分选。此外，还开发了自由果托式的果蔬检测分级装备（图5-11），最大特点是每个果蔬都拥有一个独立的果托，检测分选时，需要将果蔬放到果托中间，这样果托在传送带传输时，纵使果托相互碰撞，也不会伤及果托上的果蔬，更适合大桃、番茄、西瓜等易损果蔬的检测与分级。

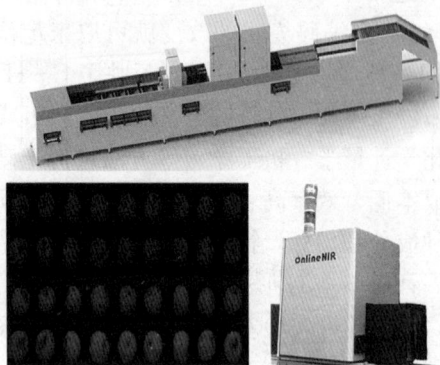

图5-10 单通道果蔬分选设备示例　　图5-11 自由果托式果蔬分选设备示例

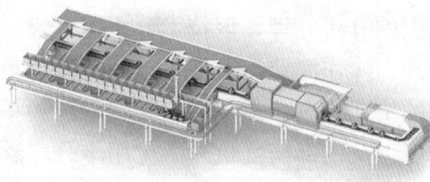

四、管理服务

围绕果园信息化生产管理、果品信息化透明溯源，对果园环境数据、长势数据、农事作业数据、生产管理数据、采收加工数据、市场流向数据等进行采集、计算、存储、加工，实现可视展示与统一管理，搭建智慧果园安全管理服务平台（图5-12），形成智慧果园的数据中心、展示中心和服务中心。智慧果园安全管理服务平台架构主要分为：基础设施层包括存储资源、计算资源、网络资源及安全防护、数据库服务，以及水肥药灌溉设备、病虫情监测设备、智能农机装备、遥感设备等，为平台提供基础设施服务；数据资源层包括数据中心的各类数据、数据库、数据仓库，负责整个数据中心数据信息的存储和规划，涵盖了信息资源层的规划和数据流程的定义，为数据中心提供统一的数据交换平台；应用支撑层构建应用层所需要的各种组件，以及底层算法库、人工智能（AI）算法模型与数据监测预警模型，为平台应用功能的实现提供支撑；业务应用层为数据中心定制开发的应用系统，基于接口实现数据交换和共享，为不同的用户主体提供差异化的信息服务功能；用户层面向政府部门、生产经营主体、农户、社会大众提供多元化信息服务。

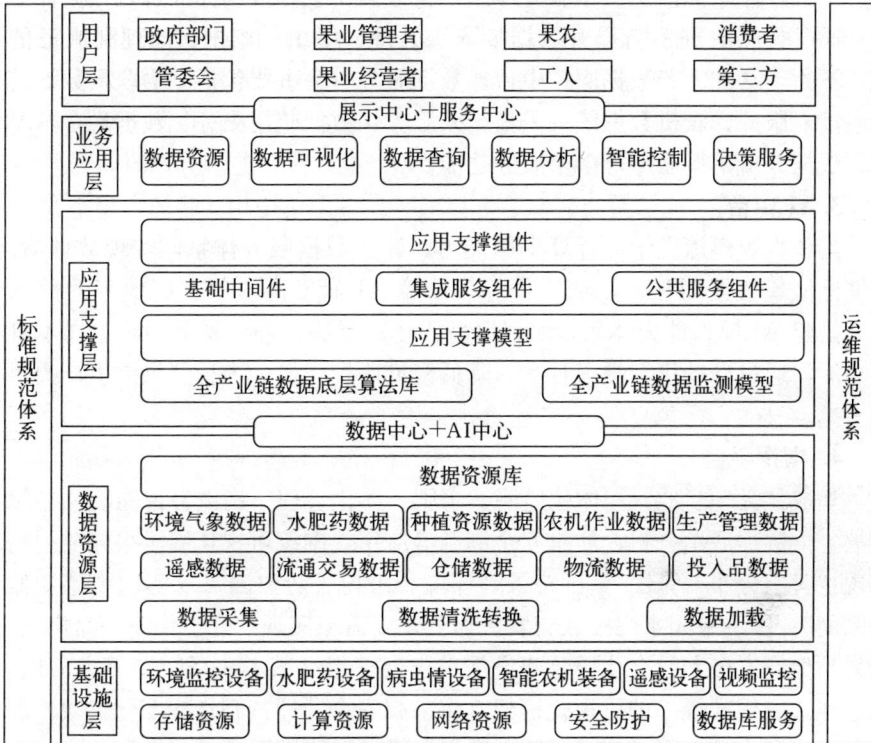

图 5-12 智慧果园安全管理服务平台架构

（一）智慧果园指挥管理系统

1. 果园数据存储资源库

实现农业资源数据的集成与融合、安全运行、数据流转与发布等功能，实现果园农业重要领域数据资源的管理与更新、维护。以资源共建共享为目标，建立农业信息资源库本底数据资源库，汇聚农业生产中的生态、环境、资源、农村经济等各区域、各网络节点、各设备/系统的多源异构数据资源。利用智能云计算技术、大数据存储、大数据挖掘等技术手段，对汇聚的数据进行整理、清洗、存储、分析。为应用平台提供数据支撑，为农业生产管理提供信息服务支撑，通过对农业本底资源数据的收集整理，充分发挥信息资源在农业发展中的重要作用，增强农业产业的信息化程度，提供农业的技术含量，优化农业生产结构和模式。

2. 数据中台

基于数据资源多样性的特点和能够高效支持业务的目标，结合设计规划方法论、原则和规划思路，统一数据资源体系规划建设大数据采集感知体系、数据资源融合体系和信息共享服务体系，将数据安全和数据标准融入三大体系之中，通过智能演进不断提升数据接入、处理、组织、挖掘、治理和服务的能力，不断丰富和完善数据服务中台。数据服务中台主要包括：物联网数据统一采集接入服务、农机数据统一采集接入服务、数据应用服务、数据融合共享服务、数据分析挖掘服务等多个服务功能。

3. AI 中台

具备大规模深度学习计算支撑能力，建立数据服务体系，实现数据清洗、数据标注、数据增强、特征工程等，保障 AI 研发高质量、高效率的数据供给；搭建 AI 模型能力体系，实现模型构建、算法管理、模型训练、样本管理等功能，通过自动机器学习技术，降低模型研发门槛，为智慧果园生产提供智能支撑。

4. 指挥平台

集成"天-空-地"一体化监测、水肥一体化管理、病虫害智能监测与绿色防控、大数据展示分析、质量安全溯源等应用，围绕可视化展示果园概况需求实现"时空分布一张图"、围绕果园环境和果树长势监测需求实现"感知监测一张网"、围绕果园水肥投入与农机作业调度需求实现"农事作业一盘棋"、围绕果品生产安全和社会化服务建设需求实现"果品服务一条链"等方面内容，通过样式、标准统一的可视化框架，将果园安全管理核心指标变化形象地展示给各级管理人员，形成智慧果园大数据展示"一张图"。

时空分布一张图：收集果园种植情况基本数据，基于电子地图与统计图表，可视化展示种植果园的分布情况、种植面积、产量信息，全局把握农业分区、种植品种与种植规模。

感知监测一张网：基于电子地图和统计图表，可视化展示果园气象墒情等环境监测设备部署位点、种类、数量信息，全局把握环境与长势监测数据动态，并提供预警分析。

农事作业一盘棋：基于电子地图和统计图表，一站式管控水肥灌溉作业，可视化展示果园农事操作记录、种类、投入品信息，并结合农事作业数据，全局把握农业生产与智能作业动态。

果品服务一条链：基于电子地图和统计图表，可视化展示产业园果树种植生产数据上链流程、农产品数据情况，对溯源码签发数量、各基地产量和销售情况进行汇总、分析与展示，实现果园及带动主导产业生态绿色农产品的全程可追溯管理，并为管理部门的监管和决策提供数据支撑依据。

（二）智慧果园精细服务系统

1. 基于 AI 的病害虫情识别与诊断系统

基于 AI 的病虫害图像识别方法主要利用机器学习、计算机视觉等技术，通过特定的计算机算法和模型对病虫害的光谱和图像信号进行挖掘和分析，实现对病虫害情况的识别和鉴定。经典的图像处理技术（降噪、腐蚀、图像增强、图像分割、特征提取等）和机器学习方法（最小二乘法、K 均值聚类算法、支持向量机、人工神经网络等）在不同的农作物病虫害识别方面已有大量研究并取得一定进展，然而受限于依赖人工设计特征提取、环境条件和发病期不同、样本数量不足等因素，识别效果难以满足应用需求。将深度学习引入病虫害图像识别，在解决图像分类和可视化问题上具有显著优势，通过通用的学习过程自主提取病害图像高层次特征，数据处理效率和识别准确率更高。目前应用较多的深度学习网络技术中，卷积神经网络（convolutional neural networks，CNN）被认为是进行图像识别的较优算法之一。例如，吴建伟等基于卷积神经网络 DenseNet-169 分类模型进行微调改进，并搭建 Web 端，集成开发桃树病害智能识别软件系统，搭建便捷的"以图识病"平台，为桃树产业的信息化发展提供支持。开展病虫害图像识别与诊断，提高图像识别效率、提高识别正确率，实现果树主要病虫害的自动识别、诊断与防治，为果园病虫害绿色防控提供智能服务与决策依据，以达到"早发现、早预防、早治理"的目的，通过对监测到的病害虫情进行种类的识别和数量的分析，经过模型的检测与计算，对果园病虫害流行趋势进行预测预警，并提供相应病虫害的绿色防控方法及推荐药剂，为病虫害绿色防控提供智能服务与决策依据。

2. 基于"企业资源计划（enterprise resource planning，ERP）+客户关系管理（customer relationship management，CRM）的安全生产管理系统

果园信息化生产管理成为提高果农生产效率和管理水平的重要手段。果园信息化生产管理关键技术涉及工作流程建模技术、数据挖掘技术、Web 服务技术、云计算技术等。业务流程建模技术是将果园生产管理的业务流程进行建模和优化的技术。通过对果园生产管理中的各个环节进行分析和设计，可以建立起清晰、高效的业务流程。业务流程建模技术可以借助工具软件进行建模和模拟，帮助果园管理者直观地全面了解、把握和调整果园的生产流程，包括种植、施肥、病虫害防治、采摘等环节，并优化流程以提高生产效率和质量。数

据挖掘技术是通过从大量果园生产数据中发现隐藏的模式、关联和规律，为果农提供决策支持和业务优化的技术。通过对果园中的生长环境、气象数据、土壤质量、病虫害监测等多维度数据的分析和挖掘，可以帮助果园管理者更好地了解果园的生产状况、预测产量和质量，并制定相应的管理策略。数据挖掘技术可以应用于果园的病虫害监测和预警、施肥和灌溉的优化、品种选择和种植布局等方面，提高果园的生产效益。Web 服务技术是通过网络进行信息交互和共享的技术，为果园信息化生产管理提供了便利和灵活性。通过搭建基于 Web 服务的果园管理平台，将果园生产数据和监测数据上传到云端服务器，实现数据的集中存储和管理，同时也可以将相关数据和决策结果通过 Web 界面进行展示和共享，用户可以随时随地访问和管理果园数据。Web 服务技术还可以实现果农与专家、供应商等的远程协作和信息交流，促进果园管理的智能化和精准化。云计算技术是将计算资源和服务通过网络按需提供给用户的技术，为果园信息化生产管理带来了高效、可扩展的解决方案。云计算技术可以提供强大的计算和存储能力，将数据存储在云端服务器上，实现对数据的实时备份和远程访问，避免了本地存储的限制和风险，同时，使果园管理者能够处理和分析大规模的果园生产管理数据。此外，云计算还可以提供如数据安全和隐私保护、智能决策模型的训练和优化等服务，为果园管理提供更加全面和高级的功能。

基于 CRM 管理理念和果树生长管理经验，实现果园农资、农机具、人员等信息化管理，制订安全生产计划，并结合实现果园农事作业的数据直报。立足果园产前规划需求，并结合系统管理设置，基于园区电子地图，实现果园定位、园区边界设定、园区规划区域设定、规划区域详情内容、人员情况、设备部署情况的规划设计与展示。农资管理包含果园物料需求计划、采购、领用、库存、出入库、报损等内容，管理人员可以实时掌握物料使用情况，从而提高物料应用效率、降低生产成本。农事管理提供农事计划、待办计划、干农活动态管理功能，以日历形式直观展示种植生产环节的农事操作规划，辅助果园管理者制定农事待办事项、分配农事任务，统计农事活动完成状态，同时与小程序端农事管理同步配合，实现农事溯源信息的统筹管理。果品采收记录采收信息，支持编辑、查询、删除、查看等功能，支持对采收情况的对比、统计功能，便于用户掌握采收信息。加工包装主要开发果品分级、原料库存、商品包装、商品管理功能模块，实现果品采收、仓储、加工、包装等环节的信息化管理。

3. 基于区块链的质量溯源服务系统

区块链是一种分布式数据存储、点对点传输、共识机制、加密算法等计算机技术的新型应用模式。区块链技术应用于农业，就可以通过大数据分析，建立种植户、采购商的信用评级参考；利用智能合约在种植户和采购商之间保证公平交易，提高农产品买卖双方的契约精神；通过数据管理系统，将产业链经纪人、农民、加工商、分销商、监管机构、零售商和消费者等主体纳入区块链溯源管理，从农产品的生产端到流通端、消费者都有翔实的数据，从而实现农产品透明供应。农产品区块链溯源技术涉及 P2P（peer‐to‐peer）组网技术、密码学技术、共识机制、智能合约等技术。P2P 组网技术：P2P 网络技术是区块链技术的重要组成部分，不同于中心化的网络模式，对等网络中各个节点的地位对等，不存在任何中心化的节点和层次结构，具有非中心化、可扩展性、健壮性等优点。密码学技术：区块链基于密码学来建立多方之间的信任，包括哈希算法、非对称加密、数字签名、Merkle 树、时间戳等，其中，哈希算法通过哈希函数可以将任一长度的数据映射为较短的固定长度的二进制值，利用哈希函数的特性，不仅可以用于校验追溯数据是否被篡改，还保证了数据的安全问题。共识机制：共识机制构成区块链的核心，定义了区块链如何工作，目前比较流行的共识机制包括 Po W、Po S 等，与 Po W 共识相比，Po S 共识从根本上解决了大量的数学运算带来的资源耗费问题，缩短了达成共识需要的时间，性能得到了提升。智能合约：智能合约是区块链的核心构成要素，可以理解为具有状态的、由事件驱动的、部署在区块链中的、当满足特定的条件时能够按照设定自动执行的、预设的条件为区块链所能验证且合约的执行记录到区块链上的计算机程序，它除了具备区块链上数据的一般特点外，还具有自治性和可编程性，在很大程度上保证了合约的公平性、公正性，智能合约一经发布便无法篡改，保证了数据的可信性。

依托区块链技术构建果树产业链分布式账本与数据库，通过数据去中心化的方式，将果树种植、生产、果园环境监测等关键数据在区块链上进行存储，为果品追溯提供数据来源，保证追溯数据结果的真实、可靠。系统以一物一码、传感数据采集、区块链环境为基础，实现果品农产品生产管理、加工流通等关键环节重要信息的数据上链与安全溯源，使产品可溯、过程可查，为消费者打通一条深入了解果品生产信息的途径，促进品牌打造和衍生价值提升。首先，搭建区块链的运行环境，创建区块链网络需要使用底层资源，包括节点计算资源、存储资源等，用于区块链网络中业务数据计算与存储。基于 Fabric 技术搭建区块链网络，主要包括 Fabric 运行环境搭建、联盟链创建、通道管理、成员管理等，利用 Docker 容器化技术实现 Fabric 的安装与部署，构建包含多个服务器存储节点的联盟链，区块链服务主体制定一套智能合约，将合约代码写入区块链模块，保障合约内容不可篡改与高效执行。针对业务系统的应用场景，提供数据 API 接口，通过调用接口即可实现试点果园产品信息、产地信息、生产监测信息、农事活动信息、品质检测信息等关键数据上链与区块数据查询等功能。进而,基于信息化建设的试点果园的溯源需求,建立涵盖种植、检测、加工、仓储、交易的全产业链溯源体系。一方面,对采集的数据进行编码和整合,在生产节点和加工节点对数据进行上链处理,数据成功上链后,区块链服务器返回唯一的标识 ID,形成溯源码,用于消费者查询,实现了从果园到市场的"诚实、可信"溯源;另一方面,通过编码规则,市场可以知道苹果来源于谁,果园也知道商品卖给了谁,实现果园与市场的双向追溯。

(三)果园"一掌通"小程序

采用 Html5(简称 H5)技术和 Vue 框架技术开发安全管理小程序服务面向果园生产者(果农或工人),开发果园监测、精准作业、农事上报、果园服务等核心功能,为果园从业者提供便利、简洁、实用的信息化管理服务助手,实现果园生产农情、农资、农事、农机的便捷化远程管控与数据上报。

1. 监测控制

果园监测:集成园区监测体系信息,依据园区监测系统部署实况,在移动端生动展示园区气象墒情、长势实况视频、土壤墒情信息、水质信息、巡检信息实时动态,辅助园区管理决策。

水肥灌溉:集成设施水肥一体化投入装置系统,统一管理园区水肥一体化灌溉施肥系统,支持远程、自动、智能不同灌溉模式,配合环境监测数据,调配水肥比例,按照设定的阀门开关时间、灌溉时长、灌溉量等参数,自动执行灌溉作业,为在手机端实现远程精准施肥灌溉提供控制决策。

农机作业:集成应用智能农机装备体系信息与农事管理信息,依据园区智能农机装备系统部署实况,在移动端生动展示水肥一体化设备、绿色防控设备、物联网设备、农事作业设备、农事打卡管理等实况,及时、便捷地实现农事作业任务的远程管控。

2. 农事上报

模板上报:根据果园作物品种、生长周期、种植标准,结合果园主要农事作业业务流程,设计填报模板,初始化主要农事活动的基本信息,农户手动进行简单的选择和填报,完成农事信息采集上报。

扫码上报:设计直报二维码,果农选择相应农事码,用移动端扫码,可直接获取大部分自动数据,简单调整后即可直接上报农事;也可通过扫描农资上的二维码获取相应的农资数据。

AI 场景识别:基于深度学习 YOlOv4 算法进行目标场景检测分类,并使用 ResNet 算法进行农事行为图像识别,研究应用 AI 场景识别算法模型,自动检测农事现场农事活动并进行自动上报。

第二节　北京智慧果园典型案例

一、北京市果园智慧化管理服务平台建设

为解决京郊果树产业管理效率低、人力成本高、多依靠经验、看天吃饭、产量品质稳定性差等诸多问题，北京派得伟业科技发展有限公司、北京市农林科学院信息技术研究中心、北京农学院组建创新联合体，协同研发果园智慧化管理服务关键技术与产品，并在昌平天汇园苹果基地开展试点示范，构建了智慧果园建设样板。

（一）基本情况

昌平天汇园苹果基地（以下简称天汇园）建于 2003 年，位于北京市昌平区天寿山麓。果树种植面积 80 亩，果树均已成龄挂果，采取标准化种植方式，管理水平较高。有选果库、冷藏库、机房、微喷管路等设施基础，园区分高低落差 2 个地块，地块分布边界清晰，每个地块土地平整，适合机械化作业。

（二）智慧果园建设

1. 果园信息获取技术体系

集成了果园信息获取技术系统 22 类，覆盖果园土壤（墒情、理化性质、养分共 3 类）、生态环境（空气温度、空气湿度、太阳辐射、降水量、风速、风向共 6 类）和果树个体（茎秆变化、叶片温度、叶面湿度、果实变化、10 层冠层温湿度共 5 类）及群体信息获取（基于无人机遥感的 NDVI、叶面积、推荐氮、叶绿素、虫情监测站的虫情共 5 类）并辅助空中无人机影像、地面视频图像、病虫害图像识别 3 类，并形成针对北京主要果树苹果、梨、桃的信息获取技术体系。实现了果园"天"（空中林果作物群体长势、果园自然灾害、果园病虫害监测）、"空"（地面果园气象参数、环境视频、果树生理生态、虫情、病情、个体生长发育视频）、"地"（地下土壤墒情、土壤理化性质、土壤养分）等高通量数据的监测监控，铺设了一套覆盖"天-空-地"的信息采集网络，不同来源、不同维度、不同视角、不同格式的数据相互比较、相互补充，通过其应用有效缓解果园监测管理设备不成熟问题。

2. 果园生产智能化管理模型

基于视频、传感器、图像识别、数据分析等技术的综合应用，结合北京地区果园生产实际情况，集成了面向本地主要果树苹果、梨、桃的果园系列生产管理模型，用以支持果树栽培管理、肥水调控、病虫害监测预警防控、树体生

育规律等方面实现智能化、精准化生产决策。果园生产智能化管理模型具体可分为果园园区科学规划、果园投入品智慧管理、果树标准化种植专家系统、果树种植水肥药精细管理、果树生长发育动态管理、果园病虫害监测预警防控、果园灾害预警防控、果品质量评估、环境智能调控9大类37小类模型，根据3种作物的不同适应情况，合计111种，实现北京3种主栽果树的栽培管理、肥水调控、病虫害预警防控、产地加工、冷链物流等生产经营所需的智能决策。随着数据积累进一步熟化完善，缓解果园管理信息服务不够智能问题。

3. 北京智慧果园大数据资源中心

已在20个以上规模化果园开展智慧果园技术集成应用示范，通过海量数据存储技术、实时数据处理技术、数据高速传输技术、搜索技术、数据分析技术等大数据关键技术的应用，实现数据的系统积累和有效分析。自动采集获取果树生长发育、产地加工、流通交易等各类结构化和非结构化数据，积累数据5T以上。北京智慧果园大数据资源中心一方面作为北京智慧果园全产业链数据存储仓库，另一方面作为果园管理多种决策模型的数据来源和后台支撑；同时作为果园生产经营精准管控服务平台后台数据库，为平台的正常运行提供数据交互服务。

4. 果园智慧化管理服务平台

构建了可向全市开放的果园智慧化管理服务平台1套（面向主管部门端口、果园管理端口、果园作业端口和消费者端口），涵盖果品生产、产地加工、流通交易三大模块，围绕果品生产经营提供智能化分析决策服务。平台将采集汇总的数据进行整理、分析后，面向全市果园开展信息服务，在产业布局、生产精准管理、技术指导、市场营销、质量追溯等各个方面都能提供个性化的服务。服务手段上综合运用互联网、移动互联网、即时通信工具等多种方式，通过精准管理服务平台的搭建缓解果园管理信息服务不够的实用问题。

（1）果园大数据指挥平台。基于新一代信息技术、智能装备等高精尖技术，创新研究"天-空-地"一体化数据采集、精准管理和精细管控，开发了智慧果园大数据平台。以数据可视化的形式集成果园生产信息、果园环境监测（气象、墒情、虫情、长势等）、果园智能作业（灌溉、除草、水肥药、采收、分级分选等）、产量分析、价格预测等内容，面向果业主管部门，构建领导指挥舱，为宏观决策提供数据支撑。

（2）果园智慧化生产管理系统。以提高农业生产效率和实现果园智能化为目标，研发了智慧果园管理系统，以布局设计、生产管理、仓储加工、果品流通、区块链溯源、果园服务6大功能模块，构建智慧果业生态圈，形成全产业链的融合可持续发展；开发了果园智慧管理小程序，提供果园农情、农事、农机的动态监测和自动管控服务，为果园管理者提供了"足不出户"的管理服务工具。

（3）乐享果业消费服务小程序。面向消费者，创新乐享果业在线服务模式，消费者通过微信小程序可以远程认养果树，实现了实时查看、现场种植、快乐分享、线上下单等功能，将休闲娱乐和购物习惯紧密贴合，并结合区块链技术让溯源更加智慧安全，有效提升渠道收益和品牌价值。

5. 智慧果园精准管理服务平台应用示范

围绕北京果品节本增效、产销对接、品质提升、质量管控等开展全产业链智慧果园精准管理服务平台应用示范工作，基于物联网技术的示范应用形成智慧果园数据源；基于大数据技术的示范应用形成智慧果园全产业链数据中心；基于云平台技术的示范应用形成智慧果园云服务模式；基于人工智能技术的示范应用形成智慧果园产业链各环节关键模型算法。重点打造应用物联网、大数据、云平台、人工智能等现代信息技术的智慧果园高标准示范样板基地，形成北京主要果树品种苹果、梨、桃的智慧化生产经营模式。

（三）应用成效

1. 积累北京市果园大数据资源

果园智慧化管理服务大数据平台汇集了全北京 1 900 余个 30 亩以上规模化果园，实现了全市果园一张图可视化展示管理。平台集成了空中无人机遥感监测、果园地上气象监测、虫情监测、果树生理生态监测、地下土壤墒情监测等系统，搭建果园土壤、生态环境和果树个体及群体数据采集体系，实现"果园环境—生长过程—作业过程—果园管理"全链条的智慧化监测，形成了涵盖"土-水-肥-药-树-人"的智慧果园大数据资源中心（图 5-13）。

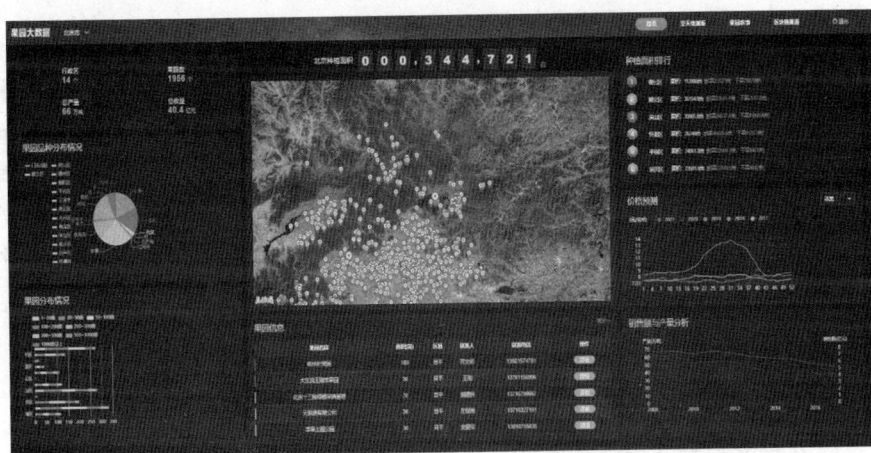

图 5-13 北京市果园大数据时空分布图

2. 促进果树产业节本增效增收

和传统果园相比，该案例成果在节水、节肥、节药等方面效果明显，智能灌溉与水肥药一体化的应用可实现果园节水 40% 以上，施肥用药省 20% 以上；智能监测与智慧管理的应用节省了劳动力，降低了劳动强度，提升了农事效率；全产业链智能生产管理与区块链质量安全溯源的应用可提高果品产量与整体品质，提升渠道收益和品牌价值，线上销售或者通过直播辅助销售额提升 20% 左右，经济效益显著。

3. 衍生智慧果园技术产品应用推广效益

该案例相应的全产业链智慧化管理和智能化管控服务，形成了体系化的智慧果园技术成果与软硬件产品，涉及果园监测技术 20 余项、生产管理决策模型 111 种、授权专利 3 项、软件著作权 12 项，并在北京、河北、陕西、甘肃、山西、山东、四川等多省市的多种类（苹果、梨、桃、柑橘、猕猴桃、蓝莓等）果园开展了推广应用，以平台式服务引领果业插上科技的翅膀而腾飞。

二、平谷区智慧桃园应用场景建设

立足北京果树产业种植管理过程中存在的监测体系不完善、作业服务不智能、作业场景不明确等问题，基于物联网＋、人工智能等新一代信息技术和智能装备技术，北京市农林科学院信息技术研究中心联合北京派得伟业科技发展有限公司，在平谷"农业中关村"桃园开展了智慧果园创新示范应用场景搭建，加快新基建赋能桃产业的场景化可复制应用，促进现代果业提质增效和高质量发展。

（一）基本情况

刘家店镇特色桃园基地，位于北京市平谷区刘家店镇北店村，依托北京绿农兴云果品产销专业合作社经营管理，现有科技化高效种植果园 200 余亩，种植白桃、油桃、蟠桃、黄桃四大桃类品种 10 余个。入社会员 300 余人，带动农户 2 000 多户，辐射周边 5 个远近闻名的果品种植大镇。合作社以育苗、培育新品种、植保技术、销售为龙头抓手，采用"示范基地＋智慧果园＋桃全产业链社会化服务"的模式，搭建大桃产业专家工作站和技术示范园，承接平谷农业科创园的技术转化和熟化，并与国家桃产业技术体系全面对接，立足平谷"农业中关村"，打造大桃全产业链服务的专业合作社。

（二）智慧果园建设

1. 集成开发智慧桃园服务管理平台

搭建智慧桃园服务管理平台，实现桃园"天-空-地"一体化监测体系，水肥药精准投入、病虫害识别诊断和大桃透明供应交易，打造智慧桃园的展示中心、服务中心和数据中心，提供桃产业全产业链综合信息服务。

（1）智慧桃园平台服务中心。

果园"天-空-地"一体化监测：集成搭建桃园"天-空-地"一体化监测技术体系，主要包括空中无人机遥感监测、地面固定气象信息和图像监测、果园无人巡检车动态监测和地下土壤墒情监测，为果园环境管理、调控、规划等提供数据依据。

桃园水肥药精准投入：根据大桃、蟠桃等品种的需水需肥特点，结合土壤环境和养分含量状况，制定水肥投入模型，集成节水灌溉装置，把水分、养分按照生长周期和感知数据，定时定量精准投入；同时集成无人打药割草装置，降低施肥打药的作业风险和作业强度，更好实现桃园肥药精准投入，为果园水肥药投入提供智能服务和决策依据。

桃树病虫害识别诊断：基于深度学习开展桃树病虫害识别与诊断技术研究，运用高效的图像识别技术提高图像识别效率、提高识别正确率，实现桃树病虫害识别、诊断与防治，为果园病虫害绿色防控提供智能服务与决策依据，并为入园消费者科普桃树病虫害提供实用小程序。

大桃透明交易：利用区块链、物联网等新一代互联网技术，以传感数据采集为基础，溯源果园生产情况，将园区安全管理服务"上网上链"，为消费者打通一条认知了解和快捷下单桃产品生产信息的途径，解决供需双方信息不对称、不透明的问题，实现对生产各关键环节信息的追溯管理和线上交易，并间接为管理部门提供监管、支持和决策的依据。

（2）智慧桃园平台数据中心。充分考虑平台的扩展性与易维护性，提高平台的扩展能力，基于开放共享的原则，按照统一的数据标准，实现数据中心数据的汇聚、管理与共享，实现对大桃产业数据、环境数据、视频数据、农事数据的标准化管理。开发大桃产业数据服务接口，通过接口服务实现大桃产业数据对内和对外的数据接口和应用服务；研发权限管理体系，为平台提供统一的权限体系，实现系统权限的灵活配置。

（3）智慧桃园平台展示中心。开发智慧桃园展示中心，搭建了解平谷大桃产业的窗口，主要包含企业服务、物联网监测、产品质量追溯、数据统计分析4个功能模块。企业服务可以展示大桃种植企业的相关信息，实现企业产品的创意宣传；物联网监测可以展示大桃种植环境数据、气象数据、土壤数据及视频等数据；产品质量追溯可实现整个生长过程的追溯信息；数据统计分析可以对环境监测数据变化趋势、农事操作数量、追溯标签打印数量、用户扫码情况等数据进行统计分析。

2. 开发果品新零售营销小程序

面向种植者和消费者，定制化开发果品新零售营销小程序，围绕果园动态、玩转果园、果园商城三大核心功能，为消费者用户提供了解果园透明供应链、掌握果品品质、在线交易的窗口；开展刘家店桃果"新零售"，对供应链条资源进行整合，助力农产品电商发展。面向种植者和消费者，搭建果品新零售营销小程序，充分利用刘家店村"天下蟠桃第一村"的优势提供特色果品宣传展示、营销推广等服务，助力特色农产品营销模式创新提升；同时培训一批农民成为懂经营、懂技术的专职技术人员，促进产业升级。

3. 搭建智慧桃园种植管理应用创新场景

在平谷区刘家店镇百亩桃园示范基地将智慧果园种植管理关键技术与软硬件系统落地应用，该示范基地具有良好的科学生产经验、生态发展意识、产业融合基础与信息化基础，核心示范规模 100 亩。通过部署气象监测、土壤监测、虫情监测、视频监控等一系列果园智能化信息采集设备；引进节水智能灌溉装置、无人驾驶除草机、精准喷药机、巡检作业无人车、采摘管理作业平台等一系列果园智能化农事作业装备；并集成开发智慧果园综合管理服务平台，形成了可交互应用、可展示观摩的典型示范应用场景，带动平谷百亩桃基地及周边千亩桃园提质增效（图 5-14）。

图 5-14 智慧果园赋能平谷桃产业创新应用场景

（三）应用成效

1. 场景化应用推动产业高质量发展

融合农业物联网、人工智能、无人机遥感等信息采集技术 10 余项，实现了桃园虫情、墒情、灾情和果树长势信息的"天-空-地"一体化智能采集与数据分析；集成应用自主研制的水肥药与防霜冻一体化系统装置、无人驾驶靶向喷药机等果园宜机化智能装备 7 台（套），形成了果园智能灌溉，精细打药，简约省力割草、碎枝、采收、巡检等果园省时省力作业模式，促进了果园节本增效，降低劳动强度。相比示范前，桃园节省灌溉用水、减少肥药用量20％左右，果园农资和人力成本下降20％以上。项目实施推广形成了可交互应用、可展示观摩的山前智慧桃园集成创新场景，树立了典型和样板，促进平谷百亩桃基地及周边千亩桃园提质增效，推动了新基建赋能桃产业，为北京市现代果业提质增效和高质量发展提供有力支撑。

2. 新媒体营销推动区域特色农产品打开销路

智慧果园技术成果的应用，不仅提升了刘家店镇桃果生产经营的科技水平和能力，也破解了科技成果推广和转化的"最后一公里"问题。相应的信息化与新零售技术观摩培训300余人次，培养了一批智慧果园新农人，带动当地增收致富与乡村产业振兴。通过新媒体途径，创新桃产业的宣传推广工作，借助区域优势和科技成果，线上线下多元化的消费场景帮助农户实现消费人群扩充和增长，拓宽销售渠道，形成品牌效应，打造了一批具有市场竞争力的优势平谷特色桃果系列农产品，实现直接帮扶年销售额突破5万元，让广大果农共享了数字经济发展红利。

三、大兴区韩家铺特色梨园智慧化建设

为振兴京郊特色果树产业，发挥大兴老梨树资源与品种优势，北京派得伟业科技发展有限公司构建智慧梨园解决方案，在大兴区韩家铺村梨园基地落地示范，助力大兴特色梨产业品牌化提升。

（一）基本情况

韩家铺村梨园基地，位于北京市大兴区。大兴区是北京市重要的果品生产基地，现有果树近20万亩，年产果品1.05亿千克，全区有梨树10万亩，占北京市梨树面积的50％，年产梨6 000万千克，位居京郊之首。其中，梨树的栽培在大兴区已有400年以上的历史，拥有规模居全市首位的老梨树资源。2001年8月大兴区被国家林业局授予中国梨乡称号，标志性果品有明代栽下保留至今的贡品鸭梨、地理标志农产品"金把黄"鸭梨等。在韩家铺村梨园基地，除了"金把黄"鸭梨外，广梨、子母梨等品种的梨树也成活了上百年，枝繁叶茂，硕果累累，亟待拥抱先进信息科技，探索智慧化经营模式，让百年老树焕发新生机。

（二）智慧果园建设

1. 果园农业物联网精细管控升级

为了全面掌握果园的生长状况和环境变化，缓解梨园数据少、监测手段单

一等问题，集中部署集梨园虫情监测、气象墒情监测和视频监测的梨园物联网主观测点，分散部署的可移动果园农情监测终端群，开展梨树病害 AI 识别诊断和物联网监测研究，实现梨园虫情、墒情、灾情和果树长势等的自动监测、智能诊断和应急预警。

（1）果园农业物联网的主观测点部署。主观测点集中部署了梨园虫情监测、气象墒情监测和视频监测设备，能够实时监测果园中的虫害情况、果园内的气象数据（如温度、湿度、风速等）和土壤墒情（如土壤水分、养分含量等）。通过主观测点的数据收集，可以为果园管理者提供准确、全面的果园生长环境信息，为后续的决策提供有力支持。

（2）可移动果园农情监测终端群的分散部署。除了主观测点外，还需要在果园中分散部署可移动果园农情监测终端群，这些终端群可以实时监测果园内的光照、温度、湿度等环境参数，以及果树的生长状况。通过分散部署的终端群，可以以较低的成本实现对果园的全面覆盖，及时发现果园中的异常情况，为果园管理者提供实时的果树生长信息和环境数据。

（3）自动监测、智能诊断和应急预警实现。通过集成主观测点、终端群和AI 识别诊断等技术手段，可以实现梨园虫情、墒情、灾情和果树长势等的自动监测、智能诊断和应急预警。通过数据分析和挖掘，为果园管理者提供更加精准的决策支持，果园管理者实时掌握果园的生长状况和环境变化，及时采取应对措施，确保果园的稳健生产，推动果园农业的持续发展和升级。果园环境与长势物联网测控系统见图 5-15。

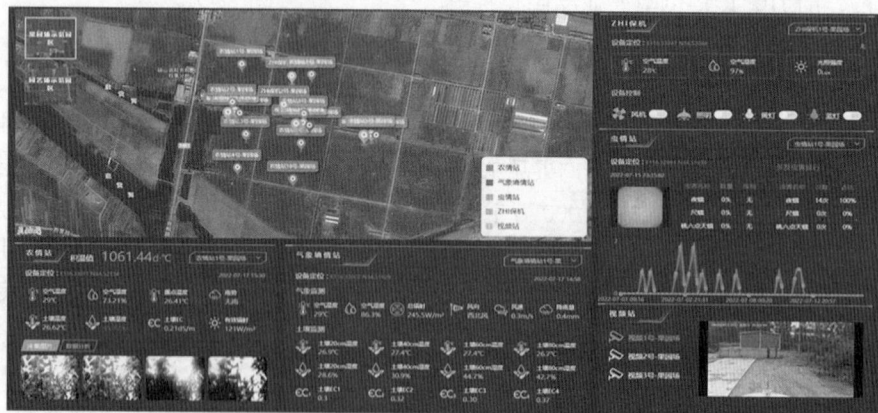

图 5-15　果园环境与长势物联网测控系统

2. 梨园宜机化简约省力智能装备作业

为缓解梨园现有作业设备陈旧、不智能等问题，在金把梨分享认养区部署首部水肥一体装置和管路节水灌溉终端配套无人驾驶靶向喷药机、采摘作业机和碎枝机，研究水肥药模型、研制适于老果园作业的无人驾驶割草机，实现梨园农事作业的自动控制、精细投入和省时省力应用场景。

（1）水肥一体化精准灌溉。通过一体化系统压力，把适合土壤墒情、养分含量、作物需求的水肥加以混合，借助水肥模型，定时定量地输送到植物根部，进而满足植物吸收水分和养分的需求，实现水分与养分时间和空间的同步，进而解决果树种植期间水肥供应不协调的问题。利用水肥一体化技术减少了水分流失与蒸发，果树根系加速吸收土壤中的养分和水分，促进新梢生长和开花结果，有助于果树养分调节，进而实现精准施肥和提升水果品质等目的。

（2）智能农机省时省力作业。通过配套无人驾驶靶向喷药机、采摘作业机、碎枝机、割草机等智能装备，实现果园喷药、采摘、碎枝、割草等作业的自动化、智能化和高效化。无人驾驶靶向喷药机基于无人驾驶技术，采用红外传感器动态探测果树靶标，并基于多因素信息融合模型，实现变量喷药；无人驾驶割草机、碎枝机、采摘作业机实现自动行走、避障，具有定速巡航功能和一定的爬坡能力，并通过云平台实现对作业轨迹、作业时间、作业量的管理与统计分析。

3. 特色果品区块链可信溯源

以一物一码、传感数据采集、区块链环境为基础，开发大兴梨果质量溯源服务系统，实现大兴梨果生产管理、加工流通等关键环节重要信息的数据上链与安全溯源，使产品可溯、过程可查，为消费者打通一条深入了解大兴特色梨果生产信息的途径，促进大兴梨区域品牌打造和衍生价值提升。

4. 智慧梨园应用创新场景

缓解梨园窗口作用不明显、管理服务不到位等问题，应用开发集数据中心、服务中心和指挥中心于一体的智慧梨园指挥调度一张图和梨树认养服务小程序，实现对果园数据分析、可视化展示和作业管理，打造北京智慧梨园示范窗口。

（1）智慧梨园指挥调度一张图。应用智慧梨园指挥调度一张图，实现对韩家铺老梨树果园数据的全面采集、分析和可视化展示，为梨园管理者提供决策支持，促进对果园的布局规划、数据采集、农事调度、经营决策等工作进行精细化、科学化的管理，提高工作效率，降低运营成本。

（2）梨树认养服务小程序。应用开发梨树认养服务小程序，搭建移动端认养商城和认养服务中心，实现对智慧梨园特色老梨树的在线认养管理。通过小程序，在果园和消费者之间建立一种风险共担、收益共享的生产方式，打破了优质农产品走向市民餐桌"最后一公里"的障碍，为广大市民提供了新的农业体验，促进园区提升收益水平。

（三）应用成效

1. 特色梨园智慧化升级赋能北京老梨树产业焕新发展

综合利用物联网、区块链、农产品溯源、智能农机等新技术与装备，改善了老果园存在的管理缺乏科学数据、数据监测体系不完善、宜机化装备体系不适配、管理信息服务不智能、产业与品牌价值挖掘不充分等问题，促进京城放心果园品牌化升级与农旅融合化发展，推动果农打造增收致富的"甜蜜事业"。

2. 模式输出助力砀山酥梨产业振兴腾飞

智慧梨园相应的软硬件技术成果落地"中国梨都"安徽砀山县，立足安徽砀山酥梨产业发展的科技需求，在砀山酥梨1 000亩智慧园区落地示范"智慧梨园"，配套部署了智能监测与精准作业设备50余台套，开发了砀山酥梨大数据指挥调度平台，如图5-16所示，搭建了"数字管理、智慧决策、精细管控、简约省力、安全追溯、品牌服务"高度融合的应用场景，建设了现代农业先行示范区，形成了符合当地气候环境的砀山酥梨智慧种植生产技术规范和集成应用模式，带动砀山40万亩酥梨产业优质高效发展。

图5-16 砀山酥梨大数据指挥调度平台

第六章

▍智慧设施

设施农业是采用信息技术、工程技术、装备技术等手段为植物生长提供相对适宜环境条件的一种现代化农业生产方式，很大程度上克服了农业生产对自然的依赖，使得人类获取食物的时空得到极大延展。智慧设施产业已成为北京都市型现代农业的重要表现形式，也是保障和丰富首都"菜篮子"供应、促进农民就业和持续增收的重要途径。近年来，北京市大力发展设施蔬菜产业，集聚土地、人才、资本、科技等生产要素，形成"三园一带四区"的设施蔬菜产业集群。截至2023年底，北京市在账设施面积16.3万亩、设施数量17.68万栋，其中日光温室9.44万栋、塑料大棚8.1万栋、连栋温室0.14万栋。

传统设施生产中面临着人工劳动强度大、生产效率低、生产方式落后等问题，制约着智慧设施的发展。随着信息技术、智能装备等新一代技术的不断涌现，设施农业正向着智能化、自动化方向发展。《北京市加快推进数字农业农村发展行动计划（2022—2025年）》中明确提出提升设施农业生产与监管数字化水平。在蔬菜生产"十个万亩镇、百个千亩村、千个百亩园"区域中，对日光温室进行智能化升级改造，打造200家高标准数字化种植基地，开展数据采集和监控，提升生产管理水平，实现智能排产、智能农事管理、智能环境调控，支撑北京市高效设施农业发展。到2025年，信息技术在设施生产中的应用率达到80%。

第一节　智慧设施关键技术

智慧设施种植是利用现代信息技术、生物技术、工程装备技术与现代经营管理方式为植物生长提供相对可控的环境条件，一定程度上摆脱了地域、季节或者恶劣天气等自然条件的制约，实现全天候、规模化的农业生产。按照种植场景划分，智慧设施领域包括设施信息采集与监测、设施环境智能控制、水肥一体化技术、设施机械化和智能化技术、设施种植精细化管理等关键技术。智慧设施关键技术集成应用总体框架见图6-1。

关键技术	设施环境智能控制	水肥一体化技术	设施宜机化作业	设施种植精细化管理
	农业物联网技术	水肥一体化耦合技术	设施宜机化设计	大数据分析技术
	农业传感器技术	作物需水量预测技术	生产机械化技术	智能排产管理技术
	人工智能技术	基于作物模型的灌溉技术	无人智能驾驶技术	劳动力管理技术
	设施环境模型技术	基于环境模型的灌溉技术	农业机器人技术	区块链技术

	设施信息采集与监测		
	室外气象监测技术	设施环境监测技术	作物体征监测技术

| 系统设备 | - 温室智能控制云平台
- 设施智能控制终端
- 设施环境监测设备
- 设施卷膜、卷被、湿帘风机、补光灯等设施终端设备 | - 水肥一体机
- 水肥控制软件
- 水肥一体化配套管网 | - 精准喷药机、撒施肥机、旋耕机、起垄机、移栽机等
- 农业喷药机器人、自适应授粉机器人、采收机器人等 | - 园区排产管理系统
- 商品管理系统
- 出入库管理系统
- 劳动力管理系统
- 农产品追溯管理系统
- 财务管理系统 |

示范推广	智慧设施集成应用场景建设与应用

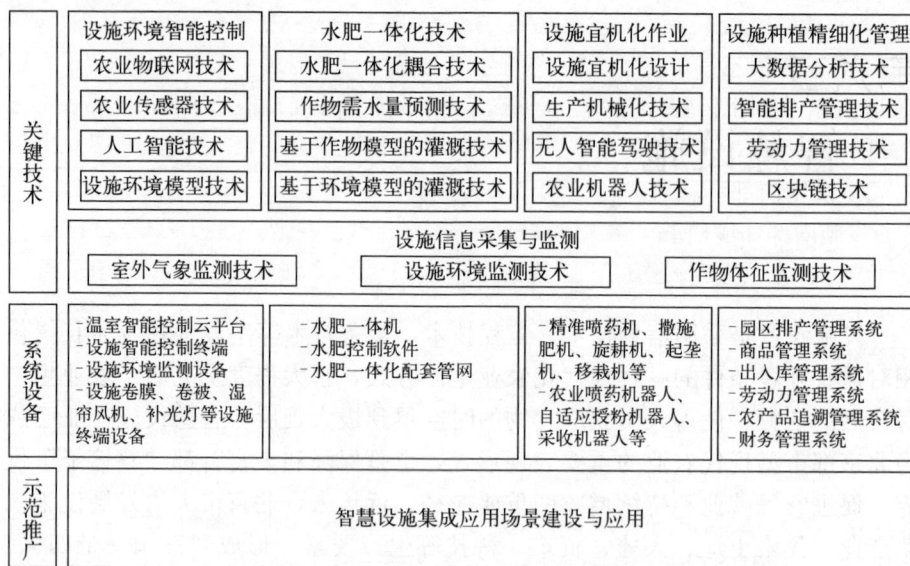

图 6-1 智慧设施关键技术集成应用总体框架

一、设施信息采集与监测

数据是智慧设施的核心要素，为各项设施智能化技术提供决策依据。设施数字化采集技术主要是依托各种传感器和监测设备对设施要素进行数据采集，可以实时、精准地获取设施环境信息，如空气温度、空气湿度、二氧化碳浓度、水肥参数等，以及作物的生长信息，如生长速度、叶面积、光合作用强度等，从而实现对作物生长状态的监测和控制。

（一）设施环境监测

随着物联网感知技术体系不断完善，小型化、模块化、智能化的新型传感器的不断涌现，基于物联网设施的环境数据采集已成为智慧设施数据获取的重要来源，主要分为室外气象监测和设施内部环境监测。

1. 室外气象监测

室外气象站主要用于园区小环境内气象监测及园区室外环境数据获取，可对空气温度、空气湿度、大气压力、平均风速风向、瞬时风速风向、太阳辐射量、降水量等环境信息进行采集和存储、显示。近些年，室外气象监测站逐渐集成化、一体化和小型化。小型化方面，采用风速风向传感器、雨量计替换传统大尺寸测量仪，测量精度高，稳定性可靠，体积缩小为传统气象站的1/4，有效降低了风的阻力对设备稳定性的干扰因素，便于安装操作，可大幅降低运输和安装成本。集成化方面，集成 GPS 定位模块，可实现实时定位监测。当设备被盗或远离安装地点时，上报异常位置信息，并发出报警。智能化方面，处理器通过专用的物联网协议将采集到的数据实时上传到云端系统，园区可通过网页、手机或微信小程序实时查看气象站的气象数据，并对历史数据进行对比分析。园区室外气象监测站见图 6-2。

2. 设施内部环境监测

设施内部环境监测主要用于设施内部环境数据获取，可以采集空气温度、空气湿度、光照强度、二氧化碳浓度、土壤温度、土壤湿度等数据，用于指导农业生产。以北京市推广应用的一体化设施环境监测设备为例，介绍环境监测设备的相关功能参数。监测设备支持空气温度、空气湿度、光照强度、二氧化碳浓度、图像信息共计 5 个参数的同步采集，实现了设施环境的一体化采集，并支持最多 8 路传感模块扩展接入，满足多元化温室监测要素的可扩展、个性化需求。监测设备采用基于 Dempster-Shafer 证据推理理论的全局数据融合技术，在信号分析与处理过程中通过内置程序修正其输入的确定性系统误差，提高传感器精度，空气温度精度达到 $\pm 0.1\,℃$、空气湿度精度达到 $\pm 1.5\%$RH、光照强度精度达到 ± 1 勒克斯、二氧化碳浓度精度达到 $\pm$（30 毫升/升+3%）。监测设备采用低功耗设计，配置"太阳能板+锂电池"自供电，防水、防潮外壳一体化封装，有效解决了温室传感器能量短缺、更换电池不方便等问题，可支持 30 天阴雨等弱光天气，不依赖温室内电源。监测设备不依赖园区网络，支持 4G 通信，本地数据存储、后台运行监测功能，支持采集周期、发送周期配置下发，支持 OTA 升级和网络校时，标准的数据传输接口，能够与市级设施台账系统关联，实现数据无线传输。同时，设备具有防丢失功能，可以获取位置 GPS 定位，当设备移动、拆除时可报警，防止丢失。设施环境监测设备见图 6-3。

图 6-2　园区室外气象监测站　　　　图 6-3　设施环境监测设备

（二）作物体征监测

设施作物体征数字化采集技术是实现智慧设施环境智能化调控的核心要素。目前，设施作物体征数字化采集技术主要有 4 种：基于多源传感器的采集技术、基于摄像头的采集技术、基于多视角视图的采集技术、基于激光雷达的采集技术。

1. 基于多源传感器的采集技术

基于多源传感器的信息采集技术是一种使用多种传感器来获取作物生长状态、产量和品质等信息的技术。通过安装在设施中的光学、热学、气象和土壤传感器等设备，实时感知和收集植被和环境多参数数据，利用计算机技术进行处理分析和可视化展示。例如，可以通过光谱设备获取植被的光谱反射率信息，精确定量化农作物的生长情况、叶绿素含量、健康状况等，实现对设施农作物的快速、准确的数字化采集，为优化作物种植管理策略，提高作物产量和质量，实现农业的智能化和可持续发展打下基础。

2. 基于摄像头的采集技术

基于摄像头的设施作物表征信息采集技术是一种通过在设施中安装摄像头对植物进行 24 小时不间断的视频监控来获取作物生长状态、品质等信息的技术。通过对拍摄到的视频图像进行处理和分析，可以得到植物的生长状态、叶面积、树高、花期、果实数量等多项指标。该技术也可以获取多组具有时序特征的作物生长状态信息，基于人工智能等技术建立融合时序特征的作物生长状态预测模型。该技术具有数据采集快速、准确、高效等优点，且无须人工干预。基于摄像头的黄瓜长势监测见图 6-4。

图 6-4　基于摄像头的黄瓜长势监测

3. 基于多视角视图的采集技术

基于多视角视图的采集技术是一种利用计算机视觉技术对目标进行数字化采集的技术，它的原理是通过一个或多个摄像头，从不同角度同时对目标进行拍摄，通过对这些图像进行处理和分析，可以获得作物的三维信息和特征数据。基于多视角视图的设施作物体征数字化采集技术是一种新型且高效的农业数据采集方法，多视角视图采集系统包含一个或多个摄像头，这些摄像头会同时对作物进行拍摄，形成多幅二维图像。通过立体匹配技术对同一作物的多幅图像进行一一对应，找到它们之间的空间位置关系，最终就可以获取作物的三维形状信息，这些信息可以有效地反映出作物的生长发育状态、产量预测、病虫害监测、施肥浇水等方面的情况。多视角视图采集示意见图 6-5。

4. 基于激光雷达的采集技术

激光雷达技术是一种利用激光发射器产生的激光束进行测量和探测的技

术。激光雷达利用电子脉冲控制激光器发射短脉冲的激光束,该激光束会沿着指定的方向传播,并在与目标物表面相遇时被反射回来,反射回来的光会被激光雷达接收器接收到,并转换成电信号。激光雷达会通过电子设备对接收到的信号进行处理和分析,计算出激光束传播路径的长度和时间。并利用这些信息测量出激光束到目标物的距离,并推算出目标物的高度、位置、形态等重要参数。采用激光雷达技术能够提高作物信息采集的效率和准确度,更加真实还原作物的三维表征信息。基于地基激光雷达的黄瓜冠层三维结构采集见图6-6。

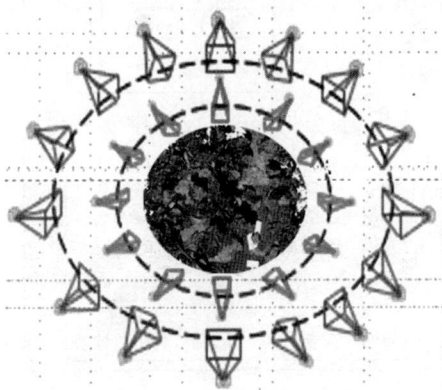

图6-5 多视角视图采集示意　　图6-6 基于地基激光雷达的黄瓜冠层三维结构采集

二、设施环境智能控制

设施环境智能控制技术是设施种植的关键性技术,其核心在于应用物联网、大数据、人工智能等信息技术构建一个环境感知、智能决策、设备控制的高效网络,为作物生长提供良好的生长环境。智能控制的技术体系一般由感知层、网络层和应用层3个部分组成。感知层是温室控制系统的基础,用于温室环境数据采集和农机设备控制,包括环境感知单元、环境控制单元和传感器网络(图6-7)。同时,通过部署在温室智能控制终端实现电路管理、控制命令发送、工作状态监测等功能,可以屏蔽底层异构设备和异构网络的复杂性,实现了不同异构设备的统一接入和数据传输。网络层负责接入层与应用层之间的网络传输,实现环境信息和控制信息的传输和同步。应用层是部署在云端的温室智能控制云平台,由数据中心和客户端应用程序等组成,提供了温室智能监控的核心服务。

1. 环境信息采集

环境感知设备就像整个体系的"感官"系统,是实现温室环境智能控制的

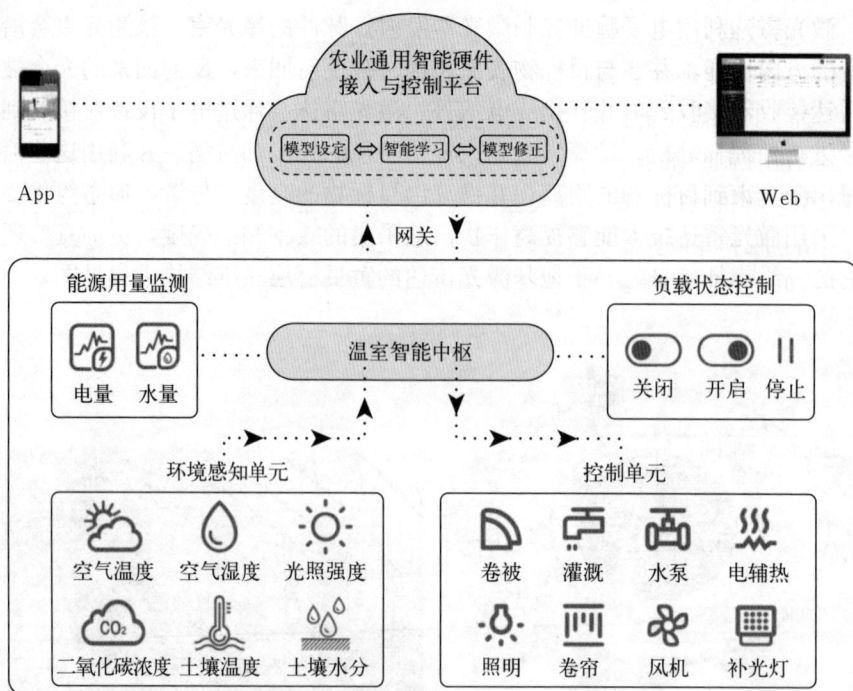

图 6-7　温室环境智能集成控制系统结构

数据基础和来源，主要由控制模块、采集模块、外围组件构成，包括温室环境传感器、图像自动采集设备、农业气象监测站，可以采集温室环境信息（温度、湿度、二氧化碳、气流速度、太阳辐射度、土壤含水量）。温室智能控制终端是整个体系的大脑和神经中枢，负责接收物联网环境感知系统的各类环境信息，同时对温室内各个硬件装备进行电路管理、控制命令发送、工作状态监测，并可以无线连接云端 Web、手机 App、遥控器、远程控制温室内所有设备。同时，由于各类传感器和智能装备的功能、接口和数据传输协议等存在明显差异，设备和网络异构性限制了系统的扩展性和适用性，使数据接入和融合成为农业物联网发展的瓶颈。接入层的设计目标是屏蔽底层异构设备和异构网络的复杂性，实现下层资源和上层应用的解耦，形成统一的抽象资源接口。

2. 温室智能控制云平台

温室智能控制云平台是农业通用智能硬件接入与控制平台，针对目前农业智能硬件控制软件专用性强、可开发性低、升级成本高等问题开发的农业硬件专用服务系统。主要通过多种协议智能解析形成通用接口，实现多厂家、多功能、多类型的农业智能硬件设备接入，形成企业内部的智能控制网络。根据不同智能控制设备开发相应的控制策略，并且直接使用微信就可以实现不同设备的远程智能控制。操作简便，农民容易接受。通过此平台通用、简单的传输接口，实现该平台采集的智能硬件设备数据以及控制功能与农场云等业务平台无缝对接。

3. 设施智能硬件装备

部署于日光温室的智能硬件是整个环境智能控制系统的"四肢",接收并执行温室智能控制终端发出的指令,从实际生产需求提出控制需求,进行前端设备的选型,解析硬件端口,集成各类控制器、传感器,最终实现智能控制。智能硬件包括卷膜和卷被智控模块、温室增温降温模块、空气循环系统、湿帘风机控制模块、空间电场除雾控制模块等。日光温室内外设备部署见图 6-8、图 6-9。

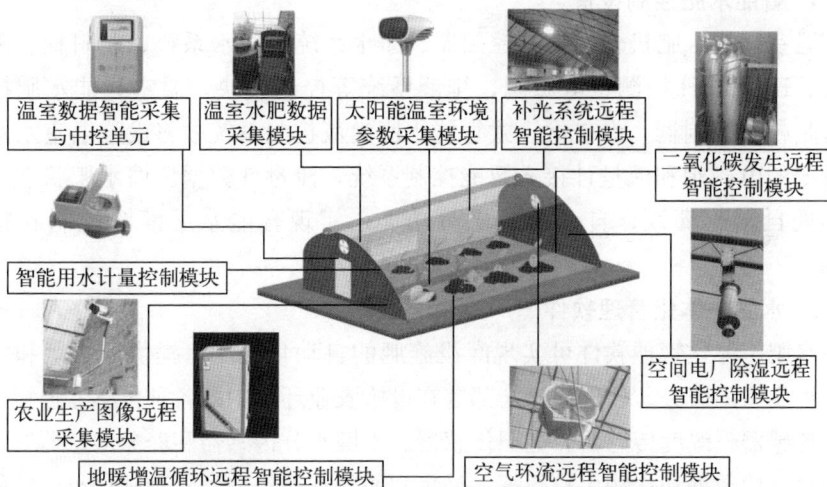

温室数据智能采集与中控单元　温室水肥数据采集模块　太阳能温室环境参数采集模块　补光系统远程智能控制模块　二氧化碳发生远程智能控制模块　智能用水计量控制模块　农业生产图像远程采集模块　地暖增温循环远程智能控制模块　空气环流远程智能控制模块　空间电厂除湿远程智能控制模块

图 6-8　日光温室内设备部署示意

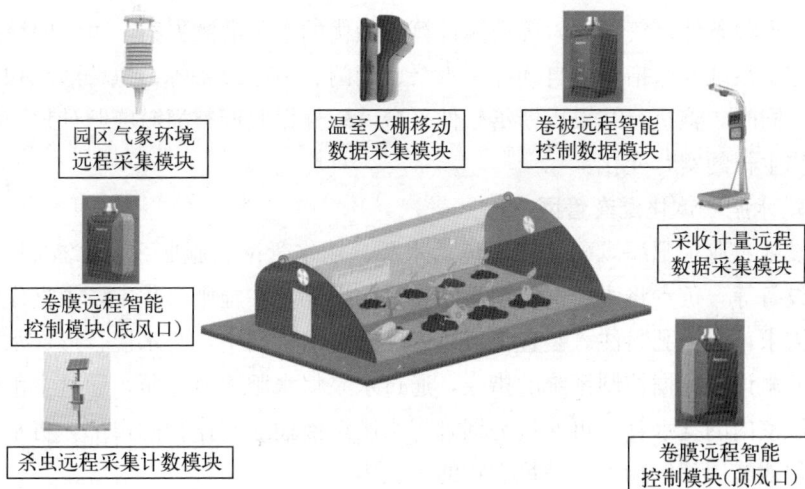

园区气象环境远程采集模块　温室大棚移动数据采集模块　卷被远程智能控制数据模块　采收计量远程数据采集模块　卷膜远程智能控制模块(底风口)　杀虫远程采集计数模块　卷膜远程智能控制模块(顶风口)

图 6-9　日光温室外设备部署示意

三、水肥一体化技术

水肥一体化技术能够根据设施作物生长需求,借助于现代化的灌溉施肥设备,实现水肥耦合同步的精量化供给。设施农业水肥药调控管理系统内容包括智能水肥控制设备、水肥一体化管理软件、水肥一体化配套管网3部分。

1. 智能水肥控制设备

温室智能水肥机包括核心控制器、净水系统、注水系统、肥料桶、吸肥系统、EC 和 pH 检测、电磁阀、排液系统等控制模块,温室智能水肥控制设备是核心控制器,自带嵌入式智能水肥灌溉控制系统,将设施温室水肥灌溉系统的电磁阀和流量计接入智能控制系统,流量计数据反馈水肥状态,可以实现自动化灌溉、自动化施肥等功能,实现智能水肥灌溉控制和精准管理。

2. 水肥一体化管理软件

水肥一体化管理软件可实现灌溉施肥的自动化控制,提供网页版和 App 版两种类型的服务。软件通过与部署在设施农业环境中的各种传感器连接,如温度传感器、湿度传感器、光照传感器、土壤水分传感器和养分传感器等,实时采集环境数据和作物生长数据。采集到的数据被传输到管理软件平台,软件平台对数据进行集成和处理,对作物生长环境的水肥数据进行实时监控。管理软件利用先进的算法和作物生长模型,对采集到的数据进行分析,根据作物的需求、土壤条件、气象因素等智能计算出最优的水肥灌溉方案,可以向灌溉系统和施肥系统发送指令,自动控制水泵、阀门、施肥设备等,执行灌溉和施肥操作,同时,将执行结果反馈给软件平台,软件据此调整灌溉施肥计划,以适应作物生长的实时变化。

3. 水肥一体化配套管网

设施农业水肥灌溉配套管网包括水源、输水管网、施肥系统、控制系统、灌溉设备等,负责将水肥溶液输送到作物的根部,在施肥过程中,根据作物的施肥需求,通过肥料注入装置将液体肥注入输水管网中,与水混合形成水肥溶液,灌溉设备根据控制系统的指令,通过水泵将水肥溶液加压,通过主水管输送到温室内的支水管,再通过毛细管将水肥溶液输送到作物的根部,将水肥溶液均匀地施用到作物上,满足作物的生长需求。

智能化水肥一体控制系统见图 6-10。

图 6 - 10　智能化水肥一体控制系统

四、设施宜机化作业

设施种植类型一般包括日光温室、塑料大棚、中小拱棚和连栋温室，其中，又以日光温室和塑料大棚应用规模占比较高。传统设施布局和结构在机械化生产中，经常出现"门难进、头难掉、边难耕"等不适宜机械化作业的情形，在设施种植中，存在生产环节多、人工作业劳动强度大、效率低等情况，制约了设施农业高质量发展。目前，农机装备机械化、智能化作业已成为设施种植的必然趋势。

（一）设施机械化技术

设施种植撒施肥、耕整地、移栽、植保、运输及残秧处理等关键环节均可实现机械化或轻简化作业。

1. 机械化撒施肥技术

采用机械化装置将有机肥均匀撒布到设施种植区域，撒肥量按照农艺种植要求视情况确定，一般西瓜、番茄等瓜类、茄果类作物亩施有机肥 2～4 吨，可根据设施土地状况和植物种类进行合理配比，减少肥料的浪费。在机械化撒施肥作业时，确保抛洒幅宽不大于设施跨度，以免破损塑料棚膜。肥料撒施要均匀，变异系数一般不高于 30%。与传统的手工撒施方式相比，可以大幅降低劳动强度，提高工作效率。撒施肥作业见图 6 - 11。

2. 机械化耕整地

深耕机作业，一般设施种植存在耕深浅的特点，长期过程中会形成明显的犁底层，每两年宜选择 1 轮深耕作业，作业深度大于 30 厘米，打破犁底层，可以有效改善土壤团粒结构，增加透气透水性（图 6 - 12）。对于番茄、西瓜、甜瓜生产，可采用"起垄＋铺滴灌带＋覆膜"一体化作业，塑料大棚采用南北向起垄，日光温室采用东西向起垄，一般垄底宽 80 厘米、垄顶宽 60 厘米、垄沟宽 60～120 厘米，垄高 15～20 厘米，确保垄底宽、垄高等参数与所用移栽机械相匹配，滴灌带（管）应铺设位置准确，膜应平整、压实，无明显折叠，为后续机械化生产作业及良好农艺栽培条件打下基础。对于草莓生产，采用草莓专用起垄机，起垄后垄高 30～35 厘米、垄顶宽 32 厘米、垄底宽 57 厘米、垄沟宽 37 厘米左右，垄距 80～90 厘米，实现草莓起垄"垄侧实、垄顶虚"的农艺要求。

图 6-11　撒施肥作业

西瓜"起垄＋铺滴灌带＋覆膜"机械化作业见图 6-13。

图 6-12　深耕作业

图 6-13　西瓜"起垄＋铺滴灌带＋覆膜"机械化作业

3. 机械化种植

移栽作业。根据农艺和移栽机要求选择适宜秧苗进行移栽作业，一般市面移栽机多选择 10～17 厘米全株高（含苗坨高度）穴盘秧苗进行移栽，植株紧凑，整齐一致，无病虫害。机械化移栽合格率≥90%；株距合格率≥90%；膜面开口合格率≥95%；定植深度以苗坨上表面低于膜面 1 厘米左右为宜，移栽深度合格率≥80%，定植后及时浇灌缓苗水，保障缓苗。播种作业，一般叶菜多为直播作业，选用精量直播机，对于不规则种子等可以播前选择丸粒化或编制种绳等种子初加工处理，采用绳播机等配套农机装备进行播种作业。设施移栽作业见图 6-14。

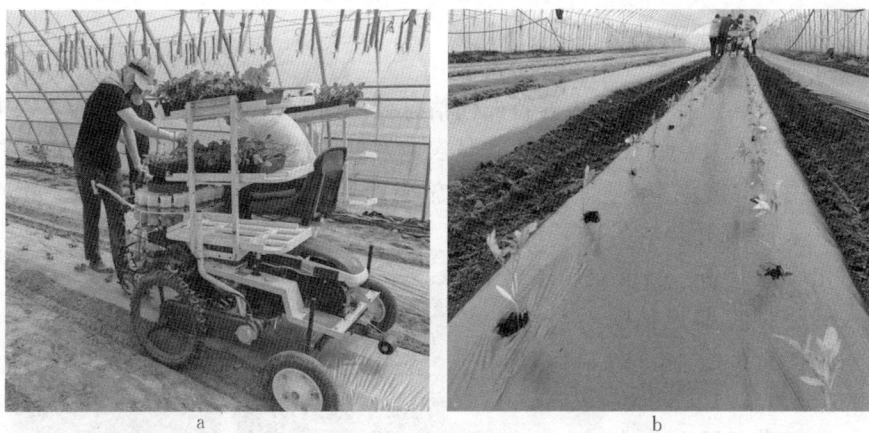

图 6-14 设施移栽作业

4. 植保管理

植保方面，采用弥雾机与弥粉机等新型高效植保装备，实现大棚的植株、地面和棚膜等空间病虫害的整体性消杀，不仅省时省工，打药频率和次数减少 50% 以上，用工减少 70%，打药时间只有原来的 1/3，而且控病效率提高 60% 以上。

5. 产后处理

（1）产后废弃物处理。采用拖拉机配套灭茬旋耕机，通过混伴菌剂，直接将残秧还田利用。生产中减少"授粉标记纸""塑料嫁接夹"等耗材使用或提前人工清除，确保混伴菌剂后充足的焖棚消毒时间和温湿度（一般春茬可以考虑原位还田）。采用专用粉碎机进行定点集中粉碎，前期人工配合运输车实现残秧离棚集中，粉碎时避免残秧混入铁器、石块等杂物，有效保障番茄、黄瓜、西甜瓜等蔬菜水果残秧处理。残秧原位还田机械化作业见图 6-15。

（2）产后初加工。采用分级设备进行西瓜样品分级，一般多为按重量或大小分级。也可选用传送带配套秤、塑封设备、贴标设备等形成分级包装流水线，针对市场供应产品等级划分，分级包装上市。蔬果机械化分选见图 6-16。

图 6-15 残秧原位还田机械化作业　　图 6-16 蔬果机械化分选

（二）设施农业机器人

随着人工智能、机器人等新一代信息技术向农业领域的逐步渗透，农业机器人已进入大众的视野，成为智慧农业发展的核心组成部分。设施蔬菜机器人是用于日光温室、连栋温室等设施生产环境下，应用于育苗/秧、生产管理、采摘等复杂场景的智能化、自主化作业装备。目前设施蔬菜机器人的类型主要包括喷药机器人、自适应授粉机器人、采收机器人等（图6-17）。

图6-17　设施农业机器人

1. 喷药机器人

喷药机器人可以对大型玻璃温室立体化栽培作物进行全自动自主喷药，机器人集成了多功能路轨两用轮组、多传感器融合导航技术、精准施药技术，实现了自动导航、自动上下轨道、自动识别、自动喷药等功能。机器人采用基于激光、IMU、UWB、RFID等多传感器融合的导航定位系统实现了喷药过程的精准导航定位，将麦克纳姆轮和轨道轮融合开发多功能路轨两用轮组，实现机器人全方位平移和轨道自主切换作业，轨道切换时间提升50%以上。

2. 自适应授粉机器人

针对雌雄同花作物授粉问题，采用气流震荡、喷雾、喷粉相结合的多功能授粉技术，对花朵进行选择性精准授粉，解决熊蜂授粉成本高、受环境条件影响大的问题，开发基于机器视觉的花朵精准定位系统，形成番茄授粉全程机械化作业技术体系。大大提高了授粉效率和坐果率，授粉生产成本是熊蜂授粉成本的30%。实现自动授粉作业效率大于1 500米²/时，授粉成功率大于80%。

3. 采收机器人

设施农业中果实采摘主要依靠人工作业，劳动强度大、工作效率低。采摘机器人的应用可以减少作业人员、降低生产成本，对设施作物种植少人化管控具有重要意义。机器人由路轨两用底盘、采摘机器人手臂、采摘手爪和视觉识别定位系统组成，集成了非结构环境下的果实识别定位技术、路轨两用底盘技术、多传感器融合定位技术等，实现机器人单果采收。

五、设施种植精细化管理

农场的管理工作繁多并且琐碎，传统管理方式存在规范化程度低、人力耗费大、管理力度粗等问题，缺乏管理的科学性和高效性。近些年，物联网、云计算和人工智能等技术应用到农场管理中，融入园区生产、经营、销售等环节，提升了园区生产效率，降低了成本，提高了农产品的质量和安全性，实现了农场的高效运转。农场数字化管理的核心在于数据，功能主要包括财务管理、种植管理、商品管理、出入库管理、劳动力管理、追溯管理等。下面介绍农场数字化管理的核心功能。

1. 种植管理

借助物联网技术和大数据分析，对农场种植的作物进行实时监控和管理，如土壤湿度、养分含量、病虫害状况等，实现精准施肥、灌溉和防治，提高作物产量和品质。传统的种植方式依赖于种植者的主观经验，那么种植出来的作物产量和质量也会因人而异，农艺一致性较差，无法实现标准化生产。设施种植排产管理根据作物的生长周期和生长规律，自动生成排产计划表，并应用部署于农场信息采集设备进行动态调整，可以实现定植、施肥等农事操作的定时智能推送。

2. 商品管理

通过对农产品生产、销售等环节的数据化管理，实现对农产品的全程追溯，提高产品质量和安全性，增强市场竞争力。

3. 出入库管理

农场的出入库管理普遍存在管理混乱、工作效率低等问题，出入库管理结合智能采收秤，可以实现自动入库、出库。利用自动化设备和物联网技术，实现农产品的快速、准确出入库，降低库存成本，提高了物流效率。

4. 劳动力管理

劳动力管理是园区管理的重要环节。一是园区通常将工人工作量与工资绩效挂钩，如何计算劳动力产出成为重要的问题。二是园区用工成本的不断增加，如何合理安排劳动力，成为农场管理人员关注的问题。三是园区不定期会存在流动用工，如何计算劳动力产出成为重要的问题。因此，劳动力管理功能至关重要。劳动力管理通过软硬件一体化技术，实现了劳动力安排、监控等功能，提升了园区的用工效率。

5. 追溯管理

利用物联网技术和大数据，对农场生产、流通、销售等环节进行全程监控，实现农产品的源头追溯，提高产品质量和消费者信任度。

6. 财务管理

通过实时采集和分析农场各项经济数据，如成本、收益、投资等，为农场主提供精准的财务预测和决策支持，帮助其优化资源配置，提高经营效益。

综上所述，园区数字化管理系统为园区提供了现代化的管理手段，实现了农业生产的精细化、智能化和管理的高效化，有助于提高农场经营效益。农场数字化管理系统见图 6-18。

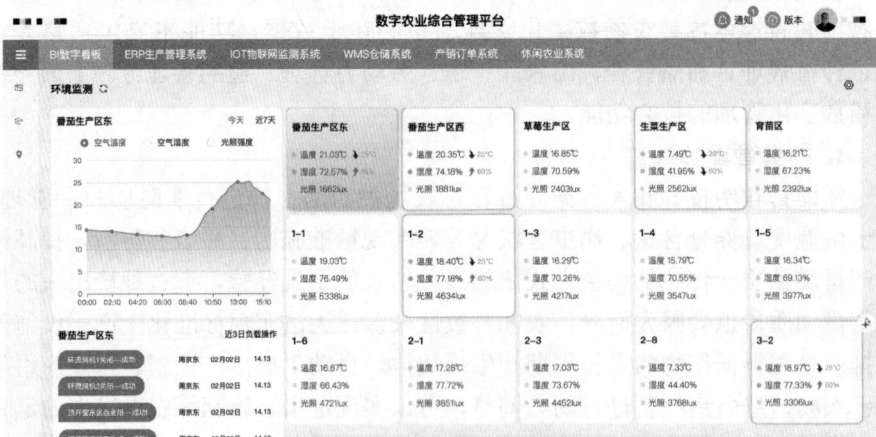

图 6-18 农场数字化管理系统

第二节 北京智慧设施典型案例

一、翠湖大型连栋温室智慧设施

（一）基本情况

北京翠湖农业科技有限公司位于海淀区上庄镇前章村西侧，占地 981 亩，包括绿色示范工厂、配套协作区和设施农业创新研发基地三大区域，其中绿色示范工厂计划建设 20 万平方米高效设施，一期 10 万平方米智能连栋温室已成功运营，是京津冀地区单体最大的蔬菜生产单体连栋温室。

作为京津冀地区单体最大的智能连栋温室，首农翠湖工场致力于为消费者提供新鲜、美味、安全的高品质果蔬，发展以"生产＋科研"两种业态为主导，以高效设施农业为核心的现代农业示范模式。同时依托首农食品集团以"揭榜挂帅"模式联合中国农业大学、北京农业科学院、北京京鹏环球科技股份有限公司等相关单位开展智能连栋温室关键核心技术攻关与集成应用，进行温室环境控制系统、温室结构和现代化温室种植管理中的"卡脖子"技术的科技创新。2021年12月，一期10公顷智能连栋温室建成投产，2022年9月，10公顷智能温室全面进入生产运营。未来翠湖智慧农业创新工场将加强高效设施农业的技术创新和孵化，建设成为立足海淀、服务北京、辐射全国的设施农业产研融合创新基地，支撑首都菜篮子供应。

（二）智慧设施建设

公司依托首农食品集团之农业底蕴，以"生产＋科研"两种业态为主导，以智能连栋温室高效生产模式为核心，建设成为立足海淀、服务北京、辐射全国的设施农业产研融合创新基地，带动传统设施农业转型升级，支撑首都菜篮子供应。

1. 高效智能连栋温室设计

生态环保方面，采用雨水收集技术、水肥循环利用灌溉技术、熊蜂授粉技术、生物天敌防虫技术等生态绿色先进技术来确保项目的生态环保；数字化智能管理方面，采用气候分区环境调控技术、加温降温能源管理与调控技术、作业信息采集与监控技术、劳动力智能管理技术、产品信息管理技术、温室与装备信息管理技术、植物生命全周期信息采集与管护支持技术等来确保项目的"数字技术与智能化管理"；温室的节能性方面，深入贯彻节能、节水、节约用地和环境保护等国家地方相关政策；充分利用当地多种资源、因地制宜地设计，尽量降低温室能耗，并通过智能控制系统和优化的设计，保证水、暖、电等能耗指标在国内同类温室中居于领先地位。同时，采用关键环节智能装备，提升劳动生产率，提高作业质量和管控能力。采用智能导航车（AGV），配套与商品化处理设备交互的调度管理系统，实现输送无人化和物流设备精准无缝对接，实现物流输送极速化。采用绿色生产和防控技术，以熊蜂授粉、水肥精准减量为手段实现栽培过程绿色化。基于栽培生产过程测算优化，配置生物和物理防控点位，配置相应的固定设备和安装托架，使绿色防控在设计方案中得以制定。选用高性能拉秧机，资源化处理植株废弃物。

2. 园区生产和运营管理

（1）环控系统——生产管理数字化。通过室内外环境监测设备，将实时环境数据（包括光照强度、温度、湿度、风速等）实时汇总到环控系统，根据番茄不同生长周期设置精准环境策略，系统会自动开合天窗大小时长、展开收起遮阳幕布大小时长、高压喷雾开启频率、垂直风机工作频率，达到设定的精准环境参数，让作物在最佳的环境下生长。连栋温室硬件设备示意见图6-19。

（2）水肥一体化系统。根据番茄不同生长阶段、不同气候环境条件下，光合作业和代谢精准的控制，通过温室内光照、温度、二氧化碳浓度、湿度、基质称、回液EC实时监测，水肥一体化系统根据设定好的策略综合分析当前植

图 6 - 19　连栋温室硬件设备示意

株的生长状态，精准控制母液调配比例、控制滴灌的频率和总量，达到营养生长和生殖生长的精准调控，最终实现最大的产量和最优的品质。水肥一体化系统见图 6 - 20。

图 6 - 20　水肥一体化系统

（3）省力化装备。温室配备各项省力化设备，包括 65 辆升降轨道作业车、25 辆电动打叶车、80 辆轨道采摘车、2 套 AGV 牵引工作车、2 台智能轨道打药车等，工人在工作中可以最大限度地省力，并且方便、快捷。省力化设备见图 6 - 21。

（4）蔬菜质量安全溯源系统。系统完整记录了首农翠湖工场的番茄从播种、育苗、定植、管理、采

AGV 牵引车和轨道采收车

图 6 - 21　省力化设备

收、包装到销售全过程详细信息，实现每个包装唯一溯源码，消费者通过扫描溯源二维码，可以了解番茄整个生长周期中各项管理活动，还可以通过网络摄像机实现生产场景的实时再现，真正做到了全程可溯源。

（三）应用成效

1. 经济效益

根据园区产业布局与建设内容，基础设施、种植环境和条件均得到改善，经济作物产量和品质得到提升，农业科研和科技成果转化率明显提升，科技推广得到发展，实现年产大中小型番茄 200 万千克以上。通过高品质蔬菜品牌和销售平台的建设，可有效统一产品质量、稳定销售价格，延长产业链，增加蔬菜产品流通和服务业产值。

2. 社会效益

以高效设施和高效服务为纽带，促进首都优势设施农业科技团队的集聚和联合，引进全国优势团队，建成涵盖设施农业基础研究、应用基础研究、应用技术开发的全程化研究创新集聚区，促进我国设施农业工艺、工程、装备、模式的创新融合，突破我国设施农业科研点式分布多、集成研究不足的瓶颈，以高效集成成果促进设施农业产业提升。

3. 生态效益

高效绿色蔬菜工厂在装备和技术的支撑下，水肥利用率与传统蔬菜种植相比将提高 55% 以上，每立方水能产出 60 千克以上番茄，节约用水 50% 以上，在国内处于领先水平。土地利用率和产出率将提高 4 倍以上，有效地解决了农田生产的水、土等环境制约问题。通过植株的光合作用，温室生产年固碳可达 1 000 吨以上。业财一体化系统和劳动力管理系统的投入使用，在提高劳动效率方面发挥了重要作用。温室内生产用工约 4 亩/人，是普通生产设施劳动效率的 2 倍以上。溯源系统对企业品牌的提升和推广有着很大助益，在提高消费者对品牌认可度的同时，对行业内食品安全问题也提供了标杆。

二、朝来农艺园智慧设施技术应用

（一）基本情况

朝来农艺园坐落在北京朝阳区来广营乡，始建于 1996 年，是北京市首批都市农业项目，也是当时全区设施农业的重点工程。园区于 1997 年 6 月正式开放，总面积 239 亩（耕种面积 63 亩），园区紧邻北五环与京承高速，交通便利，是朝阳区北郊近五环唯一农业园区。园区曾先后引种过 10 多个国家和地区的 100 多种名、特、优、新蔬菜品种，年接待参观人数可达 5 万人次，作为设施农业的发展典范，创出了朝来农艺园绿色农产品品牌，曾先后被授予"工厂化高效农业朝阳示范区""全国科普教育基地""全国农业旅游示范点""国家级农业标准化示范基地"等多项荣誉称号。朝来农艺园外景见图 6 - 22。

图 6 - 22 朝来农艺园外景

2021 年开始，园区依托国家数字设施农业创新应用基地建设项目开展数字化建设，瞄准集约化育苗、生产过程管理、质量追溯、采后处理 4 个环节，在园区 2 栋连栋温室、19 栋日光温室、1 座加工冷藏车间进行数字化建设，通过工厂化育苗、温室环境综合调控、智慧生产管理、水肥药调控管理、病虫害预警监控、质量安全追溯、采后商品化处理以及数据管理中心 8 个工程建设，实现朝来农艺园设施蔬菜生产全环节数字化改造提升，建成北京首个全国产业化智能装备连栋温室，并在多种类型设施温室进行智能化应用示范，推进朝阳区设施农业的数字化、工厂化、高效化发展。

（二）智慧设施建设

1. 全国产业化连栋温室智能装备集成应用技术

联合国家农业信息化工程技术研究中心、北京市农业技术推广站、智慧农业高新技术企业等国内领先技术力量，实现国产化物联网、云计算、数据处理、AI 控制等技术的落地应用，打破设施农业科技"卡脖子"问题，打造国产化、智能化生产集成应用体系。

2. 基于人工智能技术的设施智能化控制体系

针对生产上大面积应用的日光温室自动化程度低的情况，应用物联网、人工智能等信息技术，建立了一套适用于日光温室的设施智能控制体系，通过各类智能装备精准控制温室温度、湿度、水肥、二氧化碳等环境参数，通过环境策略进行温室光、温、水、气的智能控制，实现生产环节的标准化管理。

3. 数字化高效栽培技术

改变以前信息技术单一示范的模式，将各类高新信息技术引入椰糠基质栽培、水培等高效栽培技术体系中，信息技术集成应用高度吻合栽培过程生产需求，充分发挥信息技术的聚变效应。

4. 运营模式

朝来农艺园将以提高企业效益和增收为主要发展目标，遵循智能化管理、标准化经营、示范式发展的建设原则，创新运行机制，引入专业的运营团队，把提升效率、扩大销售作为园区运营的重要环节，紧紧围绕设施生产、包装加工及销售，延伸生产资料和技术的推广服务等服务链条，积极开展产业链条上各个环节上的规范化运作、规模化生产、专业化销售、一体化经营，引领周边地区数字化设施农业生产水平。

（三）应用成效

1. 经济效益

提升了设施农业现代化生产管理水平，显著增产增效，节约了生产成本。通过设施环境综合控制，为设施蔬菜提供最佳生长环境，提高园区蔬菜精准化控制、智能化生产，提升了蔬菜品质，实现示范区蔬菜增产 10％，采后商品率提高 10％；通过为园区提供工厂化育苗、自动化控制、病虫害防控、水肥药精准控制，提高生产效率，实现了示范区劳动用工费用减少 30％、农资投入减少 10％，每年可为园区带来经济效益 600 万元。

2. 社会效益

实现了设施农业智能化生产和数字化管理，达到了朝阳区设施产能扩大、节约成本、减少污染、品质提升、效率提高等效果，实现产品和技术规模化输出，打造了朝阳区农业"特色品牌"，对北京市设施农业园区起到示范引领作用。同时，以点带面促进朝阳农业数字化转型，通过试点园区的示范作用，带动周边园区（圣露、中农春雨、都市农汇等）数字化转型，形成"园外园、园＋园"的协同发展、主题互补发展模式，为消费者提供数字休闲体验、科普教育等都市农业体验。

3. 生态效益

促进农业精准管理，走节约集约、节本高效的内涵式发展道路，持续推进设施农业投入品精准高效利用，水、肥、药等农业投入品使用降低 10％以上，助力北京打好农业农村污染治理攻坚战，维护北京的绿水青山。同时，发挥数字技术与生态景观、生态文化的融合体验价值，挖掘朝阳农业生态和文化价值，形成数字化展示、体验中心，打造朝阳农业的数字文化名片。

三、百旺农业种植园 5G 高架无土栽培草莓智能温室

(一) 基本情况

北京百旺农业种植园位于北京市海淀区西北旺镇唐家岭村,占地面积约 500 亩,是集生态开发、农业技术研发示范、水果蔬菜采摘、农耕认养、休闲体验于一体的现代化、智慧化都市型农业园区。园区现有设施大棚 44 栋,其中玻璃温室一栋占地 3 600 平方米,严格执行标准化基地管理,种植作物包括 30 余种蔬菜和草莓,以及樱桃、水蜜桃等,突出生态特色和可持续发展农业模式,融合现代科技农业与传统农耕文化示范和推广工作,致力于构建现代农业生态园区。北京数字农业促进中心联合农业技术推广单位、高新技术企业,利用农业物联网、传感、图像识别、人工智能等高新技术,打造"智慧农场"样板间。联合科研院所、高新技术企业,以北京百旺农业种植园为合作示范园区,打造北京"智慧农场"样板间。

(二) 智慧设施建设

1. 硬件设施建设

园区建成了北京市首个 5G 高架无土栽培草莓智能温室,在日光温室配置安装了一系列物联网智能设备,对温室中的空气温度、空气湿度、二氧化碳浓度、基质温度、水分等多参数进行实时监测和精准调节,为作物生长提供最佳环境。通过使用农业物联网、传感器、图像识别等高新技术,打造百旺"智慧农场",大大节省人力成本、降低劳动强度、提高工作效率。

2. 软硬件集成系统建设

(1) 环境数据实时采集和自动监控系统。可通过环境策略进行设施温室或大田作物光、温、水、气的智能控制,实现生产环节的标准化管理,节约劳动力投入 50% 以上,降低病虫害发生率,提高设施蔬菜品质及产量。

(2) 水、肥、药的精准控制系统。可通过水肥灌溉策略进行水肥一体化控制,实现不同生长时期定时、定量、按需灌溉、节水节肥,降低生产成本,实现设施安全生产,肥药精确调控,提高劳动效率。

(3) 智慧农园生产数字化管理系统。应用园区智慧农业监测平台,实现园区生产管理数据一站式监控、远程指挥和决策辅助,实时动态监测作物种植信息、农资使用、设备运行、农事安排等过程动态,实现园区生产管理的数字化、可视化。

3. 运营模式创新

园区以服务模式创新、休闲体验友好、农业科教注入及绿色生态发展为理

念，集农业观光、休闲、旅游于一体，不断提升园区休闲农业的服务能力。每月开展不同形式的农业休闲活动，持续开展农业科普实践活动，建设农业科普教育课程体系，让学生可以寓教于乐地掌握现代化农业生产技术。开展农业智能化技术培训，推广农业科学技术，将园区打造成了一二三产业融合发展的综合性智慧农业园区。

多样化销售渠道打造园区品牌。园区持续拓展线上销售渠道，以"农业＋互联网"的理论为指导，结合美团等电商平台，对园区的优质果蔬产品进行推广营销，合作客户涵盖了学校、幼儿园、航天五院、中国电信、保险公司等。园区以质量兴农、绿色兴农、品牌强农为口号，促进了园区农业健康可持续发展。

（三）应用成效

百旺"智慧农园"由数字管理系统、智能生产设施、智能控制策略、标准化生产规范等环节组成，将传感、遥感、物联网、智能装备等先进的现代信息技术与农业生产与管理环节深度融合，提升生产智能化水平和园区综合管理水平，体现出了信息技术对农场整体经营和业务衔接的有效支撑，体现出信息技术与农艺的有效融合，解决了劳动力成本过高、生产效率差、管理标准化程度低等农业生产痛点问题。多位市级、区级领导前来园区视察及指导工作，对信息化技术的应用给予了充分认可及肯定。多家媒体也对园区"智能化生产"进行了报道，园区将持续发展农业智能化，打造北京市"智慧农场"样板，带动全市智慧农业发展，取得了多方面的效益。

1. 经济效益

"智慧农场"在百旺应用后，如同给农业装上了智慧的大脑，可以快速准确获取温室生产种植全过程数据信息，并及时为生产管理提供决策支持信息，可对环境数据进行实时监测和精准调节，创造作物生长的最佳环境，有效提升作物产量和产品品质，同时节省人工成本，节水节肥。据数据统计，园区叶菜、果菜提高产量15％以上，水果提高产量20％以上，劳动生产率提高30％以上，园区灌溉用水和肥料使用减少20％，每年为园区增加经济收益20.64万元，节省人工成本14.4万元，节省水、肥、药投入1.4万元。

2. 社会效益

支持北京市重点发展的物联网、智能装备在农业领域的应用，推动海淀智慧城市建设，促进"互联网＋"现代农业产业升级。推动都市农业多种新业态的发展，有效吸引资金、技术、管理、人才、设施等要素流向农业园区，增加就业容量，促进农业健康可持续发展。园区示范带动作用对于北京市大力发展的智能园区建设意义重大。通过打造海淀区第一个现代化"智慧农园"，为北京市的智慧农业的发展提供示范和典型经验，还将成为技术成果辐射推广的中心，为提高我国农业信息化的整体水平、推动智能农业快速发展起到重要作用。

3. 生态效益

通过智能环境控制实现水肥一体机、增温、降温等智能负载的精准控制，科学指导园区智能感知、精准调控、科学生产，使得农作物的资源投入减少，资源得到节约化利用，生态环境得到改善。百旺农业种植园见图6-23。

水肥一体化设备	温室传感器	管理站
温室小番茄	温室葡萄	水稻
果园	采摘	温室番茄

图6-23　百旺农业种植园

第七章

智慧家禽

百姓的日常三餐离不开肉、蛋、奶，而在其中，"京"字号家禽品种一直在全国领先。尽管北京市没有像其他地区那样密集的养殖场，但这并未阻碍北京家禽业对全国的辐射影响。北到东北地区、南至海南，中国人餐桌上的鸡蛋有一半以上来自北京培育的蛋鸡品种；樱桃谷鸭在全国肉鸭市场的份额超过60%，持续为全国提供优质良种。截至2021年，包括"京红""京粉"在内的5个企业自育"京系"蛋鸡品种在全国市场占有率达到50%，助力蛋鸡率先成为不受国外控制的高产畜禽品种。这些亮眼数据的取得，是一批具有先进养殖技术和管理经验的从业者共同努力的结果。

随着对家禽产品的需求不断增加，传统养殖方式面临诸多问题，如环境污染、资源浪费和劳动力成本高等。为适应市场发展和保障可持续性，家禽养殖业急需朝规模化、集约化和标准化方向转型。近年来，智能化技术在家禽养殖中的广泛应用成为提升效率、减少资源浪费和改善环境友好性的关键手段。包括环境监控、精准饲喂、疾病诊断等方面的技术，有效提高生产效益，降低养殖成本，并为养殖业可持续升级奠定基础。这一智能化转型不仅有助于满足不断增长的市场需求，还推动了家禽养殖业的现代化发展，促使其更好地适应未来的挑战。

第一节　智慧家禽关键技术

针对家禽生产中存在的各种问题与需求，当前技术的发展和创新提供了一系列关键技术和装置系统，以提高生产效能和保障家禽健康。在环境调控方面，为解决温湿度、空气质量和光照等对家禽生产性能的影响，引入环境数据采集传感技术、物联网与云计算技术。在养殖模式方面，叠层笼养模式具有多元环境参数物联网系统，能有效地监测和调控环境条件；林下养鸡模式中，智能鸡舍能通过实时数据分析和反馈，为鸡群提供适宜的生活环境。在饲喂方式方面，传统饲喂方式容易带来群体生长状态不稳定性和产出波动，通过家禽体重和饲料消耗采集传感技术以及声音检测技术，可建立家禽精准饲喂喂食站和家禽采食量监测装置,实现个体化的饲喂方案,提高饲养效益。在疾病的预防调控和早期检测方面,应用分子生物学检测技术、图像处理与机器学习技术以及声音分析技术,通过病毒基因组检测试剂盒、鸡群病鸡识别模型和肉鸡打喷嚏声音监测系统,可以在病情发展的早期发现问题,并采取有效的防疫措施,避免疾病传播。在采蛋方式方面,人工集蛋劳动强度高且效率低,通过目标检测技术、视觉引导技术和机械臂控制,散养模式下的禽蛋采集机器人能够自动完成采蛋任务,减轻人工劳动负担,提高采蛋效率。智慧家禽关键技术总体框架见图7-1。

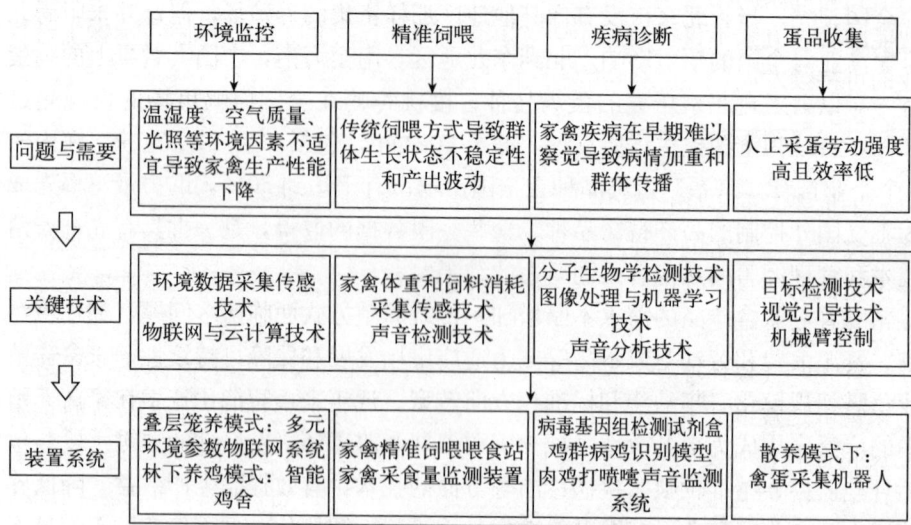

环境监控	精准饲喂	疾病诊断	蛋品收集
问题与需要 温湿度、空气质量、光照等环境因素不适宜导致家禽生产性能下降	传统饲喂方式导致群体生长状态不稳定性和产出波动	家禽疾病在早期难以察觉导致病情加重和群体传播	人工采蛋劳动强度高且效率低
关键技术 环境数据采集传感技术 物联网与云计算技术	家禽体重和饲料消耗采集传感技术 声音检测技术	分子生物学检测技术 图像处理与机器学习技术 声音分析技术	目标检测技术 视觉引导技术 机械臂控制
装置系统 叠层笼养模式:多元环境参数物联网系统 林下养鸡模式:智能鸡舍	家禽精准饲喂喂食站 家禽采食量监测装置	病毒基因组检测试剂盒 鸡群病鸡识别模型 肉鸡打喷嚏声音监测系统	散养模式下: 禽蛋采集机器人

图7-1 智慧家禽关键技术总体框架

一、环境监控

在现代畜牧业中,物联网技术的广泛应用为设施化畜牧养殖场的生产和管理环节带来了革命性的变化和诸多优势。智能传感器在养殖场舍内外广泛布置,不仅能实时监测环境数据,如二氧化碳、氨气、硫化氢、空气温湿度等,还能捕捉畜禽行为、健康状况等信息。通过高度精确的数据采集,养殖场管理者能够及时了解动物的生长状况、饮食习惯、疾病情况,从而更加精细地制订饲养方案和疾病预防措施。与此同时,物联网技术也与现有的养殖场环境控制设备和饲料投喂控制设备进行紧密集成和智能改造,通过将传感器数据与自动化控制系统相连,养殖场的环境控制能力大幅提升。例如,在感知到环境温度过高时,系统会自动开启降温设备;当传感器检测到动物缺乏饲料时，自动投喂设备会立即补给饲料，保证动物的健康和舒适。

这些技术的应用使得畜禽养殖场不再是传统意义上的简单饲养场所，而是变成了高度智能化的生产基地。物联网和云计算的融入更进一步加速了畜牧业的科学、高效和高质量发展，通过云端数据存储和分析，养殖场管理者可以随时随地获取养殖场的实时信息，实现远程监控和远程操作，大大提高了管理效率和灵活性。更重要的是，建立畜禽养殖的多维空间系统和预警模型，使得畜牧业的管理更趋向于预防和主动管理。基于历史数据和实时信息，系统可以预测潜在的健康问题、疾病暴发和环境异常，提前采取措施防止损失。这种科学智能的管理方式不仅提高了生产效率和产出，还降低了养殖风险，确保了畜牧业的可持续发展。

（一）环境数据采集

采集要素的多样化和综合性对于家禽养殖的成功和经济效益至关重要，在养殖过程中，采集的气象环境类数据参数、气体类数据参数和多媒体数据可以提供全面的信息，帮助养殖者更好地理解和控制家禽生长环境，从而实现优质产出和高效管理。

首先，气象环境类数据参数是了解鸡舍内外环境的基本指标。温度是影响家禽舒适度和生长的关键因素之一，保持适宜的温度可以促进家禽的正常生长和育肥；湿度的控制有助于避免潮湿和滋生病原微生物，保持舒适的生长环境；光照强度对家禽的作息和生理周期有影响，合理调节光照可以提高生产性能；风速的监测有助于排除空气死角，确保空气流通，减少有害气体积聚。

其次，气体类数据参数的采集对于家禽健康至关重要。氧气浓度（O_2）是家禽呼吸所需，维持充足的氧气有助于提高饲养效率；氨气浓度（NH_3）、硫化氢浓度（H_2S）和一氧化碳浓度（CO）是常见的有害气体，超标会对家禽的健康产生负面影响；PM10颗粒物浓度也是环境污染的指标之一，浓度过高会对家禽呼吸系统造成潜在威胁。

最后，通过采集多媒体数据，如鸡舍视频，养殖者可以实时监控家禽的行为和状态。这有助于快速发现异常情况和疾病迹象，及时采取措施进行预防和治疗。此外，多媒体数据也可用于鸡舍管理和生产过程的优化，提高养殖效率和产品质量。

（二）环境监控智能系统

环境监控智能系统主要包括感知层、传输层和应用层，其中感知层在实现数据采集方面发挥着重要作用，通过各类传感器和多媒体视频的采集，感知层能够获取广泛的信息，涵盖了环境监测、图像识别、声音感应等多个方面。传感器包括温湿度传感器、光照传感器、气体传感器等，它们能够实时监测环境参数的变化，为智能系统提供数据基础。

传输层是将感知层采集到的数据传递和传输至上层系统的重要桥梁，无线传感网络（WSN）技术在无须布线的情况下，将数据无线传输到系统中心，方便快捷，而窄带物联网（NB-IoT）技术提供了广覆盖、低功耗的特点，适用于大规模传感器的连接和数据传输。传输层确保数据及时到达应用层，保障整个智能系统的实时性和可靠性。

应用层是智能系统中数据处理和应用的核心部分，主要包括数据信息存储、实时监测、数据分析等多个模块。数据信息存储模块将采集到的数据进行持久化保存，以便后续分析和查询；实时监测模块对数据进行连续监控，及时发现潜在问题，帮助防范意外事件；数据分析模块对大量数据进行处理，采用统计学和机器学习等方法提取有用信息，发现隐藏的规律和趋势；预警处理模块根据数据分析的结果，实现智能预警功能，及时发出警报，帮助养殖户采取预防措施；终端处理设备作为养殖户与系统的接口，通过直观的人机交互方式，向养殖户展示数据分析结果，并支持养殖户对智能系统进行指令和调整。

整合感知层、传输层和应用层的协同工作，智能系统能够全面实现数据的采集、传输、处理和应用。这样的智能系统为养殖户提供了更智能、高效的服务，支持养殖户做出更明智的决策。

（三）叠层笼养鸡舍的环境监控

叠层笼养鸡舍存在的问题是一个复杂而重要的议题，涉及多个方面的挑战。首先，自动化设备与环境控制策略之间的不匹配导致了生产效率的下降，尽管自动化设备在提高生产效率和降低劳动成本方面具有巨大潜力，但如果无法与恰当的环境控制策略相结合，其效能将受到限制。其次，叠层笼养鸡舍过分依赖经验调控环境，而缺乏先进的监测和反馈机制，导致环境调节效果滞后。再次，缺乏多元环境评价，这限制了对鸡舍环境的全面了解。最后，环境当量映射关系不明确也是需要解决的难题，了解环境当量映射关系对于制定有效的环境调节措施至关重要，建立不同环境因素与鸡只生产性能之间的关联，从而有针对性地优化鸡舍环境，提高鸡只的生产力和健康水平。

叠层笼养鸡舍存在的问题需要借助先进的技术和科学手段来解决，通过确保自动化设备与环境控制策略的协调，引入先进的监测和智能控制技术，综合多元环境评价并研究环境当量映射关系，能够更好地优化鸡舍环境，提高鸡只的生产性能和福利水平，进而推动养禽业的可持续发展。

多元环境参数物联网平台旨在实时监测鸡舍内的多项重要环境参数，包括温度、湿度、风速、二氧化碳浓度、颗粒物和负压等，对叠层笼养鸡舍来说，有利于对饲养环境进行多元评价。该平台采用物联网系统拓扑结构，通过高性能传感器将环境数据实时传送到云端进行存储和分析，并通过数据分析来研究环境分布特征，建立相关模型，为鸡舍管理提供更全面的信息支持。

叠层笼养鸡舍的多元环境参数物联网平台的建立主要包括传感器部署、进行数据采集与传输、建设云端服务器、开发应用平台、连接控制设备等方面。

在系统的硬件设施架设过程中，应特别关注传感器的选择和布置。在传感器的选择方面，必须具备高度的稳定性、高灵敏度和分辨率，并且能够在鸡舍内环境参数变化范围内准确测量。此外，传感器需要具备较强的抗干扰能力，以确保数据采集的可靠性，为了保持数据传输的统一性，系统采用了电流信号作为传输信号类型；在传感器的布置方面，考虑到鸡舍的特殊结构和养殖模式，采用了对称结构近似处理，并将鸡舍沿纵向均分成多个截面。在这些截面上，各类传感器被均匀布置，从而能够全面地监测整个鸡舍的环境情况。在布置传感器时还特别注意不影响鸡舍的日常操作，同时保证传感器在试验过程中不受鸡只啄击等因素的干扰，定期维护传感器也是确保其正常运行的关键措施。

在系统的软件开发过程中，要注意多方面的内容。首先是功能的验证，要保证该系统能够进行多元环境参数监测和远程实时监控，以及实时采集数据并上传至云端。另外平台要设有智能预警功能，当环境参数超出设定范围时，系统会自动发送警报通知管理人员，及时采取措施避免损失。并且平台可以与自动化控制设备（如温度调节器、湿度控制器）进行联动，实现对环境参数的自动调节，提高养殖效率。在数据的传输与存储方面，系统采用连续采集方式，并根据需求设置了各类型传感器的采集频次（2分/次），采集到的数据被即时传送至物联网云平台，以保障数据的准确性和实时性。为了充分利用采集到的数据，系统设计了环境监控相关模型，并为养殖户提供舒适度预警和数据对比分析等功能，舒适度参数设置依据《中华人民共和国农业行业标准——畜禽场环境质量标准》。采用 LabVIEW 和 Matlab 进行队列消息处理，这种处理方式能够高效地触发事件并传递消息，同时保证程序的运行稳定性。北京市华都峪口禽业的多元环境参数物联网平台为鸡舍的环境监测和管理提供了可靠的解决方案，为养殖行业带来了更加智能化、高效化的管理手段。多元环境参数舒适度评价程序见图 7 - 2。

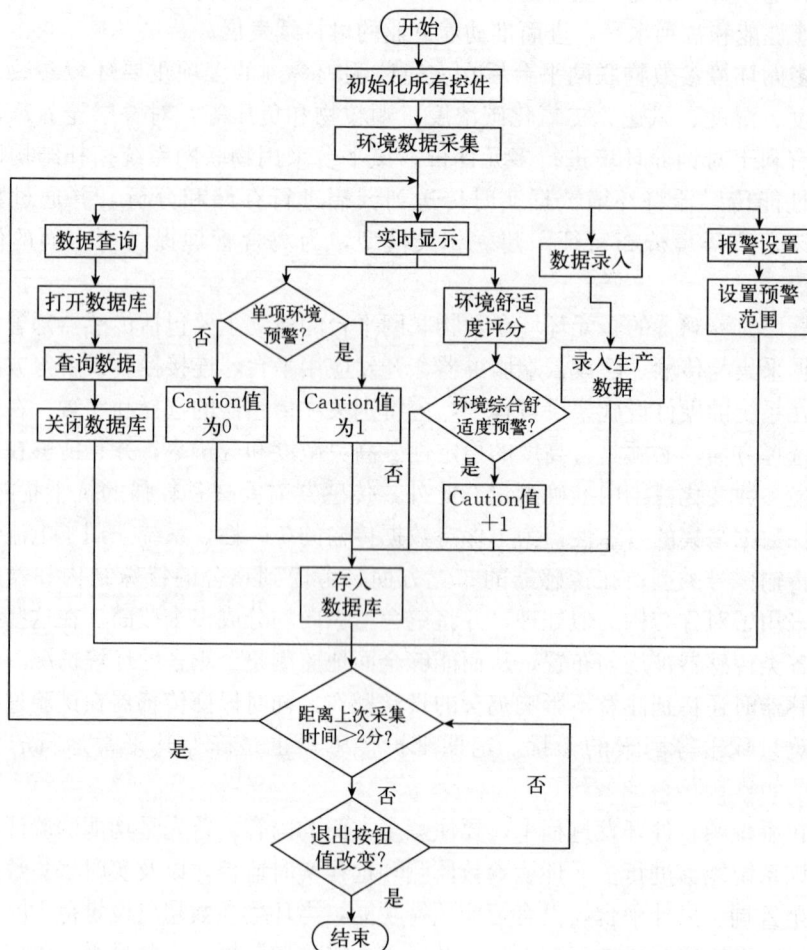

图 7-2　多元环境参数舒适度评价程序

（四）林下养鸡的智能化模式

林下养鸡是一种相对传统的养鸡方式，将鸡群放养在森林或林地中，让它们自由觅食、奔跑和生活，这种养鸡方式相较于传统的笼养或围栏养殖方式，具有提高动物福利、改善产品品种、减少环境负担等优点。然而，大型养殖场采用的智能化养鸡设备，例如笼架系统、环控系统、饮水系统、饲喂系统和清粪系统等，在林下养鸡模式中很少得到应用，导致养鸡管理效率较低。此外，基于养殖类的认养模式很少见，原因在于养殖类认养模式缺少互动体验。引入智能化环境监控系统后，可以促进林下养鸡产业的可持续发展，同时为林下养鸡带来更多新的经济增长点和互动体验。

智能鸡舍集成了一系列先进功能和模块，旨在提升林下家禽养殖效率、降低成本、改善环境质量，并增加养殖互动体验，该智能鸡舍借助物联网和互联网技术的优势，为鸡舍管理和养殖过程带来了很大的方便（图7-3）。

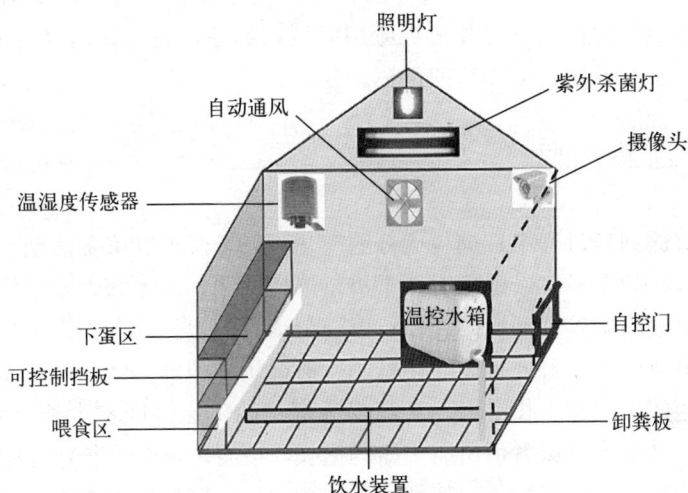

图7-3　智能鸡舍内部结构示意

环境监控模块是智能鸡舍的重要组成部分，通过安装多种环境传感器和高清摄像头，能够实时采集鸡舍内部的空气温度、湿度和氨气浓度等数据，这些数据为鸡舍内设备的调控提供了重要的支持，通过智能控制终端进行远程控制，可确保鸡只处于舒适的生活环境中，养殖人员还可以随时观察鸡群的活动情况，了解鸡只的生活习性，通过实时观察产蛋、进食、回舍等行为，进行科学养殖管理。

饲喂模块的自动喂食可以通过自动喂食器实现定时、定量喂食，保证鸡只的饲料供应充足；自动喂水器能够保证鸡只随时有新鲜的饮水，确保水质卫生。

通风模块利用各种通风设备，如风扇、通风口等，用于保持鸡舍内空气流通，排除潮湿和有害气体，保持适宜的温湿度。

喷雾模块的喷雾系统可以根据环境温度和湿度自动启动，通过喷雾器向鸡舍内部喷洒水雾，降低环境温度，提高空气湿度。

清粪模块利用清粪机器人自动巡航鸡舍内部，清理鸡粪，保持鸡舍内部清洁卫生。

杀毒模块利用杀菌设备，如紫外线消毒灯、臭氧发生器等，用于定期消毒鸡舍，减少病原菌传播，提高鸡只健康水平。

唤鸡回舍音乐模块设置音乐播放器，通过播放特定的音乐或声音，吸引鸡只回到鸡舍，帮助管理人员集中管理和监控鸡只。

产蛋模块利用智能产蛋盒可以监测鸡蛋的产量和质量，并自动收集鸡蛋，方便管理人员统计和管理。

通过创新科技的应用，使得家禽养殖过程更加高效、智能化，它不仅提升了产蛋率和降低了人工成本，同时也有助于改善鸡舍环境，减少对环境的污染。通过智能鸡舍控制平台和手机应用终端，养殖户可以随时参与养殖过程，实现生态养殖和养殖互动体验的目标。

二、精准饲喂

在家禽的饲养过程中，饲料成分的变化、环境温度和家禽活动水平等因素都会影响饲料的选择，以确保对体重进行严格控制，这意味着要根据不同情况进行饲料组成的调整和环境的调控，以满足动物的生长和营养需求，精准饲喂对家禽养殖业的潜在益处是显而易见的。通过实施精准饲喂，可以充分发挥家禽品系的遗传生产和生长潜力，从而提高家禽的生产性能和生长速度。此外，精准饲喂有助于维持家禽蛋白质代谢的增长，使得家禽在生长过程中能够更高效地利用饲料中的营养物质。特别值得注意的是，在育成种禽方面，精准饲喂可以帮助种禽保持在指定体重曲线内，维持最佳繁殖状态，这对于种禽的繁殖效率和繁殖产出的稳定性非常重要，有助于优化种禽的繁殖性能。

与传统饲喂相比，精准饲喂对于群体体重均匀性的提升也是显著的，通过精准饲喂，整个养殖群体的体重变异系数可以降低到小于 2%，这意味着家禽的生长状态更为一致和稳定，相比之下，采用传统饲喂方式的养殖群体体重变异系数通常会高达 6.2%，导致群体生长状态的不稳定性和产出的波动。此外，精准饲喂下的家禽还显示出较少的能量消耗，由于精准饲喂使得家禽能够更加高效地获取所需的营养物质，因此相对于传统限制性饲喂的家禽，其需要储存和动员营养物质的需求较低，这也有助于减少能量的浪费。

（一）家禽精准饲喂喂食站

有限的饲料也会导致对饲料的竞争，使得饲料难以均匀分配给整个群体，尤其是在集群中，更具攻击性的个体可能会吃更多的饲料，导致体重超重，而较不具攻击性的个体可能会吃得较少，体重较轻，这种差异可能会导致整个群体的体重均匀性下降，从而影响健康、福利和繁殖成功率。

精准饲喂系统能够精确地为个体家禽提供适量的饲料，特别适用于遵循预定体重曲线的种禽，并且能够收集大量有价值的信息，用于管理饲料摄入和体重。

家禽喂食站能够满足家禽的饲喂需求，主要包括以下几个部分：控制系统，包括电动机、电子控制面板、传感器、紧急停止开关等，用于监控家禽进食过程；喂食器，用于存放饲料并自动将饲料分配给家禽；喂水器，用于存放饮用水并自动向家禽提供清洁的饮用水；饲料系统，包括存储仓或料斗、饲料传送机构等，用于喂食站中饲料的供应与运输；清洁系统，用于定期清洁喂食器和喂水器，避免细菌滋生和饲料污染，保证家禽的健康。

每个喂食站1次只允许1只家禽进入，并可以提供一个可选的射频识别系统，用于识别占用喂食站的个体家禽，这可以让系统用户了解每个个体家禽的喂食站使用情况，以及体重和饲料摄入数据。喂食站中的体重秤用于家禽进入喂食站时实时记录其体重，通过实时反馈家禽体重或系统编程中的任何其他决策标准来决定是否进行喂食。如果家禽满足条件，系统可以允许其进入喂食，如果家禽不满足喂食的决策标准，系统可以将其从喂食站驱逐出去。喂食站配备了储料仓、螺旋输送机和饲料托盘称重传感器，可以在打开饲料门之前向饲料器中提供精确的饲料量，并测量饲料从饲料器中消失的速率，在每次喂食期间计算每只个体家禽的总饲料摄入量。通过软件设置，可以控制饲料的供给时间，从而调节个体家禽在一次喂食期间的饲料摄入量。该系统可以提供体重反馈，以实现对种禽的精确体重控制。预期该系统能够实现100%的均匀性，即100%的群体体重在平均群体体重的±10%之内（均匀性系数为1%~3%，CV=标准差/平均值×100%）。家禽精准饲喂喂食站结构见图7-4。

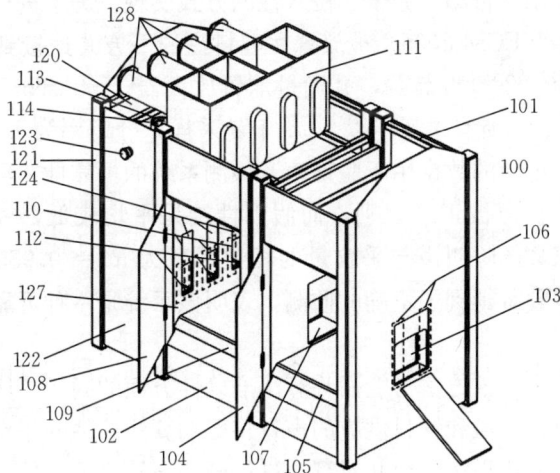

图7-4 家禽精准饲喂喂食站结构

100. 喂食站 101. 隔间（后）102. 隔间（前）103. 进入门（外）104. 出口门（左）
105. 秤（右）106. 限制板 107. 进入门（内）108. 出口门（左）109. 秤（左）110. 饲料容器
111. 存储仓或料斗 112. 饲料盘 113. 饲料传送机构 114. 饲料通道或漏斗 120. 电子控制面板
121. 框架 122. 覆盖物 123. 紧急停止开关 124. 饲料容器门 127. 饲喂室侧壁 128. 电动机

北京智慧农业发展与实践

(二)家禽采食量监测

声音检测系统是家禽采食量检测的一个重要手段。由于家禽在采食时会产生特定的声音,如啄食声、咀嚼声等。这些声音的频率、振幅和持续时间可以反映家禽的采食行为和采食量。通过分析这些声音特征,可以间接推断家禽的采食量。

该系统包括麦克风、信号处理器、特征提取器、采食量估计算法、数据记录和分析等结构。该方法的麦克风首次在喂食器下安装,避免了在每只家禽身上安装设备的麻烦,并且能准确地捕捉采食声音;信号处理器用于对从麦克风捕捉到的声音信号进行放大、滤波和数字化处理,以便后续的分析和识别;特征提取器用于从处理后的声音信号中提取特征,如频率、振幅、持续时间等,这些特征可以反映家禽的采食行为;采食量估计算法可根据声音特征和家禽采食行为的关系,设计相应的算法来估计家禽的采食量,这需要涉及建立模型或机器学习算法来进行准确估计;数据记录和分析用于记录和分析家禽的采食量数据,监控家禽的饲养状态,并提供实时反馈和报警功能。通过以上结构,家禽采食量的声音监测系统可以实现对家禽采食量的实时监测和估计,帮助养殖户更好地管理家禽的饲养,提高饲养效率和健康水平。

声音检测系统的一个主要优点是,它可以在家禽的整个生命周期内进行连续测量,并且采用全自动、完全非侵入性的方式实现。为了进行录音,驻极体麦克风(Monacor ECM 3005)被放置在进料盘的下方并连接到底部,麦克风的频率响应为30~20 000赫兹,并通过前置放大器(monacor SPR-6)连接到个人电脑(PC)。所有录音均以44.1千赫采样,分辨率为16位。同时,侧视摄像头和天平记录的数据用于验证声音检测系统的可靠性。经过自动分析处理,93.0%的啄食声被正确识别,而假阳性结果平均较低,为7%(范围为4%~11%)。家禽的啄叫声与采食量的相关系数为$R^2 = 0.985$,通过合理的分析,90%的采食量得到了正确的监测,表明该系统是一种可靠的监测家禽采食量的工具。

在实际应用中,该方法可能面临算法准确性方面的问题。例如,家禽之间争夺食物的竞争、通风和饲料供应的声音将影响算法评估的频率内容,这些问题可以通过估计期望噪声序列并对算法进行微调来解决。此外,不同种类的饲料、不同病理条件和年龄也会影响家禽发出的声音,因此需要在不同条件下进行声音监测,以准确确定家禽在不同情况和每个生产阶段的采食量。除了对家禽饲喂进行良好的监测外,实时动态的采食量数据为研究家禽的摄食行为和福利提供了重要依据。家禽声音记录装置见图7-5。

166

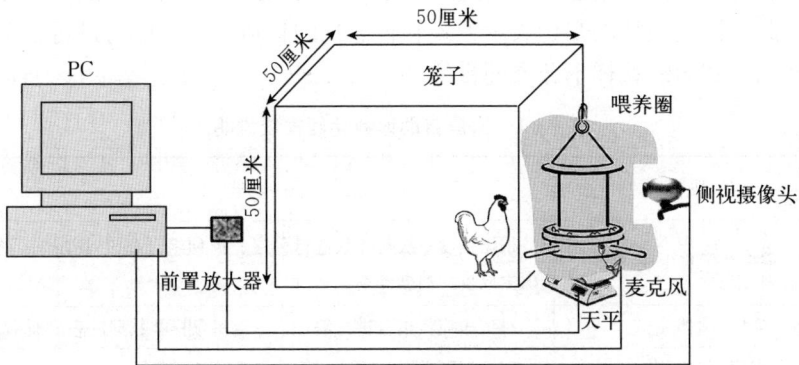

图 7-5　家禽声音记录装置

三、疫病诊断

及早发现家禽疾病以避免传播是禽业面临的一项重要挑战，随着家禽养殖规模的增加，及时、准确地诊断疾病变得尤为重要。为了降低管理成本和提高效率，现代禽业广泛应用多种准确、快速的技术来检测和诊断家禽疾病。这些技术包括基于分子生物学的检测方法和免疫学检测方法，以及目前发展迅速的基于各种传感器和检测设备的智能化检测方法等。在禽业中，常见需要检查的疾病和感染包括新城疫病毒、禽流感、法氏囊疾病、跗关节烧伤和李斯特菌流行等，针对这些疾病，家禽养殖场通常采用一系列检测方法来确诊和监测病情。例如，通过采集家禽的样本，如血液、粪便、鼻腔分泌物等，应用分子生物学技术如 PCR（聚合酶链反应）进行病原体的快速检测。同时，免疫学检测方法如 ELISA（酶联免疫吸附法）可以用于检测家禽体内特定抗体的水平，从而评估其免疫状态。此外，随着科技的不断进步，智能化检测方法逐渐得到应用，家禽的饮食模式、运动模式和姿势等行为特征在疾病早期可能会发生变化，通过对其行为和外貌、体重及生长情况等进行监测，可以发现患病迹象。另外，声音分析也是一种常见的方法，家禽在患病时可能会发出特定的叫声，通过声音识别技术可以对其健康状态进行初步判断。

（一）自助诊断

家禽自助诊断是把家禽临床兽医专家诊断、养殖技术结合神经网络计算机建模技术集成于一体，形成创新的智慧自助诊疗服务技术，建设面向基层服务的智能自助诊疗模型（表 7-1）。神经网络利用其能充分逼近复杂的非线性关系、高度鲁棒性和容错能力的特点，把家禽疫病数据样本信息的加工和存储结合在一起，以其独特的知识表示方式和智能化的自适应学习能力进行复杂的逻辑操作以达到为症状样本分类的目的。

表 7-1 家禽自助诊断功能模块说明

模块	功能
疫病数据集生成	根据强度等级对症状进行分层、排列组合和设计抽取规则，模拟生成疫病数据样本
疫病数据标记	对疫病症状集合进行编号，标定每条样本数据的患病概率
疫病模型训练	利用深度学习的方法，构建自助诊疗模型
疫病自助诊疗消息反馈接口	实现指定访问接口自助诊疗模型消息反馈接口

（1）疫病数据集生成。专业兽医根据外观、解剖、生产性能变化、呼吸情况、粪便异常、行为异常体温情况、发病情况、季节与日龄特征，总结出家禽发病时的典型症状，按照诊断贡献度标定出每个症状在不同疾病中出现时的等级程度。

（2）疫病数据标记。依据等级评定结果，按抽取逻辑抽取数据集。每种疾病进行样本抽取时，分别按照不同症状组合方式抽取，症状分别来自该疾病不同等级症状，每个等级选取的症状数按照穷举组合抽取，覆盖全部情况。兽医们基于抽取的仿真数据集样本，凭借专家经验对每条样本进行患病概率值的标定。

（3）疫病模型训练。建立多输出回归模型，即对每个目标拟合一个回归器，可以被想象成对每个数据样本预测多个属性且输出连续性结果，比如同时预测某个样本的鸡痘（0.78）和坏死性肠炎（0.20）的患病概率。由于每一个目标都可以被一个回归器精确地表示，那么通过检查对应的回归器模型可以获取关于目标的信息。整体先采用神经网络为每个目标构建独立的模型，最后将所有模型的预测结果进行连接求解，输出诊断结果。

目前，自助诊断术已集成在北京峪口禽业的"智慧蛋鸡 App"示范应用，实现滑液囊支原体、新城疫、禽流行性感冒等典型鸡病的智能诊断，可为下属养殖户、养殖场提供在线服务，准确率达到 90% 以上。

（二）远程诊疗系统

家禽远程诊疗系统是一种基于现代计算机技术、互联网技术、计算机视觉技术融合家禽疾病数据知识、家禽诊疗数据知识的帮助兽医远程监测、诊断和治疗家禽疫病应用型服务平台。它利用家禽疾病专家诊断知识库，通过视频、语音、图片等形式，实现用户与专家的在线交流，为用户提供便捷、高效的远程诊疗服务。系统的核心功能包括专家远程诊断、养殖用户远程问诊以及解剖现场问诊。专家远程诊断不仅支持即时视频、音频、文字、图像、文件的双向互动传输，还具备远程诊疗呼叫、诊疗档案、处方管理等功能。养殖用户端远程问诊则允许用户选择专家进行问诊，并传输禽舍巡检、剖检的音视频资料。解剖现场问诊则专注于病灶点的远程提取、保存、视频录像以及与专家的音视频交互，剖检人员可以通过智能终端的应用程序完成点选式录入和自动上报剖检记录内容。

家禽疫病远程诊断系统主要包含以下几种功能分类：

（1）利用高清视频通信技术（如 5G、4K 视频），通过安装摄像头或监控设备、数控设备在家禽养殖场内，兽医专家可通过远程视频连线直接观察家禽状态。通过平台进行直观的远程查体和病情评估，实现畜禽场远程视频监控、诊疗，多位专家亦可通过远程视频会议共同参与疑难病例讨论，制订最佳治疗方案，允许兽医通过远程视频监控系统观察家禽的行为、外观和活动情况，以适用于复杂病例或需要现场操作指导的情况。

（2）通过搭建高清音视频交互系统，使兽医通过远程医学影像系统查看家禽的 X 射线片、超声波图像等医学影像，也可以接入智能医疗采集设备实现诊断数据的实时、断点上传，帮助专家诊断疾病。

（3）在线问诊平台，让养殖户可以通过网络实时向兽医咨询家禽健康问题，兽医可以远程给出诊断和治疗建议，根据诊断结果和家禽种类、体重、年龄等因素，系统结合机器学习和大数据分析，自动计算药物相互作用、剂量精确计算以及用药禁忌，可生成安全、有效的药物处方，确保用药安全。

（4）利用物联网设备（如智能穿戴设备、环境监测传感器、运动感知设备）实时监测家禽的生理指标（如体温、心率、呼吸频率、采食频率）、行为活动（采食、打斗）、饲养环境参数（如温度、湿度、光照、空气质量）等内容，构建养殖个体实时监测，数据通过网络自动上传至云端服务平台，形成家禽个体或群体的健康档案，为畜禽个体提供结构化个体数据。

（5）通过远程诊疗平台发布最新的家禽养殖政策、行业动态、市场行情等信息，帮助养殖户做出经营决策，同时对养殖户进行线上养殖技术培训、疫病防控知识讲座，为基层兽医提供继续教育课程，更新专业知识，提高诊疗技能，提升自我管理水平。

家禽远程诊疗系统的应用，使得基层养殖场和偏远地区的养殖人员能够获得较高水平的诊断服务，打破了地域限制，提升家禽疾病的快速响应和精准处理能力，特别是在偏远地区或资源有限的情况下，能够更有效地支持兽医服务的普及与优化，使养殖用户无论身处何地都能得到专业的家禽疾病诊疗服务，实现疾病信息和专家资源的共享。此外，通过手机等移动设备，养殖场人员可以方便地利用远程诊疗系统的客户端应用程序与兽医取得联系，完成病情询问、病例解剖、病灶观察等诊断过程。通过家禽疫病的远程诊疗系统，养殖户和兽医可以及时远程监测和诊断家禽的健康状况，为家禽提供更及时、便捷和专业的诊疗服务，有助于提高家禽养殖效率和健康水平。

（三）智能化检测法

目前，家禽疾病的监测主要依赖人工观察，包括观察家禽的姿势、羽毛、鸡冠、粪便和声音等。这种人工观察需要大量的人员进行定期或不定期的检查，耗时耗力，可能无法及时发现患病家禽。同时，观察家禽疾病的快速性和准确性主要取决于家禽养殖户的经验和知识。随着数字图像处理和机器学习技术的发展，利用摄像机实时监测家禽行为习惯、生理变化、饮食状况等技术得到了应用。然而，在前景和背景颜色、纹理相似的情况下，从背景中分割家禽以提取其特征是非常困难的，同时光线条件也是一个挑战。由于家禽饲养密集，喜欢聚集在一起，很难准确地检测每只家禽。此外，判断检测后家禽的健康状况也是一个问题。在数字图像处理领域，最具代表性的深度学习算法之一是 CNN（卷积神经网络），它可以用于目标检测和分类。健康和患病家禽的羽毛纹理（自然或蓬松）和姿势（站立或躺着）可能存在差异，而这些特征可以通过 CNN 来检测。许多经典的 CNN 模型可用于家禽疾病分类，例如 VGGNet、Google Inception Net、NASNetMobile、ResNet 和 Xception 等。这些深度学习模型能够自动学习并提取家禽疾病相关的特征，从而实现对家禽健康状态的自动识别和分类，为家禽疾病监测和预防提供了新的可能性。

鸡群病鸡识别模型结构是基于数字图像处理和深度学习而被开发出来的，并且基于单镜头多盒检测器（single shot multiBox detector，SSD）模型进行改进，是一个特征融合单镜头多盒检测器（IFSSD），骨干网络采用 InceptionV3。IFSSD 通过 1×1 卷积修改 InceptionV3 中 4 层的大小和维度，将其两两融合得到 3 个不同大小的层，并构建特征金字塔网络。这一设计使得模型能够更准确地检测肉鸡，并且能够识别它们的健康状况。在经过多次测试验证后，该模型在平均精度（mAP）方面表现出色，当交并比（IoU）大于 0.5 时，达到 99.7% 的 mAP，当 IoU 大于 0.9 时，mAP 为 48.1%。值得一提的是，这一高精度模型的检测速度在单个 NVIDIA 1070Ti GPU 上运行时达到了每秒 40 帧（fps）。该方法在鸡群中成功实现了对病鸡的自动检测，这一技术有望为高效鸡群管理提供有力支持，此类模型的高精度和快速运行速度为家禽疾病的监测和预防提供了可靠的解决方案。识别结果示例见图 7-6。

图 7-6　识别结果示例

打喷嚏作为呼吸道疾病的关键临床症状，涵盖了一系列常见疾病，例如纽卡斯尔病、呼吸道疾病复发症、传染性支气管炎和禽流感等。为了有效监测家禽的呼吸道健康情况，目前已开发出连续全自动声音监测的传感器系统用于禽舍的实时监测。这些声音监测设备能够捕捉家禽打喷嚏时产生的声音信号，通过分析和记录家禽打喷嚏的次数，饲养员或兽医可以及时监测家禽的健康状况，并及早发现呼吸道疾病的迹象。由于声音监测设备的应用，家禽的健康监测变得更加便捷和高效，有助于预防和控制呼吸道疾病在家禽群体中的传播。这种技术为家禽养殖业提供了重要的工具，以保障家禽的健康和生产水平的提高。

某研究开发的自动监测肉鸡打喷嚏声音系统采用了 SOMO 设备，该系统是一个即插即用的盒子，内置有电源连接器和 Behringer C4 电容麦克风。麦克风采用幻象供电技术，通过麦克风电缆传输直流电源，无须额外电源供应。麦克风安装在家禽群的上方，距离垫料约 0.3 米。SOMO 系统中的麦克风由盒子保护，盒子的设计能够适应恶劣的家禽饲养环境，声音数据以单通道、44.1 kHz 和 16 位采样频率进行记录。该自动监测系统的算法精度达 88.4%，同时具备 66.7% 的灵敏度。对黑暗时期和明亮时期的打喷嚏数量进行比较后发现，房间较暗且家禽发声较少的时期，打喷嚏的监测效果较好。这一现象是因为在此时干扰声音较少，使得打喷嚏的识别更加准确。通过这种智能监测系统，可以有效提高对家禽健康状况的实时监控，为疾病早期检测和预防提供有力支持。家禽声音记录情景见图 7-7。

除了上述方法之外，还可以通过家禽的饮食模式和体重监测来进行疾病预测。家禽的饮食行为和体重变化是反映其健康状况的重要指标，当家禽患上某种疾病时，它们可能会出现食欲减退、饮水量减少或者体重下降等不正常的饮食和体重变化。通过对家禽的饮食模式和体重进行定期监测，可以及早发现

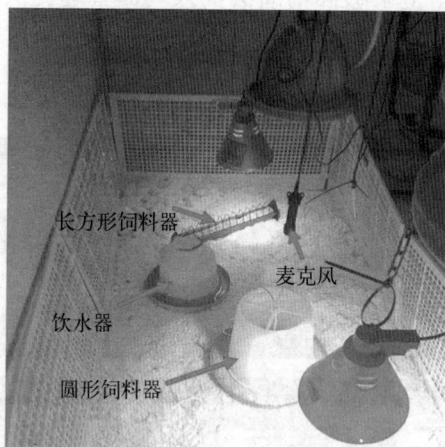

图 7-7　家禽声音记录

患病迹象，及时采取措施进行治疗和预防，从而有效降低疾病的发生和传播风险，保障家禽养殖的健康和稳定发展。这种综合利用多种监测手段的方法，能够提高家禽疾病预测的准确性和可靠性，为家禽养殖业的可持续发展提供有力支持。

四、蛋品收集

传统家禽养殖中，采蛋通常需要人工操作，其劳动强度高且效率低。然而，随着家禽行业的自动化和智能化发展，采蛋机器人得到了开发和应用，以取代费时费力的人工采蛋过程，实现快速准确的禽蛋识别成为采蛋机器人高效运作的关键所在。

在散养禽舍中，禽蛋之间可能重叠，同时干草和羽毛等因素可能遮挡禽蛋，导致机器人工作过程中出现错误和遗漏，增加了禽蛋识别的难度和挑战。此外，采蛋机器人的计算资源有限，限制了其实时性能，对于实时识别禽蛋来说，这也是一个挑战。

基于改进 YOLOv5 的轻量目标检测方法，用于散养禽舍中禽蛋的识别，并基于此方法设计了一款禽蛋采集机器人。该方法旨在提高检测效率，使机器人能够实时准确地识别禽蛋，并适用于复杂的实际场景。采蛋机器人由视觉检测平台、移动平台和采蛋机构 3 个主要部分组成（图 7-8）。移动平台采用履带式结构，这种设计使得机器人适用于散养禽舍地面上覆盖着厚厚的稻壳和干草的情况，能够在松散的地形上平稳运行。机器人的移动轮子都是驱动轮，转向是通过差速控制来实现的，这样可以确保机器人在复杂环境中灵活应对。为

了满足实际运行的需求，移动平台需要具备足够的负载能力与合适的转速匹配，因此，在设计中采用了减速比为 1：50 的直流减速电机，以确保机器人运行时的高效性和稳定性。此外，采蛋机构是机器人的重要部分，它采用了 4 自由度机械臂，末端装配了电动吸嘴，这个吸嘴可以轻松地捡起禽蛋，最大可抓取重量达到 450 克，使得机器人在采蛋过程中可以高效地操作。采蛋机器人的视觉检测系统采用了 Jetson Nano 开发板作为主控制器，搭配具备出色性能的 Astra Pro Depth 相机，分辨率达到 1 920×1 080，并

图 7-8 采蛋机器人
1. 机械臂　2. 机动喷嘴　3. 履带轮
4. 直流电机　5. 显示屏　6. 深度照相机
7. Jetson 纳米开发板　8. 电力供应

且帧率高达 30 帧/秒，可以实时感知和捕捉禽蛋的位置和特征。深度相机的视觉反馈为机器人提供了精确的图像信息，使得机器人能够准确地识别禽蛋，并在采蛋操作中表现出色。整合了这些先进技术，采蛋机器人能够高效地运行，帮助养殖户实现自动化采蛋，提高了生产效率和品质。

另一款智能移动采蛋机器人不仅在收集过程中能够保持鸡蛋的完整性，避免损坏，而且可以识别自由放养禽场内的两种不同颜色的鸡蛋。该机器人的鸡蛋识别功能采用了先进的带有自动阈值的特征提取方法，能够区分出白色和棕色禽蛋。此外，采用基于行为的导航方法，使得该机器人在移动过程中能够灵活避开障碍物，准确到达每个鸡蛋的位置。视觉跟踪系统为该机器人提供了高精度的定位功能，从而确保禽蛋被准确收集和分类。该机器人的禽蛋识别率高达 94.7%～97.6%，表现出色。同时，它的生产成本相对较低，并且操作简便。该智能移动采蛋机器人尺寸为 60 厘米×30 厘米×40 厘米（长×宽×高），为了保证轻便和坚固，骨架采用了铝、丙烯酸和塑料材料，总重量为 23 千克，包含运动控制和视觉系统两大部分。运动控制系统由微控制器和驱动模块组成，用于控制 3 台直流电机和 1 台伺服电机。其中，两个直流电机用于驱动机器人两侧的轮子，另一个直流电机用于驱动采蛋机构，伺服电机则用于控制禽蛋分拣机构。视觉系统则包含一个嵌入式控制器和两个摄像头，嵌入式控制器配备 1.5 GHz 64 位四核 ARM Cortex-A72 处理器和 8 GB RAM，具备较高的计算性能，它可以处理每秒 3～4 帧（FPS）的图像，图像大小为 640 像素×480 像素（宽×长）。1 号摄像机安装在控制箱前面，用于捕捉机器人前方的图

像。摄像头 2 则安装在分拣装置的顶部，专门用于捕捉禽蛋的图像。为了实现精确定位和导航，该机器人配备了 GNSS‐RTK 模块，可记录机器人的导航轨迹（图 7‐9）。此外，为了避免碰撞和识别障碍物，机器人前部和后部两侧中心处分别装有超声波传感器。前置超声波传感器的检测距离为 35 厘米，后两个传感器的检测距离为 25 厘米。为保障长时间运行和工作效率，该机器人搭载了 12 V、7.2 Ah 电池，这样的电池容量使机器人能够连续移动 2.5 小时，为机器人的高效运作提供稳定的电力支持。

图 7‐9　机器人外观

第二节　北京智慧家禽典型案例

一、峪口禽业智慧家禽

（一）基本情况

北京市华都峪口禽业有限责任公司（以下简称峪口禽业）隶属于北京首农食品集团，是一家专注于蛋鸡育繁推一体化的企业，旨在通过创新科技和可持续农业实践，为中国家禽养殖业提供高质量的产品和服务，同时提高养殖效率，确保动物福祉，保护环境。峪口禽业与中国农业科学院北京畜牧兽医研究所紧密合作，共同研发并引入智能环境监测与控制技术，这项技术的目标是将最新的数字和物联网技术应用于家禽养殖中，以实现精确的环境控制，提高养殖效率，并确保动物在健康、舒适的环境中生长。为了验证和展示这一技术的有效性，峪口禽业选择了西山祖代示范场的 2 栋鸡舍进行研究和示范，这个示范场提供了一个理想的实验环境，以评估智能环境监测与控制技术在实际养殖场景中的应用潜力。

这项合作的目标不仅在于提高养殖效率和产品质量，还在于推动可持续农业实践。智能环境监测与控制技术有助于减少资源浪费，提高资源利用效率，减少对环境的不利影响。同时，它还有助于提高动物福祉，确保家禽在养殖过程中享有良好的生活条件。

此外，峪口禽业与中国农业科学院北京畜牧兽医研究所还共同研发智慧兽医系统，喂料、饮水、清粪、光照以及种蛋收集与处理系统，提供全方位的管理和监控。智慧兽医系统通过传感器监测家禽的健康状况，实时识别疾病迹象并提供相应的治疗建议。喂料、饮水、清粪、光照以及种蛋收集与处理系统根据家禽的需求和生长阶段提供合适的饲料，确保家禽随时有足够的清洁水源，定期清理家禽舍内的粪便，保持环境清洁，调控光照系统模拟日照周期，促进家禽的生长和繁殖，自动化收集家禽产下的蛋，并进行分类、包装和处理，确保产品的质量和卫生。这些系统的集成和协同工作，提高了家禽养殖的效率和质量，同时减少了人工成本和劳动强度。

通过峪口禽业和中国农业科学院北京畜牧兽医研究所的紧密合作，智慧家禽各项技术的成功应用将为整个行业带来积极的影响，提高中国农业的竞争力，为食品安全和可持续农业做出贡献。同时，峪口禽业将继续致力于创新和科技合作，以不断提升养殖业的发展水平，满足不断增长的食品需求，并促进农业与环境的和谐共生。

（二）智慧家禽建设

应用物联网、5G、RFID等技术，打通自动喂料设备、自动饮水设备、自动消毒设备、自动集蛋设备、种蛋自动分级设备、自动环控设备通信协议，通过传感设备实现蛋鸡各生产阶段的环境、耗料、饮水、能源投入、产蛋等基础数据的自动采集，降低人工记录数据的弊端，提升数据采集的时效性与准确度，并建立了一套养殖运营参数体系，协助生产养殖人员实时、全方位信息化监控生产过程关键参数，做到每批次养殖精准化。

1. 环境监测与环境控制

（1）环境监测系统。在禽舍内布置了137个传感器，这些传感器与环境控制器相连，全天候不间断地监测舍内的温湿度、风速、二氧化碳浓度、颗粒物浓度、光照强度、负压等各项数据。这些数据会直接上传至物联网平台，可进行设备的增删查询以及对数据流的操作，同时实时显示舍内环境数据。

传感器的布置与功能：在禽舍内，布置了一系列关键性传感器，以全面监测和维护家禽的生态环境。温度传感器有助于确保禽舍内的温度在适宜的范围内，保障了家禽的舒适度和生长。湿度传感器则用于精确控制湿度水平，避免湿度异常对家禽的不良影响。二氧化碳浓度传感器监测维护舍内空气质量，确保二氧化碳浓度不会达到危险水平。颗粒物浓度传感器有助于监测空气中的颗粒物含量，保障了家禽的呼吸健康。光照强度传感器用于调整照明系统，以满足家禽的生理需求。而负压传感器则确保适当的通风，避免有害气体的积聚。

这些传感器共同协作，创造了理想的养殖环境，有助于提高养殖效率和家禽福祉。

数据的收集与处理：传感器不断地收集各项数据，如温湿度、二氧化碳浓度、颗粒物浓度、光照强度和负压等，将这些数字化的信息传输给环境控制器。这一过程保证了数据的实时性，使得环境状况能够被迅速捕捉。随后，环境控制器对数据进行处理和分析，能够检测异常数据并生成环境报告，这些报告为后续的控制策略和决策提供了支持。基于数据分析的结果，环境控制器能够自动地调整禽舍内的设备，例如通风小窗、风机和水帘，以确保环境条件始终保持在最佳状态。而经过处理的数据通常会被存储在云端或本地服务器上，以备将来查询和分析之用。此外，数据也可以上传至物联网平台，使用户能够远程访问和管理这些关键环境数据。这一完整的数据采集、传输、处理和存储过程为智能环境监测系统提供了强大的功能和可操作性。

物联网平台的应用：该智能环境监测系统提供了多项关键功能，以确保禽舍内的环境始终处于最佳状态。用户可以实时监测温湿度、二氧化碳浓度、颗粒物浓度、光照强度、负压等环境数据，从而能够及时发现和解决潜在问题。此外，用户还可以通过平台对禽舍内的设备进行操作，例如调整通风、启动风机或调整照明系统，以满足家禽的需求。对于数据的查询，平台允许用户检索历史数据，进行趋势分析和决策制定，这对于优化养殖条件和生产计划非常有帮助。最重要的是，平台设有警报规则，当环境参数超出安全范围时，会立即向用户发送通知，以便用户能够迅速采取必要的措施，确保家禽养殖的稳定和健康。

（2）环境控制系统。借助环境舒适度预警功能，能够及时察觉任何问题，并利用智能控制终端对舍内环境进行精准调整。这包括使用通风小窗、风机、水帘等设施设备，以确保禽舍内的环境在理想的状态下，为家禽提供最佳的生长条件和生活舒适度。

环境舒适度预警功能：系统不仅可以监测多个环境参数，还能够根据设定的舒适度阈值判断是否存在问题。例如，当温度升高到可能对家禽造成不适或危害时，系统会立即发出警报，提醒养殖员工采取措施。这种及时的问题察觉对于预防疾病的传播、提高生产效率以及减少损失具有重要意义。

智能控制终端：除了及时察觉问题，系统还可通过智能控制终端自动或手动调整禽舍内的环境参数，以使其保持在最佳状态。例如，在炎热的夏季，系统可以自动开启通风设备和降温装置，确保禽舍内温度适宜。而在寒冷的冬季，则可以调整供暖设备来维持温暖。

设施设备的应用：为了实现精准的环境调整，系统涉及多种设施设备的应用。包括通风小窗、风机、水帘等，它们可以在系统的控制下根据实际情况进行操作。通风小窗的开合可以调整气流，风机可以加强通风效果，水帘可以降低温度和湿度。通过这些设施设备的协同工作，系统能够将环境参数维持在最适宜的范围内。

人机互动与自动化：系统不仅仅限于自动化控制，也可以允许养殖员工通过智能控制终端对环境进行手动调整。这种人机互动的方式使得养殖员工能够根据实际需要进行干预，同时系统仍然能够提供及时的建议和警报。这种平衡的自动化与人工干预，有助于保持环境的稳定性和可控性。

2. 智慧兽医系统

智慧兽医是由智慧蛋鸡平台与智能农业领域赵春江院士团队、中国农业大学、中国农业科学院哈尔滨兽医研究所和峪口禽业共同打造的蛋鸡疾病诊断系统。它融合了人工智能和大数据技术，为用户提供在线蛋鸡典型疫病智能诊断服务。

该系统以"10 亿+"临床诊断样本为基础，采用高阶多标记方法，对每种疾病特征数据进行分层、排列、组合，计算每种组合症状的出现概率。同时，建立了人工智能深度学习+智能演进异构知识图谱的疫病推理模型，形成了疾病数据库、症状数据库以及与疾病相对应的诊断方案库。其中，疾病数据库涵盖了 38 种鸡群常发疾病；症状数据库则包含了"外观症状、解剖症状、生产性能变化、呼吸情况、粪便异常、行为异常、体温和发病情况"等八大类 614 个临床关键病症；方案数据库提供从预防到治疗的全套解决方案。

目前，已有近 4 万养殖场持续使用，疾病诊断数量超过 16 万条，诊断结果准确率达 98％以上，满意度达到 96％，实现了"早发现、早诊断、早治疗"的目标，最大限度降低了养殖风险，提高了养殖收益。

3. 喂料、饮水、清粪、光照、种蛋收集与处理系统

喂料系统：根据鸡群品种、周龄、存栏量、舍内温度，按时间编制饲喂流程，系统主机按时间节点或探测器反馈信息，定时匹配上料量后自动喂料。采食量数据作为生产数据采集系统监测数据源，用于分析各阶段生长、生产性能；喂料系统：根据鸡群品种、周龄、存栏量、舍内温度，按时间编制饲喂流程，智能主机按时间节点或探测器反馈信息，定时匹配上料量后自动喂料，作为生产数据采集系统耗料监测数据源，分析各阶段生长、生产性能。

饮水系统：实现舍内饮水的自动启停、预警、记录每个时间段的饮水量。

清粪系统：形成封闭清粪系统，舍内鸡粪通过清粪带、中央清粪系统自动传输至发酵罐内。

光照系统：采用渐明渐暗照明设备，光照启停时间、光照强度根据系统设置内容自动调整。

种蛋收集与处理系统：实现种蛋的自动收集、自动分级和气室调整，处理后种蛋自动装入孵化蛋盘后输送至自动装车系统。

智慧家禽系统应用场景见图 7-10。

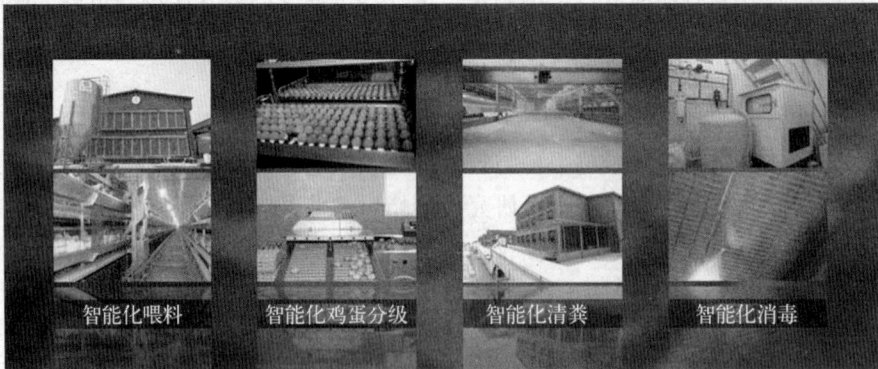

图 7-10 智慧家禽系统应用场景

（三）应用成效

经济效益：智能环境监测与控制技术显著提高了蛋鸡的生产性能，通过实时监测和调整环境条件，产蛋率提高了 1.5%。系统的自动化特性减少了人工操作的需求，人工成本降低了 2%，使企业能够更加经济高效地运营。通过实现数据的互联互通，峪口禽业能够更好地理解市场需求，优化生产计划，提高产品占有率，这项改进使企业的经济效益增加了 25%。

社会效益：通过实时监测和自动化控制，智能环境监测与控制技术优化了家禽舍内的环境条件，提高了养殖效率，这不仅有助于满足不断增长的食品需求，还减少了对土地和资源的过度压力。通过确保环境参数始终处于适宜的范围内，智能环境监测与控制技术改善了家禽的生活条件，减少了应激反应，提高了动物福祉，这有助于提高食品的质量和安全性，为社会提供更健康、更可靠的食品。

生态效益：智能环境监测与控制技术有助于保护自然资源，减少资源的浪费，通过精确控制养殖环境，减少了水和饲料的浪费，降低了碳排放。通过监测和控制养殖过程中产生的废物，智能环境监测与控制技术降低了废物对土壤和水体的污染风险，这有助于维护土壤和水体的质量，保护生态系统的健康。

传感器布置实景如图 7 - 11 所示。

图 7 - 11　传感器布置实景

二、守朴科技智能鸡舍

（一）基本情况

北京守朴科技有限公司是一家专注于智能农业技术研发与应用的高科技企业，作为农业领域的领先企业，守朴科技以技术创新为核心，致力于为农业生产提供智能化解决方案，推动农业现代化和可持续发展。

北京守朴科技有限公司开发的基于农事体验的智能鸡舍项目，包含硬件主体结构和自动控制组件两个部分。其中，多项自动化功能的引入为养殖业带来了巨大便利，包括自动喂水、自动喂食、自动开关门、自动补光、自动杀毒、实时监控、实时语音对讲以及唤鸡回舍音乐等，这些智能化功能的融入，不仅提高了鸡舍的管理效率，也为养殖户带来了更好的养鸡体验。为了更好地服务用户，公司还开发了智能鸡舍控制平台和手机应用终端，让市民不仅能享受种植采摘蔬菜的乐趣，还可以参与家禽养殖的过程。智能鸡舍在北京阿卡农庄和川府菜缘两家农场得到了成功的示范应用，在实际应用中，智能鸡舍充分发挥了物联网和互联网的优势，显著提高了产蛋率，降低了人工成本，进一步提升了园区的收益和服务水平。同时，智能鸡舍解决了传统散养蛋鸡对环境的污染问题,实现了生态养殖和养殖互动体验的目标,对于推动农业绿色发展起到了积极的促进作用。

(二)智慧家禽建设

1. 智能鸡舍硬件研制

鸡舍智能控制终端:技术人员可以控制鸡舍内消毒、补光、喂食、开关门等设备,从而保证鸡群健康生长,同时也节省了人工操作。自动化控制程序开发,设计远程、手动、自动等多种方式实现智能鸡舍的自动化应用。

鸡舍环境传感器:在鸡舍内部安装的多种环境传感器可以实时采集鸡舍内环境参数变化,包括鸡舍内部的空气温度、空气湿度、氨气浓度的数据,为鸡舍内设备的调控提供数据支撑。

鸡舍通风模块:鸡舍内安装了通风风扇,用于调整鸡舍内的温湿度。技术人员可以根据实际需要设置鸡舍内的温湿度,系统默认 13～23 ℃为鸡的适宜温度,40％～72％为鸡的适宜湿度。系统使用温湿度传感器检测鸡舍内的温湿度,并将检测到的数据传给控制终端,控制终端对数据进行处理、比较,当判断鸡舍内温度高于 23 ℃时,通风机进行通风。

鸡舍监控模块:鸡舍内安装了高清摄像头,通过智能控制终端,操作人员可发出指令,对云台的上、下、左、右的动作进行控制及对镜头进行调焦变倍的操作。利用特殊的录像处理模式,可对图像进行录入、回放、调出及储存等操作。市民可以实时观察鸡群活动。同时,市民可以通过观看舍内鸡群的动态情况,何时产蛋、进食、回舍,充分了解鸡群的生活习性,起到科普的作用。

鸡舍喂食模块:定时进食不仅有助于鸡群养成良好的生活习惯,还有助于生产活动规律。鸡舍安装进食食槽,配合智能控制终端可以实现定时开关食槽门,蛋鸡定时觅食。系统默认的是上午 7～8 时,下午 5～6 时为蛋鸡觅食时间,用户可根据具体情况做时间调整。一般情况下,食槽可提供 3～7 天的食物。

鸡舍喂水模块:鸡舍内安装了水箱以及饮水设备,鸡群可以通过啄自助饮水嘴饮水,补充每日所需的水分。自助式饮水设备配置储水罐,水位声光提示,水体导管,蛋鸡用自助式饮水乳头,防冻保温结构,可提供 3～7 天的饮用水(参照舍内饲养数量)。

鸡舍清粪模块:鸡舍内部的清粪装置设置传送履带,可以将收集的鸡粪传送至鸡舍一侧,配备刮粪板将鸡粪直接从履带上分离,减轻人工清粪的工作量。同时为了保证履带不易变形,加粗了传送电机的传送轴。

鸡舍产蛋模块:项目在鸡舍内设计了沟渠式产蛋仓,两边高、中间低的沟渠式产蛋仓（沟渠之间最佳角度为 15°），可以将鸡蛋集中收集在沟渠底部的履带上而且还不会损坏鸡蛋。同时在蛋仓与蛋鸡之间还有隔离网，使得蛋鸡下蛋后即可与鸡蛋分离，不再受到二次污染的情况，保证了鸡蛋的健康安全。履带式集蛋装置将集中在产蛋仓的集蛋传送至鸡舍外接的捡蛋区，捡蛋区则会成为会员养殖体验的重要位置。

鸡舍杀菌模块：鸡舍在顶部中央安装紫外线灭菌灯，可最大限度地对鸡舍进行灭菌。通过智能控制终端，饲养员可以设置杀菌灯的自动开闭时间，如每天中午 12 点开启，杀毒 1 小时，然后通风 2～3 小时，可以保持舍内环境安全、卫生。

鸡舍喷雾模块：鸡舍内顶部安装了喷雾设备，包括外接式增压水泵、导管、雾化喷嘴、固定安装架和控制模块。雾化喷嘴通过液体和气体在内部或者外部的混合达到 360°喷雾形状，可通过定时（系统默认每天中午 1 点喷 1 次，每次喷 10 秒）生成水雾进行降絮除尘，有效预防蛋鸡的呼吸道类病症发生，若加入药液还可对鸡舍进行定期的舍内消毒。

鸡舍自控门模块：鸡舍安装有自控门，配合智能控制终端可以实现自控门的远程开启和自动定时开启。智能鸡舍的自控门开关时间是根据鸡群的生活习性和季节性而设定的，系统默认的是上午 7 点开门，下午 6 点关门，用户可根据蛋鸡品种差异和季节性做时间调整。

鸡舍音乐播放模块：鸡舍内配置有音乐播放器，可定时播放音乐，唤鸡回舍。

2. 智能鸡舍管理平台研发

鸡舍管理模块：设置鸡舍列表和鸡舍统计两个板块，鸡舍列表中可根据饲养员和鸡舍编号搜索相应的鸡舍，也可添加鸡舍。鸡舍统计中包括投入与产蛋统计（周统计、月统计、年统计），蛋鸡详情统计，买入、卖出、死亡等。

饲养管理模块：设置策略设定、日程安排、饲养员记录和工作记录 4 个板块，策略设定中可根据蛋鸡的种类添加鸡舍设备的控制流程，控制自控门、食槽、照明灯、通风风扇等一系列设备；日程安排中可以添加、删除、查看、编辑，分配饲养员的工作日程和工作任务；饲养员列表中可以对饲养员进行查看、删除，也可添加饲养员；工作记录中可查看该农场下所有饲养员的工作记录。

会员管理模块：该模块为园区蛋鸡养殖体验提供了后台的统一管理，可看到会员列表及会员的基本信息，可以查看、编辑、删除、增加会员。

农场信息模块：农场信息模块包括品牌介绍、环境监测展示、饲料信息、检测报告、履历下载、图片、品种信息、意见反馈、评论管理等的综合管理。通过查看农场信息模块，管理员可全方位掌握鸡群生长情况。

手机远程管理 App：为满足蛋鸡智能养殖、游客农事体验、游客远程互动体验的需求，开发了手机远程管理 App，它提供了一个对鸡舍运营管理等功能的集合，提供了管理员、饲养员、会员 3 种账户登录。

（三）应用成效

产蛋率的提升：传统散养蛋鸡受环境的影响较大，当温度小于 0 ℃和高于 30 ℃时，鸡产蛋停产，所以冬季和夏季产蛋率大幅降至 20%～30%。智能鸡舍的自动控温系统，保障了蛋鸡冬天的产蛋率也能达到 50% 左右。智能鸡舍养殖蛋鸡全年平均产蛋率可达到 70% 左右；传统方式散养蛋鸡产蛋率在 60% 左右，智能鸡舍提高产蛋率 15% 左右。

鸡蛋价格的提升：通过智能鸡舍的全新的定制化散养蛋鸡认养销售模式，客户认养一只母鸡费用是 500 元/年，可获得 180 枚生态散养鸡蛋，一只散养母鸡（1.5 千克左右）。通过核算鸡蛋的价格由原来散养鸡蛋 2 元/枚提升到 4～5 元/枚鸡蛋，提升了鸡蛋的价格。

人力成本的节约：应用智能鸡舍之前，农场散养 200 只鸡，工人每天至少需要工作 2～3 个小时，主要是喂食、喂水、打扫卫生、消毒、捡鸡蛋等工作。使用智能鸡舍自动化养殖之后，每天只需工作 0.5 小时维护设备即可。

经济效益：收益方面，项目共部署鸡舍 2 栋，每栋鸡舍饲养母鸡 200 只，每只鸡的认养费用是 500 元/年，认养收益为 200 000 元。成本方面，智能鸡舍试制成功后，每栋鸡舍的制造成本预计为 60 000 元左右，2 栋鸡舍 400 只蛋鸡的饲养成本合计 40 000 元/年，2 栋鸡舍一年投入成本合计为 64 000 元。因此，项目部署智能鸡舍可以为农场带来收入为 136 000 元/年。

社会效益：智能鸡舍提供了一种创新的农业模式，以满足市民对农场体验的需求。通过智能鸡舍，市民可以积极参与蛋鸡的认养和养殖，亲身体验农场生活，了解农业生产的实际情况。这一模式还为园区提供了额外的收入来源，吸引了更多游客和参与者，同时促进了农产品的直销活动，让市民能够品尝到新鲜、有机的农场产物，促进了城乡融合和可持续农业的发展。

生态效益：项目研发了专为休闲观光园区设计的小型智能鸡舍，具备智能控制终端、环境信息采集、蛋鸡分离、集中收蛋和集中清粪等多项功能，这一创新解决方案有效解决了休闲观光园区中小规模散养蛋鸡所面临的高人力成本、低产蛋率和环保问题。智能控制终端实现了远程监控，环境信息采集提供了舒适的饲养环境，而蛋鸡分离、集中收蛋和集中清粪系统降低了人工投入，同时改善了卫生条件。智能鸡舍为农业生产带来了更加高效和可持续的模式，为休闲观光园区提供了更多发展机遇。智能鸡舍内外部如图 7-12 所示。

a   b

图 7 - 12 智能鸡舍内外部

第八章

智慧生猪

生猪产业是畜牧业中的支柱产业，也是市场保供的民生产业。截至 2023 年，北京市生猪存栏 27.8 万头，出栏 33.3 万头；存栏同比减少 24.5%；出栏同比增加 3.6%。第四季度生猪存栏 27.8 万头，出栏 8.7 万头；存栏同比减少 24.5%，环比增加 2.0%；出栏同比增加 57.6%，环比减少 16.0%。

近年来，北京市注重高位统筹，紧盯生猪饲养管理、疫病防控、养殖成本等重要环节，稳定生猪产能，助力产业发展提质增效。强化政策引导，加强科技创新，优化饲料配方，完善设施设备，促进生猪产业发展。针对生猪产业存在的发展难题，通过抓设施，提效率，集成配套现代养殖技术与现代设施装备的方式，不断提升生猪养殖的信息化、智能化水平。运用现代信息技术，推动引优育强，降低生产成本，提升盈利空间，加强动物防疫体系建设，为北京市生猪产业的高质量发展贡献力量。

第一节　智慧生猪关键技术

随着饲料资源趋紧、养殖环境控制严格及非洲猪瘟等压力的增加，猪业结构不断优化，散养户不断退出，工厂化养猪模式比例逐年提高，规模化、标准化饲养成为主流。与养猪业发达国家相比，我国养猪业仍存在能繁母猪生产力低、健康问题突出、死淘率高、智能设备利用率低，饲喂相对粗放等问题，导致养殖综合成本高、养猪业的"猪周期"问题日益凸显，亟须智慧生猪关键技术研发，助力我国现代生猪养殖技术体系的构建。图 8-1 所示为智慧生猪关键技术框架。

智慧生猪关键技术主要是基于平房工厂化养殖工艺和楼房工厂化养殖工艺开展环境监控、精准饲喂、疫病诊断等方面的研究。首先，进行养殖过程参数的信息化表征，对涉及的信息进行信息化，其次，实现养殖作业工程化实施，创制相应的装备，最后，研发养殖工程智能化管控平台，实现疫病诊断等功能。本章将主要从环境监控、精准饲喂、疫病诊断等 3 个方面介绍智慧生猪的关键技术。

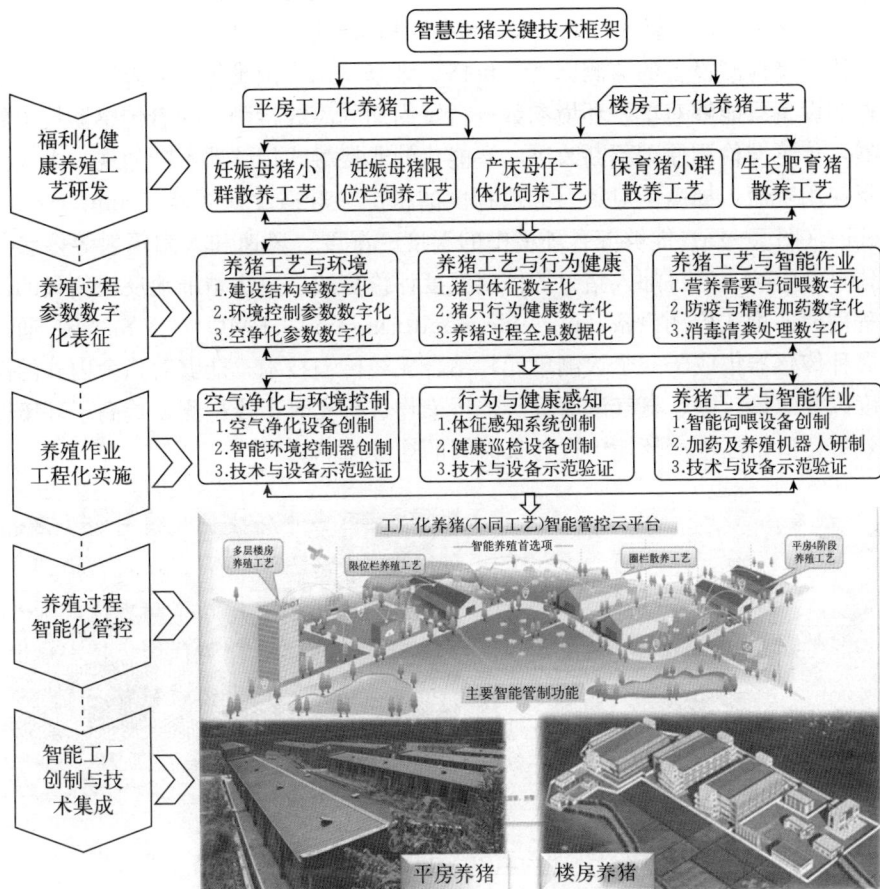

图 8-1 智慧生猪关键技术框架

一、环境监控

随着传统家庭式养殖模式逐渐退出，集约化、规模化和设施化的养殖方式对猪只的健康高效养殖提出了更高要求。养殖环境是保障猪只生产潜力充分发挥的基础，不仅关系到猪只的福利健康，更与食品安全、产品质量和养殖场经济效益息息相关。目前，物联网、云计算、大数据等前沿科技手段与养殖环节和猪只生理生长特性的深度融合是环境精准控制的主要特点。

（一）环境参数检测

猪舍内环境是由基于舍内环境参数采集的智能评估系统来实现精准调控。

环境参数检测的对象主要包括温热环境（温度、湿度、风速、太阳辐射）、有害气体（氨气、硫化氢、二氧化碳、恶臭）和颗粒物（PM 2.5、PM 10、TSP）。受以往环境检测设备的监测原理、价格、维修和携带困难等因素限制，环境参数检测设备只能够对单一环境参数进行短周期的离线检测。随着传感器技术的发展，传感器检测原理不断改进，智能化的非接触式传感器不断涌现，大大提高了使用寿命，提高了对猪只舒适程度的检测。舒适度探测器（comfortsense probe）（图 8-2a）能够综合环境中的温度、湿度、风速和太阳辐射等多参数对猪只的影响，通过加入猪只的体感温度评价算法，更加精准地反映猪只的舒适程度。便携式检测设备（portable monitoring unit，PMU）（图 8-2b）通过将多种传感器集成于一个检测单元，结合无线传输技术，能够对猪舍内外的温湿度以及二氧化碳、氨气浓度等其他污染物进行实时在线检测，提高了环境监测效率，适于在生产环境中进行长时间的连续监测。

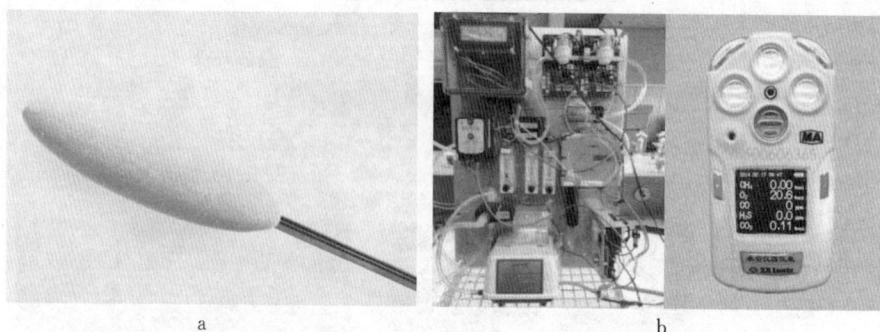

图 8-2 舒适度探测器和畜禽舍多环境参数便携式检测设备（PMU）

（二）环境调控技术

环境调控技术作为物联网技术体系中的应用层之一，代表了精准环境控制的先进实践。目前主要的环境调控措施包括通风、降温、保温、加温和空气净化技术。通风技术通过增加猪舍与外界空气的交换来改善舍内的空气质量，增加空气流动性。降温技术用来减少夏季高温对猪只的影响，降低猪的热应激程度。加温技术通过改善建筑围护结构保温性能或通过增加热源的方式减少冬季低温对猪的影响，降低猪的冷应激程度。空气净化技术是为了减小猪舍恶臭或污染气体浓度，降低对周边地区和大气环境的影响，主要包括除尘和除臭技术。

1. 通风

大规模、高密度的养殖方式会导致猪舍内集聚高浓度的有害气体、细菌和病毒等，这对猪只和工作人员的健康会产生威胁，降低了猪的生产性能。通风调控是改善舍内空气质量环境的重要手段。此外，通风还能够加速舍内空气流动,增加猪体的对流和蒸发散热,具有一定降温作用,常与湿帘等降温技术结合使用,提高降温效果。通过改变风机和进风口的位置、调整通风量的大小等方式可以得到不同的通风管理方式。传统的通风方式较为单一,不同时段、不同季节的通风方式和通风量的调控多基于工作人员的经验,无法满足猪只的舒适性需求。

除了采用整舍的通风方式外,对猪舍内部分区域进行通风的局部通风方式也是改善舍内空气质量的重要通风调控手段。较与整舍通风比较,局部通风能够更加精准地调节舍内环境。坑道通风(pit ventilation)是一种负压通风方式,通常在猪舍漏粪地板下方一端安装风机,排出粪道内的有害气体。坑道通风能够减少粪坑中氨气等有害气体向猪舍内流动,有效降低了猪舍内有害气体的浓度。局部坑道通风系统(partial pit ventilation)相较于坑道通风需要较大的通风量,局部坑道通风仅需要较少的通风量便可有效降低舍内有害气体浓度。

2. 降温

高温导致的热应激会严重降低猪的生产性能,导致福利水平下降。降温技术是减轻猪的热应激程度的重要措施。除采用通风所带来的对流降温方式外,降温方式还包括蒸发降温、传导降温和辐射降温方式,其中蒸发降温属于潜热散热,其余方式为显热散热。降温措施可分为整舍降温和局部降温。如图 8-3 所示,整舍降温方式是湿帘-风机降温系统,系统主要由湿帘、风机、水循环和自控装置组成。湿帘通常安装在一端山墙或侧墙上,风机位于另一端山墙,排风形成负压环境,迫使舍外未饱和的空气流经多孔湿润的湿帘表面。湿帘的蒸发效率可达到 75%~90%,通风阻力损失为 10~40 帕斯卡,夏季舍内的风速可保持在 0.5~1.0 米/秒,气温可控制在 30 ℃以下。湿帘-风机降温系统的降温效果显著,运行稳定可靠,可应用于各生长阶段的猪舍。相比较于仅进行通风降温的猪舍,湿帘-风机降温猪舍能够显著降低舍内温度,增加温度分布均匀性,提高猪只生产性能。需要注意的是,由于湿帘-风机降温系统属于蒸发降温,蒸发降温方式利用了水的潜热和显热间的变化,在降温的同时也会使舍内湿度升高,高温高湿地区的降温效果受到限制。

图 8-3 湿帘降温原理与现场应用

除整舍降温外，局部降温作为一种补充降温方式可对舍内局部地区温度进行精准调控，多应用在哺乳母猪舍，可以有效解决母猪与仔猪对温度需求差异的矛盾。常用的局部降温措施有喷淋或喷雾降温、滴水降温、猪鼻部蒸发降温、地板降温等。水冷式猪床降温系统是一种利用热辐射降温原理的局部降温技术，主要应用于妊娠与哺乳母猪舍（图 8-4）。该系统根据母猪的体尺、生理需求、行为习性并结合猪栏的结构进行设计，在猪体躺卧区周围搭建拱棚形壁面，壁面由均匀分布的水平镀锌钢管构成，通过钢管内通入流动的地下水对猪体进行辐射降温。如图 8-5 所示为水冷式猪床降温系统的气流场和温度场的 CFD 模拟结果，从结果可以看出，水冷式猪床降温系统内部出现了明显的对流换热，是典型的自然对流的降温形式。猪床内部的空气温度随着时间的增加不断降低，在 180 秒收敛时达到充分换热。水冷式猪床降温系统有效地降低了猪体躺卧区周围空气温度，在猪床外界环境波动较大时，内部的空气温度仍可维持在 25～30 ℃，避免了猪体周围小气候的过冷或过热，减少了母猪的热应激过程。此外，通入猪床内的地下水还可以用来供猪饮用或充当其他生产用水，使水资源得到充分利用。

图 8-4　水冷式猪床降温系统

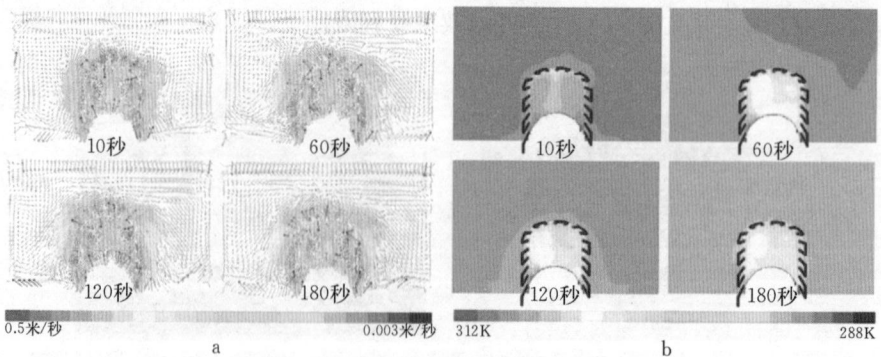

图 8-5　水冷式猪床降温系统气流场 a 和温度场 b 的 CFD 模拟结果

3. 保温和加温

低温不仅会导致猪的冷应激、降低猪的代谢能力和生产性能，还会导致舍内出现高湿和有害气体浓度较高的现象，增加了猪的呼吸道等相关疾病的发生概率。不仅如此，相较于育成猪，仔猪由于抵抗力较差，对温度的要求更加苛刻，温度的波动会引起仔猪感冒、咳嗽等疾病。因此，冬季猪舍的保温和加温技术是保障猪舍温度高低和稳定性的重要措施，特别是对于北方寒冷地区的猪舍。

建筑围护结构的保温性能对冬季舍内环境控制起到基础决定性作用。围护结构保温性能不达标：一方面导致围护结构内表面结露、结冰，加速围护结构衰变，进一步降低猪只的体感温度；另一方面将导致舍内易形成低温高湿的环境状况，增加温湿度的波动性，增大建筑能耗。因此，应根据所在地区的气候条件，合理设计围护结构保温性能参数。建筑围护结构的热阻是保温性能中重要的参数，制定相应的畜禽舍建筑围护结构保温性能手册。

在良好的建筑围护结构保温基础上，可采用加温技术提高舍内温度。加温技术分为集中加温和局部加温，集中加温包括热水散热器、热水管和热风炉加温等。由于集中加温一次性投入大、维护成本高、能耗大、较难精准控制温度等，在实际中较少采用。局部加温利用红外加温等采暖设备可以使猪舍的局部区域达到理想的温度，多应用于分娩母猪和断奶仔猪舍中，保障仔猪对温度的需求。目前，局部加温中应用较为广泛的是保温灯、保温箱或电热板等。如图 8-6 所示为智能化局部加温系统在仔猪舍中的应用。通过在红外辐射加

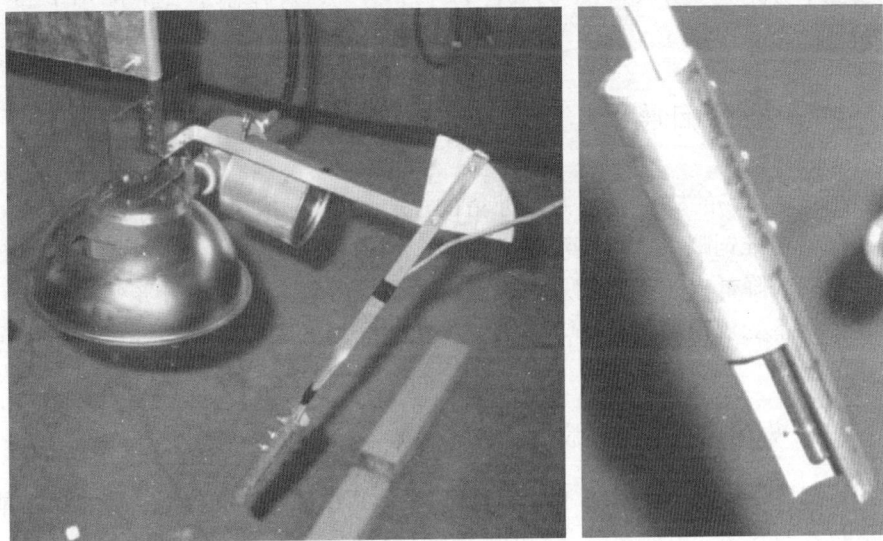

图 8-6　智能化局部加温系统

温灯下方一定位置处安装半遮挡的温度传感器，可以测量加温区域内的平均温度，借助反馈调节系统可以精准地对仔猪加温时间、加温温度进行调控，摆脱了传统的仅凭借工作人员经验的加温模式。

4. 空气净化技术

猪舍内的空气污染物不仅会对猪只和工作人员的健康产生危害，当空气污染物排出到舍外时，会对周边地区和大气环境造成污染。随着环保意识的增强，空气净化技术逐渐成为环境控制系统中必不可少的环节。空气净化技术分为除尘和除臭技术，主要针对空气污染物产生的源头、扩散和末端处理3个过程，原理上主要分为物理法（静电、喷雾除尘、紫外线辐射消毒等）、化学法（臭氧、过氧乙酸等）和生物法（发酵床、生物过滤器等）。常用的除尘技术有静电除尘和喷淋除尘。喷淋除尘中使用植物油或油水混合液代替水被证明是一种降低规模猪舍颗粒物浓度的有效办法。常用的除臭技术为生物过滤器，即利用多孔填料床中的微生物降解技术吸收空气中的污染物，常置于猪舍排风机末端，是一种有效的除臭方式。

随着规模化猪舍的不断涌现，除尘和除臭技术逐渐融合为一体，发展成为多阶段的废气处理系统，如猪舍两阶段（IUS-P）和三阶段（MagixX-P$^+$）废气处理装置。三阶段生物化学废气处理系统，其中第一阶段的过滤层通过喷淋水来主要吸收颗粒物和部分氨气；第二阶段过滤层通过加入硫酸等酸性液体调节pH，主要用来吸收氨气，能够实现氨气的有效过滤；第三阶段过滤层中填充灌木等实现臭气的微生物转化。三阶段处理对氨气、TSP、PM 10和PM 2.5的去除率分别达到了87%、94%、90%和97%，可控制臭气浓度小于等于300 OU/米^3。

二、精准饲喂

母猪是猪场的核心竞争力，母猪的生产效率直接决定了猪场的养殖效益。母猪精准饲喂系统可实现基于母猪个体的精细化管理，凭借投入成本较低、可有效降低人工成本投入、提升养殖效益等优势成为提升养殖效益的有效途径，备受规模猪场青睐。本部分将重点介绍妊娠母猪和哺乳母猪精准饲喂系统。

（一）妊娠母猪电子饲喂站

传统型母猪电子饲喂站（ESF）开启了母猪精准饲喂的先河，引领了智能养猪技术的发展，但存在因设备饲喂的猪只头数较多、猪只之间的相互影响甚至撕咬较多，设备与猪圈的协同难度较大，设备一旦出了故障，维修较为麻烦，特别地需要专门的训猪，增加了额外的工作量等问题。正是因为以上的原因，加上从业人员的素质参差不齐及责任心不强，导致传统电子饲喂站在我国的推广应用艰难。因此，改进型的电子饲喂站就应运而生了。

每台 ESF 可饲喂的头数在 15～20 头，设备紧凑，进出口及通道高度融合，设备占地面积少，设备的安装与移动方便，可依据圈栏面积大小配备不同数量的 ESF，更便于 ESF 与猪栏、料线的融合化设计。通过新型的直列式自由进出的 ESF 饲喂的实践与观察，与传统的 ESF 比较，其主要优点体现在以下几个方面：

(1) 不用训猪。

(2) 安装简便。

(3) 栏体无气动装置。

(4) 栏体无电动机械装置。

(5) 饲喂器采用无线通信技术。

(6) 可以一组多套，母猪之间竞争更少。

(7) 灵活——每个自由进出栏管理 15～20 头母猪。

(8) 不同的设备与猪舍的融合一体化设计，能够管理各种规模的母猪群。

改进的轻便型 ESF 可饲喂的头数在 16～22 头，具有广阔的应用市场。

ESF 产品即"小群养智能饲喂站 SF - 1000"，是在多次的试验验证及反复优化设备的结构基础上，最后成型的可投入实战应用的智能产品，该产品在实际应用中特别增加设备的物联网功能，实现数据采集与控制功能，既有下位机的现场控制，也有上位机的移动远程 App 系统的应用。

a. 设备安装状态　　　　b. 饲喂状态　　　　c. 下位机控制面板　　d. 上位机App
系统界面

图 8 - 7　SF - 1000 实际应用场景与配套系统

图 8 - 7a 为设备在现场安装的状态，与猪舍的布局有密切的关系，但安装的位置要便于现场操作人员对控制面板的操作，一般而言设备的纵向与人行通道是垂直的。图 8 - 7b 为实际运行的场景，不同圈栏之间是通过护栏隔开的，可增加猪只的交流，如果是水泥墙分开，就需要将区域加大，增加一个圈栏的设备数量并相应增加猪只数量，满足猪只的福利要求。图 8 - 7c 为连接在 ESF

上适当位置的下位机嵌入式控制面板，面板左侧从上到下有 5 个功能键，即"电源""读卡""电机""水阀""电门"，可实现不同的功能；右上部为系统的液晶显示屏，依据选择的功能键显示不同的数据或状态信息，右侧中部是菜单设计的调整或调减按钮，右下部是数字数据键等，以满足现场的各种控制，尤其是饲喂量的现场调整等。设备研发了上位机移动 App 远程控制及数据在线采集与分析系统（图 8-7d），通过 App 移动端的数据，首先是不受时空限制浏览到所有设备的运行状态，这是最重要的，减少了现场对人的依赖。其次在线可观测到每头猪的采食量数据，通过实际采食数据与理论采食量的对比分析，可迅速从中发现哪些猪的采食量不足甚至不进食，哪些猪只采食量总是达到或超过预计量，为下一步进行参数的重新设置和对猪只的异常情况诊断提供采食量数据的参考依据。实际上采食量也能间接反映猪只的健康状态。

ESF 突出特点首先是在下位机控制下料方式上，将传统式饲喂系统中的下料控制技术移植到本系统中，同样解决了剩余料的问题。其次，在下料量的控制上，下位机中嵌入有针对日粮主要消化能及蛋白水平即养分浓度的母猪采食量模型，实际上下料量可按妊娠日龄的变化做到"按个体、按天精细自动调整理论采食量来控制实际下料量"。但实际上下料量也不大可能精准做到完全按理论量下料，还受控于下料机构即雨刷电机转动半圈或一圈的下料量。

（二）哺乳母猪智能饲喂系统

不同妊娠母猪的小群体圈栏饲喂模式，母猪分娩一般上产床，母猪在产床的有限区域内哺乳仔猪，这期间的母猪称为哺乳母猪。随着现代养殖效率的提升，设施养殖场的哺乳期已缩短到 21 天左右，在此阶段的饲喂目标是使母猪采食量最大化。有研究表明，每增加 1 千克母猪采食量，可提高产仔率 8%，缩短断奶到发情间隔 1.8 天，而且还影响下一胎次的母猪生产成绩。为此，围绕产床母猪的饲喂精准控制智能设备的研究非常活跃，随着物联网技术及养猪理念的提升，智能饲喂技术也在不断进步。

1. 哺乳母猪智能饲喂系统

图 8-8a 所示，QUATTRO 的特点是可促进母猪的采食量，减少饲料浪费，使母猪更容易管理；不需要增加额外的电能，因该系统与光照热源/产床垫子有相同的出口；使用定制的加热曲线和温度探头，在提高母猪产仔性能的同时可减少用电需求；每个喂料器都兼容 WiFi，可以快速将数据传送到平板电脑或移动手机端，并帮助工作人员在生产过程中快速传递分娩信息和改进对舍内分娩母猪的监测；使用两种饲料供料线，根据每头母猪的规定需要定制多种日粮即改变最终供给的日粮的养分浓度，使分娩母猪一日四餐的营养供应个

a. QUATTRO　　　　b. SOLO　　　　c. Gestal F2

图 8-8　不同类型哺乳母猪饲喂装置

性化。图 8-8b 及 c 所示，SOLO 及 F2 饲喂器均具有每日每次、连续及精确饲喂，促进哺乳母猪的采食量及泌乳量，改善仔猪断奶重量。此外，当上位机（即电脑）出现故障时也不影响每台饲喂站的独立运行。与 QUATTRO 比较，不具备接收来自两条连线的饲料，因而不会改变日粮的养分浓度但可控制采食量的不同。总之，上述 3 种类型的哺乳母猪精准饲喂站代表了哺乳饲喂设备的最高水平，从饲喂控制机理方面也代表了精准饲喂的发展方向。

2. 哺乳母猪智能饲喂系统代表产品

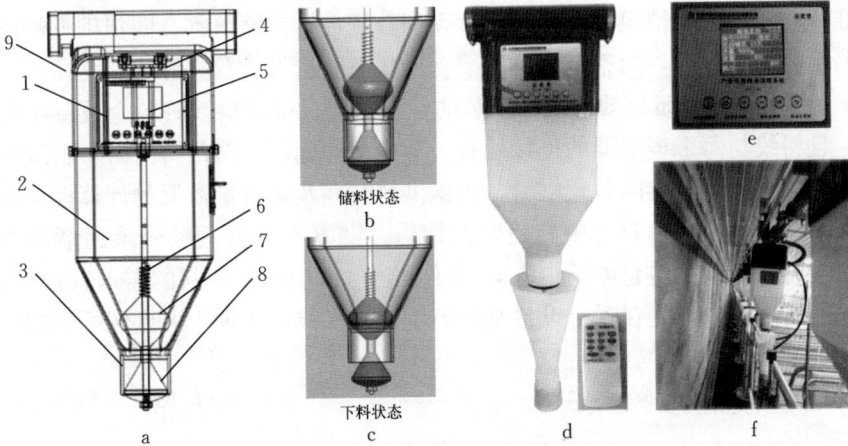

图 8-9　"益爱堡"哺乳母猪饲喂系统

图 8-9a 是设备的整体结构设计，主要由控制面板 1、储料仓 2、定量仓 3、推杆固定板 4、电动推杆 5、缓冲弹簧 6、堵料上球 7、堵料下球 8 及供料管与储料仓的接口处 9 组成。整个供料系统的最大特点是结构紧凑，供料系统与下料装置通过储料仓的上部分巧妙连接为一体，电动推杆部件与控制面板的里外融合构成储料仓的上部分，储料仓主体（圆柱部分及倒锥体部分）与定量仓部分通过电动推杆的工作协同下料，使得整个系统从上到下极为紧凑、体积小、耗料少、运行过程节能、维护方便，符合智能农机研发的趋势。

图8-9b和图8-9c反映了如何精准下料与控制的原理。该下料机构是通过电动推杆上下运动带动堵料上、下球上下移动，而定量仓体积一定以确保饲料精准下料。推杆向下运动堵料上球封堵料仓而堵料下球脱离料仓进行定量下料动作；推杆向上运动堵料上球脱离料仓而堵料下球封堵料仓进行定量储料动作。可见，这种下料方式通过电动推杆与堵料上、下球的联动，完成定量下料，就饲喂装置的定量仓而言，既无残留，又能搅动储料仓上部分的饲料结拱，结构简单又高效。但每次下料的数量直接受控于电动推杆的速度特性，电动推杆速率受电压的影响，电动推杆的工作电压也会受到供电电源的特性及相关设备协同工作的影响，需要通过现场采集数据测定影响结果。研究表明，当电动推杆速率为60毫米/秒，且电源输出电压为11.5瓦时，下料的稳定性最好，且推杆不会卡死。

图8-9d是以整体设计为基础研发的实物产品，且带有遥控器，可对下位机内的下料参数进行控制，图8-9e则是放大后的控制面板，既可显示设备的运行状态，也能现场手动修改饲喂参数，包括每天的饲喂次数、饲喂时间点及时长，以及每一次下料量占当天饲喂重量的比例等，且每次下料的数据可缓存在下位机的数据寄存器中。因下位机的数据寄存器的容量有限，采用先进先出的堆栈方式。一般情况下，下位机缓存的数据在推出之前都会同步到上位机的数据服务器中保存，为整个猪群的采食量状态分析提供数据源。

图8-9f是批量饲喂器现场安装的状态，通过供料料线将单个设备串联起来，且料线与每个饲喂器的连接处有一个内部的阀门，阀门打开时，料线在重力的作用下向饲喂器的料仓供料，根据供料时间及采食量数据的计算控制阀门的开闭，始终保证贮料仓中有足够的饲料。随着水拌料饲喂效果逐渐获得认可，同时其在减少料仓内扬尘方面成效显著，市场对水拌料的需求日益增长。为满足这一需求，需在现有设备基础上增设供水线，实现干湿比例可调功能。

三、疫病诊断

大部分生猪疫病（如猪瘟、蓝耳病、猪丹毒、猪肺病等疫病）在潜伏期及发病期均伴有高热现象。体温作为一项重要的生理指标，在生猪感染疫病时体温升高往往较其他症状更早出现。因此，从群体生猪中现场快速甄别发热个体，及时进行隔离、医治和处理，对疫情预警及控制具有重要的意义。然而，规模化养殖猪群密度大、个体数量多，猪群中发热个体现场快速甄别是一项困扰已久的科学难题。传统水银温度计测量方法作为目前最常用的方法，成本低、精度高，但需把温度计插入生猪鼻腔或直肠获取体温，测量过程需2～3名工人约束生猪，不仅存在动物应激反应导致直肠温度偏高的缺点，而且具有温度计破碎及疫病交叉感染的风险，耗时费力，难以对大量生猪体温进行快速筛查。

红外热成像测量方法是随着光学技术、材料科学的发展而兴起的新型测温方法，在众多方面具有其他测温方法所不具有的优势。一方面，红外热成像克服了单点测温的缺陷，可全场测量群体或个体体表温度的分布，非常适用于生猪群体中发热个体现场快速筛查；另一方面，红外热成像非接触测量特性避免了生猪应激反应对体温的影响、耳标传感器对流及热传导过程对体表温度的影响以及疫病的交叉感染。尽管红外热成像技术广泛应用于生猪体表温度测量，但其在生猪体表温度测量精度方面仍然存在很多问题。红外热成像测温精度的主要影响因素包括目标发射率、焦平面阵列探测器响应漂移、测量角度等多种因素影响，这些因素导致目前红外热成像测量猪只体表温度的精度并不理想。

（一）猪只体表发射率实时测量方法

发射率的准确性将直接影响红外热像仪测温精度。然而，发射率不仅受物体成分决定，而且可在不同生物组织中变化，因此随着生猪生长阶段、性别、种类及体表部位的不同，生猪体表发射率数值处于 0.92～0.98 之间变化，并不是一个常数值。因此，常规红外热像仪测量生猪体表温度，仅靠输入一个发射率常数值并不能准确测量生猪体表温度。传统动物体表发射率的测量需要预先获得真实温度，这种方法不易操作且易造成猪只应激。

无损实时发射率快速测量方法能够测量猪只体表不同部位的红外发射率，为准确测量猪的体表温度提供了依据。基于此方法研制的热像仪，由三脚架固定以确保其稳定性，使用电脑高速录制红外热像仪的热图像序列。辐射源由热源、挡板和导轨组成。导轨平行固定在测量区域的 0.5 米处，通过电机牵引热源在导轨上移动。猪只和白板平行放置于热像仪的视野之中作为待测物。热像仪和测量区域距离为 1 米，保持不变。热像仪开始红外序列录制，此时辐射热源从导轨的一端移向视野，进入视野后，挡板迅速打开后关闭，避免热源给样本加热，热像仪已捕获到由外加热辐射源而引起的猪只体表温度的变化值，最后，热源离开视野回到初始位置。按照以上步骤，对测量部位进行 12 次测量，每组间隔 2 分钟，使每次测量独立。猪只体表发射率实时测量结果表明，蹄部发射率最低为 0.895，耳根部位和肩部的发射率最高为 0.978，体表发射率随着体表的平整程度、毛发的分布密度不同而有差异。

（二）基于智能手机的高灵敏红外热成像测温系统研制

使用内置恒温源，通过内标定方法实现非制冷红外探测器响应漂移引起测温误差的补偿，使用转动滤波片改变进入红外探测器的波段范围，通过变谱法消除目标未知发射率对测温精度的影响，基于内标定法与变谱法研制了基于智能手机高精度红外热成像猪只测温系统（图8-10）。

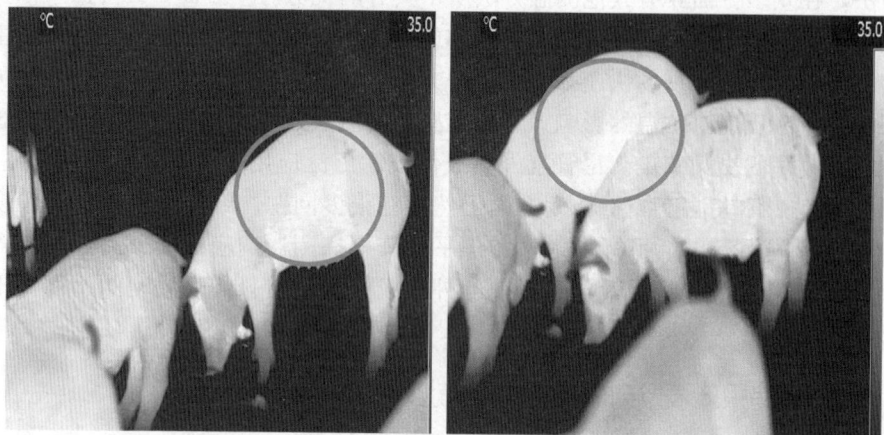

图8-10　基于智能手机的高精度红外热成像测温系统

为了验证基于内标定法和变谱法的智能手机红外测温系统测温效果，使用本系统完成猪只体表温度的测量。猪只红外热图像中标红圈猪的腹部测量温度异常，疑似发热，后经直肠温度测量，体内温度达到了41℃。因此，基于智能手机的红外热成像猪只测温设备能够完成精确测量猪只体表温度，发现温度异常的猪只要及时隔离和治疗，有效控制畜舍疾病传播，降低损失，提高经济效益。

（三）生物佩戴设备

不稳定的生产效益和不可控的疾病风险一向是养殖行业的两大痛点。因此生物佩戴设备就是希望解决这些问题。"电子医生"直接佩戴在生猪的耳朵上。它以全天候的生理监测为特色，实时监控动物的生理状况。同时，人工智能算法在后台默默工作，通过对生理数据的提炼，自动诊断生猪的深度状态。"电子医生"不仅可以预报疾病暴发，还可以预测母猪的最佳受孕时间，最终为猪场建立最佳的育肥和育种模型。除此之外"电子医生"在工作中有很多细节使用了人工智能，比如通过深度学习，对生猪的运动情况进行全面的掌握，继而结合生猪的其他生理特征判断健康情况；再比如，"电子医生"一旦侦测到异常的生理数据，可以实现疫病预警和病猪的早期隔离，降低疫病暴发的风险。

"智能耳标"可以与"电子医生"组合使用，以物联网技术为基础，可以远程追踪生猪身份，并自动上报生猪的日龄和位置。当下很多农产品推出了可追溯系统，但现有的一些可追溯系统采用二维码，容易出现造假或损毁问题。而"智能耳标"是从小猪诞生开始佩戴激活的，属于"一猪一标"，还有自毁和全程数据加密设计，如图 8-11 所示。这样的设计不仅消费者希望看到，也能为金融机构和政府监管部门服务。借助这一设计，保险公司可以远程监控追溯个体生猪，确定投保生猪身份的真实性与唯一性。

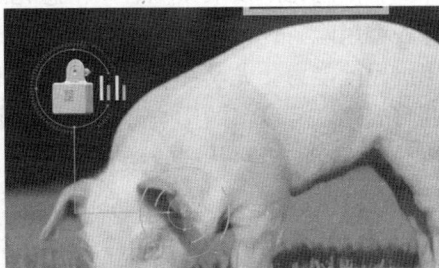

图 8-11　智能耳标

第二节　北京智慧生猪典型案例

一、"猪联网"智慧养猪管理平台

（一）基本情况

北京市养猪业的信息化处于发展阶段，缺少关键的多维数据互联互通、模型构建、自主决策、精准执行及自我学习等环节，亟待建设，养猪困境见图 8-12。2019 年，国务院、农业农村部及各地政府先后出台了大量"生猪保供给"政策，大力支持加快生猪复养及新建猪场速度，强调大数据、互联网、人工智能技术在生猪产业的应用，建设新一代"智慧猪场"，鼓励金融机构向农业，尤其是养猪产业倾斜，并把生猪养殖列入"一把手"菜篮子工程市长责任制，为养殖产业的发展建立了良好的政策环境。可见，"稳定猪肉生产，保障市场供给"已成为北京市的重要工作任务。

- 后非瘟背景下，猪只生物安全问题严峻，疫病防控压力巨大
- 专业人力不足，饲养员越来越少，人工成本逐年上升
- 人工记录效率低下，数据采集准确率低，无法作为科学客观的数据依据
- 养猪模式依赖经验，人工经验难以复制，缺少技术支撑

图 8-12　养猪困境

信息化技术已成为北京市猪企应对突发情况和不确定性因素的关键。近年来伴随着信息化的发展，拥有"信息化意识"的猪企通过数据打通各个环节，降低各类风险、控制成本、持续优化业务流程等，在获得了经济效益的同时增强了抗风险能力。尤其在双疫情的情况下，信息化发展水平较高的猪企能够灵活调整战略，将疫情的影响降至最低，而信息化发展水平较低的猪企，在此次疫情面前生存能力堪忧或直接宣告退场。

"智慧优先"已成为未来猪企战略策略方向。疫情凸显了智慧技术的优势，信息化发展程度高的猪企依托于数据与算法变得更加高效，同时化解了商业系统的各类不确定性，让各类复杂的商业元素走向系统化。未来通过智慧赋能，生猪产业借助大数据、云计算、AI、物联网等技术将财务、生产、交易、金融、售后等流程系统化，来应对未来多变的市场环境，以及各类不确定性因素。

（二）智慧生猪建设

为了防止非洲猪瘟的发生与扩散，加快生猪养殖产业的发展速度，需要北京市政府、养殖企业、第三方企业等产业链上下游企业等机构通力合作，共同建设"信息化生猪管理平台"，有效整合生猪产业链上下游企业，运用大数据分析技术为政府决策提供数据依据，为企业生产提供数据基础，推动生猪产业从传统养殖向信息化养殖转型升级，防止出现非洲猪瘟，实现生猪供给。

面对传统农业生产效率低下、交易链条长、金融资源缺乏三大痛点，用大数据、互联网、物联网、人工智能融合农业生产技术与供应链，立足生猪产业，打造生猪产业数智生态服务平台"猪联网"，包括猪企网、猪小智、猪交易、猪金融、猪服务五大核心体系，为北京市生猪产业提供全方位、一站式的数智化服务。同时，打通生猪产业链上下游，提供面向上游投入品企业的"饲联网"、面向中间商和零售商的"企店"、面向屠宰食品企业的"食联网"等，开创智慧经济时代的智慧养猪新生态。

1. 猪企网

猪管理为生猪产业各类上下游生产企业、经销商等主体提供信息化工具，用 SaaS 化大数据打穿整个养猪生态链，用信息化和智能化的方式解决猪场和企业的管理效率问题。

猪生产：从种猪繁育到商品猪全生命周期的生产管理及监控预警系统。

猪放养：排苗投苗计划管理、猪苗与物资申请管理、生猪放养过程管理、养户放养结算管理。

猪育种：性能测定、评估模型设置、育种值计算、近交分析、遗传进展分析、育种数据管理。

猪物资：物资集采、生猪销售、投入品及交易商城、物资领用、物资投喂、物资盘点、物资损耗管理。

猪成本：性能测定、评估模型设置、育种值计算、近交分析、遗传进展分析、育种数据管理。

猪财务：猪场财务管理、猪场资金管理、收付款管理、猪场账务管理。

猪绩效：基于PSY的猪场生产成绩报告，以栋舍为核心的猪场绩效指标系统；猪场绩效分析报表、饲养员绩效管理系统。

猪数据：建立猪场的数据化管理体系，生成智能数据分析报告，提升猪场生产成绩。

2. 猪小智

以生猪养殖智能化为入口，秉承"远程化养猪、智能化管猪"的核心理念，为猪场提供系统、科学的智能猪场整体建设方案；同时基于云计算、物联网、大数据、人工智能等技术，打造具有时代意义的产品——猪小智；猪小智实现猪场万物互联、数据互通，让猪场数据可视化展示并智能化分析，从而为养殖企业提供更加精准的经营决策与建设方案，赋能传统企业。

猪小智智能猪场建设方案，就是充分应用现代信息技术，集成应用云计算、物联网技术、人工智能技术，实现智慧生猪养殖中各关键环节的信息化、网络化、科学化、智能化。通过数据综合、全面的应用，实现更完备的信息化基础支撑、更透彻的生猪养殖信息感知、更集中的数据资源、更广泛的互联互通、更深入的智能控制。

3. 猪交易

猪交易以"农信商城"为核心平台，通过建立涉农电子商务市场，解决交易链条过长、产品品质无法保证、交易成本居高不下、交易体验差等问题。具体规划包括：服务于生猪交易的唯一国家级网上交易平台"国家生猪市场"；服务于养殖户的"畜牧市场"，服务于种植户的"农资市场"，服务于农产品企业的"农产品商城"；服务于柑橘、水产、蛋鸡产业的"柑橘市场""鱼市场""蛋市场"等。

4. 猪服务

数据分析就是通过数据的变化找到猪场现今正在发生的问题或未来要面对的问题，并和猪场管理者对此达成共识，最终和猪场团队一起制订解决方案，并且不断跟踪执行效果和数据结果的一系列工作。同时，基于平台服务的百万头母猪的大数据，从大数据寻找养殖最佳经验反馈至猪场，辅助管理者做精准决策，比如背膘标准如何制定，逻辑是什么？老龄的标准应该怎么定义？让之前的"感觉对"变成现在的"真的是"！

（三）应用成效

在经济效益方面：①提升养殖效益。通过"猪联网"的综合服务，提升养殖效益。管理上，通过智能化、大数据、专家系统在线指导猪场生产，通过SaaS＋AIoT帮助猪场提升管理效率，通过远程智能化管理降低人员投入和人力成本；精准饲喂，减少饲料等投入品浪费；提升母猪产仔数，减少母猪头数，从而减少粪污排放，降低猪场成本；猪病远程问诊和养殖远程监控，精准用药，降低猪只疾病发生概率和养殖成本，提升动物福利保护。②提升交易效益，帮助猪场在线集合采购，降低猪场采购成本；减少中间环节，提高产业交易效率和降低交易成本；以直播带货、社群营销等形式，帮助厂商直达客户，降低企业销售成本；通过"农信货联"智能仓配调度，实现产业各主体足不出户在线叫车，减少车辆空驶和仓储空置，在一定程度由农业农村部授牌的国家生猪市场建立生猪线上平台，通过直采与区域市场模式将生猪交易标准化、制度化、简单化、透明化、在线化。③提升金融效益。农信金融利用农信平台积累的用户经营与交易信用数据形成风控与征信大数据，向农信生态圈的用户提供各类金融服务。④提升产业效益。通过生猪全产业链信息化平台，实现产业链企业人员、办公、财务、生产、交易、物流、金融等全过程的线上化管理，获取产业链数据，指导产业资源合理分配，辅助企业管理者智能决策、精准饲喂、精准用药，促进安全健康养殖、降本增效，提高动物福利。

在社会效益方面：①抗击新冠疫情。新冠疫情期间，猪场养殖人员复工受阻，猪联网实现养殖人员远程办公，稳定疫情期间的生猪复养复产。②对抗非洲猪瘟。智能猪场减少人员流动及人猪接触，降低新冠和非瘟疫病的传播，保障人员和猪场生物安全；生猪重大疫病险，帮助猪场减少非洲猪瘟损失，助力企业渡过难关。③免费实时的在线服务。"猪病通"在线免费猪病问诊平台，有上万名认证兽医师在线提供猪病解答；"行情宝"猪价分析平台，提供实时行情数据分析预警；"养猪课堂"提供免费在线养猪培训课程，促进产业信息对称，助力科学饲养和智慧管理理念传播。④大数据服务政府和金融机构。通过大数据平台和金融科技产品，链接政府与金融机构，助力政府机构高效监管行业动态，缓解涉猪人群资金压力，助力金融机构合理输出产业金融产品。⑤产业精准扶贫。以"猪联网平台＋养猪公司/养猪合作社＋贫困户"模式，养猪企业或者合作社通过农信数智猪联网平台，在线信息化生产经营管理、在线化采购投入品和生猪销售的闭环交易、在线物流、在线金融扶持等，从而实现养猪创业，并带动贫困户就业增收，或以扶贫资金入股分红，促进当地养猪产业持续发展，实现精准扶贫。

二、种猪性能测定中心

（一）基本情况

作为国家生猪核心育种场，充分应用信息化技术进行种猪的育种和生产管理。建有年测定 4 000 头的种猪性能测定中心（图 8 - 13），采用 RFID 技术自动识别种猪个体，并实行自动称重系统。同时，应用兽用 B 型超声波技术测量背膘厚度及眼肌面积，精确对种猪性能进行测定，能够测定出种猪生长过程的各项精确数据、显示猪只异常报警、自动生成各种报表、自动绘制生长性能曲线，为种猪的选择、育种提供指标参数，也可以依据饲料实际饲喂效果的精确数据，比较选择最佳配方饲料，有效提高种猪育种和生产水平。应用 GPS 生产育种软件采集生产过程中种猪配种、配种受胎情况检查、种猪分娩、断奶数据；生长猪转群、销售、购买和生产饲料使用数据；种猪、肉猪的免疫情况；种猪育种测定数据等等实际猪场在生产和育种过程中的数据信息。根据生产数据分析猪场生产情况，提供任意时间段统计分析和生产指导信息，制订生产、销售计划，并进行实际生产的监督分析。按实际生产的消耗、销售、存栏、产出情况，系统提供猪只分群核算的基本成本分析数据，帮助猪场降低成本

图 8 - 13　种猪测定中心

获得最大效益。根据实际育种数据和生产数据，系统提供了方差组分剖分、多性状 BLUP 育种值的计算和复合育种值等经典的和现代的育种数据分析方法，持续选育优良种猪。应用自动饲喂系统进行妊娠母猪的饲喂，根据母猪不同阶段、膘情、胎次以及环境条件精准控制饲喂量，确保母猪的最佳体况。应用原有积累大量数据以及现有自动采集数据对猪场的生产管理和育种数据进行分析，为猪场的生产和育种提供可靠依据，升级种猪场生产和育种水平。

（二）智慧生猪建设

1. 种猪育种方面

国家生猪核心育种场肩负着全国的种猪改良、向社会提供优良种猪的责任，种猪的质量是企业的生命。因此必须利用各种高新技术和设施设备进行长期、持续、高效的种猪的选育。种猪测定中心配备了种猪性能自动测定系统

（图 8-14），系统可进行耳标自动识别、自动称重、自动计料，测定出种猪生长过程的各项精确数据、显示猪只异常报警、自动生成各种报表、自动绘制生长性能曲线，数据自动通过网络传输到中央计算机，为种猪的选择、育种提供指标参数，同时应用兽用 B 超进行背膘厚度和眼肌面积的测定。通过应用 GPS 生产育种软件采集生产过程中配种、

图 8-14 种猪性能测定系统

分娩、断奶、免疫、种猪育种测定数据等生产和育种过程中的数据信息，进行多性状 BLUP 育种值的计算和复合育种值等经典和现代的育种数据的分析，进行育种值的评估，挑选出遗传性能最优秀的种猪，使种猪的各项生长、繁殖以及肉质性能得到稳步提高。

2. 生产管理方面

种猪精细养殖管理物联网平台是利用无线传感网、RFID、有线监控系统、环境控制子系统等技术建立的数据采集平台，它应用原有积累大量数据及现有自动采集的数据对猪场的生产管理和育种进行分析，为猪场的管理和育种提供依据，并通过互联网的应用，进一步提高猪场生产管理水平。

生产管理由猪场管理（包括各阶段猪群的管理）、精细化饲喂（对基础母猪群的个体识别和精细化饲喂，通过应用 B 超仪进行妊娠诊断大幅度减少母猪空怀比例，通过母猪背膘的精确测定，结合母猪的生产阶段以及环境条件等，精确确定母猪的饲喂量，有效地控制母猪膘情，提高母猪的生产成绩）、环境调控（包括环境异常报警、自动及手动控制）、视频监控（可分别由网页、单机及手机查看）和溯源管理（种猪及商品猪溯源和产品召回）组成。

种猪精细养殖管理物联网平台包括数据采集、汇聚、处理中心 3 个部分。

数据采集系统：是面向养殖场生产现场，集成了利用无线传感网、RFID、有线监控系统、环境控制子系统等技术建立的数据采集平台。平台包括现场数据采集网络、采集传感装置及采集设备接口，汇总各类相关传感信息。

数据汇聚系统：数据经过融合、前端处理和汇总，采用 WiFi、3G 网络数据接入方式，通过远程方式来高速传输数据。

数据处理中心：设在公司总部，接收各种传感数据，并应用计算系统进行数据处理，并提供快速有效的反馈，供管理者决策参考。管理系统包括养殖场管理系统、专家系统、兽医监测与治疗系统等。

（三）应用成效

信息化在育种工作中的应用进一步提高了种猪选择的准确性，增加了选择强度，降低了种猪选育过程中的人工成本，种猪的性能得到了更快的提高，同时提高了种猪的合格率和销售率，预计年销售种猪提高 1 000 头以上，按每头猪 500 元的利润计算，年增经济效益 50 万元以上。

信息化建设在种猪生产管理方面的应用提高了猪场管理以及猪舍环境控制的精度，使得种猪的性能得到了充分的发挥，每年提供的母猪中合格出栏猪提高 0.5 头以上，仅此项年出栏合格猪提高 2 000 头以上，按每头出栏猪产生经济效益 200 元计算，年增经济效益 40 万元以上；其余节约人工、饲料等成本在 30 万元以上；合计年增经济效益 120 万元以上。

信息化建设达到了粪便污水污染治理资源化、减量化、无害化、生态化、市场化的综合利用的目标。有效地改善了外部环境，控制和减少环境污染；加快了企业发展速度，提高了社会总产值。同时也加快了城市基础设施建设，在改善投资环境的同时，促进了经济结构的调整，带动了相关产业的发展。

第九章
▌智慧奶牛

2022 年，农业农村部出台了《"十四五"奶业竞争力提升行动方案》（以下简称《方案》）。《方案》提出，支持标准化、信息化规模养殖。推动基于物联网、大数据技术的智能统计分析软件终端在奶牛养殖中的应用，实现养殖管理信息化、智能化。截至 2022 年 12 月底，北京市奶牛存栏 5.72 万头，生鲜乳产量 26.4 万吨，其中第四季度牛奶产量 6.3 万吨，同比减少 1.7%，环比减少 2.6%。智慧科技正在为北京市奶牛养殖行业注入新的动能。

对于奶牛产业来说，信息化水平低是制约其发展的一个重要因素。信息化水平低会导致奶牛产业发展出现很多问题，如数据采集困难，奶牛养殖场可能缺乏自动化数据采集设备，导致数据采集工作烦琐、不准确；数据分析能力不足，缺乏信息化系统支持，奶牛养殖场无法对大量数据进行有效分析，难以做出科学决策；生产管理过程不透明，难以实现生产过程的可视化和监控，增加了管理难度；风险控制困难：缺乏信息化系统支持，奶牛养殖场在风险预警和控制方面存在困难，容易受到疫病、气候等因素的影响。针对这些问题，可以通过云计算、人工智能、大数据、物联网、区块链等技术的加持，逐步实现工作协同化、业务整合化、数据要素的资产化、场景模型化、工作智能化、决策数智化。

第一节　智慧奶牛关键技术

为更好地进行奶牛养殖管理，提高奶牛生产效率和健康水平，从而保障牛奶的质量和供应稳定性，可采用多种智能化技术。在环境监控方面，采用了 LoRa 无线通信技术、前端 UI 技术、移动互联技术和环境感知技术等，以实现对牛舍环境参数的实时监测与管理。在精准饲喂方面，引入了 RFID 耳标技术、气动门设计、模块化集成设计和 TOPO 饲料管理程序等关键技术，以确保奶牛得到个性化的饲料供应。在奶牛生理指标的监测方面，采用了红外热成像技术、体温监测技术、呼吸频率检测技术和营养指标监测技术等，以监测奶牛的健康状况并及时采取相应措施。在为提升挤奶效率并减少乳品污染方面，采用了自动挤奶、奶牛识别和液压重型赶牛等关键技术，以实现高效、自动化的挤奶过程。综合应用这些技术和系统，可以对奶牛实现智能化监控与管理，从而有利于产业的可持续发展。智慧奶牛关键技术总体框架见图 9-1。

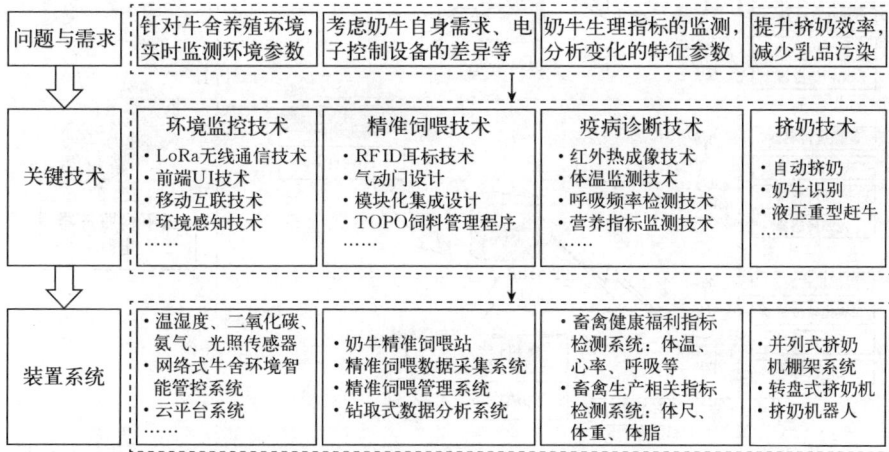

图 9-1 智慧奶牛关键技术总体框架

一、环境监控

基于 LoRa 的网络式环境智能管控系统，实现了对牛舍养殖环境的实时监测与智能控制，以达到预防疫病、提高畜产品品质与产量的目的。该智能管控系统主要结构分为 3 层：感知层、网络层及应用层，其总体架构如图 9-2 所示。

感知层由多种传感器以及 STM32 微处理器模块组成。各类环境传感器用来监测牛舍内的温度、湿度、二氧化碳浓度、氨气浓度以及光照度等重要环境参数。STM32 微处理器驱动感知节点进行数据采集，并将采集到的数据发送至 LoRa 基站。环境感知节点设计框图和实物图如图 9-3 所示。

系统网络层主要完成数据在畜舍和服务器之间传递的过程。其中，LoRa 基站作为一个透明传输的中间站，分别连接感知节点、控制节点以及云平台服务器。一方面，牛舍内所有的感知节点通过 LoRa 无线通信技术首先与 LoRa 基站连接，并将采集到的环境数据上传至 LoRa 基站；另一方面，LoRa 基站通过 TCP/IP 通信将所有环境数据打包处理后上传至云服务器，并接收来自服务器的指令。网络层整体结构如图 9-4 所示。

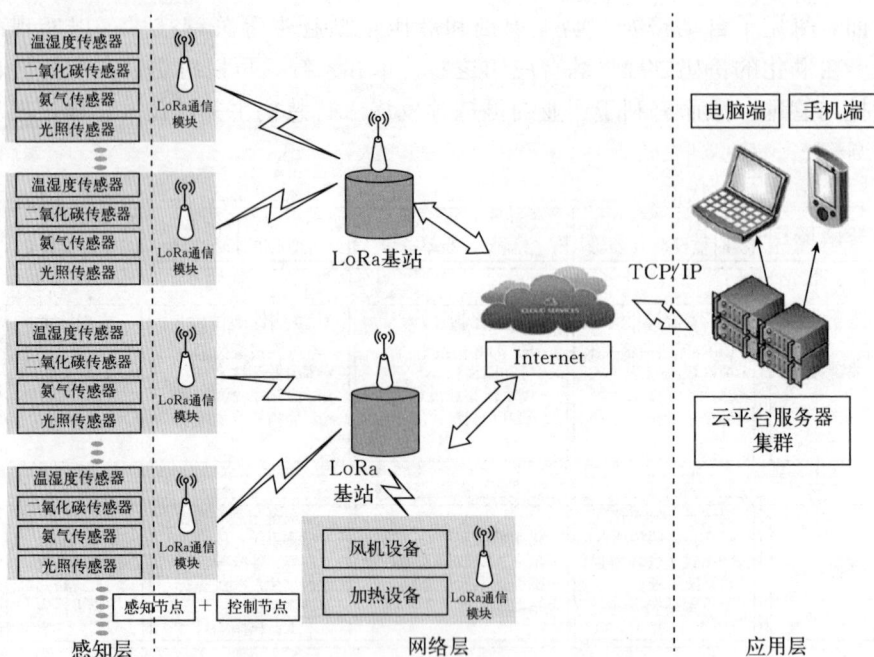

图 9-2　网络式牛舍环境智能管控系统

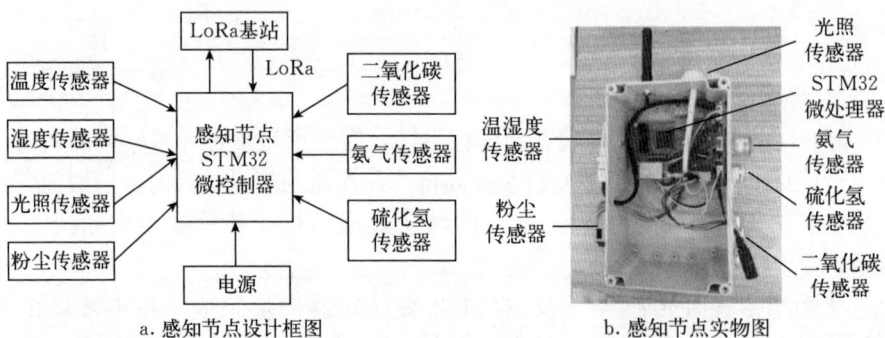

a. 感知节点设计框图　　　b. 感知节点实物图

图 9-3　环境感知节点

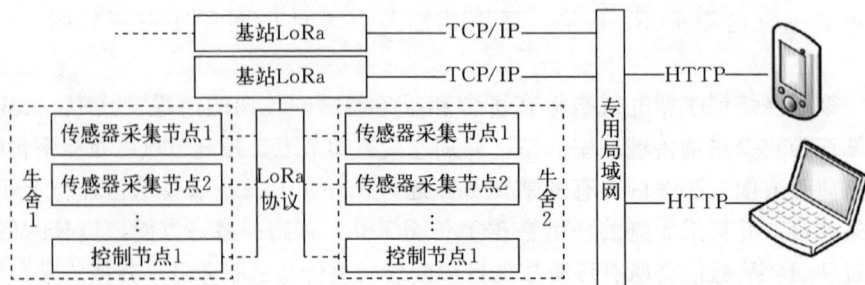

图 9-4　网络层整体结构

应用层主要包括后台服务器的系统软件。应用层不仅可以在屏幕上直观显示出在牛舍环境内采集的数据，也可以用图、表等多种方式将数据进行展示。同时，云服务器可将环境数据进行智能控制算法分析，并通过 LoRa 基站将环境调控方案返回到畜禽舍中的风机以及加热器等设备，从而对控制节点进行管控。应用层利用物联网技术，建立了一个可视化的阿里云平台，云平台内部根据养殖场用户的操作传递信息，以达到创建设备、控制设备信息等目的。当 LoRa 基站向云端发出上行数据，云端根据实际协议与模块建立 Socket 通信，接收数据后将其存储到 MySQL 数据库，之后便可发送下行数据。云平台系统架构主要由前端 UI、显示层、业务层、数据库等模块组成，云平台系统架构如图 9-5 所示。

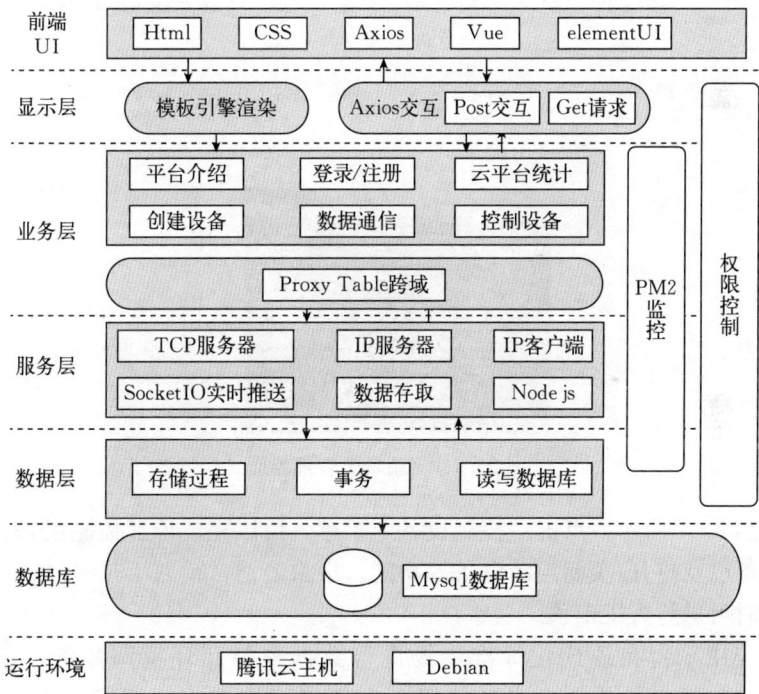

图 9-5　云平台系统架构

该平台既可以在电脑端显示也可以在手机端显示。电脑端方便养牛场管理人员查看数据并对风机、加热等设备进行人工操作，而手机拥有移动性，能更好地辅助工作人员进行实地操作。该平台界面如图 9-6 所示，单击"舍管理"子菜单，不仅有添加新舍的功能，还可以按照舍名称和编号进行搜索。此外，页面显示舍编号、名称、所属养殖场、创建时间以及舍管理员等基本信息，同时可在该页面对舍信息进行操作。

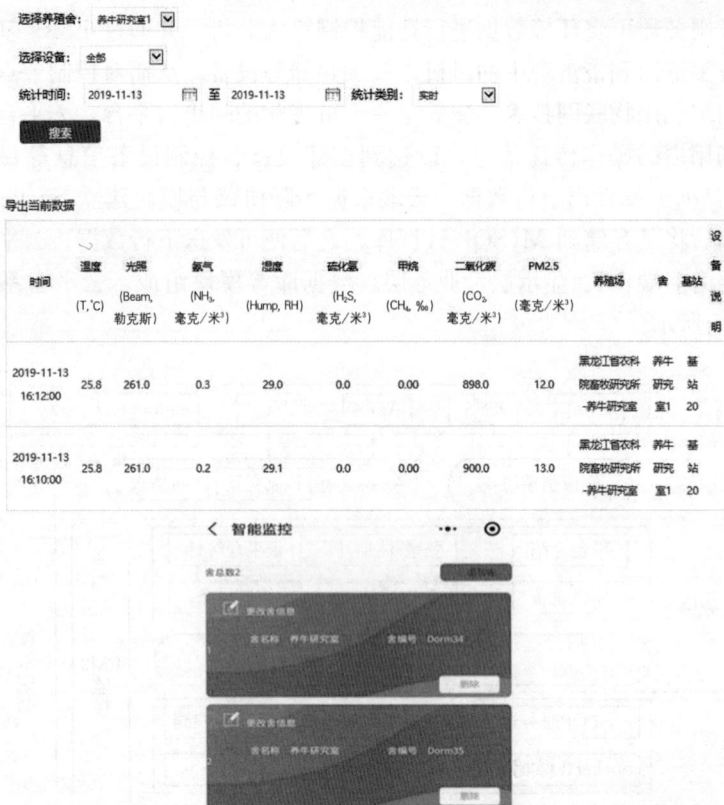

图 9-6 养殖场舍管理界面

如图 9-7 所示，点击"控制设备"菜单，可以完成添加控制设备、查找控制设备以及打开/关闭控制设备等功能。该系统通常模式下是自动控制，但在必要时可进行人工干预。

该应用平台在现代化标准牛场进行数据采集和环境调控的试验。如图 9-8 所示，每个牛舍中央各放置 1 个环境感知节点，即 $C_1 \sim C_4$，LoRa网关 G1 放置在泌乳舍 1 的前门处，所有设备均距地面垂直约 2 米。4 个牛舍均长 122 米、跨度 30 米、檐高 5.6 米。南北两侧设推拉窗，冬季窗户全部关闭，屋顶为双坡结构，采用复合彩钢板和阳光板。其中，泌乳舍内分为 4 排，每排 110 个卧床，犊牛舍每排分成 8 块大小相等的活动区域，内部呈围栏式散放，每个牛舍中间设走道，走道两侧为食槽和饮水器。试验结果表明，该系统可对牛舍环境参数进行实时采集并进行设备远程调控。

图 9-7　控制设备管理页面

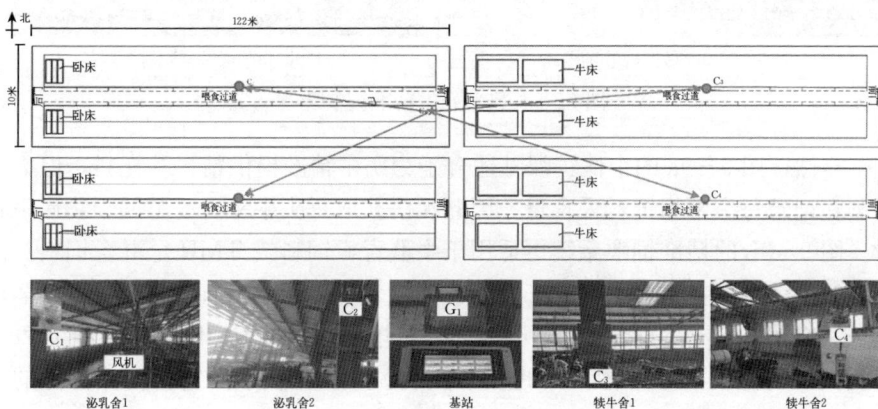

图 9-8　牛舍分布与设备安装实物

二、精准饲喂

（一）精准饲喂装备

奶牛的体型、养殖的模式及采食的饲料形态与猪有明显不同，其饲喂设备，尤其是电子控制设备与养猪设备结构迥异，奶牛的智能饲喂设备设施具有其自身特点。

COMPIDENT 奶牛饲喂站（图 9-9a）采用坚固的气动入口门设计，每台饲喂站可饲喂 50 头奶牛，在饲喂站里可以模块化集成 6 种不同精饲料原料分配器。与饲喂站配套的 TOPO 饲料管理程序，可以使奶牛在一个综合生产周期内，实现精饲料配方和饲喂量的灵活调整，方便了料仓的管理。并且可以根据每头奶牛的生产阶段和泌乳曲线分别计算和提供其所需的采食量，实现生产周期内全混合日粮饲喂效果的最优化。Hokofarm 奶牛精准饲喂与计量装置（图9-9b），同样具有坚固的气动门，配备有电子耳标识读系统，可以实现奶牛采食次数、采食时间及采食量自动控制和记录，适用于研究牛只个体的采食规律。

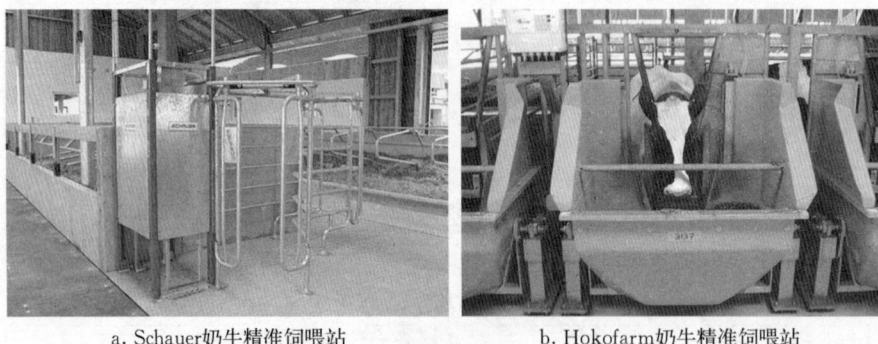

a. Schauer奶牛精准饲喂站　　　　　b. Hokofarm奶牛精准饲喂站

图9-9　典型奶牛精准饲喂装备

　　显然，图9-9a的个体饲喂站适合于为奶牛精准提供精料补充料，但无法控制和记录每头牛粗饲料采食量，因此无法获取每头牛每天完整的干物质采食量。图9-9b的精准饲喂系统更适用于牛群青粗饲料或 TMR 全混合饲料。因其装备简洁，可在牛舍中成排安装，并能同时精准控制和记录多头奶牛个体全天采食量。其软件管理系统可以为奶牛分组，通过 RFID 耳标可控制每个料槽允许访问的奶牛个体，因此，十分便于开展比较不同饲料营养价值的科学实验。

　　国内开发的奶牛个体精准饲喂系统是一种集自动识别、饲喂、数据自动采集、数据分析与处理于一体的奶牛饲喂自动机电控制系统，包括机械装置、电子识别系统、料槽称质量系统、中央控制系统、现场数据存储及远程数据提取与分析系统等几部分。其中，机械装置包括料斗、支撑座、栏杆和阻挡单元等；电子识别系统包括阅读天线及料门启闭的气动装置；料槽称质量系统除支撑座外，还有嵌入的质量传感器及线路；中央控制系统包括微处理器、看门狗复位电路、读卡器电路、称质量数据采集电路、数据通信电路、数据收发器电路及外围驱动与稳压电路等。现场数据存储电路接收来自各个饲喂系统的中央控制系统发送的采食行为数据，其主板结构与中央控制系统基本一致，预设可存储记录数为 14 000 条，且采用堆栈数据存储模式。远程 PC 端数据提取与分析系统实时管理采食行为数据，并提供多功能的数据挖掘分析。系统测试结果表明，对牛只低频 RFID（134 千赫）电子耳标的识读率为 100%，料及槽的计量范围为 0.01～200 千克，最低称量精度为 10 克，实际称量相对误差≤ 0.15%，同时满足奶牛对最大采食量及精准饲喂对计量的需求。该系统能较好地实现奶牛个体的精细化饲喂，为研究奶牛的采食行为特点提供了在线、智能化的自动数据采集与分析平台（图 9-10）。

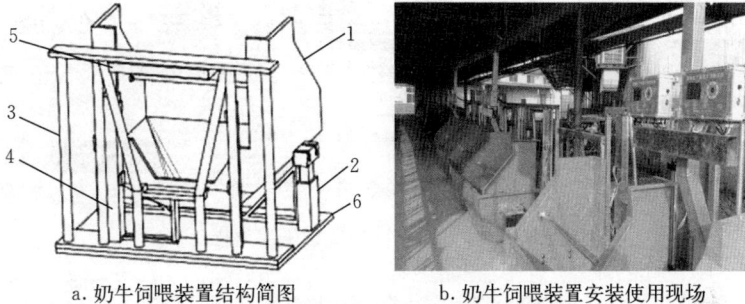

a. 奶牛饲喂装置结构简图　　　b. 奶牛饲喂装置安装使用现场

图 9-10　国内典型的奶牛精准饲喂装备

1. 料斗　2. 支撑座　3. 栏杆　4. 阻挡单元　5. 阅读天线　6. 地面

（二）精准饲喂管理系统

饲料成本在规模化奶牛场生产中占比高达 50%～70%，在整个牛奶生产成本中占比最高。不同牧场由于饲料来源、硬件设备、软件系统和生产管理水平等不同往往具有很大的差异，实现精准饲喂对牧场牛只健康、提高单产、科学有效控制成本、提高盈利能力和竞争力至关重要。

牧场精准饲喂管理系统通过与牧场饲喂设备连接，利用工业级车载智能控制终端（控制电脑）和工业级超高清 LED 显示屏辅助一线生产员工实现精准化拌料、投料，剩料处理，库存管理等（图 9-11）。通过拌料误差分析、投料误差分析，帮助一线生产员工不断提升操作精准度和工作效率（图 9-12），让每一头牛都能够按时采食到其所需的饲料，关注和关爱每一头牛。

通过数据智能分析与决策系统辅助管理与决策层进行饲喂效果评估、饲料配方调整、优化库存管理和饲喂流程等，帮助牧场科学有效控制成本，提升经济效益和竞争能力。

系统全面兼容各种品牌和型号的全混合日粮（total mixed rations，TMR）设备（自走式、牵引式、搅拌站、投料车、饲料塔）。

系统每天自动计算拌料误差、投料误差、干物质采食量、饲喂成本等指标，并可通过点击的形式深入挖掘问题数据，找到问题根源。此外，包含大量的数据分析报表及可视化图标，并可结合管理系统进行边际饲喂成本分析

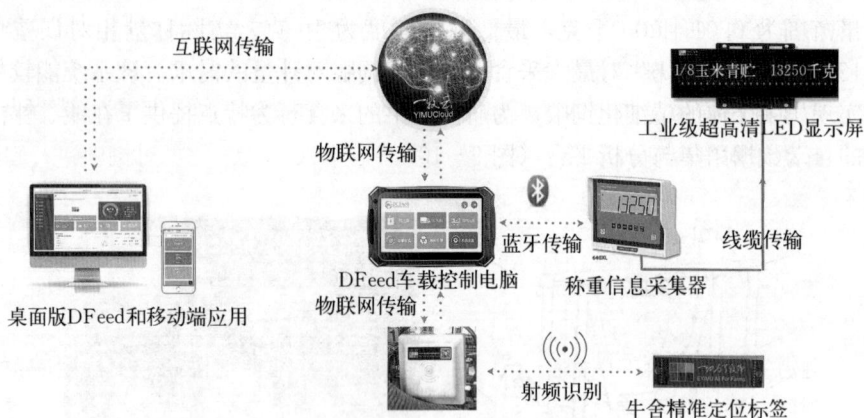

图 9-11　精准饲喂数据采集流程

图 9-12　精准饲喂管理系统

及产奶量的相关分析（图 9-13）。

更多数据分析正在快速
迭代升级中……

图 9-13　精准饲喂钻取式数据分析

　　精准饲喂管理系统实现了对现有 TMR 的自动化管理，搭建信息化、智能化管理平台，并与管理系统无缝连接；实现按配方、牛群计划制订投料计划，实现精准投料（时间、牛舍和数量）。通过在投料车安装此系统后，实现投料牛舍定位，确保投料位置准确，同时可以记录饲料投喂时间，便于管理者分析。实现剩料管理灵活可变的剩料模式，高效执行剩料管理。自动上传剩料数据，自动计划牛舍剩料率；实现饲喂人员绩效考核，基于数据对饲喂进行科学评价。

三、疫病诊断

当奶牛处于健康的状态下，生理指标参数通常都会维持在一个稳定的范围内。一旦生理发生变化或出现病理反应时，一些特征参数如温度、心率、呼吸率、营养状况和血液生化标记物等都会发生特定的变化。这些变化为科学合理地实现对奶牛健康状态的监测提供了重要依据。

体温异常是相关疾病、热应激和发情鉴定最显著的表达窗口，通过对奶牛体温的监控，可以有效发现健康状态异常的奶牛，直接进行疾病判断。机体核心室包括心、肺、脑等躯干和头部的器官，对应温度为体核温度。而外周室包括四肢、皮肤和皮下组织，对应温度为体表温度。恒温动物核心组织间的温度虽然存在一定的差异，但相对比较稳定和一致，而外周组织间的温度差异较大，易受环境影响且与核心组织体温明显不同。

与体核温度相比，体表温度的测定相对容易，利用热红外成像技术扫描奶牛特定部位获取体表温度，并通过校正模型转化为体核温度的研究日益增加。牛的眼部温度与鼓膜温度和阴道温度呈中等程度相关（r 为 0.52 和 0.58），而鼻温与鼓膜温度或阴道温度间无相关性，用测定的眼部温度可以替代鼓膜温度指示牛的体核温度。奶牛瘤胃 pH 核温度无线检测单元，pH 的测量误差小于 0.02，温度测量误差小于 0.03 ℃。应用手持式红外线测温仪筛选奶牛蹄部不同部位的温度用于奶牛跛行诊断，修蹄后用手持式红外线测温仪测量奶牛右后蹄温度，分析其与奶牛跛行程度的相关性，并绘制不同部位蹄部温度的曲线，确定其诊断作用和最佳临界值。禽畜生理生长指标检测技术框图见图 9-14。

奶牛心率异常主要是由于奶牛神经中枢、压力反射和呼吸活动等因素的调节作用，奶牛心率反映了奶牛营养、环境、药物、运动和各种疾病的丰富信息。为了更方便监测动态奶牛心率，常常使用便携式心率计，置于奶牛的心脏、动脉血管或者毛细血管丰富处。其检测原理主要分为压电式和反射式两种。在压电式检测方法中，基于 FPGA 的心率测量方法采用高灵敏度压电式脉搏传感器获取脉搏信号，将采集的脉搏信号经过多级放大、整形

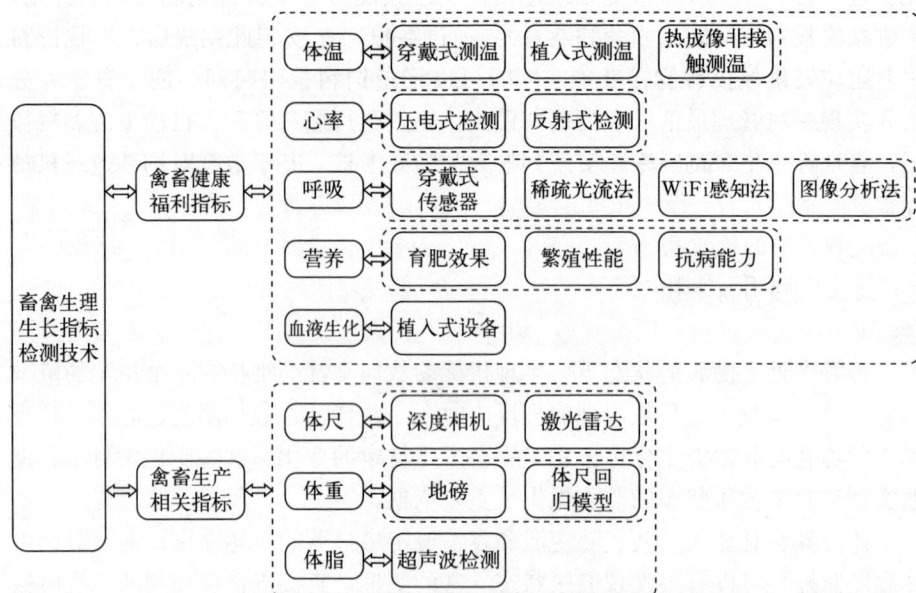

图 9-14　禽畜生理生长指标检测技术框图

滤波，后将放大、滤波后的脉搏信号与比较器进行比较，得到心率脉冲信号；压电陶瓷片采集脉搏信号的原理是心跳使脉压波动，压电陶瓷片可以检测到脉搏波的信号。将检测到的压力波信号进行预处理，再进行整形转换为脉冲信号，从而可计算得出心率次数。在光电检测方面，通过反射式与电极式对比，选择了反射式心率测量方法。反射式可以用于运动状态下的心率、血氧的检测，抗干扰性不强、易受外界干扰，但操作简单，易于远程监护；压电式适用于静止状态下的心率、心电图监测，功耗低，干扰小，操作复杂。

　　呼吸频率是心脏疾病、贫血、呼吸器官疾病及剧烈疼痛性疾病的检测指标，并且是奶牛热应激状态最直接、有效的生理指标。体温、心率和呼吸信息对动物疾病的诊断和治疗非常有帮助，有助于早期发现患病奶牛，确定疾病严重程度等。呼吸检测分为接触式检测和非接触式检测。接触式呼吸检测通过穿戴式传感器采集侧腹压力、周长变化或者鼻腔温度、湿度、压力变化获取动物呼吸频率。适用于牛的呼吸频率自动检测设备，主要包含拉力传感器、保持张力并能连接传感器双侧拉力环的胸带、数据采集器和分析程序几部分。试验条件下，呼吸频率检测胸带测试结果与人工计数的误差在 10 次/分（RPM）以内。非接触式呼吸监测主要根据呼吸时胸腹部的运动变化，通过测距或者图像分析的方法来检测呼吸频率。非接触式呼吸检测方法包括：稀疏光流法、

WiFi 感知法、图像分析等。稀疏光流法是图像分析中对运动目标检测和目标跟踪的常用方法，通过给图像中的每个像素点赋予一个速度矢量，形成了一个运动矢量场。根据各个像素点的速度矢量特征，可以对图像进行动态分析。

营养指标一方面与禽畜的育肥效果、繁殖性能、抗病能力相关，另一方面对禽畜产品品质有着至关重要的影响。因此，监测禽畜营养指标，可以利用传感器监测奶牛的饮食摄入量、体重变化、运动情况等数据，实现实时数据采集；也可以利用人工智能技术结合奶牛的生长发育阶段和需求，智能生成最佳饲料配方，提高饲料利用率和奶牛生产性能；通过建立奶牛健康监测与预警系统，利用智能化技术实时监测奶牛的健康状况，及时发现异常情况并采取相应措施。

血液生化指标主要应用于动物生产、营养调控、疾病诊断和动物遗传育种。血液生化指标在一定程度上反映了禽畜生产的性能和营养水平的高低。在动物疫病诊断中，可以引入智能化血液采集设备，实现自动化的血液采集，减少人为干预，提高采样效率和准确性；建立实时监测系统，通过传感器技术和物联网技术，实时监测奶牛血液生化指标，包括血糖、脂肪、蛋白质等指标的变化情况，并且利用大数据分析技术，对奶牛血液生化指标数据进行分析，建立预警系统，及时发现异常情况并采取相应措施。

四、挤奶

为了提升挤奶效率以及减少乳品污染，需要使用自动化装备进行挤奶。目前固定式的自动挤奶装备主要分为提桶式、管道式、挤奶间式 3 种。提桶式挤奶设备是将挤奶器和手提奶桶组装在一起，挤下的牛奶直接流入奶桶，主要用于拴养牛舍。管道式挤奶设备则将挤下的牛奶通过牛奶管道送到牛奶间，可减少污染并减轻劳动强度，适用于中型奶牛场的拴养牛舍。鱼骨式、并列式、转台式和坑道式挤奶机都属于挤奶间式的挤奶机，奶牛从固定的通道进入挤奶间进行挤奶，挤下的牛奶通过管道进入挤奶间冷却贮藏，其设备利用率较高，挤奶间内还设有喂精料的装置，这种形式的挤奶机适用于大中型奶牛场挤奶。

规模化奶牛场每天都需要挤奶，挤奶厅作为牛场生产和收集牛奶的地方，需要设备的正常运行来保证其生产的稳定性，只有挤奶设备的稳定运转才能保障牛场生产的有序进行。挤奶自动化程度已成为衡量现代规模化奶牛场发展水平的重要考核指标。并列式挤奶机、转盘挤奶机和挤奶机器人是现代化奶牛场用于提高挤奶效率和改善奶质的 3 种不同类型的挤奶设备。

1. 并列式挤奶机

并列式挤奶机是一种将奶牛并排站立在挤奶站的设备。奶牛一般是侧向工作人员站立，这样工作人员可以在奶牛的侧后方进行挤奶操作。并列式挤奶机的特点是每头奶牛都有自己的挤奶位置，工作人员可以同时为多头奶牛挤奶。这种设备通常适用于中等规模的奶牛场，可以有效地提高挤奶效率，减少奶牛等待时间。

与鱼骨式挤奶机相比，并列式挤奶机主要是牛的站位不同，硬件配置的要求也比鱼骨式挤奶机更高一些。并列式挤奶机可以使挤奶员从奶牛的两后腿间接触乳头，使操作更便捷、安全。并列式挤奶机站位设计也充分考虑到了奶牛的舒适度，牛群进出顺畅，极大地提高了奶牛流动效率，适用于中等规模牧场。该类型挤奶机的科技含量和挤奶工作效率更高，并列式挤奶机棚架系统如图 9-15 所示。

图 9-15　并列式挤奶机棚架系统

牛场管理软件为 TIM TDS。该系统为奶牛场的自动化管理提供强有力的工具。该软件分为 3 部分，分别是牧场基础资料的管理、与挤奶台的 IDC 系统连接可实行挤奶数据的自动化管理、与自动饲喂系统（可选件）连接可控制奶牛的饲料用量。牛场管理软件还可根据该奶牛的产奶量计算出它一年的经济效益。管理软件可以在 Microsoft Windows XP、Win7 操作环境下运行，是目前市场上最具影响力的畜群管理软件之一。

自动识别系统。通过电子牛号自动识别系统，如图 9-16 所示，当奶牛进入挤奶台时，防干扰型天线接收器能有效和准确地自动识别电子牛号。

液压重型赶牛器。自动赶牛器有效加快牛只进入挤奶台，并可同时分隔不同牛舍的牛，可实现挤奶和进牛同时进行，操作方便，奶牛到位后会自动停止赶牛（图 9-17）。

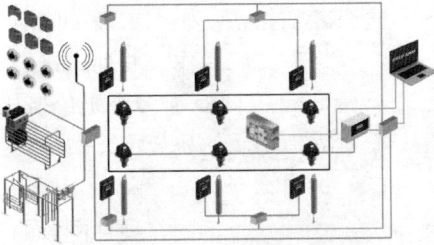

图 9-16　自动识别系统

图 9-17　液压重型赶牛器

2. 转盘挤奶机

转盘挤奶机（又称旋转挤奶平台）是一种将奶牛放置在旋转平台上的挤奶设备。奶牛在进入平台后，随着平台的缓慢旋转，逐个到达固定的挤奶位置。工作人员或自动挤奶设备在固定位置上完成挤奶工作。转盘挤奶机适合大规模奶牛场，可以连续不断地进行挤奶作业，极大地提高了挤奶效率。

转盘式挤奶机是较为先进的挤奶机类型，如图 9-18 所示，牛只从一边进入挤奶位置，挤完后的牛只在一圈结束后退出挤奶位置。利用转盘转动的环形挤奶台，更有流水生产的特点。挤奶员可站在固定位置工作，操作便捷，不必来回走动。工作更加精减，而且每个挤奶人员专注于一项工作（前药浴、三把奶、擦拭、套杯、巡杯、后药浴），使挤奶操作更加规范、科学、合理，因此更加适合大型牧场。

转盘控制台。转盘控制台允许操作人员控制转盘、饲喂系统和自动赶牛门（如果需要）的所有功能（图 9-19）。所有的控制装置都安装在不锈钢箱体内，具有手动饲料给料机控制、正转、反转和转盘速度控制。根据进入奶厅的奶牛数量，赶牛门前进、后退，赶牛门的自动推进，转盘速度控制允许操作人员根据工作人员数量和挤奶准备程序选择挤奶的最佳速度。

图 9-18　转盘式挤奶机

图 9-19　转盘控制台

自动阻退门。阻退门放置在牛的后方，在奶牛完全挤奶之前，禁止奶牛从转盘上退出，如图9-20所示。

当杯组处于挤奶状态时，阻退门自动降低；在正常情况下，挤奶结束后自动脱杯系统会自动将杯组移除，并且抬起阻退门让奶牛离开平台；智能软件会根据奶牛的正常统计数据检查奶牛的产量和挤奶时

图9-20 自动阻退门

间，如果偏差超出用户定义的范围，阻退门将使奶牛继续停留在转盘上，并决定是否再次套杯挤奶；当牛进行第二圈挤奶时，奶厅内的语音系统会通知操作人员，同时面板显示屏幕也会发出警报；自动阻退门系统可以让没挤完的奶牛不退出转盘，使其能够将奶完全挤出，同时语音警报及面板警报保证了其不会被过度挤奶或余奶过多，这对于转盘挤奶机是极为重要的。

挤奶管理软件。系统记录牛奶产量、挤奶时间、饲喂、牛奶成分、兽医数据、分群和体重等信息，如图9-21所示。

3. 挤奶机器人

挤奶机器人（自动挤奶系统）是一种高度自动化的挤奶设备，可以实现对奶牛的自动挤奶，如图9-22所示。奶牛在需要挤奶时自主进入挤奶机器人的挤奶舱，机器人通过先进的传感器和控制系统自动识别奶牛、清洁乳房、附着挤奶杯并进行挤奶。挤奶机器人适合各种规模的奶牛场，尤其是对动物福利和奶质有较高要求的场合。它可以提供更灵活的挤奶时间，让奶牛按照自己的生理需求来挤奶，同时减少了人工劳动强度。

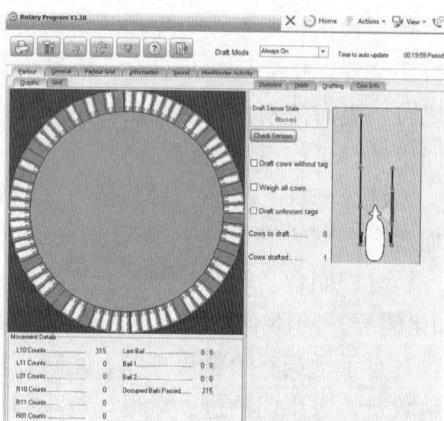

图9-21 挤奶管理软件

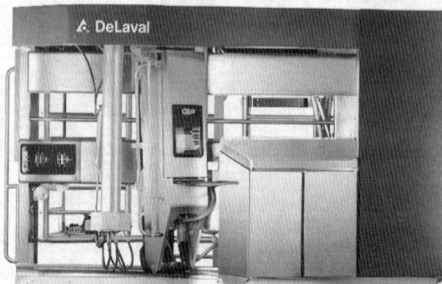

图9-22 挤奶机器人

机器人挤奶系统作为一种先进的、智能的高科技管理系统，在奶牛养殖业中具有显著优势。与传统的牛场管理方式相比，该系统可大大解放劳动力，减少人工作业成本，减轻劳动强度，大大提高挤奶效率，并且机器人挤奶系统可根据奶牛生产水平及泌乳期预先确定挤奶频率，在不额外增加劳动力成本的情况下，通过奶牛自身的意愿自主性地进入挤奶站完成挤奶过程。可以满足每一头奶牛对最佳健康、生产和福利的所有需求，无须额外劳动。

第二节　北京智慧奶牛典型案例

一、平谷区京瓦中心奶业示范园

（一）基本情况

2020 年，我国规模化牧场的平均单产已达 8.3 吨，比 2015 年提高了 2.3 吨，随着奶牛养殖规模越来越大，奶牛场智能化装备及管理软件也需要不断提升。但是从全国范围来看，奶牛场信息化管理总体水平还比较低，信息技术在全国奶牛场的应用比例不足半数，且大部分牧场主要应用国外的设备和管理软件。首先国内核心硬软件技术自主创新不足。随着中国制造业规模已经连续 13 年全球第一，从"山寨"到"中国制造"，智能硬件的国产化、本地化的出现打破了这一格局。此外，国外管理系统不符合中国奶牛养殖现状、国内软件管理系统数据来源碎片化，不能形成系统的管理方案。以奶牛行业全域信息化转型为核心目标，围绕"关键智能硬件的国产化——数据高度集中——大数据分析本地化——专家分析方案——输出智能管理软件——示范场景优化管理软件"的技术主线，实现多源数据共用共享、多维信息立体融合、多类模型在线优化、多种应用实时优化"的原则，实现数据的整合、共享、管理、应用的统一体系，以信息化推动全行业的高效协同，在京瓦中心的奶业示范园进行示范应用场景，提升牧场的单产率、转化效率和产业竞争力。

京瓦奶业示范园隶属于北京京瓦农业科技创新中心，于 2022 年 6 月全面启动建设，占地 284 亩，存栏纯种荷斯坦奶牛 1 000 头，配套相应的科研和生产智能装备，如图 9-23 所示。京瓦奶业示范园联合中国农业大学李胜利教授团队、北京农学院郭凯军教授团队、北京市智慧农业创新团队，共同开展智慧养殖工作，建设高度智能化、自动化的现代牧场。旨在提高乳制品的质量安全，实现奶业低碳发展，为整个产业链上下游企业提供整体解决方案。

图 9-23　京瓦奶业示范园（效果图）

（二）智慧奶牛建设

1. 近红外饲草料分析系统

京瓦中心联合爱科检测平台，在原有近红外饲草料分析系统基础上进一步完善和优化系统。此系统包含两部分：云研发平台（图 9-24）和饲草料分析系统（图 9-25），两部分密切相关，共同完成饲草料的分析。云研发平台主要包含样品档案、数据审核等模块，我们可以在云研发平台对饲料名称、品种、生产日期、检测指标等信息进行记录，在云研发平台完成数据校准、分析等功能。目前，此系统已完成建立并投入使用。饲草料检测系统是采用近红外建模及开展科学研究建立可靠的数学模型，借助这些模型和实验室简单的测

图 9-24　云研发平台

定，比较准确地估计出其原理成分中有效营养参数，将对制定饲料成分参数估计值提供科学依据。

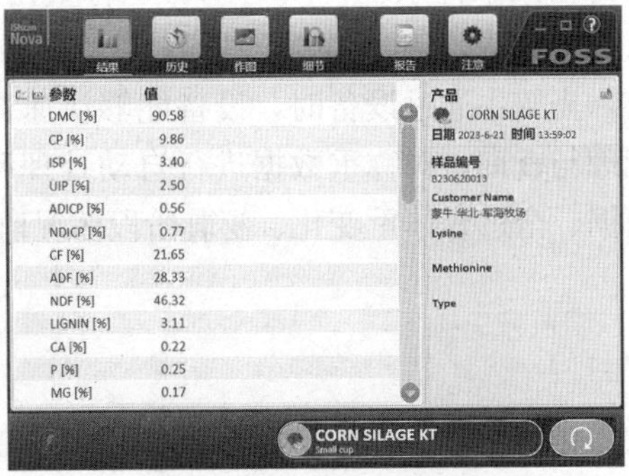

2. 奶牛日粮配方调配系统

依托国家奶牛产业技术体系李胜利首席团队奶牛日粮配方调配系统"牛人配方"（图9-26），它是一种专门用于设计和优化饲料配方工具，可以帮助饲料工程师和养殖者提高饲料配方的科学性和经济性。它基于摸底式饲料配方数据和专家

图 9-25　近红外饲草料分析系统

模型，同时将近红外检测数据与"牛人配方"数据进行系统互通，高效地利用饲草料营养分析的结果优化奶牛饲料配方，建立精准的饲喂技术体系。

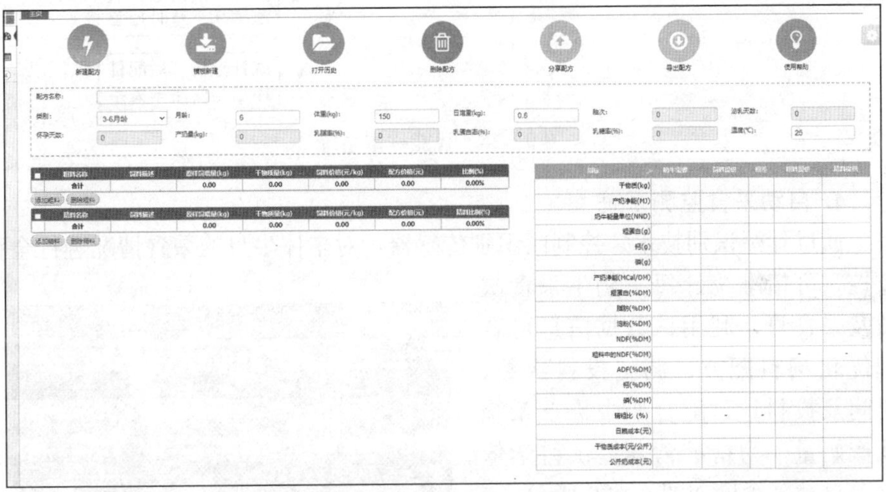

图 9-26　奶牛日粮配方调配系统

3. 智能称重系统

犊牛称重见图9-27。智能称重系统由4只精度电阻应变式称重传感器、1个秤体、1个显示仪表、1个密封型防水接线盒与带单片微处理器的称重显示仪表及钢结构称重秤台组成，高精度的称重传感器，准确地测量牛的体重，并将称重数

图 9-27　犊牛称重

据传输到软件系统（图 9-28）。称重在畜牧养殖过程中非常重要。牧场通过牛只智能穿戴装备，如电子耳标、智能称重、自动 3D 形体系统等装备，与系统链接，当奶牛通过设备时，设备能够快速自动识别牛的耳标编号，完成牛只档案管理与查询，对称重数据进行自动处理和分析，可以有效地关注每头奶牛动态数据、全过程体重变化、泌乳阶段体况监测等数据统计，进行科学、精准饲养。

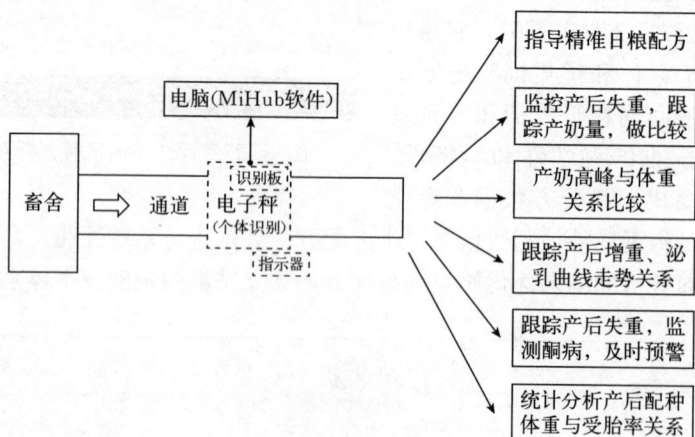

图 9-28　智能称重系统

4. 自动采食监测系统

通过耳标识别技术、控制门识别传感器，对个体牛只的采食情况进行全程监控，可精准统计每头奶牛采食次数及采食量，利用该数据信息可合理优化饲料配方、调整投料次数、时间及投料量，配合奶牛称重系统及产奶量，为精准营养提供科学依据，自动采食槽如图 9-29 所示。

5. 全自动气体收集分析设备（greenfeed）

全自动气体收集分析设备可用于实时监控监测个体动物的甲烷（CH_4）、二氧化碳（CO_2）和可选

图 9-29　自动采食槽

的氧气（O_2）、氢气（H_2）和硫化氢（H_2S）的气体通量，该系统软件会逐秒记录并自动计算动物每次访问期间的气体质量通量，这种逐秒气体排放数据不仅是其他任何测量方法所无法实现的，更为解释动物体内营养物质代谢过程提供了一种全新的手段。通过汇总来自个体动物的排放数据以确定畜群平均值，

利用云存储技术记录并永久归档记录数据，全面分析奶牛在生产全过程中的气体排放量，逐步减少碳排放量。

6. 移动式呼吸测热室

移动式呼吸测热室集成搭载环境控制系统、气体循环采样系统、进出气体流量精确控制与检测系统、气体成分在线精密检测分析系统、数据采集处理系统、试验牛自动饲喂与粪尿收集系统、试验牛行为监测记录系统、各系统协调运行控制软件系统，并搭载可移动牵引平台机车底座，实现设备的可移动化（图9-30）。通过上述各系统的研制开发与集成，最终实现通过对试验牛在各种不同环境条件下呼吸气体中氧气、二氧化碳、甲烷的在线实时检测，分析计算出

图9-30　移动式呼吸测热室

试验牛的能量消耗、被测饲料的能量价值及环境对上述参数的影响。

7. 智能脖环

奶牛发情揭发工作是牧场高效运转的基础，奶牛发情是在体内孕酮水平较低条件下，体内雌激素水平升高，使奶牛表现出吼叫、嗅探、头相互顶撞、转圈、爬跨其他牛只或接受爬跨等活动量增加和反刍量下降的行为。

常规的人工观察和尾部涂蜡成本高、夹牛时间长、人员工作量大、无法准确判断奶牛发情开始时间和高峰时间。智能脖环（图9-31）通过3D加速器采集接收活动量数据、反刍时间、采食时间、躺卧时间等数据，同时使用复杂且24小时不间断计算法进行处理，从而达到了实时、精确、高效的目的。挖掘奶牛活动量、反刍等行为数据与奶牛发情行为变化规律，助力牧场利用智能脖环采集奶牛行为数据提高生产管理水平，最终达到提高配种效率、降低成本、提高生产效益的效果。

图9-31　智能脖环

（三）应用成效

经济效益：利用近红外饲草料分析系统、精准饲喂系统等智慧化技术，进行智慧奶牛技术优化饲料配比和管理，奶牛的产奶量平均提高了10%，并且

减少了5%的饲料浪费，降低养殖成本。此外，利用智慧奶牛技术可以监测奶牛的健康状况，及时发现异常，通过及时干预疾病可降低治疗成本和减少奶牛死亡率。综合以上数据分析，智慧奶牛技术在提高生产效率、降低养殖成本、提高疾病预防能力等方面的经济效益是显著的，通过数据驱动决策和精细管理，可以帮助养殖场主实现经济效益的最大化。

环境控制能力： 监测牛舍内的温度、湿度、二氧化碳浓度、氨气浓度和光照度，以及奶牛个体的气体排放成分和总量。数据显示，通过对牛场环境进行精准控制，可以使奶牛舒适度提高15%，降低20%氨浓度，从而减少奶牛呼吸道疾病的发生率，降低治疗成本和提高奶牛健康水平。此外，智慧奶牛技术可以优化能源利用，提高能源利用效率，减少10%能源消耗和减少5%的二氧化碳排放。综上所述，智慧奶牛技术在监测温湿度、空气质量、节能减排等方面的环境控制能力成效显著，通过数据驱动的精准环境控制，可以提高奶牛舒适度、降低氨气浓度、节能减排，从而改善生产环境，促进产业的可持续发展。

社会指标： 智能化、信息化系统的使用与推广，加速实现经验养牛到数据养牛的转化。奶牛的精准饲喂技术系统的应用，可以提升饲料的转化率，减少粪污和温室气体的排放量，避免对地表水、地下水以及大气环境的污染。

二、中地牧业智慧牧场

(一)基本情况

中地牧业（集团）有限公司成立于2002年10月，是一家专门从事奶牛养殖和牛奶生产的企业。自2015年7月，引入了美国DC305平台系统，进行试点运营。从2016年开始，集团的各牧场陆续正式上线了美国DC305智慧牧场平台，实现了全面的信息化管理。这一信息化升级是公司迈向更现代化和高效率经营的重要一步，通过DC305平台，公司可以实时监测奶牛的健康状况、饮食情况和生产性能，从而更好地管理养殖过程。此外，该平台还提供了数据分析工具，帮助公司优化生产计划、减少资源浪费，并提高牧场的整体效益。随着2019年的全面升级，进一步提升了信息化水平，确保了数据的安全性和可靠性。

多年来，中地牧业一直高度重视企业信息化建设，并积极与中国农业科学院北京畜牧兽医研究所、中国农业大学等高等院校展开产学研合作，在国内率先建立了"牧场奶牛营养计划（DNTS）"和信息化信息平台，同时推广应用标准化养殖技术和奶牛精准饲养技术，这一系列举措已经显著改变了我国传统奶牛饲养生产水平低的局面。

（二）智慧奶牛建设

1. DC305 智慧牧场平台

DC305 牧场生产管理系统：DC305 牧场生产管理系统与牧场生产管理流程紧密结合，具有强大的数据整合和分析能力，通过 DAPI 牧场软硬件智能接口将不同牧场使用的利拉伐、GEA、博美特、SCR 等奶厅、发情监测、精准饲喂系统、温湿度控制等系统整合连接起来，打破了牧场"信息孤岛"，建立起了高效的信息采集体系、规范的牛群动态档案，实现了牛只个体管理、群体管理、繁殖管理、精准饲喂管理、健康管理、产奶管理等，大大提高了生产效率和管理水平。

（1）牛只智能识别管理系统。使用牛只智能识别管理系统，日常工作清单自动同步至三防工作机，可以通过扫描牛只佩戴的电子耳标自动识别到需要处理的牛只，并提醒进行相应处理，同时现场可以录入处理结果，极大地提高一线员工的工作效率和方案执行有效性。原来一舍牛做同期发情需要 2~3 个小时的工作，现在仅需 1 个小时左右就能完成，操作简单便捷。

（2）数据智能分析决策系统。通过查看信息平台自动生成的 21 天配种率、受胎率和 21 天怀孕率，即可了解到这个牧场成母牛、后备牛的繁殖情况。及时准确改进和预防相关问题发生，做好提前预警、犊牛生长趋势。所有相关数据录入系统后，自动生成各阶段牛只日龄对应体重散点图，可直观、及时且多维度地掌握牛只生长情况，适时做出生产调整。

2. "智慧牧场" 平台建设应用

为了满足集团每个牧场的实际需求，专业设计和制订了牧场整体信息化升级解决方案，基于 DC305 系统，整合了物联网、互联网和自动化系统采集到的一线数据，并通过大数据可视化技术将这些数据直观呈现到总部信息平台上。"智慧牧场"平台建设有以下主要内容（图 9-32 至图 9-38）：

（1）精准饲喂管理。通过系统实现了高度精准的饲喂管理，根据系统的智能分析和计算，以满足不同阶段奶牛年龄、体重、生产阶段和健康状态等因素的需求。这种精准饲喂管理有助于科学有效地控制饲料成本，同时提高了奶牛的生产效益，确保了高质量的牛奶生产。

（2）奶厅信息自动采集、分析和管理。系统具备自动采集奶厅关键信息的能力，并通过智能分析和管理，确保奶牛生产过程的高效顺畅。这包括监测奶牛的产奶情况、乳质量和健康状况等关键参数。这些数据的自动收集和分析有助于及时发现问题并采取必要的措施，以确保牛奶生产的高质量和高效率。

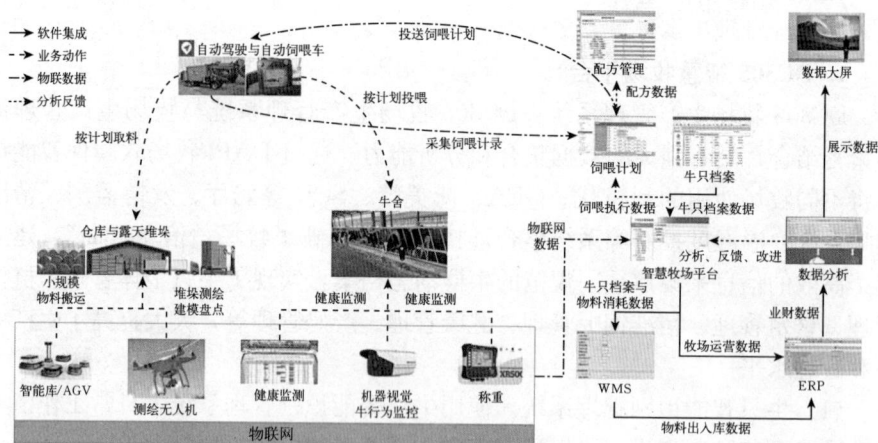

图 9-32 "智慧牧场"平台建设应用

图 9-33 牛脸识别技术

图 9-34 奶厅智能监测

图 9-35 奶牛饲喂计重器

（3）牛只自动识别称重。系统引入了先进的牛只自动识别和称重技术，从而消除了烦琐的手动操作。通过扫描牛只佩戴的电子标签，系统能够自动识别并记录每头奶牛的体重数据。这不仅提高了工作效率，还确保了数据的准确性，为精细管理提供了可靠的基础。

图9-36 犊牛自动饲喂站

图9-37 TMR制作

（4）数据整合。通过系统对集团内各个牧场的信息进行了全面整合，建立了高效便捷的信息共享体系。这使得决策者能够随时了解整体运营情况，比如每个牧场的产量、健康状况和资源利用情况，从而更好地进行决策和资源分配。

（5）数据科学分析。应用数据科学方法开发了关键生产性能指数（KPI）算法，这些算法与国际接轨，帮助管理者更好地监测和评估生产绩效。

图9-38 收贮系统

通过这些分析工具，能够深入了解牧场运营的各个方面，为决策提供可靠的数据支持。

（6）数据应用于生产管理。系统将数据和信息应用于生产管理中，帮助管理团队更好地规划生产计划、资源分配和维护工作，从而提高了生产管理的效率。这确保了生产流程的高效性和顺畅性。

（7）问题识别和解决。通过数据分析，系统能够及时识别生产和管理中的问题，使管理团队能够快速采取措施，不断提高生产管理水平。这有助于避免潜在的问题扩大化，确保牧场运营的稳定性和可持续性。

（8）科学决策。系统基于数据进行科学决策，实现了精细化管理。这使得集团能够不断提高牧场的可持续盈利能力，确保业务的长期成功和可持续发展。通过科学决策，能够更好地应对市场变化和挑战，从而确保牧场的未来发展。

3. 奶牛营养计划（DNTS）应用场景

中地牧场与中国农业科学院北京畜牧兽医研究所建立了中地奶牛营养计划，该营养计划理念核心以养殖精准化、管理智能化、发展可持续为主题。主要特色为：

发挥中国农业科学院北京畜牧兽医研究所研发能力，在中地建立营养研发试验基地，依据中国农业科学院动物体内和体外发酵技术，建立中地营养标准化流程、指导牧场生产，实现牧场营养精准化。

通过 TMR Tracker（数据星）精准饲喂系统与牧场饲喂设备连接，全面兼容各种品牌和型号的 TMR 全混合日粮设备（自走式、牵引式、搅拌站、投料车和精料塔），利用工业级车载智能控制终端（控制电脑）和工业级超高清LED 显示屏辅助一线生产员工实现精准化拌料、投料，剩料处理，库存管理等，全天实时追踪每一次拌料与投料。

通过数据智能分析与决策系统辅助管理与决策层进行饲喂效果评估、饲料配方调整、优化库存管理和饲喂流程等，帮助牧场科学有效控制成本，提升经济效益和竞争能力。通过拌料和投料误差分析，帮助一线生产员工不断提升操作精准度和工作效率，让每一头牛都能够按时采食到其所需的饲料。实现投拌料准确率 98% 以上，饲喂工作中人工时间成本节省约每天 2 小时，牛群形成定时定量采食的良好习惯，提高料转奶效率。

系统引入边际思维的决策理念，与管理系统连接后根据产奶量信息可以促进牧场积极进取改进牛群管理策略，助力奶牛群体管理水平的进步与提高。按照饲喂工作人员统计拌料和投料工作的准确性，误差越低，牛只实际采食量与计划配方量一致性越高，牧场的经济效益就越好，该部分可给牧场提供准确的信息，来衡量工作人员的工作成效。

（三）应用成效

经济效益：以中地牧业牧场为例，贺兰牧场信息化项目实施后，实现奶牛信息化养殖，节省人工成本每年 80 万元，间接带动牧场提升单产 0.5 千克，实现增收约 300 万元。宁夏牧场节省人工成本每年 150 万元，间接带动牧场提升单产 0.5 千克，实现增收约 720 万元。廊坊牧场节省人工成本每年 300 万元，间接带动牧场提升单产 0.5 千克，实现增收约 1 080 万元。

社会效益：中地牧业积极主动与牧场周边所在地农户签订种植合同，走"公司＋基地＋农户"带动农民发展的路线，采取保护价收购，实行优质优价，减少农民经营的市场风险。每个牧场均建设有 2 万亩左右的青贮玉米种植基地，种植基地在全国范围内总面积可达 107 万亩，通过牧场订单农业拉动，每亩可增收 200～500 元，每户每年可增收 900～3 000 元，107 万亩种植面积可直接增加农民年收入 23 000 多万元，涉及安徽、陕西、河北、黑龙江、山东、四川、内蒙古等多个省市约 6 万农户。每个牧场本身可以增加就业岗位 200～500 人，月平均工资在 2 500 元以上，年增加收入至少 3 万元。

生态效益：中地牧业作为国内最大的生态牧场养殖企业，成功解决了大型牧场的粪污处理问题。在粪污处理的模式上走出了一条环保、生态、效益相结合的创新之路——即建设大型的沼气工程，采用"能源生态型"处理利用工艺，牛粪经厌氧消化处理后作为农田水肥利用。实现了沼气发电、沼渣垫料、有机液肥还田，将牛粪尿 100％利用，不仅保护了生态环境，而且实现了资源的循环利用和农业循环经济模式。

第十章

智慧渔业

2022 年普查数据显示，北京市水产养殖面积约 20 430 亩，其中通州、顺义、平谷 3 个区水产养殖面积占全北京 85% 以上。共有 90 个普查物种，其中，北京鲟鱼是北京特色品种，苗种输出量占全国的 70%；北京的宫廷金鱼，作为北京观赏鱼中的特色品种，是中国的国粹之一；北京锦鲤养殖在全国同样占据重要的市场。

当前，北京市渔业健康发展已成为首都都市型现代农业的重要组成部分，立足北京地区重要水产养殖品种鲟鱼、鲑鳟鱼、金鱼、锦鲤等开展智慧渔业关键技术研究与应用，是落实《北京市"十四五"时期乡村振兴战略实施规划》中"发展智慧农业"的重要举措。因此，针对北京市水产养殖特色，加快人工智能、大数据、区块链等技术在首都渔业领域的应用，推进智慧渔业场景建设，研制具有自主知识产权的北京淡水养殖工程化技术与设备，构建现代智慧渔业养殖体系，全面提升渔业养殖设施装备智能化水平，已成为首都渔业发展的迫切需求。

第一节 智慧渔业关键技术

"智慧渔业"是一项利用信息技术、自动控制等高新技术对水产养殖全过程实行数字化和可视化表达、设计、控制和管理的现代新型水产养殖业技术。它打破了传统的水产养殖模式，有效地降低水产养殖的被动局面和风险。通过智能化的管理，以集约化和规模化的生产方式来管理水产养殖，从而实现了水产养殖模式的革命性突破。当前智慧渔业关键技术主要包括养殖水质智能监测，鱼类检测、识别、表型提取、行为分析及智能投喂等。与传统的水产养殖模式相比较，智慧渔业养殖可大大提升养殖效率、降低养殖难度、减少劳动力投入。智慧渔业关键技术集成应用总体框架如图 10-1 所示。

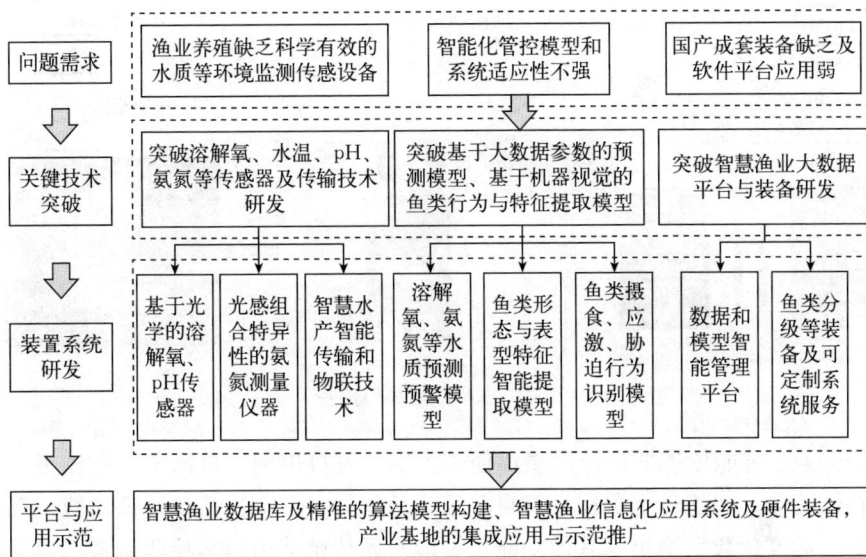

图 10 - 1 智慧渔业关键技术集成应用总体框架

一、水产养殖水质环境智能监测与控制技术

针对现有的水产养殖场缺乏有效信息监测技术和手段，水质在线监测和控制水平低等问题，采用物联网技术，实现对水质和环境信息的实时在线监测、异常报警与水质预警，采用无线传感网络、移动通信网络和互联网等信息传输通道，将异常报警信息及水质预警信息及时通知养殖管理人员。根据水质监测结果，实时调整控制措施，保持水质稳定，为水产品创造健康的水质环境。图 10 - 2 为水产养殖环境监控系统。在水质监测技术发展过程中，应用于水产养殖的传感器研制、物联网搭建、信息可靠传输是水质环境监测的共性技术，目前，已有团队对该部分内容展开了深入的研究，并对采集的多传感器信息进行分析构建了水质预测模型，用于养殖水质的预测预警，防范水质灾害。

（一）养殖水质在线监测设备

在当前水产养殖中，水质溶解氧、pH、水温及氨氮是重点监测的水质因子。水质监测传感器是检测水质参数的基础仪器。它包括各种物理量的测量装置和电子电路部分，通常由传感元件、转换元件和信号处理等组成。针对水质传感器多为电化学传感器，其输出受温度、水质、压力、流速等因素影响，传统传感器有标定、校准复杂，适用范围狭窄，使用寿命较短等缺点。采用

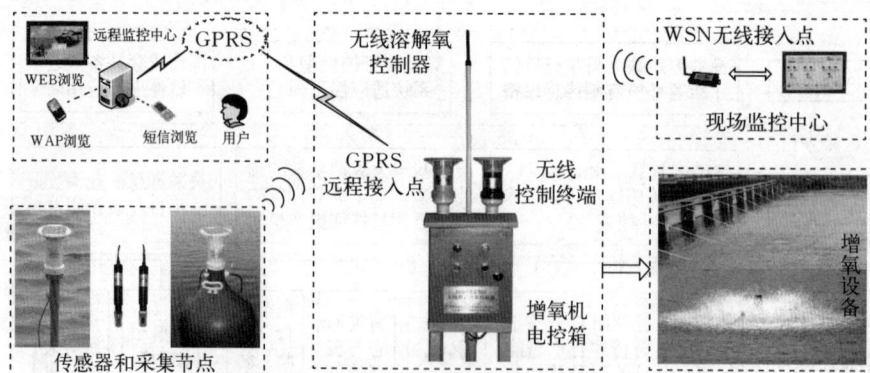

图 10-2　水产养殖环境监控系统

IEEE 1451 智能传感器设计思想，使传感器具有自识别、自标定、自校正、自动补偿功能。智能传感器还具有自动采集数据并对数据进行预处理功能，双向通信、标准化数字输出等其他功能。智能水质传感器由信号检测调理模块、微控制器、TEDS 电子表格、总线接口模块、电源及管理模块构成。图 10-3 为我国研制的水产养殖传感器，其中，根据原理不同及外观设计不同，已形成多种类型的溶解氧传感器。在北京智慧渔业发展过程中，已有部分养殖基地安装了基础的水温、溶解氧等传感器，但对于难以在线测量的氨氮检测仍采用较为传统的试剂检测方法。

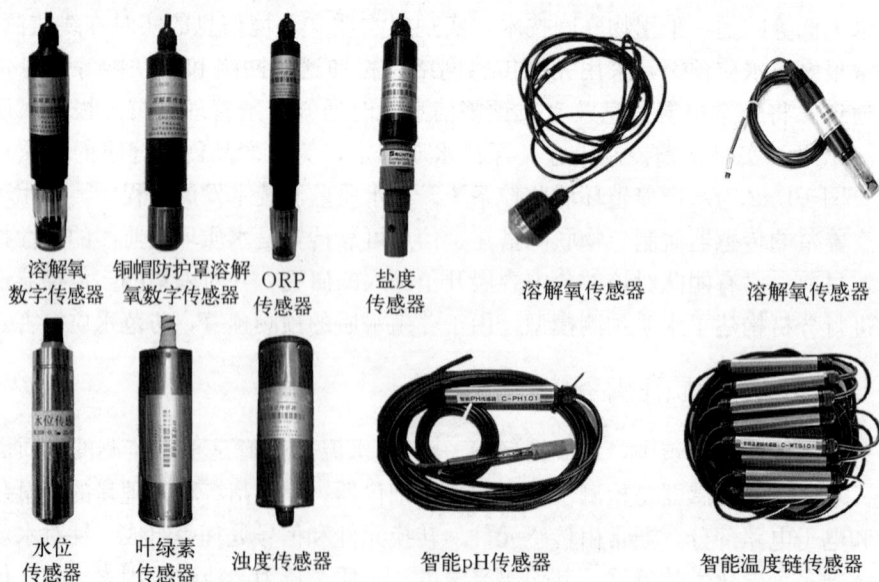

图 10-3　水产养殖传感器

（二）养殖水体关键因子预测预警技术

水产养殖过程中，溶解氧、氨氮、pH、水温等水质指标对水产品的生长有极大影响。这些指标过高或过低都会严重危害养殖水产品的健康。水质出现异常时，对水质的调控是极其重要的，合适的环境控制方案可有效避免养殖水体污染和资源浪费。但由于水产养殖水体环境具有波动性、季节周期性、趋势性等非线性特点，以及时间滞后性和大惯性的特点，要实现水质参数的精准调控，需要对水质的变化趋势做出预测，并结合现场自动控制设备实现水质的智能控制。目前，对于养殖水体的溶解氧、氨氮等重要参数进行了预测预警方法研究。

1. 基于深度学习的溶解氧智能预测

溶解氧是一个可以准确测量而且易于调控的水质参数，是水产养殖中最重要的理化指标之一，溶解氧过高或者过低均会对养殖鱼类的摄食、生长等造成影响，严重缺氧会造成水产动物的大批死亡。此外，养殖水体中溶解氧过低会让水质和底质产生有害物质，进而影响水产品和生态环境的安全。因此，在水产养殖中，溶解氧调控是改善水环境问题的重要组成部分，也为调控其他水质参数提供了参考。目前，围绕溶解氧的变化规律及水质因子间的相互关系，基于注意力循环神经网络的溶解氧预测方法，实现了溶解氧的精准预测，预测精度可达到99%以上，预测时长可实现溶解氧最短预测（1 小时）和最长预测（48 小时）的准确预测。图 10-4 为多类型溶解氧长短期预测和极值预测曲线，实现了不同步长预测、极值预测等。

a. 基于时空注意力机制的溶解氧预测模型

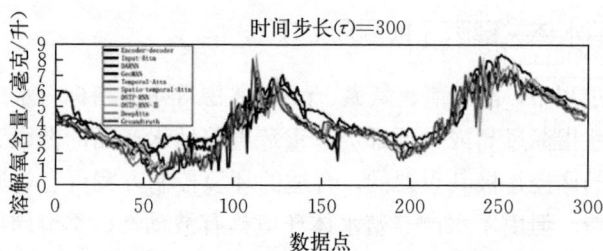

b.不同时空关系模型的溶解氧长短期预测曲线图

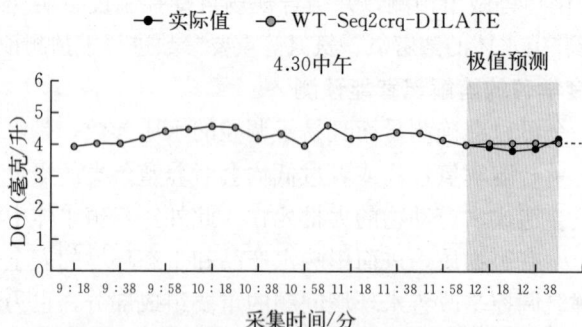

c.投喂溶解氧极值分析图

图10-4　溶解氧长短期预测和极值预测曲线

2. 基于机理分析与机器学习结合的氨氮在线软测量

氨氮与亚硝酸盐氮、硝酸盐氮俗称"三氮"，是水产养殖水体中氮的3种存在形态，是水生生物蛋白合成的主要来源。养殖水体中氮含量易引起水体的营养过剩，产生富营养化的情况。同时，过量的氮素会直接破坏养殖对象的生长环境，影响生长和发育。因此，深入研究养殖水体中氨氮含量的变化规律，准确预测其变化并将预测结果应用在生产过程的指导中，从而将氨氮含量控制在合理范围内，对提高养殖效益和水产品质量及防范水体恶化和鱼病危害的发生具有重要意义。目前由于养殖水体氨氮极低，现有的氨氮在线传感器无法准确地测量养殖水体氨氮含量。基于机器学习的氨氮软测量方法，通过耦合多水质因子关系，实现了氨氮的在线估测。该模型的流程图及预测模型与预测结果如图10-5所示。

（三）养殖水质溶解氧调控技术

在水产养殖过程中，当前较为成熟的水质因子调控技术为溶解氧增氧调控技术。该技术通过设备增氧方式来满足水中溶氧量的需求。为实现增氧机的智能控制，目前已设计实现了无线溶解氧控制器。该控制器是实现增氧控制的关键部分，可分为驱动叶轮式、水车式或微孔曝气空压机等多种增氧设备。无线

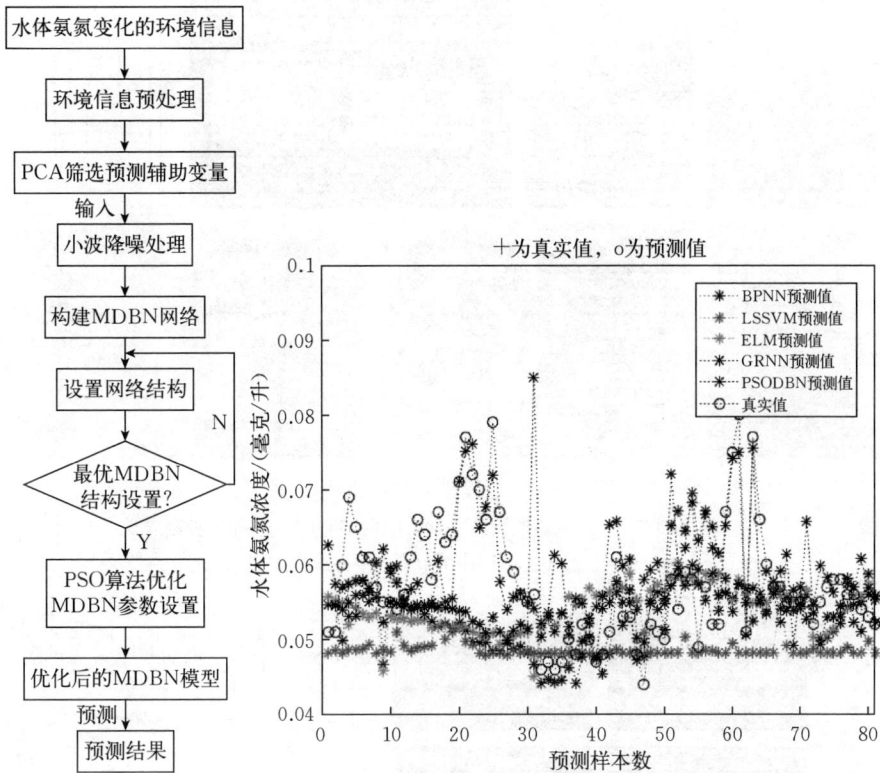

图 10-5　基于 PSO-MDBN 的池塘水体氨氮预测模型与预测结果

测控终端可以根据需要配置成无线数据采集节点及无线控制节点。无线控制节点是连接无线数据采集节点与现场监控中心的枢纽，无线控制节点将无线采集节点采集到的溶解氧智能传感器及设备信息通过无线网络发送到现场监控中心；无线控制节点还可接收现场监控中心发送的指令要求，现场控制电控箱，电控箱输出可以控制 10 千瓦以下的各类增氧机，实现溶解氧的自动控制。无线测控终端的设计遵循 IEEE 802.15.4 协议，根据应用场合不同可以分为采集终端和控制终端。测控终端的主控电路模块包括微处理器、输入输出模块、数据存储模块和无线通信模块四大部分，可实现对智能传感器和输出继电器的控制，以及数据预处理、存储和发送的功能。主电路模块使用低功耗无线芯片作为微处理器，适用于电池供电的设备。图 10-6 为无线增氧控制系统实物。

在增氧装置智能控制方面，已形成基于图像分析检测的增氧机自动调控技术，该技术采用了光流法和小目标检测方法实现了增氧机异常检测的在线实时检测。图 10-7 为基于不同视频数据增氧机状态的检测。

图 10-6 无线增氧控制系统实物

a. 水质监测点 1　b. 水质监测点 2　c. 水质控制点 1　d. 水质控制点 2

e. 现场监控中心　f. 中继节点　g. 视频监控设备

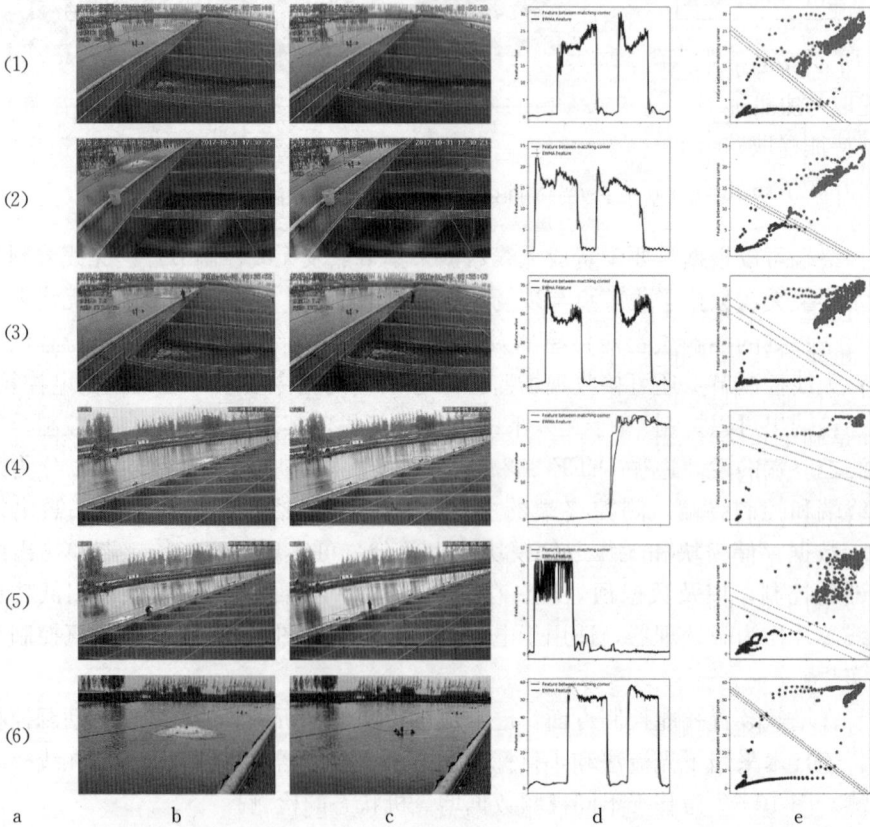

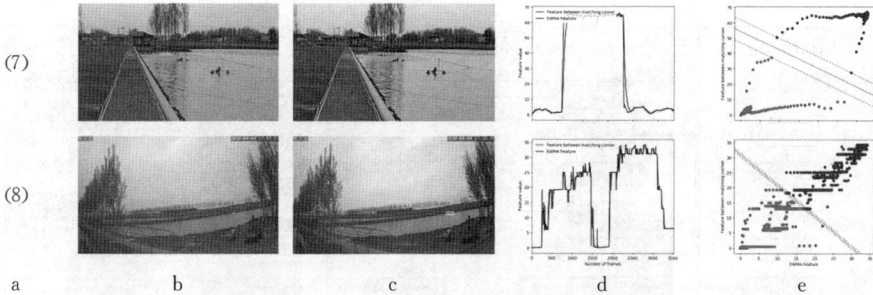

图 10-7　基于不同视频数据增氧机状态监测

a. 列是视频编号　b. 列是视频数据集中增氧机打开状态的帧　c. 列是增氧机目标区域检测的结果

d. 列是基于 RF-KLT 算法的运动特征曲线和 EWMA 转换后的数据曲线

e. 列是特征数据集构建、数据标注和分类的结果

二、机器视觉在智慧渔业中的发展与应用

伴随着水产养殖自动化、智能化的迅速发展，对养殖各环节的精细化管理提出了更高的需求。机器视觉和深度学习技术在图像处理及应用方面强大的信息提取与决策能力，为水产养殖的智能化发展提供了技术支撑。目前已在鱼类表型特征提取、鱼类行为识别与分析、鱼类个体识别与技术、残余饵料识别等方面开展了系列的研究，为精细化水产养殖提供了理论支撑。

（一）基于机器视觉的鱼体表型提取技术

1. 基于 YOLOv5 的鱼体侧线鳞智能识别与技术

鱼体侧线鳞是鱼类的重要表型，也是鱼体最重要的器官之一，作为重要的可数特征，其数量从鱼类出生开始就已基本固定且指标稳定。侧线鳞数量统计是确定鱼类鳞式的关键步骤，也是育种工作、鱼类资源调查、判断鱼类生长能力及鱼类种类区别鉴定的重要参考标准。目前，改进的 YOLOv5 动态鱼体侧线鳞检测技术（图 10-8 为 TRH-YOLOv5 鱼体侧线鳞检测模型结构图，图 10-9 为检测效果图，目前检测精度可达 99%）解决了传统人工计数带来的主观性强，耗费人工、鱼体损伤等问题，满足了智能养殖的高标准需求。

2. 基于双目视觉的自由运动鱼体尺寸测量技术

鱼体尺寸信息能够直接体现出鱼体的生长状态，被视为水产品质量分级的一项重要指标。在鱼类养殖的不同时期对尺寸信息进行监测，能够获知生长信息，提高养殖效益和管理水平，优化渔业资源管理，为投饵量优化、水质环境

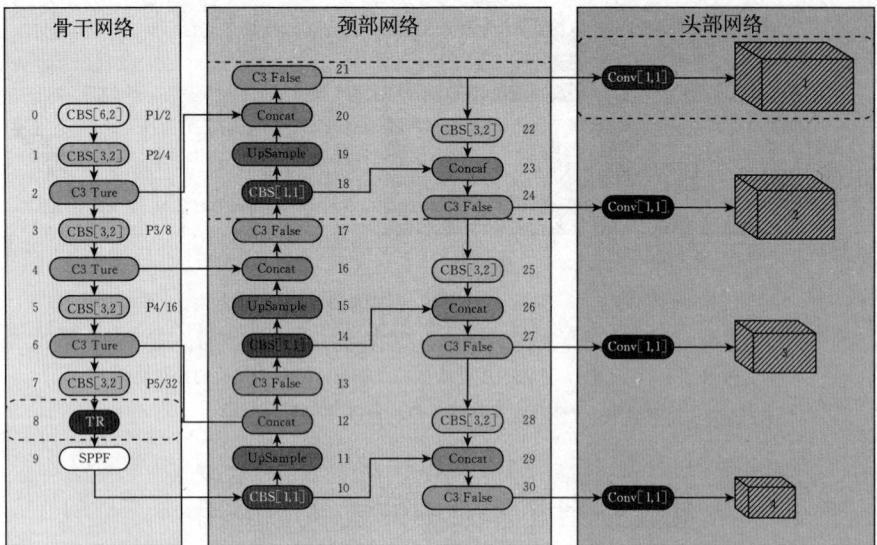

图 10-8　TRH-YOLOv5 鱼体侧线鳞检测模型结构图

a.小尺度检测图-LLS标准
数量27

b.中尺度检测图-LLS标准
数量22

c.大尺度检测图一-LLS标准
数量10

d.大尺度检测图二-LLS标准
数量28

e.多场景检测图一-LLS标准
数量27

f.多场景检测图二-LLS标准
数量28

图 10-9　不同尺寸和场景的鱼体侧线鳞检测效果图（LLS：侧线鳞）

调控、品质分级提供决策依据。目前大多数水产养殖企业依靠人工捕捞、手动测量方法获取鱼体尺寸，这一过程费时费力，还会对被测鱼体造成不同程度物理及生理上的损伤，不利于鱼类的持续化健康养殖。采用立体视觉技术，已有非接触式运动鱼体的尺寸测量方法，该方法通过双目视觉技术，基于关键点检测和曲线拟合实现了鱼体的体高、体长估算，对实现养殖鱼类生长状态的实时监测具有重要意义。测量的整体流程如图 10-10 所示。

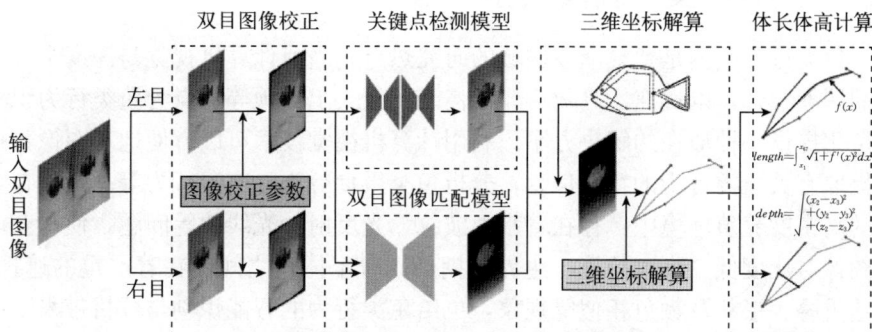

图 10-10 基于双目视觉的动态鱼体尺寸测量方法流程

3. 基于 YOLOv8 的初选锦鲤品相评价技术

锦鲤是一种特色的、价值高的观赏鱼类，在其培育过程中要经过多轮筛选，最终获得具有鲜艳的体色和美丽体表花纹的鱼体。其中，在锦鲤的养殖过程中，幼苗的选择是至关重要的一环，但因为数量庞大，也是最费时、费力的一环。通常，在锦鲤幼苗 5 厘米左右时需要进行第一次选择（初筛），将品相表现不符合要求的锦鲤幼苗淘汰，以节省后续锦鲤养殖的成本。传统的锦鲤选苗过程依赖于人工操作，会耗费大量时间和劳动成本，且长时间的人工工作会增加锦鲤苗选择的错误率。目前，基于 MobileViT 的 YOLOv8 锦鲤鱼苗品相检测算法实现锦鲤品相初筛的无接触自动判别，减少人为主观因素对筛选结果的影响，提高筛选的准确性和选取速度。网络结构图和结果如图 10-11 所示。

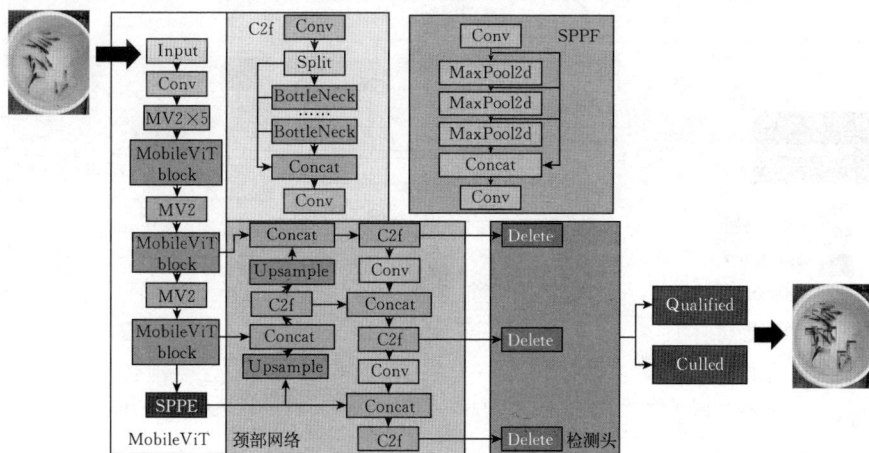

图 10-11 基于 MobileViT 的 YOLOv8 目标检测算法网络结构

（二）养殖鱼类行为智能识别与分析

鱼类行为监测是智慧渔业领域的研究热点，当前计算机视觉与深度学习技术的深度融合，以快速、高效、非入侵、无须人工干预等特点为鱼类行为识别和量化提供一种潜在的解决方案。利用计算机视觉技术可以方便地从图像数据中提取有关鱼类行为的特征信息，分析鱼类摄食行为、应激行为等。然而在实际的高密度养殖环境中，存在着水面波纹、光反射、光线差等问题，使得获取的图像对比度低、噪声严重、边界模糊，同时个体鱼之间存在着严重的遮挡、粘连重叠、形状及颜色相似等现象，也给鱼类行为的智能识别与分析带来了巨大的挑战。目前，在鱼群摄食状态识别、摄食行为量化及鱼类应激行为等方面开展了研究。

1. 基于深度学习与注意力机制的鱼群摄食状态识别技术

鱼类大多具有集群行为，以非常有序的分布状态进行运动，如游泳性鱼类大多具有抢食行为，并且摄食集群特点明显。因此，识别鱼群的分布状态是判别鱼类摄食状态的一种有效方式。但在实际识别过程中，存在鱼群的非闭合性、轮廓不完整、空间分布不均匀且不断变化、不同摄食阶段图像存在高度相似性等特点，严重影响鱼群的摄食行为识别精度。基于注意机制的 DAN‐EfficientNet‐B2 鱼类摄食状态识别技术，以捕捉空间和通道之间的相互依赖关系，依据鱼类摄食过程中的聚集特点，实现了对鱼群强、中、弱摄食状态的识别，达到了鱼类摄食强度的实时监测和饲料的优化管理。图 10‐12 为 DANet‐EfficientNet‐B2 的鱼群摄食状态识别方法。

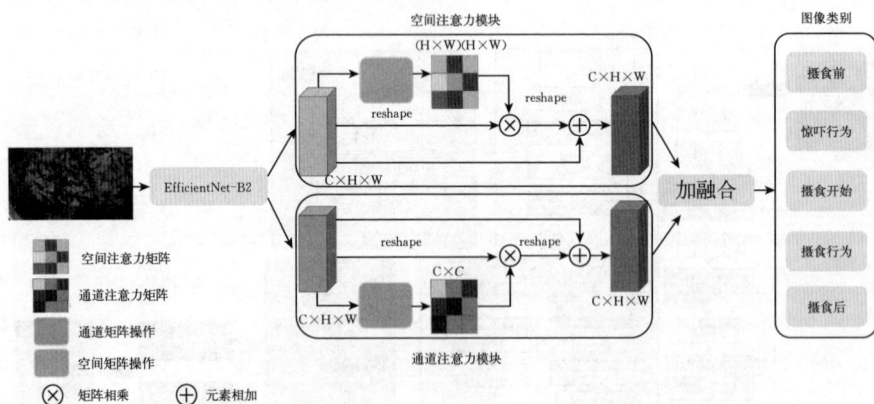

图 10‐12　一种 DANet‐EfficientNet‐B2 的鱼群摄食状态识别方法

2. 基于深度学习的鱼群应激行为识别技术

应激行为是鱼类对威胁情况的一般生理反应，环境变化（缺氧、水温和氮化合物的波动)、鱼类处理 (捕捞、分级和运输) 以及水质中不同的有毒化学物质的存在被认为是主要的压力源。反复的急性应激引起的慢性应激会影响鱼类的长期摄食行为和生长性能。因此，应激被认为是导致养殖鱼类健康受损的主要诱因。在水产养殖中，实时数据分析对于及时和准确的养殖鱼类行为识别和监测至关重要，已有的鱼类应激状态识别模型 KD‐GhostNet，目前通过探究知识蒸馏架构中最优的 "Teacher‐Student" 模型组合、超参数 T 和 α 的取值对学生模型性能的影响，该网络在保持较低内存和参数量的同时，对鱼类应激状态识别的准确度提升，具有较好的综合性能，其结构如图 10‐13 所示。

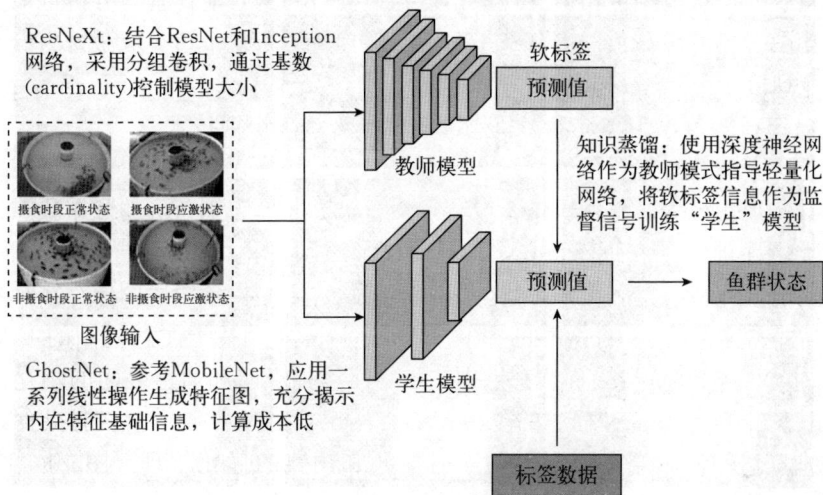

图 10‐13　KD‐GhostNet 网络结构

此外，强化鱼类特征信息的表达模型 SE _ YOLOv5 _ DGhost，通过探索鱼类空间分布与状态间的相互关系，准确检测出具有沉底行为的鱼类目标，实现对鱼类个体应激行为的精准识别。

(三) 基于机器视觉的鱼类个体计数

养殖鱼类个体计数是渔业领域中极为重要具有难度的一环，是决定合理规划养殖密度、准确进行生物量估算以及合理安排饲料投放等问题的前提。已构建了一种 Mobilenetv2 网络改进的 YOLOv5 鱼体目标检测方法，该方法通过计算机视觉技术对鱼类个体进行计数，可以改变传统的手工记录的现状，鱼体检测情况如图 10‐14 所示。

另外，基于该方法设计了鱼计数装置与分级装置，通过采集鱼的视频数据，利用图像识别机构通过视频数据对鱼进行计数，不仅解决了传统鱼计数方法中捞鱼和数鱼等工作所耗费的人力物力的问题以及红外光等光电传感器技术

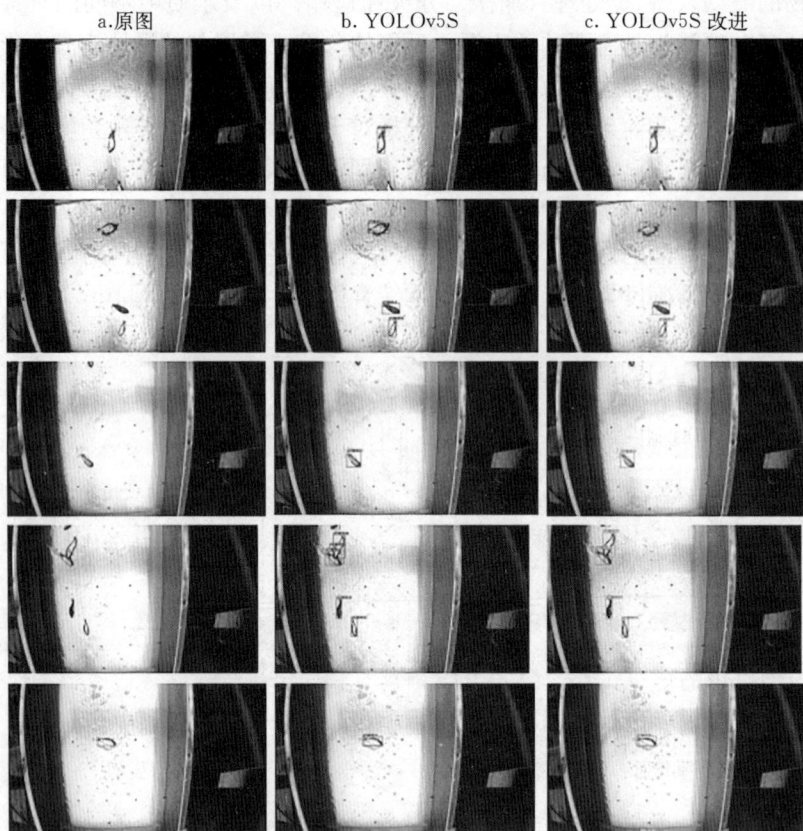

图 10 - 14　改进 YOLOv5S 鱼体目标检测图

方法中由于重叠交叉造成的计数错误问题，同时在以上基础上使用体积传感器针对鱼的不同体积进行了分级操作，提升鱼计数的精准化和智能化装置设计如图 10 - 15 所示。

（四）鱼类饵料信息采集及精准智能投饵技术

饵料是我国水产养殖中主要的投入成本之一，直接关系着水产养殖的效率和经济效益。但目前多数投饵设备是靠经验操控的，养殖生产受人为因素影响很大，存在着很大的盲目性和风险性，人工投喂不能按照鱼类的需求定时定量投喂，尤其在高密度养殖情况下，常常因为投喂过少而限制鱼类的生长速度，延长养殖周期，从而增加养殖风险；而过多则会造成饵料浪费，降低饲料转化率，同时，残饵沉积至养殖池底部，易造成水质污染。因此，人工投饵的方式已经成为制约我国水产养殖效益提升的主要因素。工厂化养殖鱼类智能投喂方法和系统研发可以集成饵料自动输送系统、轨道式投饵机，结合机器视觉技术

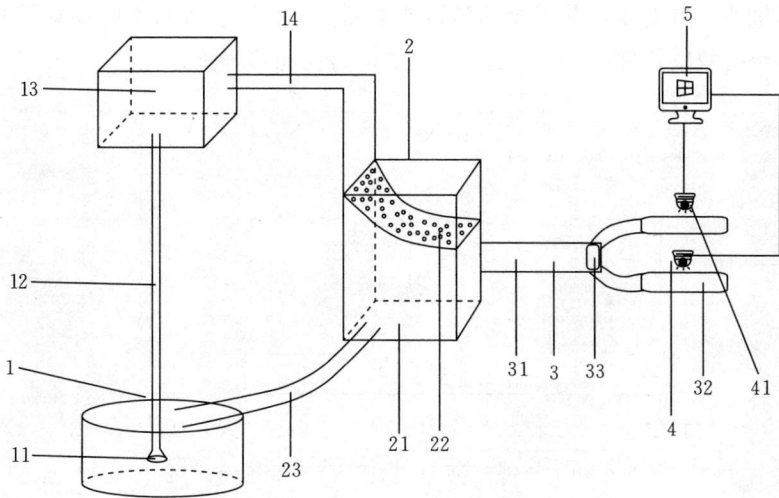

图 10-15　鱼计数装置结构示意

1. 吸鱼机构　2. 鱼水分离机构　3. 分级机构　4. 图像采集机构　5. 图像识别机构　11. 吸鱼器
12. 吸鱼管道　13. 真空泵　14. 导鱼管道　21. 分离箱　22. 筛鱼器　23. 排水管道
31. 第一鱼道　32. 第二鱼道　33. 体积分级单元　41. 摄像头

构建模型提供的信息，通过感知养殖对象的摄食规律及习性，形成自适应投喂决策模型，实现养殖模式由精量投喂到精准投喂的转变，大大降低饵料系数比，降低养殖成本，提高养殖收益。精准智能投饵系统的示意如图 10-16 所示。

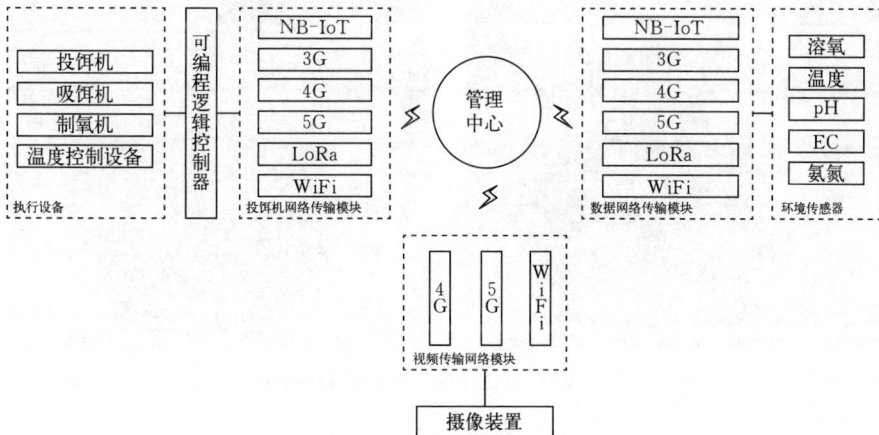

图 10-16　精准智能投饵系统

除此之外，浮饵检测技术对实现智能投喂具有重要意义。然而，由于诱饵小而密集以及鱼类干扰，诱饵检测技术仍存在检测精度低、计算量大、模型规模大等挑战。针对工厂化残余饵料智能监测技术，可实现对不同场景下的漂浮残余饵料有效的检测，图 10 - 17 为残余饵料检测效果图。

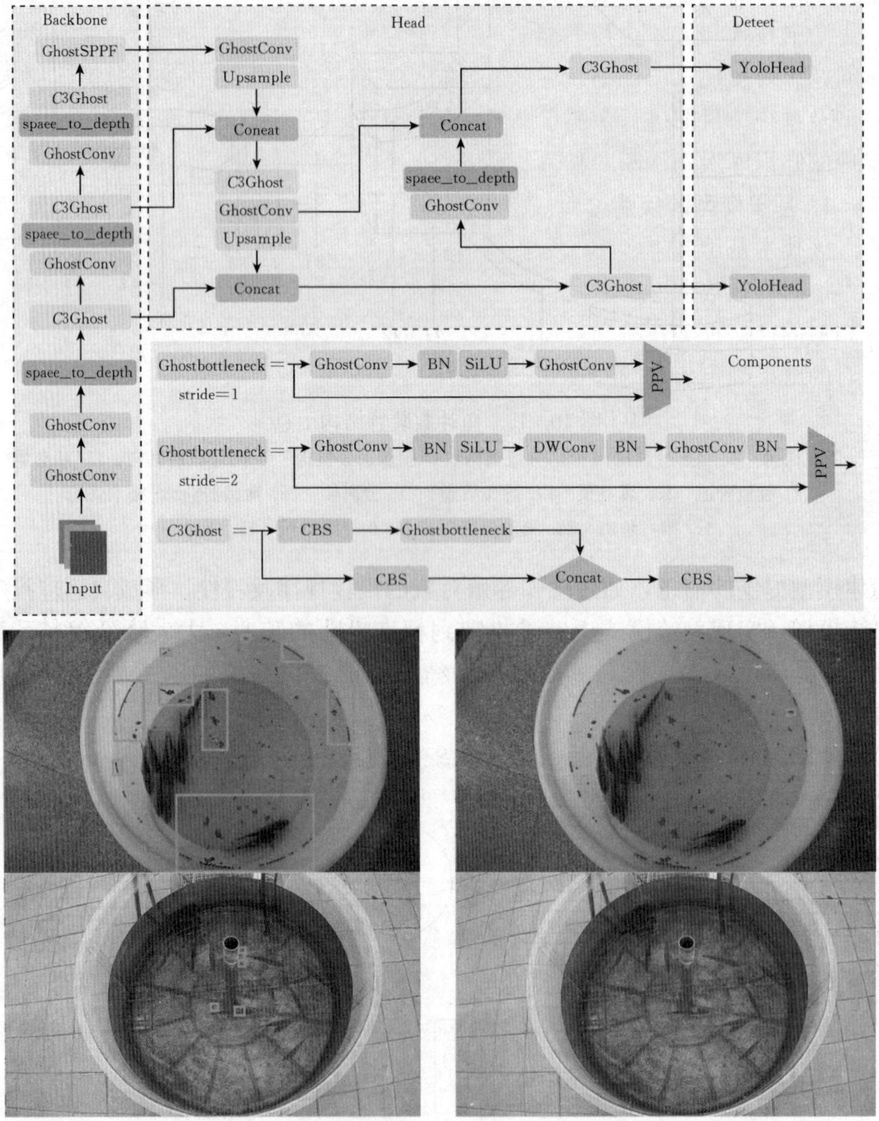

图 10 - 17　基于 YOLOv5S 的残余饵料检测效果图

三、水产养殖鱼类疾病在线诊断技术

水产动物间的病害问题一直是制约水产养殖业高质量发展的重要因素之

一，传统人工直接检测鱼类、虾类等水生动物疾病方法存在耗时久、准确性差等弊端。引起的误诊、滞后诊断等问题已对水产养殖业造成了严重的直接或间接损失。目前在这一领域内技术研究和人才培养速度要滞后于需求发展速度，病害防治技术和人才供给不能满足养殖产业发展的需求，这成为产业发展的瓶颈问题。要实现水产动物病害诊断及防治的有效处理，需要建立鱼类疾病诊断模型及系统。目前进行鱼病诊断常用的方法为基于模型的疾病诊断和基于案例推理的知识库疾病诊断两种方法。

1. 基于模型的疾病诊断

该技术基于文本、图像等数据进行多模态数据融合，建立疾病诊断模型。模型诊断为在数据库的搜索栏输入当前水产生物的疾病症状，筛选出与当前症状相似的疾病种类，将其具体的症状和当前的疾病症状展开进一步比对，根据比对的结果确定疾病的种类并进一步采取措施。

2. 基于案例推理的知识库疾病诊断

该技术首先完成疾病知识库构建，然后运用相似性案例推理完成疾病诊断。基于知识库的鱼病诊断方法中，鱼病专家借助概念模型准确表达自己的领域知识，开发人员选择合理的知识表示方法将这些知识概念化和形式化，采用数据库建立鱼病诊断知识模型。鱼病诊断系统根据鱼体表现的症状及其生存水环境的理化指标等，通过症状与鱼病之间的因果关系，求取鱼病集合，进而确定所患鱼病。该方法能够提供病害快速诊断和解决方案，一定程度上解决了鱼病频繁发生而领域专家不足的矛盾，有效控制鱼病扩散，具有重要经济价值。

随着现代网络技术的快速发展，国内鱼病诊断系统的知识库逐渐由单机版扩展到网络版，实现数据及时更新、分布式诊断和远程会诊群决策机制，有效增强了系统的疾病诊断效果。图 10-18 为鱼类疾病自助诊断系统示意。

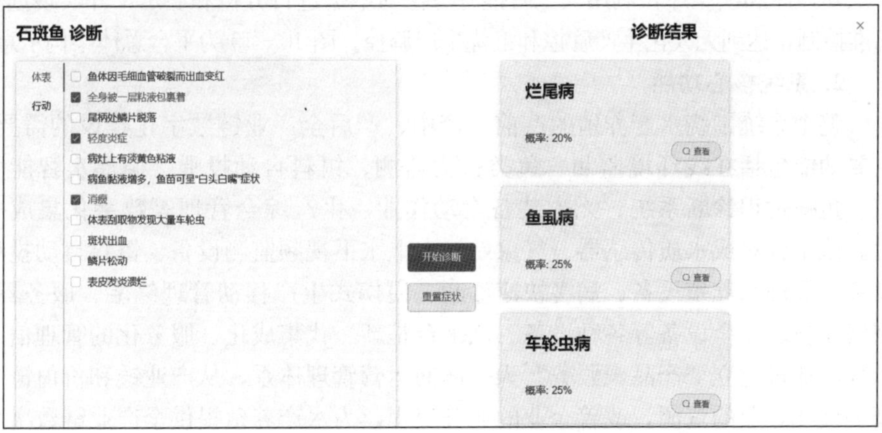

图 10-18 鱼类疾病自助诊断系统

四、水产养殖智能管理系统及平台

（一）建设目标

水产养殖智能管理系统将推动大数据、物联网、云计算、人工智能等现代信息技术在水产养殖中的深度应用，实现水产养殖智能化、生产管理精细化、运营管理高效化、管理保障综合化，打造全产业、全链条、全过程和全要素的数字化养殖模式。主要建设目标是对水质和环境监控设备进行管理，实现水质远程监测和调控；融合养殖对象摄食行为、残饵量、水质参数等多源信息，远程控制投饵机等设备，实现饵料精准伺喂；监测无人作业装备的运转状态，下发操作指令给相关设备，远程调控设备，实现无人化作业；平台具有数据分析、预警、预测功能，通过构建模型库和知识库，为生产业务提供数据模型和算法，为智能化生产提供支撑。

（二）平台架构和主要功能

1. 平台架构

平台架构设计方面具备前瞻性，整体构架考虑到作为多业务的统一支撑的需求，保证平台对北京乃至全国渔业发展有稳定可靠的支撑保障。平台还具有很高的可靠性、扩展性、友好的交互性。平台支持 Web 访问，支持智能终端访问。水产养殖智能管理平台基于物联网开放系统，支持多种智能终端设备的接入。终端设备具有接入物联网开放系统的功能，实现数据的实时上报、指令接收和指令下发。管理平台与物联网开放系统进行连接，通过数据传输接口实现数据采集和控制命令下发，通过物联网开放系统获取各种设备数据，结合水产养殖知识库和模型库，利用人工智能等方法对数据进行分析和展示，并实现远程精准控制，达到无人化生产管控和最优生产调控。图 10-19 为平台总体架构示意。

2. 系统核心功能

整个系统围绕水产养殖的产前、产中、产后全产业链数字化建设的需要，主要功能包括在线环境监测、鱼类行为监测、饵料自动投喂、循环水智能养殖、鱼病远程诊断系统、无人装备自动作业、生产综合管理等数字化集成平台。该平台集成水质传感器、气象站、水上水下视频监测设备、饵料自动投喂设备、循环水养殖设备、病害快速诊断、便携式生产移动管理终端、服务器、网络设备、安全设备等各种设备。该平台是新一代集成化、服务化的管理信息系统，通过建立"产品＋服务"为一体的运营管理体系，从产业链和价值链角度去优化企业的资源，改善企业的业务流程，为水产养殖提供全产业链数字化管理，实现精准养殖，提高企业核心竞争力。

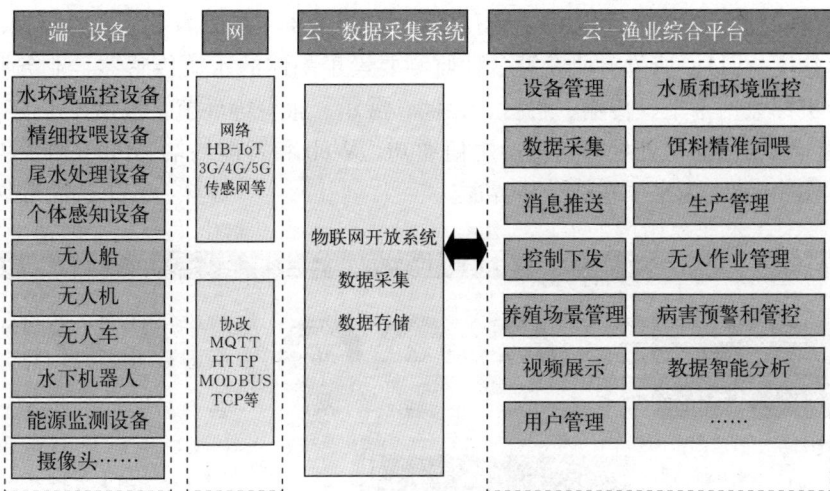

图 10-19　平台总体架构

（三）管理平台功能界面

1. 养殖池数据在线监测

针对池塘养殖和工厂化养殖缺乏有效信息监测技术等问题，建设水产养殖环境在线监测系统，主要包括数字化水质在线监测、气象环境监测，监测的数据如果出现异常可及时进行预测预警。图 10-20 为养殖池数据在线检测界面示意。

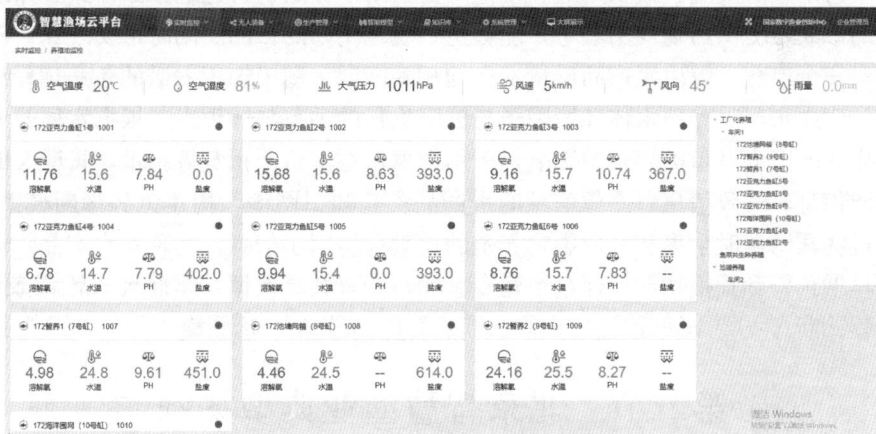

图 10-20　养殖池数据在线监测界面

2. 水质在线分析技术

数据采集是该平台的基础，通过实时监测、监控、调节水产养殖过程中的各种参数，极大地减少养殖人工的投入。通过对历史数据的分析，实时预测各种病情的发生，以较少投入，获得最大效益。水质在线监测系统集成溶氧、温度、盐度、pH、液位、浊度等多种监测要素于一体的水质传感器，业务服务能力贯穿数据采集、传输、解析、存储、展示、报警等环节，包括：水质数据采集、数据标准化处理等，支持短信通知、Web 和智能终端 App 几种交互方式。图 10-21 为水质在线分析界面。

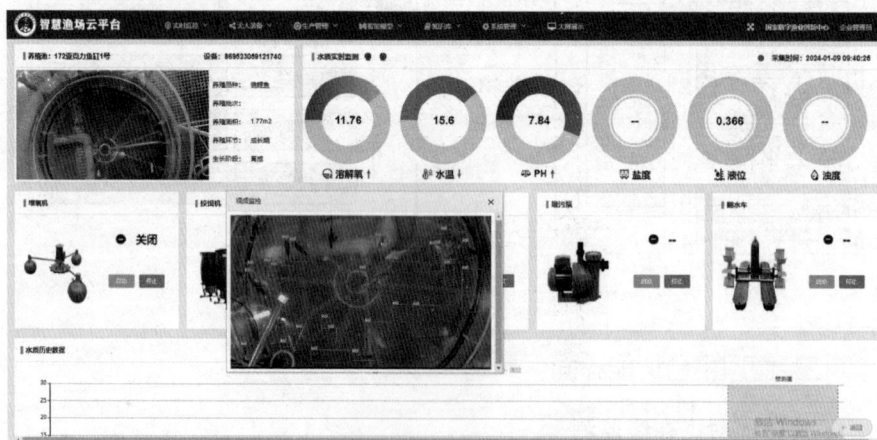

图 10-21　水质在线分析界面

3. 疾病智能诊断

为了预防疾病、减少用药、规范用药，水产养殖病害远程诊断，通过系统辅助诊断，提供药物使用参考，能够达到规范用药的目的。同时可实现水产品质量安全追溯，解决水产品质量安全的相关问题。基于知识图谱的鱼病远程诊断，建立水产品养殖水体环境因子与健康生长的关系与知识库，根据水质及非水质影响因素对鱼类生长的影响，采用数据挖掘、机器视觉等技术，构建实时水质信息、气象信息、图像信息的水产品疾病知识图谱，构建鱼病诊断模型，通过物联网实时采集和获取影响养殖的关键环境因子信息，实现对水产品疾病的早期预警和预报功能。通过组建专家库与专家共享数据，实现水产品病害的远程诊断。支持 Web 诊治、专家诊断、智能终端 App 诊断模式。

第二节　北京智慧渔业典型案例

一、雅仕锦鲤智慧养殖

（一）基本情况

北京雅仕锦鲤养殖技术有限公司现有现代化循环水养殖温室 40 000 平方米、

室外养殖池塘 120 亩、实验室 200 平方米、仓储库房 3 000 平方米以及办公、生活配套用房 5 000 平方米，共计投入约 3 亿元。公司现拥有优质锦鲤亲本 1 200尾，后备亲本 3 500 余尾，累计销售 15～90 厘米的锦鲤等观赏鱼约 100 万尾，除 2020 年新冠疫情特殊影响外，年均经济效益 1 500 余万元。为了积极探索适合中国锦鲤养殖未来发展的道路，提高公司的智能化和自动化水平，公司与

国内 5 所重要的大学院所建立了本科生和研究生试验教学基地。同时积极与 20 余名国内知名教授和专家展开合作交流，共同探讨智能化锦鲤养殖未来的发展方向。这一举措得到了广泛认可和实际验证，为中国的锦鲤养殖业带来了显著的变革。图 10-22 为北京雅仕锦鲤养殖场地图。

虽然工厂已经具备了较为完备的养殖、培育、投喂等设施，但从锦鲤苗挑选、养殖到最终售出的流程中仍然需要大量的人工参与。例如，锦鲤苗在 3～5 厘米的时候需要

图 10-22　北京雅仕锦鲤养殖场地

进行第一次人工挑选，筛选出品相合格的锦鲤苗并进行后续的养殖，将不合格的锦鲤苗淘汰以便节省饲养成本。由于锦鲤苗数量非常多，锦鲤苗的挑选是一个劳动密集的过程，会耗费大量的人工成本，同时由于长时间的工作，人工筛选的错误率会随着时间的增加而上升。为了解决诸如以上环节中存在的问题，在锦鲤工厂开展多样的智能化研究，以期解决类似的问题。

通过后续的实践和研究证明，智能化技术的应用可以提高锦鲤的养殖效率和质量，不仅降低了养殖成本，还改善了锦鲤养殖品质，使锦鲤更加健康、有活力，色彩更加鲜艳，满足了不断增长的市场需求，能够推动中国锦鲤养殖业的持续发展和壮大，极大地促进了观赏鱼养殖的智能化和规模化。

（二）智能渔业建设

1. 智能水产环境监测系统

锦鲤工厂拟引入先进的水产养殖环境监测系统，以提升养殖效率并确保高品质的生产。这一系统包括智能水质传感器、无线增氧控制器、水产养殖无线监控网络和水质智能调控系统等关键组成部分。通过智能水质传感器监测溶解氧、ORP、盐度、水位和浊度等关键参数，系统能够实时调整水域质量，确

保锦鲤养殖环境一直处于最适宜的状态，为锦鲤的健康成长和提高养殖效率提供有力支持。

无线增氧控制器是这个系统的核心设备，用于监测和调控水体中的溶解氧水平。这项技术的引入有助于改善水中氧气供应，提升锦鲤的生长状况。同时，水产养殖无线监控网络采用 2.4 千兆赫兹短距离通信和 GPRS 通信技术，实现现场无线覆盖范围达 3 千米，并具备智能信息采集与控制的能力，包括自动网络路由选择、自诊断和智能能量管理等功能，以确保锦鲤养殖环境的实时监测和数据传输。水质智能调控系统将根据智能传感器和监控网络提供的数据，制订合适的环境控制方案，实现对水质参数的自动调整。这有助于维持锦鲤养殖水域的理想水质条件，有效避免水体污染和资源浪费，从而提高锦鲤养殖效益和环保性。这一创新的智能水产环境监测系统即将在锦鲤工厂正式投入使用，为未来的养殖业带来更加现代化、高效的管理模式。通过实时监测和控制水质参数，预期将显著提升锦鲤的健康水平和生长速度。

2. 锦鲤苗自动筛选技术

为解决锦鲤苗挑选过程中的劳动密集和错误率上升的问题，计划引入一套先进的自动锦鲤苗挑选系统装备如图 10 - 23 所示。该设备能够在锦鲤苗 3~5 厘米的阶段进行快速、准确的挑选工作。通过系统智能分析锦鲤苗的品相和特征，将合格的苗种快速筛选出来，实现高效的后续养殖；同时，不合格的锦鲤苗会被自动淘汰，从而降低饲养成本和提高养殖效益。该系统将由高分辨率摄像头、图像处理单元、自动输送带系统、挑选机械臂系统和数据存储与处理单元组成，形成一个协同工作的智能挑选系统。在实际实施中，首先进行硬件设施的安装，包括摄像头、自动输送带和机械臂系统，确保它们能够高效地协同工作。接着，对系统进行校准和调优，以保证图像分析和挑选动作的准确性。算法调优将专注于适应锦鲤图像的独特特点，确保系统对品相和特征的智能分析能够准确而迅速。整个过程将在实施初期进行，并随后建立实时监控与调整系统，使养殖人员能够随时监测系统运行情况并进行必要的调整和优化。

通过这一先进的自动锦鲤苗挑选系统的引入，将显著减轻人工劳动负担，实现挑选过程的高效化和自动化。该系统的应用不仅缩短了挑选时间，还避免了长时间工作导致的错误率上升的问题。整个实施方案将使锦鲤养殖更加智能和高效，为提升养殖效益和降低人工成本提供了创新性的解决方案，为锦鲤苗的选育过程注入了更多科技的力量。

3. 锦鲤品相自动判别技术

为提高锦鲤养殖的科技水平和提供更精准的品相评估，工厂引入先进的自动锦鲤品相判别系统。借助计算机视觉和深度学习技术，该系统能够自动捕捉锦鲤的体型、颜色、纹理等表型特征，并通过智能打分系统进行品相评估。这

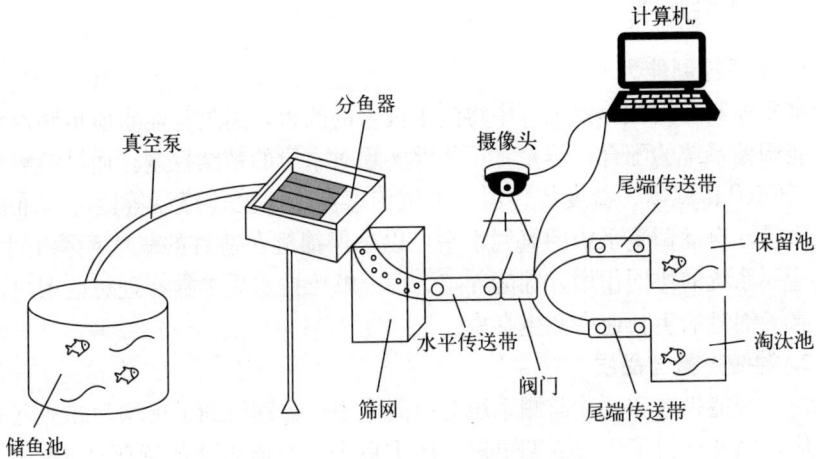

图 10 - 23 锦鲤鱼苗分级筛选装备

一创新技术旨在为养殖者提供便捷而准确的成年锦鲤品相分数，为其提供有针对性的养殖建议和购买参考。引入自动锦鲤品相判别系统后，将有效降低人工挑选的复杂性和耗时性，为锦鲤养殖提供更可靠的品相评估。通过为成年锦鲤提供智能化的品相分数，该系统将为养殖者提供科学的养殖管理建议，同时也为购买者提供参考，促进锦鲤市场的可持续发展。这一系统的应用旨在提高锦鲤养殖的管理水平，提供更便捷、精准的品相判别服务，为锦鲤产业的发展注入新的科技动力。

4. 锦鲤自动精准投喂系统

锦鲤工厂将引入一套先进的锦鲤自动精准投喂系统，该系统由锦鲤行为分析系统、锦鲤自动计数系统和锦鲤生物量估算系统等系统组成。通过光学传感器、声学传感器和水质监测等手段，锦鲤行为分析系统能够实时反馈水面饲料信息、进食过程中的相关变化以及锦鲤食欲情况，从而精准决策饲料需求量，实现按需投喂。同时，锦鲤自动计数系统采用计算机视觉和图像处理技术，实时获取养殖池中的锦鲤数量，并通过多目标跟踪方法实现个体角度的投喂监测。智能锦鲤生物量估算系统则利用立体视觉和多目立体匹配技术，实时获取水下锦鲤数据，构建鱼体尺寸和重量预测模型，实现生物量信息的精准、快速和非接触式估测。

整合了以上系统的自动精准投喂系统将基于锦鲤行为分析、锦鲤计数和生物量估算的结果，建立锦鲤生长的数学模型，结合生长因素和养殖经验，实现投喂的精细化管理。该系统将有效减少养殖生产成本，预计节省约 30% 的饲料成本，同时提升饲料转化率，将每单位的饵料转化为更多的生长和增重，为锦鲤工厂的高效运营奠定了坚实基础。

（三）应用成效

1. 水质控制能力

水质控制在锦鲤养殖工厂中得到了极大的改善，通过智能水质传感器和水质智能调控系统的配合，养殖工厂能够实现对水质的精细控制。通过溶解氧传感器、ORP传感器、盐度传感器、水位传感器、浊度传感器等监测和维护水体的质量，自动调整水中的氧气水平，以确保锦鲤在适宜的氧气环境下生长。通过这一系统的协同作用，锦鲤养殖工厂能够维持水质参数在理想范围内，从而提高了锦鲤的生长速度和生存率。

2. 锦鲤产量与品质

由于智能投喂和环境监测系统的协同作用，锦鲤得到了更均匀和适宜的饲料供应，因此获得了生长周期更短、体重更大、品质更优的锦鲤产量。此外，智能疾病诊断系统能够早期检测疾病迹象，减少了疾病对锦鲤群体的传播，提高了锦鲤的品质和市场竞争力。最终，通过锦鲤品相自动判别技术为养殖者提供科学的养殖管理建议，同时也为购买者提供参考，促进锦鲤市场的可持续发展。

3. 劳动效率

智能化技术的应用显著提高了锦鲤养殖工厂的劳动效率。通过安装自动精准投喂系统，减轻养殖工人的工作负担，通过自动捕捞捕获技术，使得捕捞过程更为高效，大大减少了人工捕捞所需的时间和劳动力成本，有效提升了养殖工厂的生产效率，为锦鲤养殖提供了更高水平的劳动效益。通过锦鲤苗自动筛选技术，大大节省了锦鲤苗筛选过程中的劳动力，缩短了挑选时间，避免了长时间工作导致的错误率上升的问题。

4. 经济社会效益

以北京雅仕锦鲤养殖工厂为例，智能化技术的应用带来了显著的经济效益。除去建设成本，锦鲤养殖工厂在智能化管理下实现了更高的生产效率。与传统养殖方式相比，智能锦鲤养殖工厂减少了饲料的浪费和劳动力成本，降低了生产成本。通过合理的管理和智能化投喂系统，锦鲤的生长速度提高，品质增加，从而实现了更高的收益率。这使得锦鲤养殖工厂成为一种具有营利潜力的养殖模式，为养殖业带来了显著的经济效益。锦鲤养殖工厂紧随大型化和智能化趋势，取得了显著的社会效益。通过引入智能技术，实现了更高效的养殖生产方式，满足了人们对高品质锦鲤的需求。这不仅为消费者提供了可持续的观赏资源，还创造了就业机会，促进了当地社会和经济的发展。同时，锦鲤养殖工厂的现代化管理模式也为中国水产养殖业构建了一个可借鉴、可推广的现代化养殖模式，并推动了智能锦鲤养殖的标准化发展。这一发展趋势有望在未来成为国际智能养殖业的典范，为全球智慧农业的发展贡献了中国的智慧和创新。

二、聚盛源养殖场鲟鱼智慧养殖

（一）基本情况

北京市聚盛源养殖场成立于 2003 年 4 月，位于密云区西田各庄镇牛盆峪村东（海昌渔业），是一家种质鲟鱼养殖场，养殖场始终以"服务首都，振兴种业"为宗旨。北京密云基地占地 50 亩，密集型再循环鱼类养殖系统布设在面积为 1.3 万平方米厂房内，并划分 3 个区。每个区标配有 8 个独立水循环跑道式亲鱼培育及养殖系统：设有专用配电室、氧气罐、制冷机室、饲料室、实验室、资料（档案）室、会议室等。张家口基地占地面积 33 亩，建有各种规格水泥浆砌养殖池 28 口，全封闭循环水孵化车间 1 座，鱼展厅 350 平方米，工厂化车间外建有 20 余亩人工水稻湿地系统对养殖尾水进行生态化处理，使养殖尾水不向系统外排放，养殖场正在积极探索高科技、低污染、零排放、强环保、高节水的工厂化养殖新路径。图 10 - 24 为北京市聚盛源鲟鱼养殖场区整体图。

图 10 - 24　北京市聚盛源鲟鱼养殖场区整体图

养殖场主要对外出售 2 个月以内的鲟鱼。工厂拥有完备的基础设施，但是从亲鱼养殖到鱼苗出售的一整套生产流程中仍然需要大量的人工参与，图 10 - 25 为工人鱼苗捕捞作业的现场图。鲟鱼产卵需要人工捕捞亲鱼通过手术的手段取出鱼卵，鱼卵取出后需要使用石灰水脱黏，然后放入鲟鱼精液人工搅拌授精，将受精后的鱼卵放入尤先科孵化器中进行孵化，需要人工进行管理，捡拾异常受精卵。鱼苗孵化后需要人工饲喂、管理，不同的生长阶段所食用的饲料颗粒直径略有差异。总体而言，密云聚盛源养殖场目前存在以下 3 个问题：①养殖基础设施和设备智能化水平低，水处理设备较为落后；②养殖技术落后，饲料利用率低，浪费严重，污染水质，造成水质处理成本大；③生产

图 10-25 工人正在进行鱼苗捕捞作业

管理信息化水平较为落后。因此，需要对密云聚盛源鲟鱼养殖场进行智慧化改造升级。

（二）智能渔业建设

事实证明，智慧化养鱼工厂的经济、生态、社会效益极为显著，是调整农村生产结构的好项目，是一项极具潜力与发展前景的朝阳产业，对于渔业养殖产业升级具有重要意义。以北京市密云区聚盛源鲟鱼养殖场为实践基地，开展养殖场的鲟鱼品种识别、养殖环境控制及养殖自动化装备研制，提升工厂养鱼的智慧化水平。

1. 鲟鱼养殖水质参数采集及分析

目前已在鲟鱼养殖场安装智能化水质监测物联网智能终端装备设施，如图 10-26 所示为设备和系统界面图，此设备包含 1 台摄像头以及哈希厂商提供的水质参数传感器，传感器可以测量养殖池内的溶解氧、pH、氨氮等水质参数，可以通过云平台实时在线观测鲟鱼养殖场生产场景数据及水质监测数据，实现了数据的实时传输并为开展基础研究奠定了良好的基础。通过图像数据可以持续观测养殖场内目前生产场景中存在的问题，根据实时传输的图像数据构建鲟鱼养殖场的数据集，利用卷积神经网络（CNN）模型、图卷积神经网络模型等一系列深度学习方法对数据进行分析图像数据。利用 LSTM 等网络模型对水质参数等时序数据进行分析，实时监测水质参数变化，能够对异常水质参数进行预警提示。随着多模态数据技术的融合，生产场景图像数据与水质参数时序数据融合将大大助力养殖场管理效率，降低养殖场生产管理成本。

2. 基于机器视觉的鲟鱼行为分析

现阶段针对鲟鱼养殖场生产管理问题开展鲟鱼行为识别，在鲟鱼养殖池布

图 10 - 26　水质监测装置及系统界面

设多个摄像头从不同的角度拍摄捕获鲟鱼的行为
图像，研究不同环境胁迫下鲟鱼的行为，提取速
度、加速度、转角等特征对鲟鱼行为进行量化提
取，摄像头及其布局示意如图 10 - 27 所示。基于
采集所得的数据集，开展基于多目视觉技术的鱼
群行为分析，高效监管鲟鱼行为，节约饵料，监
测水质变化，提高鲟鱼养殖场的信息化水平。伴
随着研究的深入，未来将针对鲟鱼养殖场智慧化
方面的需求继续深入开展研究。

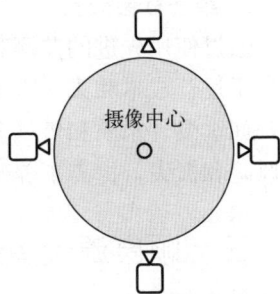

图 10 - 27　摄像头布局示意

3. 基于机器视觉的鲟鱼种苗计数

鲟鱼养殖场目前售卖种苗采用人工计数，这
种方式不仅耗费大量的人力物力，并且生产效率低下。针对上述问题，采集鲟
鱼种苗图像数据，建立基于机器视觉的种苗计数模型。首先对种苗图像进行目
标标记，然后基于 Yolo 框架构建针对鲟鱼种苗的检测计数模型，达到对鲟鱼
种苗进行计数的目的。通过种苗计数可以为鲟鱼养殖场管理者提供准确的数量
信息，向养殖场管理者提供丰富的信息反馈，帮助养殖场管理者选择合适的养
鱼池存放种苗。此技术实现种苗数量的高效监测和管理，有助于减少资源的浪
费，精确控制饲料的用量，发现潜在的种苗健康问题，从而提高鲟鱼养殖工厂
的生产效率。

（三）应用成效

1. 资源节约环保

鲟鱼养殖场安装智能化水质监测物联网智能终端装备设施，设施包含水质

参数传感器,传感器可以实时测量养殖池内的溶解氧、pH、氨氮等水质参数,通过云平台实时监测水质变化情况。监测和管理水质,养殖场可以更有效地利用水资源,减少浪费,保障鲟鱼生长水质,使鲟鱼始终在健康、安全的水质下正常生长。同时,避免排放尾水中含有大量的氨氮等元素,对环境产生污染,从而实现绿色环保的生产模式。

2. 鲟鱼养殖环节安全保障

养殖场内布设了水质参数传感器、摄像头等,实现了鲟鱼养殖场内的数字化监控,确保鱼类生长在健康和安全的环境中。同时,实时监测有助于及早检测任何潜在的水质问题,从而减少了水中污染物对鲟鱼的影响,提高了食品安全性。针对鲟鱼在养殖过程中可能出现的异常行为,特别是鲟鱼患病表现出的行为异常等情况,引入鱼群行为分析技术,及时监管鱼群异常行为,降低鲟鱼养殖场的管理成本,保证进入消费者口中的鲟鱼肉质安全、可口。

3. 经济社会效益

通过使用先进的监测和自动化技术,工厂能够实现高效的鱼类养殖管理,减少了运营成本和人工成本。智能监控系统能够及时检测到鱼池内的环境参数,如水温、水质和氧气含量,确保鲟鱼的健康和生长。这有助于降低养殖中的风险和损失,提高了养殖的产量和质量。

三、顺康源金鱼智慧养殖

(一)基本情况

北京顺康源生态农业有限责任公司位于北京市顺义区南彩镇东江头村。基础设施完备,交通便利,水、电、路等能够满足生产需求,现养车间7 500平方米,养殖槽72个,养殖池(盆)150个;养殖团队人员结构合理,老、中、青三代,既有40余年养殖经验丰富的传承人,也有大学毕业的新人,专业对口,团结协作。坚持几十年如一日,坚持科技创新与传统培殖相结合,多年来致力于北京宫廷金鱼的保种育种、种质提纯恢复工作,先后改良培育出宫廷金鱼品种:黑望天球、宫鹅、短尾弓背四泡、紫望天赤球等品种,填补了国内空白,为宫廷金鱼发展做出了巨大贡献,获得业内人士的一致好评。图10-28为金鱼养殖场地图。

目前基地养殖方式为小池精养。养殖团队的成员拥有丰富的金鱼养殖的经验,但智能化技术及设备缺乏,主要凭借人工经验进行养殖。目前基地年产量有一万多尾,产出的宫廷金鱼品种都是市面上没有的珍稀品种,科研价值很高。基地的主要工作包括养殖和育种两项。养殖过程中一项关键的工作是把控养殖水质。目前基地由于自动化设备匮乏,金鱼养殖过程中的水质把控以人工

图 10-28 金鱼养殖场地

为主，具体来说是依靠经验和现象预测水中各种物质含量等（如观察水的透明度、浊度、黏度，根据气泡判断水中的各种分泌物、代谢物以及残饵对水的影响等）。金鱼育种方面主要涉及两方面的工作：一是保种，二是培育新品种。金鱼繁育在 2—4 月，一般新品种的培育需要四代，约 8 年时间，才能保证性状的稳定，在这过程中约 80％的鱼都要被淘汰，产生的新品种需要性状相对稳定且产品特征（形＋色）明显才算成功。金鱼育种是一个长期且复杂的工作，而且育种期间需要精确控制和监测各种条件（如水质、温度、饲养密度等），因此急需数字化系统帮助金鱼育种减少人力资源消耗、提高育种效率和环境变量控制的精确度。此外自动化育种系统可以通过分析育种过程产生的大量的数据记录，提前识别出不符合标准的鱼类，更高效地进行淘汰不合格的鱼苗，从而实现节约资源的目的。

（二）智能渔业建设

1. 智能饵料投喂系统

金鱼养殖基地将建设一套结合现代科技和传统养殖业的智能饲养系统，目的是提高鱼类养殖的效率、质量和可持续性。环境监测装置负责实时监控养殖环境中的关键参数，如温度、湿度、光照等。它们通过精准的传感器收集数据，确保养殖环境始终保持在理想状态。宫廷金鱼对生长环境的要求极高，环境监测装置能够帮助维持金鱼的适宜生长条件。增氧控制装置用于调节养殖水体中的溶解氧水平。水质传感器负责监测 pH、氨氮含量、硝酸盐水平等关键指标。这些传感器提供实时数据，帮助养殖人员及时调整水处理措施，防止有害物质累积，确保水质始终适宜金鱼生活。自动投喂装置能够根据设定的时间表和量化标准自动投放饲料。这些装置不仅节约人力，还能减少过量喂食带来的饲料浪费和水质恶化。自动投喂装置可以调节饲料量，确保鱼类获得均衡的营养供给。

智能饲养系统通过综合运用这些技术，实现对养殖环境的精确控制和管理。它的运用不仅提升了养殖效率，还有助于确保鱼类健康和减少资源浪费。例如，通过精确的水质管理，可以预防金鱼发育异常，从而减少养殖损失。同时，自动投喂系统确保鱼类得到适量的营养，促进其健康成长，提高养殖产量和质量。此外，智能饲养系统中的数据收集和分析功能还为养殖过程的持续优化提供了可能。通过分析收集到的数据，养殖人员可以更好地理解和改善养殖策略，实现长期的可持续发展。

2. 金鱼异常行为检测系统

金鱼养殖基地将建设金鱼异常行为检测系统，目的是及时识别金鱼的异常行为，异常行为通常是健康问题的早期征兆。例如，不寻常的游动模式可能预示着身体不适或疾病，系统检测到异常行为后及时通知养殖人员，以便检查可能的问题并采取相应措施。金鱼异常行为监测系统使用高分辨率、多角度的摄像头对养殖环境进行全方位监控，确保无死角覆盖金鱼活动区域。系统使用实时视频分析的技术，识别并追踪每条金鱼的运动轨迹，最终使用行为模式识别算法分析金鱼的正常行为模式，包括游泳速度、跳跃频率、饲食行为等，通过大量的样本学习实现建立正常行为的基准模型的目的。异常行为检测系统将金鱼的行为与正常行为模型进行对比，识别出金鱼的异常行为，如长时间的静止、过快或过慢的游泳速度、异常的跳跃行为等。异常行为检测系统将提供一种高效的手段帮助养殖人员提早发现金鱼可能面临的健康和环境问题。通过实时监控和智能分析，能够减少疾病发生的风险，提高养殖的成功率，为金鱼养殖业带来更大的革新和价值。

3. 养殖环境因子预测预警

金鱼对于生长环境十分敏感，很小的环境变化可能会导致金鱼发育异常，所以我们将建立养殖环境因子预测预警系统，目的是提前预警养殖人员，帮助养殖人员提前做出应对措施。这一系统包括水质传感器、温度传感器、光照传感器以及湿度传感器等智能传感器，用于感知环境参数。还包括水处理装置、温控设备以及光照控制等一系列自动化控制系统。其他设备还包括一系列报警设备，当环境参数偏离预设范围时发出声音或光信号，提示养殖人员出现异常。水质传感器能够实时监测多种水质参数，包括 pH、溶解氧浓度、氨氮和亚硝酸盐以及水的硬度和电导率。这些关键参数能够帮助养殖人员及时了解水环境的变化，并采取相应措施以保持最佳养殖条件。通过应用这些先进的水质传感器以及配套的技术，金鱼养殖基地的水质因子预测预警系统不仅提高了养殖的安全性和可靠性，还大大增加了管理的便捷性，确保了金鱼养殖的高效和可持续性。

除了水质传感器之外，金鱼养殖环境因子预测预警系统还包括其他多种传感器，用于监测和控制不同的环境参数。这些传感器的使用确保了金鱼生长的最佳环境条件，同时提前预警可能的不利环境变化。温度传感器用于监测水温和环境温度，因为温度波动对金鱼的健康有直接影响，同时加热器与冷却系统联动，以维持恒定的适宜温度。光照传感器可以监测养殖区域的光照强度，确保金鱼获得足够的日照或人工光源照明，而且还可以根据光照强度自动调节人工光源，模拟自然光周期。最终所有传感器的数据被收集并发送至中央处理单元进行分析，由数据分析软件评估环境变化趋势，并预测可能出现的问题。在检测到潜在问题时，系统可以自动调整设备设置并向管理人员发出预警。

在金鱼养殖这样的精细养殖环境中，除了环境感知设备外，自动化控制装备在水环境预测预警系统中起着至关重要的作用。这些装备不仅能够实时监测和调节水环境，还能提供及时的预警，以防止对金鱼健康有害的环境变化。自动化设备包括水处理系统、温度控制设备以及自动投饵机等。水处理系统通过传感器检测到的水质数据自动调节水质，如根据氨氮水平调整过滤系统。温度控制设备根据温度传感器的反馈自动调节水温。自动投饵机通过分析金鱼的活动和生长数据，调整喂食量和频率。自动控制系统会持续监测水环境变化，在检测到异常时立即生成警报，同时系统会自动启动应急措施，减轻潜在的负面影响，直至人工介入。自动化控制和预警系统在水环境预测预警方面起着核心作用。它们不仅提高了养殖效率和金鱼的生存率，还降低了人力资源的依赖，使得金鱼养殖更加精确、高效和可靠。

4. 自动化分拣系统

金鱼自动分级筛选系统是一种专为金鱼养殖业设计的高效自动化工具，旨在优化金鱼的分类和分级过程，提高分拣效率和准确性，同时降低了人工劳动成本。这一系统的核心是利用计算机视觉技术和模式识别对金鱼进行快速、准确的分类和分级。该系统包括图像捕捉模块、图像识别模块、机械分拣装置、控制系统以及应急响应系统，这些模块协同工作实现自动化分拣系统，帮助基地提高分拣效率和准确性，降低人工成本，提高养殖基地的整体运营效率。

图像捕捉模块和图像识别模块通过多摄像机获取并分析金鱼的图像来实现自动化监控和管理。这种系统的核心功能包括金鱼的识别、行为分析、健康监测以及环境评估。图像捕捉模块包括多摄像机系统、实时视频捕捉模块以及图像传输模块。我们计划在养殖池塘水面和水下部署多个高分辨率摄像头，以捕获金鱼的全方位图像，解决金鱼游动时自遮挡、互遮挡及目标多尺度的问题。摄像头持续录制视频，实时捕捉金鱼的行为和活动，并通过高帧率视频捕捉金鱼的快速动作和细微变化。最后使用无线网络将视频和图像数据实时传输到中央处理系统进一步分析。图像识别模块包括集成了多种图像处理技术和模式识别算法，用来识别金鱼的特定特征（如体型、颜色、模式和运动行为）和进行行为分析（如金鱼的游泳模式、社交行为和饮食习惯，这些行为可反映金鱼的健康状况）。此外，图像识别模块还可以通过观察金鱼的外观变化自动识别疾病迹象，分析金鱼行为变化与环境因素的关联，评估养殖环境对金鱼行为和健康的影响。总的来说，通过将图像捕捉和图像识别模块集成到自动化监控系统中，金鱼养殖管理者能够实时监控金鱼行为和健康状况。这些模块获取数据可用于指导日常的养殖决策，如调整喂食计划、改变水质处理方案或实施疾病预防措施。此外，还可以提高养殖效率和金鱼福祉，减少资源浪费，提升养殖基地的可持续性和盈利能力。

机械分拣装置是金鱼养殖基地自动化分拣系统的核心组成部分，它的设计和功能对于确保分拣过程的效率和准确性至关重要。分拣的机械装置首先在材料上需要考虑到对金鱼的温和处理，避免在分拣过程中对金鱼造成伤害。机械分拣装置根据图像识别模块的结果，自动将金鱼按大小、品种或健康状况分类。使用机械臂、滑道或转盘等机械装置，准确地将不同类别的金鱼分配到指定区域或容器。分拣装置需要精确地处理每条金鱼，包括速度控制和软触摸机械臂，适应不同大小和脆弱程度的金鱼，确保分拣过程中不会对金鱼造成伤害。机械分拣装置在金鱼养殖自动化系统中起到了至关重要的作用，通过精确、温和的机械操作提高了分拣效率和准确性，减少了对人工操作的依赖。这不仅提升了养殖基地的整体运营效率，还确保了金鱼在分拣过程中的福祉。

（三）应用成效

1. 养殖水质环境因子优化控制

金鱼养殖基地数字化建设中，环境因子控制的成效显著。通过运用自动控制技术和实时监测系统，实现了精准的控制和调节金鱼养殖环境中的关键水质参数如温度、pH、溶解氧含量、氨氮和亚硝酸盐水平等。智慧化控制系统还能预测环境参数的趋势变化，提前进行预警和预防性调整，大大减少了金鱼因环境不适而导致的应激和疾病。

2. 金鱼养殖效率提升

集成自动化喂食系统、智能监控设备和环境管理技术使养殖过程中的重复和耗时工作得到了显著简化，同时还减少了人为错误的可能性。自动化喂食系统确保了饲料的精准投放，既保持了金鱼所需营养的均衡，又避免了过量投喂导致的资源浪费和水质恶化。此外，养殖基地通过数据分析和管理软件能够有效地跟踪和分析养殖过程中的关键指标，如生长率、死亡率和饲料转化率，帮助管理者优化养殖策略。

3. 金鱼养殖产量与品质提升

养殖基地的智慧化平台集成了精准的环境控制系统、自动化监测系统和数据分析系统，这样可确保养殖基地能够创造最佳的养殖环境，从而直接提升金鱼的生长速度和整体健康状况。自动化的环境控制系统确保了水温、pH、溶解氧含量等关键水质参数始终处于理想状态，稳定的水质环境减少了鱼病的发生，这直接增加了金鱼的产量和品质。

4. 经济效益与社会效益

通过智慧化技术可提高金鱼养殖的生存率和品质，这直接提高了市场销售价格。高质量的金鱼能够得到更高的市场价格，提升了产品的市场竞争力。同时，稳定的生产效率和良好的品质控制增强了消费者信心，帮助养殖基地打开更广阔的市场渠道，增加了销售量。此外，数字化管理系统提供了精准的数据支持，使养殖基地能够基于数据进行决策，如优化养殖周期、改进饲料配方和调整市场策略，从而使经济效益最大化。

第十一章

北京农业大数据平台与信息服务

农业农村是大数据产生和应用的重要领域之一，是我国大数据发展的基础和重要组成部分。随着信息化和农业现代化深入推进，农业农村大数据与农业产业正在全面深度融合，逐渐成为农业生产的定位仪、农业市场的导航灯和农业管理的指挥棒，日益成为智慧农业的神经系统和推进农业现代化的核心要素。

习近平总书记指出，要推动实施国家大数据战略，推进数据资源整合和开放共享，更好地服务我国经济社会发展和人民生活改善。为大力推动大数据的发展和应用，我国先后出台《国务院关于印发促进大数据发展行动纲要的通知》《国务院办公厅关于运用大数据加强对市场主体服务和监管的若干意见》等政策文件。中共中央办公厅、国务院办公厅印发的《数字乡村发展战略纲要》指出，要"推进农业农村大数据中心和重要农产品全产业链大数据建设，推动农业农村基础数据整合共享"。北京市发布《大数据和云计算发展行动计划（2016—2020 年）》和《大数据行动计划工作方案》提出"四梁八柱深地基"的平台总体架构，农业农村大数据是北京大数据建设的重要组成部分。《北京市"十四五"时期乡村振兴战略实施规划》提出，按照"数据一仓库、管理一平台、决策一张图、应用一掌通"的总体架构，分期逐步推进平台建设，实施乡村振兴大数据工程，构建智慧农业农村数据底座，实现涉农数据资源纵向融会贯通、横向共享共用。《北京市加快推进数字农业农村发展行动计划（2022—2025 年）》提出，到 2025 年建成北京市乡村振兴大数据平台，全面对接北京市大数据平台和国家农业农村大数据平台，推进涉农数据跨部门共享和有序开放。

近年来，北京市紧紧围绕首都城市功能定位，在农业农村大数据的实践应用方面取得了一定成效。但随着新一代信息技术的发展、乡村振兴战略规划部署需要以及国家对数据信息的更高要求，北京市在农业农村大数据领域还存在一定差距和问题。为解决农业农村系统建设分散、缺少统筹规划以及信息化基础支撑，涉农信息资源分散存储、采集时效性不佳，标准规范建设滞后、数据共享困难，涉农数据深入挖掘和应用不足，难以有效支撑乡村振兴工作决策等问题，北京市决定建设乡村振兴大数据平台。这符合国家和全市关于农业农村大数据建设的方向和思路，是提高农业生产智能化水平、农业农村综合信息服务水平、政府治理能力科学化水平的必要手段，有利于形成基础设施完善、标准体系健全、数据互联互通、资源高度共享、资金投入集约有效、业务有机协同发展的新格局，从而全面支撑北京大数据建设和乡村振兴战略顺利实施。

第一节　大数据平台与信息服务关键技术

大数据技术是一种对大量结构化、半结构化和非结构化数据进行处理的方法集合，目标是通过对数据的深度分析和挖掘获取有价值的信息、洞见以及预测结果，涵盖数据采集、清洗、存储、挖掘、分析及可视化等数据处理技术。大数据价值的完整体现需要多种技术协同。大数据平台业务架构设计图见图11-1。

图11-1　大数据平台业务架构设计图

数据底座层是一个基于现代化技术架构的数字基础设施，主要包括数据存储、数据计算、数据共享和安全性、监控和管控工具等设施和组件。这些设施和组件相互关联和融合为平台提供了强大的支持和基础设施。

数据采集与分析层主要完成数据采集清洗、数据存储与管理、数据挖掘分析和数据可视化展现应用。

应用支撑层为应用程序提供必要的支持和基础功能，主要包括数据持久化处理、数据完整性和有效性验证、业务规则检查、异常和错误处理、缓存管理、安全性控制和隐私保护等功能。

农业大数据特色功能层主要是基于数据采集分析和应用支撑，完成涉农数据治理、数据流转、数据资产管理和信息融合与服务，构建起农业大数据特色功能模块的完整生态系统。

一、数据采集与分析

数据采集技术支持对各单位、各类统计表等不同来源和包含数据库、文档知识库、图片库、视频课件库等多种结构的多源异构数据的接入汇聚。建立和完善大数据信息采集渠道和信息调度体系，打造随需而变和个性定制的大数据综合信息采集技术，实现采集要素（采集报表、采集指标、采集范围、采集频度、采集周期等）的动态管理和可配置，形成采集模型，支撑各类数据的采集需求，并实现对采集数据的存储和管理（图 11-2）。

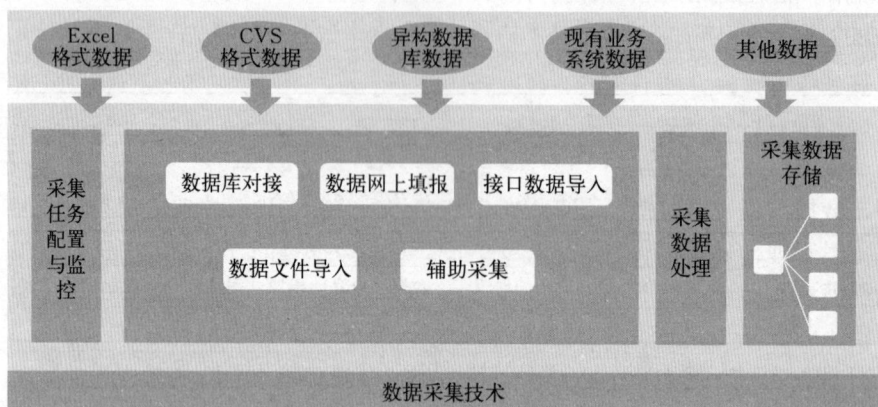

图 11-2　数据信息采集技术示意

（一）数据采集与处理

依照大数据平台的总体建设思路，需建立和完善纵向贯穿市、区、乡镇和村四级涉农单位的数据共享、同步机制，以实现"表单可定制、流程可配置、范围可指定、事前可预警、事后可审核"的建设内容，具体包含在线填报、数据导入、审核通知、基础信息管理、指挥调度等功能。可通过数据抽取、转换、清洗和加载等方式使数据资源在统一的标准和体系下进行预处理和预整合。使用 Hadoop、Flink、Spark 和 DataFlow 等高效数据处理技术对结构化数据、非结构化数据进行聚合、计算和持久化，提高数据的管理效率与数据的使用价值，为基层涉农工作人员提供数据收集、分类共享、清洗转换等不同类型的服务。

数据平台采集模块负责源系统的数据采集工作，采集后的数据文件通过文件传输平台发送到大数据平台的数据计算存储区。计算存储区分为离线分析集群和联机分析集群。大数据平台将收到的数据存入这两大集群中，通过统一调度平台调用数据分析计算程序对两大集群中的数据进行数据加工，将加工后的结果导出成数据文件，并通过文件传输平台传输给数据应用系统。

大数据平台数据采集方式主要有 3 种：一是通过 CDC（change data capture）实时数据同步工具读取数据库日志，增量抓取数据；二是通过 ETL（extract‐transform‐load）工具连接源端数据库，直抽数据库表数据；三是通过 FTP（file transfer protocol）工具连接前置机，获取推送数据文件。

数据采集接口主要包括标准数据接口、实时数据接口和数据流接口。标准数据接口可提供平台的一些基础数据，如历史数据查询等，适用于对数据的实时性要求不高、数据量也不大的场合。实时数据接口主要采用 MQTT（message queue telemetry transport）协议，可在有限带宽条件下，为连接各系统提供实时可靠的数据传送功能。MQTT 协议能支持通信不可靠的网络，且可扩展到数以百万计的通信设备。数据流接口主要采用 MQ 协议，即使用 RabbitMQ 消息中间件，可以实时查看消息流信息。MQ 协议能有效解决本系统所产生的海量数据流在异构网络中的数据对接问题。

数据采集主要包括个人工作台、基础代码管理、指标管理、报表管理、采集方案管理、采集状态监控、数据填报管理、数据查询统计、数据导出打印等功能模块。通过建设上下协同、运转高效、调度灵活的数据采集，进一步推动种植业、畜牧兽医、渔业、农机、农村经营管理等领域业务运行信息调度，并根据调度需要随机配置采集报表、采集范围、采集流程，实现大数据灵活调度。

大数据平台数据采集主要包括数据采集、增量剥离、数据校验、标识文件、文件压缩、调度监控等功能。

数据采集指通过 CDC/DATASTAGE/FTP 等工具采集源系统业务数据。增量剥离指为提高每日数据处理效率并为下游系统提供增量数据，对源系统采集数据时进行增量剥离操作，获取每日增量数据。数据校验指针对必要的数据采集表对源系统进行数据采集后，进行数据校验，从而确保在数据采集、处理和传输过程中保持数据的一致性和完整性。标识文件指制作数据文件的握手文件，便于文件传输平台判断文件标识进行数据传输，下游系统可通过标识文件内容进行数据校验。文件压缩指对数据文件进行压缩管理，以便于数据传输与备份，备份方式采用统一的备份脚本。调度监控指日常运行过程中的各类监控与必要的预警，例如调度任务报错预警、服务异常预警等。

（二）数据存储与管理

随着互联网行业的发展，采用集中式的存储成为数据中心系统的瓶颈，不能满足大规模存储应用的需要，分布式存储开始被广泛应用。分布式存储就是将数据分散存储到多个存储服务器上，并将这些分散的存储资源构成一个虚拟的存储设备。

分布式存储优势在于提高系统的可靠性、可用性和存取效率，并易于扩展。分布式存储是一个大概念，种类繁多，除了传统意义上的分布式文件系统、分布式块存储和分布式对象存储外，还包括分布式数据库和分布式缓存等。分布式存储关键技术包括元数据管理技术、系统弹性扩展技术、存储层级内的优化技术、针对应用和负载的存储优化技术。

数据管理涉及模型、搜索、计算和治理等关键技术，管理机制从传统关系型数据管理系统向非关系型转变。典型的非关系型数据库管理系统有文档数据库 MongoDB、键值数据库 ACCUMULO、图数据库 Neo4 J 和列数据库 HBase等。非关系型数据库管理系统可以处理大量结构化和非结构化数据，具有高可扩展性和可靠性。相对于关系型数据库，非关系型数据库管理系统对数据一致的实时性和完整性约束要求较为宽松，简单的数据模型和查询语言能够满足用户对大数据管理的新需求。

1. 元数据管理

元数据管理包括农业词汇表的发展、数据元素和实体的定义、业务规则和算法以及数据特征。最基础的管理是管理业务元数据的收集、组织和维持。技术型元数据应用对主数据管理和数据治理十分重要，主要包括标准类目管理、标准数据元、标准字典表、标准限定词、数据元管理等功能。

元数据是描述信息系统中数据的数据。北京市涉农信息系统中的元数据包括关于数据库结构等一般意义上的元数据和涉农业务元数据。业务元数据包括各种表单描述数据、报表描述数据、生成式数据、校核式数据、数据元素、数据对象等。元数据描述业务数据和管理数据的结构、含义、来源、用途等各个方面，使内部和外部的计算机系统和用户能够理解数据的含义，为数据的有效使用提供可靠保证。

2. 主业务数据管理

涉农业务数据按照涉农业务划分为产业兴旺、生态宜居、乡风文明、治理有效、生活富裕五大类，在五大类基础之上可进一步细分。如农业元数据可分为产业体系、生产体系、经营体系、区域经济等类，而产业体系可按照种植业、畜牧业、渔业、农机等类进行细分元数据。最终的元数据体系根据北京市涉农信息资源目录体系抽取、提炼形成。

用户可基于主数据管理对数据表进行梳理，包括对数据表进行分类打标签、建立目录归类，也可以从数据地图导出数据表。

主数据管理提供强大的查询能力，包括支持按照表名、描述、类目、标签、创建者、项目空间、生命周期，表大小、表是否分区、更新时间等多种查询条件，满足用户的各种查询需求。

数据表梳理完毕后，数据表在数据地图上一览无遗，用户可快速查找到所需数据表并下载查看明细信息。主数据管理包含表搜索、表类目管理、表标签管理功能。

全市农口各单位有可能同时掌握着同一业务数据，但彼此业务数据信息不一致，在以上情况下判定数据的唯一性和准确性显得非常重要。通过主数据管理可帮助建立起全市涉农数据标准库。相关数据进行更新时，标准库中的数据经过数据管理部门审核确认后及时同步更新。当数据出现不一致或冗余时，以标准库中的数据为准，进而确保数据的准确性。此外，通过主数据管理将有利于不同部门之间的数据订阅与共享发布。

（三）数据分析与挖掘

1. 规则质量管理模块

规则质量管理包括规则管理模块、数据探查、数据质量和分类分级 4 个功能模块。

规则管理模块主要包括质量规则库、质量监控、质量评估功能。

数据探查模块通过对来源数据存储位置、提供方式、总量和更新情况、业务含义、字段格式语义和取值分布、数据结构、数据质量等进行多维度探查，以达到认识数据的目的，为数据定义提供依据。通过数据探查功能，对业务缓冲库和原始库中的数据进行探查分析，以便对待汇聚整合的数据有一个清晰了解，进而提取出数据源头的元数据信息，为后续的数据处理过程提供管理、业务、技术等方面的支撑。

数据质量模块主要包括工单管理、质量评估管理、统计管理、系统管理等。

分类分级模块包含分类管理功能、分级管理功能和规则管理功能。

2. 分布式计算模块

分布式计算（distributed computing）是一种把需要进行大量计算的工程数据分割成小块，由多台计算机分别计算，在上传运算结果后，将结果统一合并得出数据结论的计算方法。分布式计算的优点在于能够充分利用多台计算机的计算资源，从而提高计算速度和效率。同时，分布式计算还可以提高系统的可靠性和容错能力，保证了系统在遇到节点故障或通信延迟等问题时依然能够正常运行。分布式计算包括网格计算、云计算、边缘计算、雾计算和霾计算等技术。

但是，分布式计算也存在一些挑战和限制。例如，在计算过程中需要对数据进行划分和传输，增加了数据一致性和通信延迟的问题。同时，分布式计算也增加了安全性和隐私保护的难度。

3. 流数据处理模块

随着大数据的进一步发展，单纯的批处理与单纯的流处理框架，都不能完全满足当下的需求，由此开始了"批处理＋流处理"共同结合的混合处理模式。批处理框架的典型代表是 Apache Hadoop。流处理模式的代表框架是 Apache Storm。批处理与流处理相结合的典型代表框架是 Apache Spark。Spark 是基于 Hadoop MapReduce 计算模型的优化，Spark 通过内存计算模型和执行优化大幅提高了对数据的处理能力。在不同情况下，速度可以达到 MR 的 10～100 倍，甚至更高。Spark 的流处理能力由 Spark Streaming 模块提供。Spark 引入微批次（Micro‐Batch）的概念，即把一小段时间内的接入数据作为一个微批次来处理。

流数据处理模块是大数据平台中专门针对实时或准实时数据流进行高效、低延迟处理的关键组件。对于实时或近实时数据流，支持低延迟、连续处理，如 Apache Storm、Apache Flink 等框架提供的事件驱动、窗口计算等功能。

4. 数据模型管理

数据模型管理包括数据挖掘和数据建模与管理。

（1）数据挖掘。数据挖掘功能依托资源管理、数据管理、空间管理、空间发布和回收站等功能，提供可视化且快速建模的能力，尽可能减少冗余，保障数据应用对数据的高效建模。用户通过页面操作即可完成数据模型的创建和维护工作，并且具有数据模型的导入和导出逻辑能力，数据挖掘流程见图 11‐3。

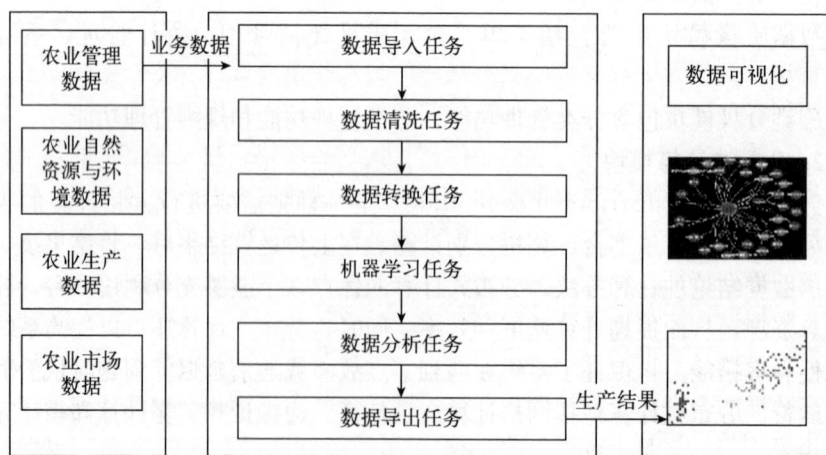

图 11‐3　数据挖掘流程

数据挖掘的常用方法主要有分类、回归分析、聚类、关联规则等，它们分别从不同的角度对数据进行挖掘。

分类是找出数据库中一组数据对象的共同特点并按照分类模式将其划分为不同的类，其目的是通过分类模型将数据库中的数据项映射到某个给定的类别。

回归分析方法反映的是事务数据库中属性值在时间上的特征，产生一个将数据项映射到一个实值预测变量的函数，发现变量或属性间的依赖关系，其主要研究问题包括数据序列的趋势特征、数据序列的预测以及数据间的相关关系等。

聚类分析是把一组数据按照相似性和差异性分为几个类别，其目的是使得属于同一类别的数据间的相似性尽可能大，不同类别数据间的相似性尽可能小。

关联规则是描述数据库中数据项之间所存在的关系的规则，即根据一个事务中某些项的出现可导出另一些项在同一事务中也出现，即隐藏在数据间的关联或相互关系。关联规则的挖掘首先需要找出所有频繁集，然后基于频繁集分析关联规则。关联分析通常是用在深入的数量化分析之前，集合一般不支持数值数据。因此根据农业数据特点建立相应的频繁集是农业大数据关联分析的基础。

特征分析是从数据库中的一组数据中提取出关于这些数据的特征式，这些特征式表达了该数据集的总体特征。如通过对农村劳动力流失因素的特征提取，可以得到导致农村劳动力流失的一系列原因和主要特征，利用这些特征进行分析，可以找到促进大学生返乡下乡就业的措施。

偏差包括一类潜在有趣的知识，如分类中的反常实例、模式的例外、观察结果对期望的偏差等，其目的是寻找观察结果与参照量之间有意义的差别。在危机管理及其预警中，管理者更感兴趣的是那些意外规则。意外规则的挖掘可以应用到各种异常信息的发现、分析、识别、评价和预警等方面。

（2）数据建模与管理。数据建模与管理是数据处理和决策制定的基础。数据建模指对现实世界各类数据的抽象组织，确定数据库需管辖的范围、数据的组织形式等直至转化成现实的数据库。它是数据特征的抽象，从抽象层次上描述系统的静态特征、动态行为和约束条件。数据模型所描述的内容有 3 部分，分别是数据结构、数据操作和数据约束。

数据模型是数据治理中的重要部分，合适、合理、合规的数据模型能够有效提高数据的合理分布和使用。通过对结构化和非结构化数据的深度挖掘，提供通用模型算法，涵盖分类、回归、聚类、关联降维、时间序列、识别、预测、优化等类型，提供从传统的统计分析、计量分析到预测分析、机器学习的模型算法支持，形成一个算法库、一个模型池、一个展示窗口，实现大数据建模及可视化分析与展示，将枯燥的数据流转化为直观的业务成果，为决策、预警提供更直观、更科学的高维动态展示。

模型管理支持模型生命周期每个阶段的管理，提供管理和部署分析模型的功能。对构建模型过程进行组织管理，不同的项目可对应于不同的业务用途或应用，用户可以通过有意义的业务过程数据，结合自己的业务目标进行人工智能模型调研、模型应用以及模型自学习的过程，从而自动化、智能化地帮助用户完成数据价值提升。用户可以在工作区内遵循数据仓库建设流程完成概念模型、逻辑模型、物理模型建模设计，同时通过模型映射管理配置模型的加工逻辑。概念数据模型是面向客观世界、面向用户，与具体的计算机平台无关。逻辑数据模型是面向数据库系统，着重于在数据库系统实现。物理数据模型是面向数据库物理表示，给出数据模型在计算机物理结构的表示。用户可以根据不同的需求选择合适的模型进行数据分析，用直观、形象，通俗易理解与专业性结合的形式来为领导决策服务，盘活大数据，比如从产业兴旺、生态宜居、乡风文明、治理有效、生活富裕等业务领域进行评估和综合分析展示。

（四）数据展现与应用

主题分析应用是以主题分析综合数据库为基础，通过"数据＋模型＋时间＋空间"相结合的分析方式，利用目前业界流行的大数据分析和挖掘技术进行数据挖掘和分析。

例如乡村振兴主题内容包括产业体系、生产体系、经营体系、开放型经济、国家现代农业示范区建设、社区建设、基层党组织建设、自治德治法治、土地承包管理、宅基地管理、农民增收、农民住房、农民社保、低收入帮扶、农村养老、农村经济、高素质农民、清洁能源、污染治理、农村环境、绿化美化、农村思想道德、优秀传统文化、乡村文化生活等，便于随时掌握农业生产态势、产业结构调整、生产指标跟踪、困难群体增收、惠农政策落实情况及效能等重大事项，实现动态管理和全程管控。

以乡风文明主题分析应用为例，该主题主要包括农村思想道德、优秀传统文化和乡村文化生活等数据资源。

农村思想道德包括文明村镇数据统计，最美乡村教师、医生、村干部、人民调解员等数据资源。

优秀传统文化包括农村传统节日文化、农耕文化传承保护、乡村红色文化遗产、农村非物质文化遗产、乡情村史陈列室、乡村史志修编、复兴传统村落、重塑乡村文化生态、乡村文化产业展示区、休闲农业创意园、少数民族特色村镇、传统工艺产品、传统节日文化用品、民间艺术和民俗表演数据资源。

乡村文化生活包括农村文化馆、图书馆、公益电影放映工程，以及公共数字文化资源库群、农村文艺演出星火工程、文艺志愿服务、题材文艺创作生产、农村科普工作、农村文化工作队伍、农民群众性体育活动、重大节庆活动等数据资源。

二、应用支撑

应用支撑由基础功能服务中间件、基础集成功能模块及大数据分析模块等构成，为应用系统的架构设计和业务功能的实现提供服务（图11-4）。

基础功能服务中间件主要包括应用服务器中间件、地图前置服务与GIS应用软件等。基础集成功能模块主要利用应用集成、主数据管理、元数据管理、信息资源编目等模块，为应用系统提供基础数据管理服务。大数据分析模块主要利用分布式计算、流数据处理、数据质量管理等，提高大数据分布式计算分析能力。

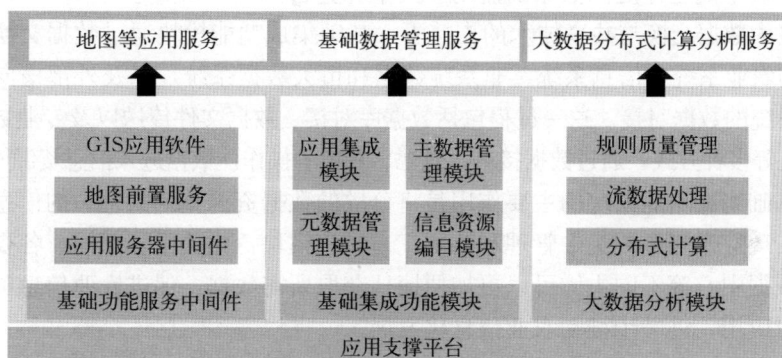

图11-4　大数据应用支撑平台示意

（一）基础功能服务器中间件

基础功能服务器中间件主要包括应用服务器中间件、地图前置服务与GIS应用软件等。

应用服务器中间件功能是整合不同的应用软件到一个协同工作的环境中，提供名字、事务、安全、消息、数据访问等服务。同时提供应用构件的开发、部署、运行及管理功能。

地图前置服务与GIS应用软件主要包括地图服务、数据服务、空间分析服务和网络分析服务。地图服务提供了地图的访问、查询、图层控制、地图浏览（全幅显示、平移等）、地图空间与属性查询、获取跟踪层、地图坐标系统转换、地图量算、图例输出、清除缓存等功能。数据服务提供了数据的获取和编辑功能，用户可以通过该服务对空间数据进行位置编辑、属性修改、删除某些废除的空间地物、添加新增的空间地物等，还能对实体进行添加、更新和删除等操作，进行最近地图查找和几何对象查询。空间分析服务提供缓冲区分析、叠加分析、栅格分析等功能。网络分析服务提供了最佳路径分析、旅行商分析、最近设施分析等功能。GIS应用软件是为地图前置服务提供基础支撑的软件，是专门设计用于采集、存储、管理、分析和展示地理信息的工具，集成地图制作、空间数据管理、空间分析、地图输出和数据可视化等功能。

（二）基础集成功能模块

基础集成功能模块是大数据平台与信息服务的关键技术之一，其功能是为应用系统提供基础数据管理服务。该模块利用应用集成、主数据管理、元数据管理、信息资源编目等模块，实现对数据的统一对接、交换、汇聚、清洗和转换，促进不同主体之间数据的流动、共享和整合。

在大数据交换与共享技术的支持下，基础集成功能模块通过数据交换组件实现与农业系统内信息系统、非系统数据和市大数据系统，以及外部横向部门信息系统的数据对接。这一过程包括数据库对接、数据文件传送以及专业数据存取工具等多种方式，通过数据接口、过滤、转换等操作使数据进入信息资源库。

基础集成功能模块的主要作用是将分散的数据资源整合为统一的信息资源库，实现信息资源的集中管理和共享。通过该模块，相关主管部门、各委办局和大数据中心等不同主体可以更加便捷地获取所需数据，促进农业信息资源的共享与应用，进一步推动农业信息化发展。

（三）安全与隐私保护

大数据交换与共享无形中增加了数据泄露、篡改的安全风险，因此需要安全保障。基于区块链的加密安全、防篡改、去中心化的优势，支持跨地域、跨主体、跨系统之间的数据共享，实现数据价值流动交换。区块链为分布式数据库技术，该系统中所有的数据区块都有对应的数据信息，且每一个数据块都会连接而成变为数据链。系统中的任何一个模块，当中拥有的信息都是完整的，且能够追溯信息的源头。区块链具有诸多优势，最为显著的就是在提取或者储存信息时都应验证，每一次交易都应多方一起验证才可达成。所以，区块链系统可得到巨大的安全保障。区块链的不可更改性是由于区块的哈希值。哈希值类似于指纹，人类都有不同的指纹。在区块的情况下，哈希值作为唯一的标识符。每个区块都是由散列算法、散列函数产生的唯一散列值进行数字签名的。当前区块、上一个区块和一个时间戳被用来生成哈希值，输入的微小变化将导致一个全新的哈希值。区块链作为分布式数据存储技术，具备很强的兼容性，能够提供一套接入性强的标准应用程序（API）和开发者工具（SDK），可供任何时间、任何地点希望接入区块链系统的大数据开发者使用。

三、农业大数据特色功能

农业大数据的特色功能包括涉农数据治理、涉农数据流转、涉农数据资产管理、涉农数据可视化和涉农信息融合与服务。这些功能模块之间存在密切关系，相互支持，共同构建起农业大数据特色功能模块的完整生态系统。

（一）涉农数据治理

作为基础功能，涉农数据治理模块负责规范、清洗、整合和管理涉农数据，确保数据的质量和完整性。它为后续数据流转和资产管理提供可靠的数据基础。乡村振兴大数据平台数据交换与共享主要涉及信息系统数据、非系统数据等不同数据类型，主要分为以下3种数据交换与共享情况：

与农业系统内信息系统数据对接：一方面与农业系统内可提供数据库共享权限的系统进行数据对接。与目标库建立网络连接，通过数据交换模块配置目标数据库的地址、端口、用户名及密码等访问信息，配置程序化数据抽取任务，完成与农业系统内可提供数据库共享权限的信息系统的数据对接工作。另一方面与农业系统内无数据库共享权限系统进行数据对接。针对由于权限或者运行机制等因素造成的部分无法提供数据库共享权限的业务系统，采用专业的数据存取工具，通过用户提供的系统访问权限，对业务系统进行后台访问，以数据存取的方式，通过算法匹配，完成数据逆向建库的任务，从而实现与农业系统内无数据库共享权限系统进行数据对接的工作。

与农业系统内非系统数据对接。由于业务场景的不同及信息化建设程度的不同，农业系统内部分处室单位累积了许多非常重要的非系统数据，如农产品质量安全处有电子表格类型的北京市农产品质量安全检测机构名录及北京市地方标准名录，畜牧渔业处有畜牧养殖场的备案信息电子表格数据等情况。针对农业系统内非系统数据，需要以文件交换的形式完成对农业系统内各处室单位非系统数据的对接。通过制定数据交换规范，确保数据交换的可靠基础；通过合理的数据传输任务编排，确保数据交换的高效率。

与外部横向部门信息系统数据对接。与市人社局、市经信委、市民政局、市国土资源局、市气象局、市统计局、市财政局、市法制办、市建委、海关等横向部门信息系统进行数据对接。

数据共享交换流程涉及数据资源订阅方、数据资源管理方、数据资源提供方三类用户角色，流程如图 11-5 所示。数据资源提供方对数据进行维护，包括业务系统改造、业务与数据接口维护、数据维护与接收三方面，并对数据资源管理方反馈的内容进行处理解决。数据资源管理方作为中间角色，向提供方反馈问题与需求，处理数据资源订阅方的订阅申请。数据资源订阅方则进行数据接收与反馈交流情况等。

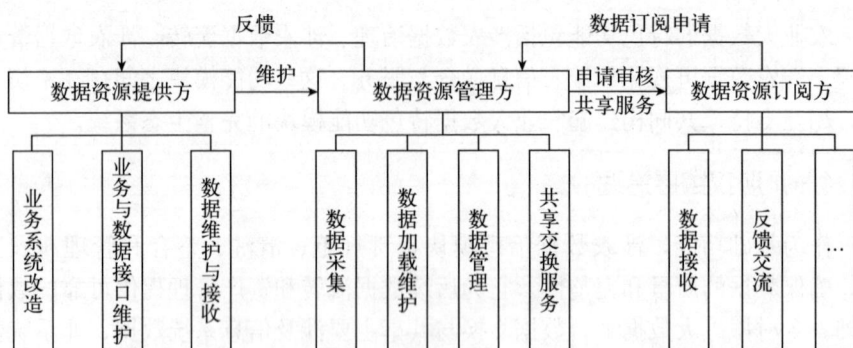

图 11-5 数据交换共享流程图

（二）涉农数据流转

涉农数据流转模块实现涉农数据在不同系统、平台之间的传递和共享，促进涉农数据的流动和交换。数据流转的顺畅与否直接影响到信息融合服务的效果。大数据信息数据流转渠道和任务调度监控体系，打造可随需而变和全程监控的大数据调度监控，实现数据流转的智能调度管理和可配置、数据存储的智能管理调度、数据管理的监控考核，形成调度监控模型及监控考核机制，保障数据采集、交换及存储安全并能高效平稳运行。调度监控功能实现见图 11-6。

大数据调度监控技术是大数据平台与信息服务中的共性技术之一，主要包括监控作业配置、任务监控、日志查看、流程配置、存储监控、监控考核报表等功能模块。

监控作业配置。作业配置包括数据采集作业配置与数据交换作业配置。数据采集作业配置主要是对数据采集目标源信息（包括目标地址、端口、登录信息等）、作业执行时间、存放地址、元数据信息、触发条件等进行配置。数据交换作业配置主要是对数据交换任务的发送区、目标区、数据预处理区、数据处理模型、触发条件、执行时间等进行配置。

任务监控。任务监控主要是实现对执行当中作业进行执行过程的监控管理，包括对执行开始时间、执行节点、执行日志、执行结束时间等信息的查看，以及对执行过程中作业的起、跑、停以及插队等操作的控制。

日志查看。日志查看模块是指对执行失败任务的执行历史日志进行快速定位和查看，便于业务运维人员快速定位问题，提高工作效率。

流程配置。从业务的角度考虑，存在许多作业执行之间的依赖关系，某些业务的执行需要依赖其他业务完成执行结果为前提，流程配置主要是满足这方面的功能需求，可以依据流程配置模块完成对需要依赖条件的作业的流程配置，保证业务逻辑的正确性。

存储监控。对接建立大数据中心，实现对大数据中心数据存储的监控调度，完成对业务数据的梳理调度，弥补现阶段信息资源分散存储、布局零落的不足。

监控考核报表。基于调度监控的调度监控任务完成情况及相关调度日志，按设置的时间周期生成监控考核报表，从而保障大数据系统监管统计工作的有效落实，保持数据质量持续稳定可靠。

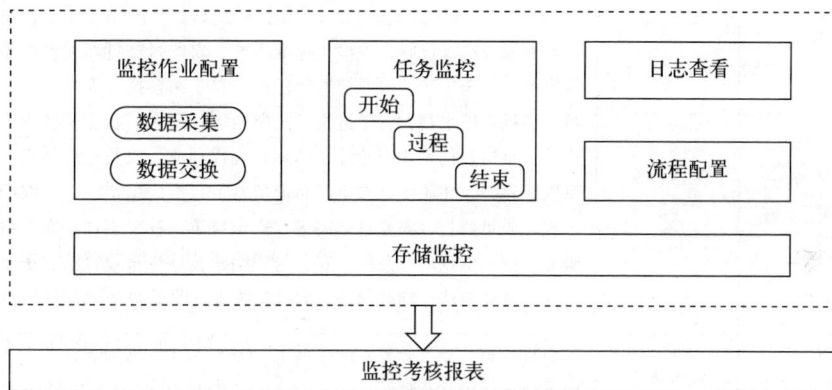

图 11 - 6　调度监控功能实现图

（三）涉农数据资产管理

涉农数据资产管理是指对涉农数据进行资产化管理，包括对数据的价值评估、标准化、归档和审计等操作，以实现对数据资产的有效管理和保护，为数据的再利用和价值挖掘提供支持。在大数据平台与信息服务中，涉农数据资产管理可以看作中台构建的一部分，主要包括：信息资源库管理、信息资源库门户、历史数据迁移与导入。信息资源库管理由资源目录、服务总览等组成。信息资源门户由首页、信息资源、统计中心、个人中心、数据链后台、管理平台等组成。历史数据迁移与导入由数据抽取、数据清洗转换、数据装载、数据安全管理、数据脱敏、数据加密、数据审计和应用安全等组成。

　　通过实时采集大数据信息，归类整理历史积累数据，抽取整合外部共享数据，分别对农村经济、种植业、畜禽业、渔业、农机业、农村环境、污染治理、清洁能源、优秀文化传统、乡村文化生活、农村土地承包、宅基地、社区建设、农民就业、社会保障等原始数据进行梳理和规划，形成北京大数据的五大主题基础数据资源，见表 11-1。通过资源目录规划，形成主题信息资源库、专题分析综合数据库、非结构化数据库和信息资源支撑库等四大类资源库。信息资源总体规划如图 11-7 所示。

表 11-1　五大主题基础数据资源目录

序号	主题分类	主题目录	目录内容
1	产业兴旺	产业体系	按照种植业、畜牧业、渔业、产业融合、农机等产业内容进行分析，包括种植业生产、优化产业布局、生产基地建设、标准化示范场、畜牧产业化建设、现代都市型渔业建设、休闲农业、流通、农产品加工、农机化生产管理、购机补贴政策实施、农机化等主题子类
2		生产体系	按照农业基础设施、规模化标准生产、农业科技创新、农产品质量安全、安全生产、农业信息化建设、农业综合执法等内容进行分析，包括农田水利、农田道路、三园两场、园区、农业科技成果推广、北京市现代农业产业技术体系、现代种业、农技推广体系、北京农业科技人才队伍、农机产品定型鉴定与推广鉴定、放心农产品工程、质量监管、农业自然灾害、安全事故、社会事件、农业信息服务、市场信息动态监测、农业物联网建设、种植业执法、畜牧业执法、林业执法、渔政执法、农机执法等主题子类
3		经营体系	包括一村一品、农产品电子商务、龙头企业、品牌农业、社会化服务等内容进行分析
4		开放型经济	一带一路、京津冀协作发展，区域经济协作、农产品外贸出口等方面开展合作
5		国家现代农业示范区建设	
6	治理有效	社区建设	包括城乡接合部建设、功能特色小镇建设、山区沟域建设等
7		基层党组织建设	包括农业系统基层党组织建设、农村基层党组织建设（农村管理服务体系、农村基层组织设置、全市农村村级组织换届选举、村干部报酬待遇等内容）等主题
8		自治德治法治	包括村民自治、法治乡村、村规民约、平安乡村等
9		土地承包管理	包括土地确权、土地承包合同等信息
10		宅基地管理	包括农村宅基地确权、宅基地坐标信息等

（续）

序号	主题分类	主题目录	目录内容
11	生活富裕	农民增收	从生产性收入、非生产性收入等角度进行分析
12		农民住房	主要分析农村危陋房屋改造相关数据
13		农民社保	农民社保数据
14		低收入帮扶	从困难群体信息、低收入帮扶角度进行分析
15		农村养老	农村养老数据，包括人口基础数据、年龄数据等
16		农村经济	包括农林牧渔各产值、乡镇企业数据及集体经济经营情况数据等
17		高素质农民	主要分析农民教育培训工作，包括百万福利计划农业职业技能培训、高素质农民培训试点、农机职业技能培训与考评鉴定
18	生态宜居	清洁能源	分析沼气等新能源推广应用数据
19		污染治理	包括秸秆禁烧、先进民用炉具推广等分析数据
20		农村环境	包括村庄规划、人居环境整治、农村公共服务、美丽乡村建设、涉农环境治理与保护等
21		绿化美化	造林绿化
22	乡风文明	农村思想道德	包括"北京榜样"典型示范、农村社会心理服务、文明村镇创建等
23		优秀传统文化	包括传统节日文化、乡村史志、休闲农业创意园、民俗文化等分析主题子类
24		乡村文化生活	包括图书馆、文化馆、农村科普生活、重大节庆活动等分析主题子类

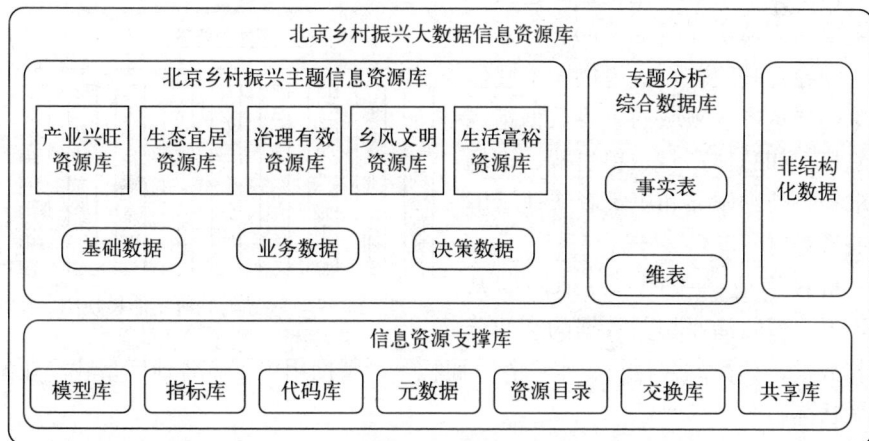

图 11-7　北京乡村振兴大数据信息资源库规划图

信息资源编目主要提供用户目录的管理功能，包括已发布目录、流程中、类目关联组成。主要面向以下角色：

系统管理组：针对类目、可见域等各种基础配置进行修改管理。

资源提供方：可以进行目录编制、资源挂接、统计分析。

平台管理方：可以进行目录管理、网关管理、部门管理、运维监控、统计分析。

资源使用方：可以进行目录浏览、资源订阅、资源使用、统计分析。

大数据平台的指标库（指标体系）主要由基础指标、数据采集与数据交换共享指标、业务指标（基础业务数据指标、业务运行数据指标、业务主题分析指标）等类别构成。基础指标包括时间（年、半年、季度、月、旬、日）、地域（市、区、乡镇、村）、组织机构（业务处室以及外部的横向部门）等。业务指标是从面向乡村振兴五大领域的维度梳理而成的业务指标体系，包含基础业务数据指标（乡镇街数、村数、农业户籍人口数、农业户籍户数、农田数量、农机保有量、农村道路总里程等）、业务工作数据指标（计划、工作过程记录和工作成果信息等）和业务主题分析指标（趋势分析、序列分析、聚类分析、关联分析、预警分析等）。指标类别均可以包含本期、同期、上期、同比增加、同比增长、环比增加、环比增长、占比、汇总数、高低排名等一整套子类指标。

（四）涉农数据可视化

涉农数据可视化模块是大数据平台与信息服务中农业特色功能的重要组成部分，旨在通过可视化技术将涉农数据转化为直观、易懂的图形展示，帮助用户更好地理解和分析数据。

该模块采用模块化设计，包括以下主要功能模块（图11-8）：

领导驾驶舱首页：提供一个整体概览，展示农业领域的重要数据指标和趋势，如总体产量、销售额、市场需求等，帮助领导和决策者快速了解当前形势。

畜牧渔业一张图：以地图为基础，展示畜牧渔业相关数据的空间分布和数量，如畜禽存栏量、水产养殖面积等，帮助用户了解各地区畜牧渔业的发展状况。

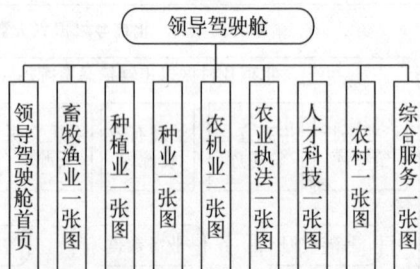

图11-8　领导驾驶舱功能模块图

种植业一张图：同样以地图为基础，展示种植业相关数据的空间分布和数量，如农作物种植面积、产量等，帮助用户了解各地区种植业的情况。

种业一张图：展示种子生产和销售情况，包括主要种子品种、产量、销售额等信息，帮助用户了解种子产业的发展趋势。

农机业一张图：展示农机具拥有量、使用情况等信息，帮助用户了解农机在农业生产中的作用和发展情况。

农业执法一张图：展示农业执法相关数据，如违法案件数量、处理情况等，帮助监管部门加强对农业市场的监督管理。

人才科技一张图：展示农业科技人才和科技项目情况，帮助推动农业科技创新和人才培养。

农村一张图：展示农村经济发展、基础设施建设等情况，帮助了解农村发展状况。

综合服务一张图：展示涉农综合服务情况，包括政府提供的各类农业补贴、服务项目等信息，帮助农民了解相关政策和服务。

大数据管理领导驾驶舱技术以全面、高效、直观作为问题解决的思路，通过采用空间地理信息科学技术，并结合查询统计、动态图表、分层钻取、多图聚合等功能，实现一套呈现"三农"历史数据、现实数据和预测数据三层维度的"领导驾驶舱"，综合运用大数据、云计算、可视化等先进技术手段，对五大主题、N 个专题的数据资源，通过数据统一集成、资源合理规划、业务科学归并和大数据建模分析进行有效的组织加工和业务化处理，改变原先满篇数字的管理报表现状，将数据分析结果通过 N 个"一张图"进行综合展现和生动呈现，满足不同管理角色、不同业务场景下的可视化分析及动态展示需求，能够为"三农"工作各级领导动态掌握全局、及时发现问题、科学分析及决策提供全方位支持。

通过农业数据、气象数据、物联监测等数据整合，科学把握空间分布、数据规模和农业资源，利用数据可视化技术将枯燥乏味的数据转变为丰富生动的视觉效果，数据结果以简单形象的可视化、图形化、智能化的形式呈现给用户供其分析使用，有助于产业振兴和政府服务的一体化发展，有利于产销对接服务平稳运行，极大程度上提高分析数据的效率。

（五）涉农信息融合与服务

信息融合与服务是构建精准化农业信息咨询服务关键技术体系和多渠道精准高效农业科技信息咨询服务平台的核心。平台服务精准高效主要体现在平台服务功能精准、平台对象识别精准和平台服务策略精准 3 个方面：平台服务功能精准表现在技术问题精准问答、供求信息精准配对两个方面；平台对象识别精准表现在用户分析精准推送，根据用户兴趣和地区实现信息内容精准推送；平台服务策略精准表现在终端屏幕准确适应、不同终端分渠道推荐两个方面，精准适应电脑、手机终端，给用户完美体验。

在信息采集技术方面，根据主题相似度、概率分析、关联分析等方法，构建农业信息采集模型，有效提高网页信息根据指定主题进行采集的效率和准确率。

在资源整合方面，融合中文电子期刊、关系型数据库、文件数据、网页数据等信息资源，研究农业异构资源整合技术，实现不同来源、不同格式信息资源的共享利用（图 11 - 9）。

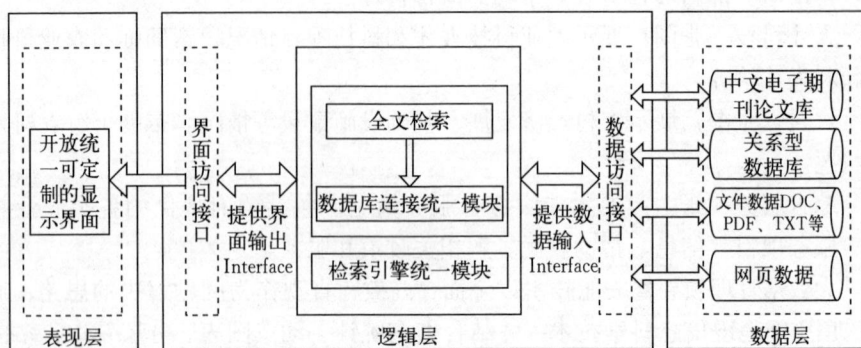

图 11 - 9　农业异构资源整合技术框架

在用户分析方面，构建爬取 Agent、问题模板库、农业知识库，研究多 Agent 用户感知、用户兴趣模型和信息精准投放模型，实现根据不同农业用户特点进行服务内容的精准推送（图 11 - 10）。

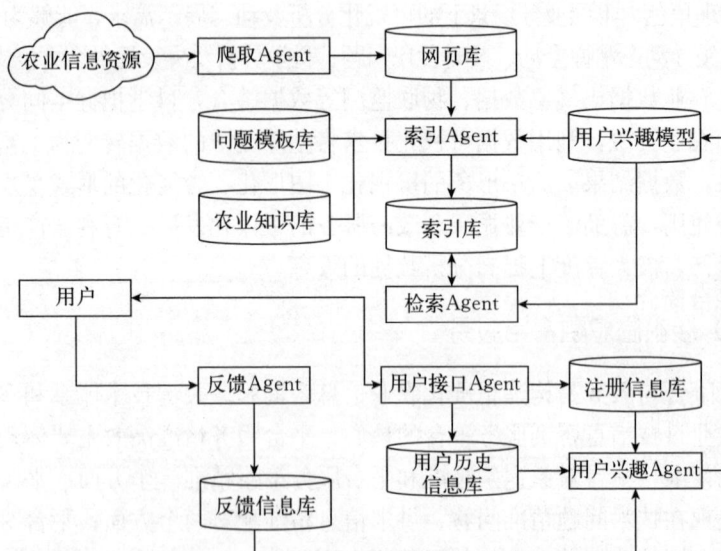

图 11 - 10　多 Agent 代理及信息精准投放

在需求对接方面，提出农业知识地图联想问答方法，实现咨询用户意图猜测和问题答案智能提示。在知识发现方面，研究信息词云可视化技术，使得用户通过读图即可迅速了解信息主题（图 11 - 11）。

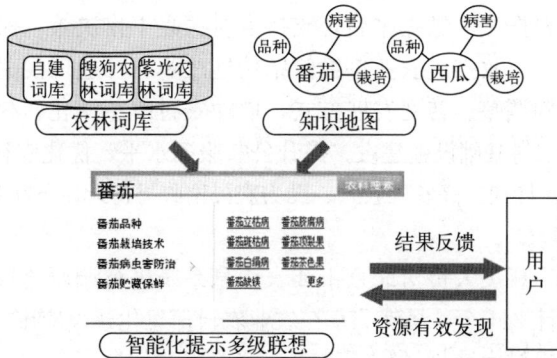

图 11-11　基于知识地图的多级联想问答示意

此外，还构建标准化多维关联的农业知识资源库，制定《农业信息资源数据集核心元数据》（DB11/T 836—2011），建立了农业知识与咨询口语互通词库，创新运用了结构化组织方法，有效促进了资源发现。制定保障质量效果的农业科技信息服务国家标准，包括《农业科技信息供给规范》《农业科技信息服务质量要求》《农业信息服务组织（站点）基本要求》等，填补了农业信息服务类国家标准空白，实现了标准化管理及服务方法创新，为农业科技咨询服务平台技术应用提供了质量和行业保证。

第二节　北京大数据平台与信息服务典型案例

一、乡村振兴大数据平台

（一）基本情况

1. 平台简介

北京市乡村振兴大数据平台是北京市大数据平台的四梁八柱之一，是"三农"工作者的业务工作平台、各级管理者的决策平台、信息公开和工作的服务平台，能实现北京"三农"的数字化、规范化、高效化、人性化目标。

平台建设围绕"坚持总体设计框架'四个层级、三个流向'原则，坚持资源整合、充分利用原则，坚持纵向管理、横向共享原则，坚持技术先进、智能创新原则"四个原则，实现市、区、乡镇、村（生产主体）四级用户统一平台协同工作，资源共建、共享。平台采集汇聚全市涉农数据资源，打通数据资源壁垒，形成数据共享汇聚通道，形成功能强大、目录清晰、服务共享的北京乡村振兴大数据中心，提升涉农数据资源治理能力，建立数据共享、考核评估管理机制，实行事前、事中、事后全程数据质量监控和评估。建立不同主题数据分析模型，挖掘涉农数据资源价值，辅助农业各行业管理部门进行工作决策。

通过建立乡村振兴大数据平台，支持乡村振兴工作决策，保障实现全面建成小康社会目标，有效推进农业供给侧结构性改革、打造现代都市型农业升级版，加快农业结构调整、转变发展方式，推动农村改革深化、激发农村发展活力和潜力，加强农村基础设施建设、提升公共服务水平，优化农村生态环境、建设美丽宜居乡村，加快提高农民收入、助力农民增收可持续，不断改善农村民生。

2. 建设背景

平台建设前，相关人员对北京市涉农信息系统进行调研梳理，得出现有涉农信息化系统共计 241 个，虽然北京在农业农村信息化建设应用方面取得了一定成效，但在农业农村大数据领域还存在一定差距和问题。一方面，涉农信息资源分散存储、采集时效性不佳。在数据采集方面人员变动大、数据来源分散、格式多样、稳定性差，增加了数据融合汇总、统计分析的难度，数据采集方法落后，自动化程度低，数据更新不及时。另一方面，涉农数据深入挖掘和应用不足。现有涉农数据的整体应用水平仍有待提高，未能深入挖掘数据资源的价值与潜力，数据分析维度单一，数据分析成果不够深入，缺乏以数据驱动决策的相关成果。

为学习和借鉴农业农村部及其他省市农业农村大数据建设经验，经过充分调研、学习，最终形成北京市乡村振兴大数据平台的总体建设架构。北京市乡村振兴大数据平台建设作为北京市大数据平台的重要组成部分，有效解决数据分散、时效性不佳等难题，深入挖掘数据资源的价值与潜力，全面支撑北京市大数据建设和乡村振兴战略顺利实施。

（二）智慧化建设

北京市乡村振兴大数据建设框架由以下层面组成：展示层、分析层、模型层和数据层。

展示层是"视觉窗口"，通过"一张图"中丰富的图层效果展示出不同主题业务在不同维度下面的数据加工结果和模型计算结果，为市委市政府、市农业农村局、市农业农村局处室、行业局、区农业农村局、乡镇农办、村级组织工作人员、经营主体等北京乡村振兴大数据建设工程服务的对象提供产业结构、安全生产、一村一策、美丽乡村、困难群体等多个业务视角下的图表展现和数据应用服务。

分析层紧紧围绕产业兴旺、生态宜居、乡村文明、治理有效、生活富裕五大主题，结合贯穿于平台内部的基于分布式计算组件的数据模型和指标体系，通过对象分析、措施（政策落实过程）分析、成效（政策落实结果）分析和考核（成效达成目标）分析等大数据管理模式，形成精准体现北京乡村振兴大数据特色的数据管理和指标分析平台。

模型层提供了支撑分析层业务运转的管理组件和各类数据模型的计算方法，主要用于数据建模和数据管理。通过搭建数据资源目录管理、元数据管理、数据比对和数据清洗、转换、验证和装载等 ETL 组件架构并整合数据建模、模型管理等模块，构建一套集生产、成效、预测、预警于一体的分析模型，形成覆盖五大主题的决策指标模型体系。

数据层的数据源是支撑业务架构的基本要素，主要通过基层采集人员填报、现有历史数据录入、现有系统数据迁移和现有系统数据共享等几个渠道将数据沉淀在产业兴旺、生态宜居、乡村文明、治理有效、生活富裕五大类主题资源信息库中为模型层提供原始数据。此外，数据层还包括非结构化数据和信息元数据等基础支撑数据源。

北京市农业农村信息化工作的服务对象为农业、农村、农民。农民或市民以个体为单位反映涉农诉求。涉农企业、合作社等农业生产经营主体通过注册登记取得经营资格进入市场，市农业农村局相关业务处室对涉农经营行为进行监督管理。对农户、涉农企业、合作社等农业生产经营主体出现违法行为的进行农业执法，并依法进行行政处罚。违法情况严重的，可停止该主体的经营活动，使其退出市场。大数据平台框架见图 11 - 12。

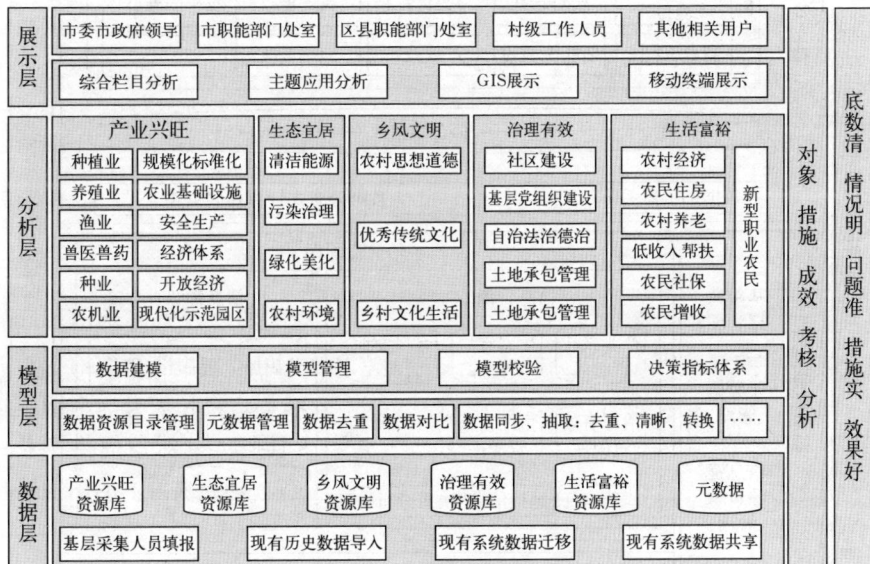

图 11 - 12　大数据平台框架

北京市乡村振兴大数据平台逻辑结构从总体上包括以下部分（图 11 - 13）：

（1）数据源。乡村振兴大数据的数据源包括两种：一是村庄、乡镇、区工作人员通过信息采集调度平台逐级上报；二是通过数据交换与共享平台，从农委内部信息系统和横向外部信息系统中对接获得。

（2）信息资源接口。对应数据来源，包括信息采集调度平台和数据交换与共享平台。

（3）信息资源库。乡村振兴大数据信息资源库，包括信息资源库和信息资源支撑库两个部分。

（4）数据中心应用。数据中心的应用包括主题应用、信息资源目录管理、元数据管理、基础数据管理。

主题应用主要包括五大主题24个一级分类的乡村振兴主题分析。

信息资源目录管理用于为乡村振兴大数据信息资源提供一站式目录服务功能。

元数据管理用于实现技术元数据、业务元数据的管理功能。

基础数据管理实现对代码体系、指标体系进行管理。

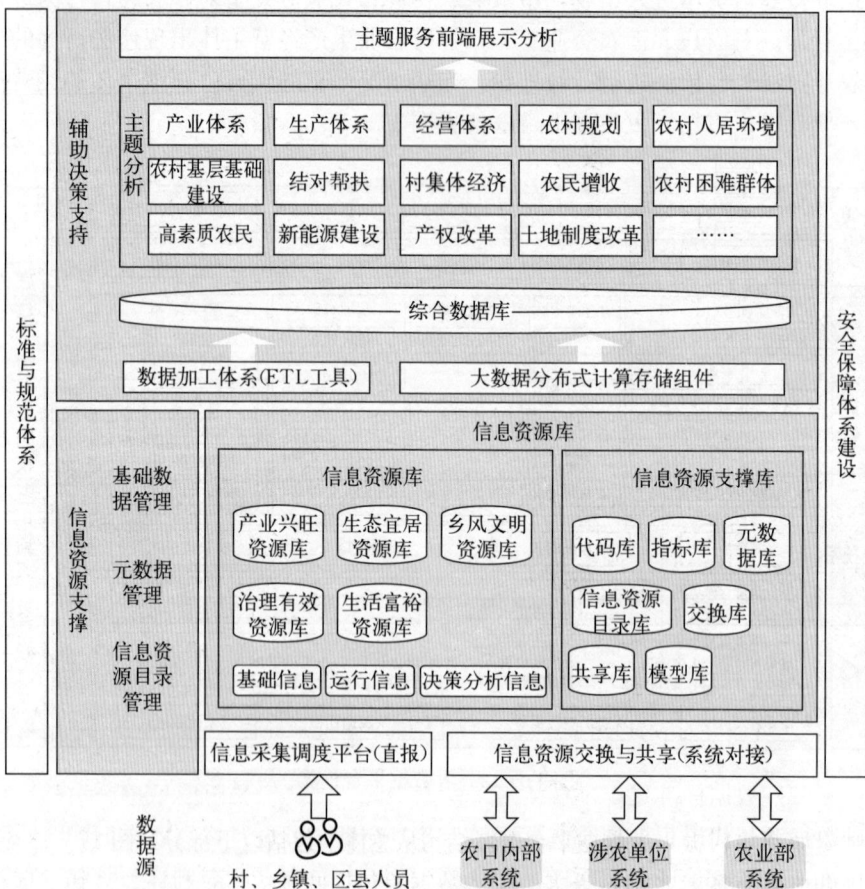

图11-13 乡村振兴大数据平台逻辑结构

北京市乡村振兴大数据平台，包含了大量农业农村数据。为确保平台建设的标准化、科学性，平台在建设过程中需对相关数据进行梳理，最终生成数据资源建设成果，主要包括数据资源目录梳理、标准建设以及数据治理成果。

（1）数据资源目录梳理。平台围绕北京市农业农村的业务情况进行梳理，建立"农业科技、现代农业、自然资源、城乡融合、农村经济、美丽乡村、农业人才、合作交流与政策规划"9个专题，涉及51类，共1 146个指标项。以农村经济为例，包括农业农村产值、农村集体经济、农业农村投融资、农村居民收入与农村居民消费五类。北京农业农村数据资源目录见图11-14。

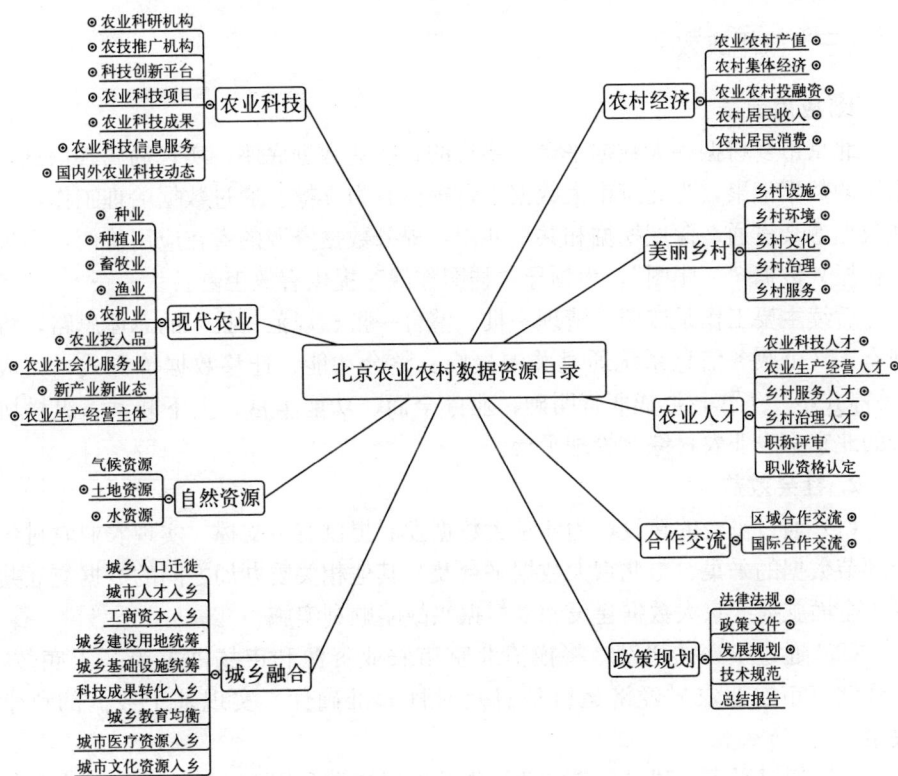

图11-14　北京农业农村数据资源目录

（2）数据标准建设。在平台建设过程中，建立信息资源目录体系标准、基础数据源与代码集标准、数据交换与共享标准、数据分析指标体系标准，所有标准通过专家论证。该四项标准规范描述了北京市农业农村局乡村振兴大数据平台的总体要求、层次结构、数据资源构成、建设及共享等。技术路线可行，结构及内容规范合理，具有较强的科学性、实用性与扩展性。

四项标准规范紧扣农业信息化及乡村振兴发展战略，满足北京市农业农村局大数据平台的建设及共享需求。规范的制定与实施，有利于规范乡村振兴大数据的资源建设及各级数据资源的交换共享，有助于提升乡村振兴大数据资源的标准化程度，为平台建设提供标准支撑，为后续地标申报立项提供基础支撑。

（3）数据治理。通过系统盘点，前期共对接北京市农业农村局内部系统113个。针对已确认需要接入大数据平台的46个系统梳理分析，共梳理903个主要数据实体，最终形成了46份各系统主要数据梳理文档，相关业务归并为8个专题。完成46个系统、903张数据表数据的接入清洗工作，完成3个专题的数据接口开发及专题建设工作。

（三）应用成效

1. 应用前景

北京市乡村振兴大数据平台主要目的是搭建数据底座，实现局属各信息化系统的数据汇聚，为北京市大数据平台提供有力支撑。通过数据治理工作，实现数据融会贯通、深度挖掘和共享共用，提升数据资源的潜在应用价值，实现乡村振兴数据"一张图"，为领导"挂图作战"提供有效工具。

后续主要工作是按照"清理一批、整合一批、规范一批"的总体思路，将现有113个政务信息系统通过关停报废、整合功能、迁移数据等方式，完成"关停并转"工作，形成职责明确、业务全面、功能丰富、上下联动、纵横协管的北京市农业农村综合管理平台。

2. 社会效益

（1）通过平台的建设，为北京大数据发展提供有力支撑，实现农业农村各个环节数据的采集、与北京大数据平台及与其他相关委办局之间的数据交互共享，全面支撑北京大数据建设和乡村振兴战略顺利实施。

（2）通过平台的建设，将摸清北京市农业资源和市场需求等若干底数，增强北京市农业农村经济运行信息及时性和准确性，实现基于数据的科学决策。

（3）通过平台的建设，推进北京农业农村资源利用方式转变，推动农产品供给侧与需求侧的结构改革，逐步破解成本"地板"和价格"天花板"双重挤压的制约。

（4）通过平台的建设，弥补大数据在北京农业农村实践应用的不足，实现乡村振兴大数据与农业产业的全面深度融合，逐渐成为北京农业生产的定位仪、农业市场的导航灯和农业管理的指挥棒，日益成为北京智慧农业的神经系统和推进农业现代化的核心要素。

3. 经济效益

（1）通过平台的建设，为领导决策提供科学、真实、准确的数据支撑，将提高北京市"乡村振兴"工作效率和决策水平，实现农业农村局各业务处室的工作数据化、在线化，大幅减少数据获取、处理及分析响应时间，明显提高工作效率，提升政府部门的管理和服务水平。

（2）通过平台的建设有利于实现农业农村数据的标准、格式的统一和共享，有利于压缩政府开支，降低行政成本，真正实现资源共享，避免资源浪费和重复建设。

二、农业信息服务案例

（一）基本情况

农业科技服务是连接农业科研和农业生产的纽带，是支撑和引领现代农业发展的重要保障。"有效供给不足，供需对接不畅"是农业科技服务长期面临的结构性问题。研究农业信息精准咨询服务关键技术、标准及平台，构建农业信息精准咨询服务关键技术体系，以及多终端、多渠道服务平台，多途径实现北京农业专家、科技成果与生产需求对接，帮助农业用户利用身边信息设备及时高效获得优质服务，解决用户"怎么种、怎么养、去问谁"的问题，成为提高农业科技供给质量和效率的有效途径。通过集成大数据、人工智能等信息技术，实现智慧型、交互型、泛在化的新媒体农业科技服务体系：利用物联网和大数据技术科学、精准挖掘农业科技服务需求，及时、有针对性地制作科技资源和开展科技服务，破解农业科技资源供给与需求不匹配的矛盾；利用"互联网＋"和新媒体精准、交互、便捷的优势，为不同主体提供多样化、差异化、个性化的农业科技服务，提升服务效率、促进成果转化落地；利用新媒体传播矩阵，为用户提供立体化、泛在化的农业科技服务通道，最大限度地扩展农业科技传播覆盖面。

（二）智慧化建设

1. 构建科技需求动态画像，农业科技服务需求精准获取

针对传统农业科技需求获取方式时效性不强、不够客观以及无法整体反应产业现状的问题。在实地访谈、问卷调查等传统方式获取不同用户科技需求的基础上，成果应用物联网、大数据等技术辅助农业科技需求的研究判断，绘制了科技需求动态画像，实现了多维度、精准地刻画农业科技需求，如图 11-15 所示。

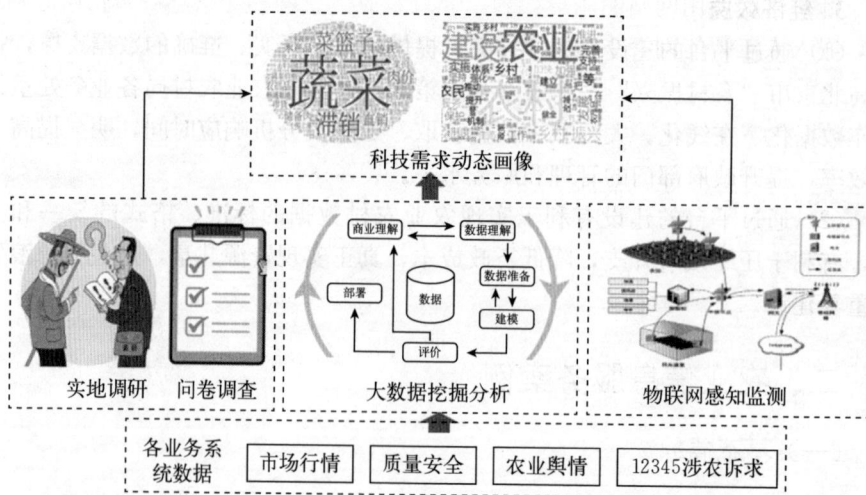

图 11-15　农业科技需求精准获取方式

通过传统方式深度获取农业科技服务需求。通过实地访谈、问卷调查、座谈等深入交流，梳理与挖掘农业科技服务需求清单。同时利用网络问卷等新形式尽可能地扩展调研覆盖范围与人群。

利用物联网技术自动感知生产一线需求。通过虫情、苗情、灾情的实时监测，及时发现病虫害防治与减灾需求。成果的物联网监测点覆盖全市农业设施18.2 万栋，设施蔬菜经营主体 3 万个，设施面积 16.6 万亩。采集设施图片等影像信息 900 余万张、种植品种信息 150 多万条。通过 Resnet、GoogleNet、VGGNet16 等人工智能与图像智能识别技术，识别设施内生产状态、作物种类、作物长势等。

整合多业务系统数据，利用大数据挖掘产业热点需求。整合北京市蔬菜业务报表、12345 接诉即办涉农诉求、农产品质量安全监督管理、耕地质量提升监控、农机作业管理、农情信息调度、农业生产空间管理、农产品市场行情、"三调"全市普查等系统数据，及时挖掘与发现农业科普需求、农产品销售需求、政策法规需求、新技术应用需求等。

绘制农业科技需求动态画像。以产业现状及实际生产需求为导向，通过对数据资源的聚合、重构、分析和利用，结合生产实践智能生成了种植养殖品种、生产技术、经营管理等多个维度 132 个特征标签。通过多源数据的协同监测，利用大数据及时发现并挖掘新的农业科技需求热点，如"应时应季""防灾减灾"等及时性、突发性的服务需求，实现农业科技需求画像高效、精准、及时获取与动态更新。

2. 网站群嵌入人工智能问答系统，提供全天候专家在线咨询

针对喜欢使用网站的用户，利用北京农业信息网和北京党员教育网等网站群，嵌入人工智能问答系统，提供全天候专家在线咨询（图 11-16）。

图 11-16　网站提供全天候咨询

（三）应用成效

1. 多渠道开展农业科技服务

应用云端网络门户系统，实现快速对接农业专家服务。依托北京农业科技服务云平台研发云端网络门户（图 11-17），搭载 9 个通道系统的多渠道高效精准咨询服务平台，分别为 12396 热线电话、多级联想自动问答、微信实时咨询、App 咨询、技术交流互动 QQ 群、多终端视频咨询、免安装在线客服、拍照留言咨询、网络免费电话，实现了用户多种方式快速直达农业专家服务。

搭建"直通车"式服务体系，线上线下全面开展应用。搭建平台直达基地、农技员、农户等生产经营主体的"直通车"式服务体系，使得用户能第一时间与平台服务对接。针对独立用户科技服务需求，提供多通道远程咨询服务。针对群体用户技能提升需求，提供多元化现场培训服务。针对规模用户个性化科技需求，提供专家跟踪指导服务。

图 11-17　北京农业科技服务云平台首页

2. 形成新媒体服务矩阵

整合北京市农林科学院数据与经济所十余年来开展农业科技服务积累的多条为农服务渠道，集成微信群、网站、头条、百度问答、抖音等多个新媒体平台，构建了由 2 个网站、8 个微信公众号、28 个微信群及 QQ 群构成的农业科技专家咨询服务新媒体矩阵，针对产前投入、产中管理、产后营销等关键环节的技术问题，提供实时、专业的专家指导咨询服务。

开播喜马拉雅有声节目，拓展新的服务渠道。创建开播喜马拉雅"京科惠农"有声服务节目，创建了《农业十万个为什么》《农技问答》2 个栏目。《农业十万个为什么》注重农业科普知识，为广大农业科普爱好者创造一个放松和学习的园地；《农技问答》将《京科惠农科技服务平台咨询问答图文精编》图书内容制作成有声节目，专业性较强，通过有声方式指导解决农业生产难题，让包括农民在内的广大用户接受知识更加便利。

开启农事直播，聚拢人气。针对市民用户多存在的阳台农业入门技术问题，尝试以直播方式解决相关需求。例如开展了"5 月农事预警与阳台蔬菜种植技术指导"的直播，分享蔬菜种植管理要点，解答了用户关于病虫害的防治、蔬菜品种推荐等方面的问题（图 11-18）。

开通自媒体新账号，分享农业生活。为了吸引平台用户，在抖音与快手平台开通"王胖宇的农业生活"新账号（图 11-19）。通过人物出镜，以 90 后的视角分享日常，借

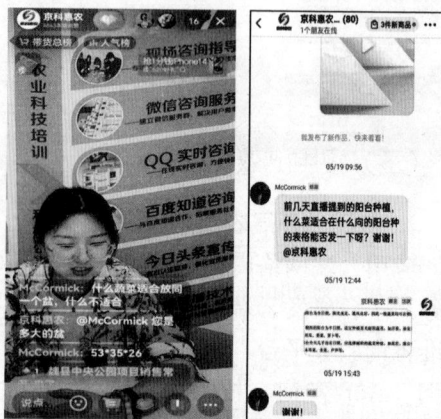

图 11-18　农事直播与在线咨询

助记录生活的方式，促进用户身临其境了解农业、关注农业、热爱农业，初见成效。目前以农事分享、生产生活为主题共发布作品 8 部，视频总播放量在 6 000 次左右。

开通抖音橱窗功能，实现服务与市场共通。为方便用户购买新媒体视频推荐的新品种，联合"智农宝"电商平台开通抖音的橱窗功能（图 11-20）。用户在抖音"京科惠农"主页"进入橱窗"可查看和购买蔬菜种子，如有种植需求可加入粉丝群，专家实时为用户解答相关问题，提供售后技术服务。

图 11-19　抖音和快手直播

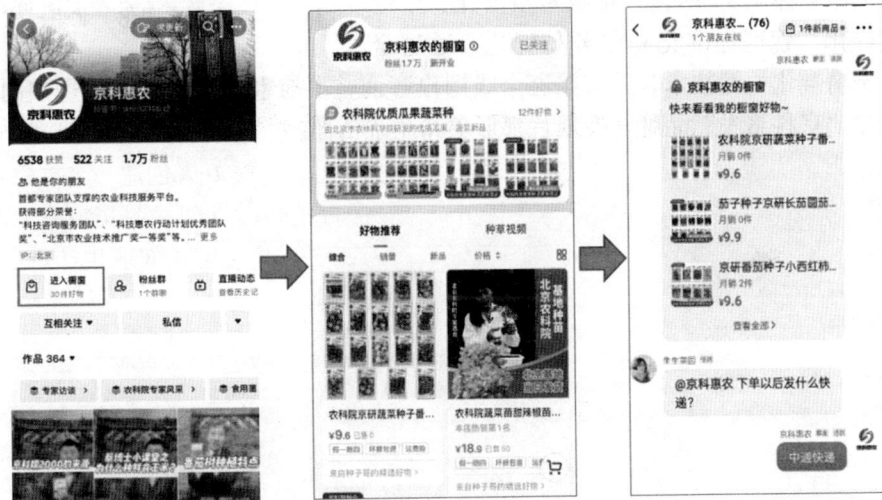

图 11-20　抖音橱窗功能

3. 为农业生产经营活动提供科技支撑，带动农民增收致富

项目实施期间，在京郊推广蔬菜、果树、大田作物等种植品种 123 个，畜禽、水产良种 36 个，推广种植养殖先进适用技术 432 项，累计覆盖种植业 131.2 万亩，养殖业 209.2 万头/只。用户通过平台第一时间获得帮助，解决了实际问题，极大地减少了损失，增加了收益。例如，果菜优良品种及先进适用技术在大兴区应用成效明显。庞各庄指导村民种植西瓜新品种 L600，并应用双幕覆盖提温新技术，亩增收近 8 000 元；魏善庄指导用户应用性诱芯新技

术 1 000 亩，减少施药 2 次，减少虫果率 15%，为农户创收 150 多万元。

4. 培养出一批具有先进生产经验的高素质农民

通过平台咨询服务传播先进技术经验，集合多种形式培训，年均培训农民 300 余万人次，培养高素质农民 7 678 人，涉及企业基地负责人、技术带头人、全科农技员等，有效提升了农业从业者的综合素质。

5. 树立品牌化服务标杆，提升首都农业科技服务形象

平台立足北京，面向全国提供服务。目前，已实现京郊村级全覆盖，京津冀农业区县全覆盖，并在全国 30 个省、自治区、直辖市建立应用分中心，实现全国广覆盖。

6. 形成农业科技信息咨询服务的"两通四化"北京模式（图 11-21）

"两通"指资源融通和体系畅通，通过专家资源联合、信息资源整合，构建"直通车"式的服务体系。"四化"指技术精准化、渠道多样化、管理标准化和服务品牌化，通过全链条精准化关键技术、九大渠道全线用户咨询、事前事中事后全程质量控制，树立"京科惠农"品牌，展现首都形象和北京精神。

图 11-21　"两通四化"北京模式

第十二章
北京智慧农业发展路径与前景展望

    智慧农业是现代农业发展的最新阶段，其本质就是利用现代信息技术装备对农业进行全方位的改造升级，利用数据、模型、算力等进行精准调控、精准作业、精准管理，大幅提高劳动生产率、资源利用率、土地产出率。未来十年是北京市智慧农业的重要战略机遇期，必须顺应时代趋势、把握发展机遇，加快数字技术推广应用，大力提升数字化生产力，抢占智慧农业制高点，推动农业高质量发展和乡村全面振兴，让广大农民共享数字经济发展红利。2022 年 7 月，北京市农业农村局、市委网信办联合印发了《北京市加快推进数字农业农村发展行动计划（2022—2025 年）》，指出了"十四五"时期北京市智慧农业发展的基本原则、目标和重点工作任务。

第一节　北京智慧农业发展路径

    北京智慧农业发展需紧紧抓住"十四五"的重要机遇期，立足首都城市战略定位，紧扣"大城市小农业""大京郊小城区"的市情农情，围绕解决北京市农业小而散，从业人口老龄化、成本高、用工难、农村空心化等问题，持续推进数字技术与生产经营、行业监管、信息服务的融合应用，通过强化数字农业基础底座和支撑平台，打造现代种业、设施园艺、畜禽养殖、休闲农业、农产品质量监管、农村信息服务等系统性应用场景，提升智慧农业农村自主科技创新能力，形成数字化引领首都乡村全面振兴和农业农村高质量发展的良好格局。同时，发挥政策引领作用，撬动社会资本，营造市场主体广泛参与的良好环境。

    到 2025 年，全市智慧农业发展取得实质性突破，数字化水平由全国中下游跃居全国前列。智慧农业建设取得重要进展，有力支撑数字乡村战略实施。农业数据采集体系建立健全，建成北京市乡村振兴大数据平台。数字技术与农业产业体系、生产体系、经营体系加快融合，农业生产经营数字化转型取得明显进展，管理服务数字化水平明显提升，农业数字经济所占比例大幅提升。全面提升政府管理效能，提高劳动生产率，增加农民就业，促进农民增收，数字化引领首都乡村全面振兴和农业农村高质量发展格局基本形成。

到 2035 年，智慧农业建设取得长足进展。城乡"数字鸿沟"大幅缩小，农民数字化素养显著提升。农业农村现代化基本实现，城乡基本公共服务均等化基本实现，乡村治理体系和治理能力现代化基本实现，生态宜居的美丽乡村基本实现。

第二节　北京智慧农业前景展望

智慧农业是农业现代化发展的高级阶段，是未来农业发展的必然趋势，是推动乡村振兴的重要动力。未来智慧农业发展要不断夯实数字底座和基础支撑，立足于北京市市情与实际发展情况，不断提升农业产业智慧化水平，加强农业科技研发和转化应用，加快农业现代化发展进程。

一、夯实数字底座和基础支撑

建设北京市乡村振兴大数据平台。依托"三京"和"七通一平"共性基础平台，按照"边建设、边应用、边完善"的思路，采用"数据一仓库、管理一平台、决策一张图、应用一掌通"的总体框架，建设北京市乡村振兴大数据平台，整合市级农业农村部门现有信息系统，完善农业农村数据标准，汇聚形成市、区、乡镇、村各级有关农村生产、生活和管理的数据集，实现农业大数据在农业产业链各环节及乡村治理中的深化和创新应用，为管理者和经营主体提供精确、动态、科学的全方位涉农信息服务。全面对接北京市大数据平台和国家农业农村大数据平台，推进涉农数据跨部门共享和有序开放。

——数据一仓库。汇聚自然资源、乡村产业、农业科技、农村经济、农村人口、城乡融合、乡村建设等基础数据，形成乡村数字经济、数字治理等一系列专题数据库。

——管理一平台。在充分利旧、统筹集约的原则下，整合市级农业农村部门现有信息系统，建成农业农村全业务管理的统一平台，实现种业、种植业、养殖业、"三块地"、乡村治理等业务统一管理与应用服务。

——决策一张图。根据决策需求，搭建农业农村领域"领导驾驶舱"，呈现全市"农业农村一张图"，涵盖农业用地、农业产业、乡村治理等内容，为决策和指挥调度提供支撑。

——应用一掌通。依托"三京"，搭建农业农村移动应用服务，管理部门可实现"三农"事务掌上查、掌上办、掌上管，社会公众可实现"三农"事务掌上报、掌上审、掌上问。

二、提升农业产业智慧化水平

(一) 提升现代农业种业信息化水平

一是提升种业综合管理信息化水平。实现对种质资源、品种试验及审定、品种推广、种子质量、种子行业等的信息化管理,提升品种权保护、交易、种业监管和信息服务水平。二是提升育种技术信息化水平。充分发挥北京科技与人才优势,加快建设全国种业科技创新中心,打造"种业之都"。开展重要品种选育和种源"卡脖子"技术联合攻关,在重要农产品种源自主可控上取得积极进展,当好种业翻身仗先头部队。聚焦有创新基础的玉米、小麦、蔬菜、种猪、蛋鸡、奶牛、北京鸭、桃、乡土树种等优势物种,选育推广一批都市精品籽种和林木良种。积极承接国家农业生物育种重大科技项目,有序推进生物育种产业化应用,抓好国家玉米种业技术创新中心等重大项目建设。落实全国第三次农作物、畜禽和水产种质资源普查与收集行动,建立市级农业种质资源保护体系。促进科企深度融合,培养一批在全国有影响力的现代种业企业,建立健全商业化育种体系。依托国家数字种业创新中心试点、平谷国家现代农业(畜禽种业)产业园、通州国际种业园区、国家(北京)种业智库、南繁基地等重点工程,开展数字化育种技术创新。建立"表型+基因型"智能育种技术,加快"精准育种"步伐,逐步实现定制设计育种。

(二) 提升种植业生产信息化水平

一是提升种植业信息化监管和服务水平。基于《北京城市二维码编码规则(试行)》开展编码工作,实现"一地块一码、一棚一码、一主体一码"管理,集成生产空间、品种分布、产量预测、设施动态巡查、生产补贴发放、农产品流通渠道等功能,为政府、生产主体、第三方服务组织、消费者等提供综合信息服务和数字化监管服务。二是实现耕地保护信息化监管。利用遥感技术对151万亩永久基本农田、166万亩耕地保有量底线、200万亩耕地保护空间开展动态监测,根据高清卫星遥感影像进行分析、判断、标注。同时,建立农田物联网动态数据监测点,通过监测农田气象环境、苗情、土壤墒情、病虫害、土壤质量、生产动态图像等判断农田应用状态,实现多图合一,解决土地撂荒、耕地违建、复耕复垦等发现难、监管难、处置难的难题。三是提升设施农业生产和监管信息化水平。对日光温室、连栋温室进行物联网自动监测,智能判断设施闲置、大棚房、生产、产量及上市情况等。在蔬菜生产"十个万亩镇、百个千亩村、千个百亩园"区域,对日光温室进行智能化升级改造,打造高标准信息化种植基地，开展数据采集和监控，提升生产管理水平，实现智能排产、智能农事管理、智能环境调控，支撑北京市高效设施农业发展。四是建设一批信息化果园。依托樱桃、大桃、葡萄、梨、苹果等品种繁育和高标准生产示范基地建设，搭建果园"天-空-地"一体化数据信息采集监控体系，实现虫情、墒情、灾情和果树长势的自动监测、智能诊断和应急预警；集成研制果园宜机化简约省力智能装备，搭建果园剪枝采摘作业、水肥精准投入、打药、割草和运输等简约省力作业应用场景。

（三）提升畜牧养殖信息化水平

一是提升养殖业信息化监管和服务水平。整合国家"养殖场直联直报平台""兽医卫生综合信息平台""兽药产品追溯平台"等数据，对养殖、屠宰、加工、物流、动物疫病防控等环节以及生产企业进行信息化管理。二是建设智慧养殖场。提升养殖场示范点信息化水平，对传统养殖场进行智能化改造，开展数据采集和监控，实现养殖全过程的统一集成管理与智能化控制，降低生产成本、提高养殖效率。

（四）提升农机信息化管理和智能装备应用水平

提升农机信息化监管和服务水平，实现农机购置补贴、作业补贴、牌证管理、机具调度、试验鉴定等线上服务与信息化监管。推进农机智能化示范运用，打造农机智能生产基地等工厂化生产示范企业，开展生产关键环节"无人化""少人化"技术攻关和装备推广应用，在顺义、平谷、通州、大兴打造粮食、大桃、蔬菜、西甜瓜等"无人农场"应用场景。加快农业智能装备检测和鉴定，力争建成全国首个智能农机装备检测和鉴定中心。

（五）推进农产品质量安全信息化监管

完善农产品质量安全检测和追溯系统，强化全程智慧监管，建立农业投入品生产企业电子档案，推进产品追溯、监督检验、产品召回等信息化管理。以北京市1000余个农业标准化基地、"三品一标"基地为抓手，开展农业投入品监管溯源与数据采集工作，规范农业生产经营企业活动，实现农药、兽药、化肥、饲料等农业投入品流向可跟踪、风险可预警、责任可追究，推动农业绿色发展，打造绿色优质农产品生产服务应用场景。

（六）推进农产品采后加工和市场流通信息化

推进地产农产品采后加工和冷链物流信息化。加强农产品仓储保鲜和冷链物流设施建设，针对农产品仓储保鲜设施高效运行管理需求，集成5G、物联网、大数据、人工智能、区块链等技术，研究农产品仓储保鲜关键指标参数一体化采集技术，实现果蔬仓储保鲜智能化管理。推进对全市农村地区农业生产基地和生产企业的蔬菜、果品、肉蛋奶加工生产线、冷库设施、冷藏车辆、从业人员及在线交易、信息发布等信息化管理，促进共建共享，提高采后加工设施利用率和农产品冷链物流效率，提高冷链农产品流通追溯能力。

推进本地农产品市场行情监测预警信息化。对主要农产品产地、批发、零售等流通环节开展监测，对农产品交易地点、价格、交易量等多维度信息进行实时采集，并进行大数据分析，实现对农产品价格及变化趋势的监测预警。利用 App、公众号及时发布热点品种市场供需和价格信息，为市场监管主体、农业生产经营主体和消费者提供决策依据。

构建京津冀农产品智慧供应链。持续深入开展环京津冀"菜篮子"产品自控基地主要农产品产销数据对接，实现三地农产品生产、流通、销售数据互通共享共用。引导三地农业经营主体科学排产、优化生产布局，减少物流成本，降低产品损耗，提高供应链效率效能。

打造农产品加工智能车间。围绕蔬菜、果品专业镇村、基地、园区，立足区域产业特点，引进、布局和比较研究国产、进口装备加工线，打造农产品加工智能车间，实时准确采集加工线数据，掌控作业进度、作业质量、产品质量与安全风险。

（七）提升"互联网＋"农产品出村进城能力

联合头部电商企业，打造北京地产优质农产品线上旗舰店，宣传"北京优农"区域品牌，实现北京农业好品牌优质农产品线上销售；探索建立"互联网＋田头市场＋电商企业＋城市终端配送"的新模式。在延庆区国家级"互联网＋"农产品出村进城试点区基础上，培育出一批具有较强竞争力的区级农产品产业化运营主体，依托现有 3 200 余个益农信息社，建设村级电商服务站点。

（八）提升农业社会化服务信息化水平

推进对农机、植保、水肥一体化、生产托管、品牌打造、包装设计、农产品加工等社会化服务组织的信息化管理，同时为生产者提供线上对接服务，实现装备、设施的共享利用。加快开展乡村信用体系建设，加强涉农信贷、新型农业保险等金融服务，缓解农村融资难、融资贵、融资慢等问题。加强市级农业生产保险的信息化管理，解决保险服务中的信息不对称、理赔不精准等问题。

三、加强农业科技研发和转化应用

（一）加强关键核心技术攻关

依托国家数字农业装备创新中心、国家数字设施农业创新中心、国家数字种业创新中心及在京农业科研院所科技力量，围绕大数据算法、模型等核心技术，建立农业农村大数据分析实验室。针对高品质、低功耗的农业生产环境监测、动植物生理体征专用传感器开展技术攻关，解决精准农业、生物育种等方面高通量信息获取难题。研发农产品质量安全快速分析检测与冷链物流技术，重点在绿色有机农产品生产、果蔬智能分选装备、农产品贮运和保鲜加工、食品卫生质量控制等方面取得技术突破。研发高精度、低能耗、低成本的人居环境新一代智能监测传感器以及适应北京农村地区地形地貌的人居环境智能巡检机器人。

（二）加强智慧农业技术集成应用与示范

建设现代农业产业技术体系智慧农业创新团队，开展技术研发、推广和服务。形成智慧农业生产配套技术体系和配套装备，熟化推广一批智慧农业技术模式，打造数字大田、数字设施、数字畜禽场、数字渔场等应用场景。实现区块链技术在农产品质量安全追溯中的应用。依托朝阳区、海淀区国家智慧农业创新应用基地，开展设施蔬菜专用技术装备的集成应用与示范。

（三）创新农业科技体制机制

集聚一批农业科技领军人才和创新团队，实施"揭榜挂帅"机制，激发人才创新活力。探索成果权益分享、转移转化和科研人员分类评价机制，明确科技人员兼职取酬、成果作价入股等事项，加大科研成果权益分配的激励力度。提升科技特派员服务响应能力，建立科技人员与行政村"一对一"联系对接服务机制。深化农业科技人才职称制度改革，支持农业技术人员将论文写在京郊大地上。支持农业科研院校及相关站所与各类示范区、产业园、特优基地、专业村镇等对接合作，开展技术示范与推广。

曹如月，李世超，季宇寒，等，2019. 基于蚁群算法的多机协同作业任务规划 [J]. 农业机械学报，50（S1）：34-39.

陈凯，解印山，李彦明，等，2022. 多约束情形下的农机全覆盖路径规划方法 [J]. 农业机械学报，53（5）：17-26.

陈玛琳，陈俊红，龚晶，等，2022. 产业集群视角下北京设施蔬菜产业发展的思考 [J]. 北方园艺（7）：127-132.

成艳君，2019. 基于深度信念网络的池塘养殖水体氨氮预测方法及系统研究 [D]. 北京：中国农业大学.

崔鹏程，2022. 基于机器学习的工厂化养殖幼鱼计数方法与系统实现 [D]. 北京：中国农业大学.

崔玉露，杨玮，王炜超，等，2021. 基于光谱学原理的便携式土壤有机质检测仪设计与实验 [J]. 农业机械学报，52（S1）：323-328，350.

崔征泽，2019. 农机监测管理系统的设计与实现 [D]. 哈尔滨：哈尔滨工业大学.

丁幼春，王书茂，2010. 联合收获机视觉导航控制系统设计与试验 [J]. 农业机械学报，41（5）：137-142.

鄂志国，庄杰云，曹永生，等，2006. 基于 INTERNET 的水稻基因数据库信息系统 [J]. 中国水稻科学，20（6）：670-672.

冯兆宇，崔天时，张志超，等，2016. 基于 ZigBee 无线组网的微型气象站设计 [J]. 物联网技术，6（6）：43-44，47.

付晓鹏，2017. 基于计算机视觉的大豆品种识别技术的研究 [D]. 哈尔滨：东北农业大学.

傅霞萍，应义斌，2013. 基于 NIR 和 Raman 光谱的果蔬质量检测研究进展与展望 [J]. 农业机械学报，44（8）：148-164.

高祥照，杜森，钟永红，等，2015. 水肥一体化发展现状与展望 [J]. 中国农业信息（4）：14-19，63.

高原源，王秀，杨硕，等，2019. 播种机气动式下压力控制系统设计与试验 [J]. 农业机械学报，50（7）：19-29.

耿子叶，王颖，2023. 北京打造"种业之都"：育种在京，制种用种在外 [EB/OL].（2023-09-11）[2024-04-10]. https://www.bjnews.com.cn/detail/1694399840129518.html.

宫金良，王伟，张彦斐，等，2021. 基于农田环境的农业机器人群协同作业策略 [J]. 农业工程学报，37（2）：11-19.

郭龙彪，程式华，钱前，2004. 水稻基因组测序和分析的研究进展 [J]. 中国水稻科学，18

（6）：557 - 562.

国务院办公厅，2022. 全国一体化政务大数据体系建设指南 [EB/OL]. (2022 - 10 - 28)
　　[2024 - 04 - 10] . https://www. gov. cn/zhengce/content/2022 - 10/28/content _ 5722322.
　　html.

韩冷，何雄奎，王昌陵，等，2022. 智慧果园构建关键技术装备及展望 [J]. 智慧农业（中
　　英文），4（3）：1 - 11.

何雄奎，2020. 中国精准施药技术和装备研究现状及发展建议 [J]. 智慧农业（中英文），2
　　（1）：133 - 146.

何勇，赵春江，刘飞，2022. 精细农业 [M].3 版 . 杭州：浙江大学出版社 .

胡鹏程，郭焱，李保国，等，2015. 基于多视角立体视觉的植株三维重建与精度评估 [J].
　　农业工程学报，31（11）：209 - 214.

黄成龙，2014. 多品种水稻数字化考种关键技术研究 [D]. 武汉：华中科技大学 .

黄东杰 . 玉米全，2009. 基因组测序完成 [J]. 基因组学与应用生物学（6）：11 - 34.

纪荣婷，闵炬，黄程鹏，等，2017. 光谱仪在作物施氮推荐中的应用研究进展——以
　　GreenSeeker 光谱仪为例 [J]. 江苏农业科学，45（2）：9 - 13.

冀福华，2020. 农机田间作业大数据处理关键技术研究及平台构建 [D]. 北京：中国农业
　　机械化科学研究院 .

贾良权，2018. 基于激光吸收光谱技术的种子活力高效测量系统：CN201810608900.2 [P].
　　12 -14.

简兴，苗永美，2004. 生物信息数据库简介及在农业上的应用 [J]. 农业网络信息（4）：
　　27 - 29.

蒋璐璐，张瑜，王艳艳，等，2010. 基于光谱技术的土壤养分快速测试方法研究 [J]. 浙江
　　大学学报（农业与生命科学版），36（4）：445 - 450.

金寿祥，周宏平，姜洪喆，等，2023. 采摘机器人视觉系统研究进展 [J]. 江苏农业学报，
　　39（2）：582 - 595.

康晓东，2004. 基于数据仓库的数据挖掘技术 [M]. 北京：机械工业出版社 .

雷喜红，王艳芳，牛曼丽，等，2023. 北京市设施农业应用现状及发展建议 [J]. 中国蔬菜
　　（12）：20 - 25.

李道亮，李震，2020. 无人农场系统分析与发展展望 [J]. 农业机械学报，51（7）：1 - 12.

李江波，张保华，樊书祥，等，2021. 图谱分选技术在农产品质量和安全评估中的应用
　　[M]. 武汉：武汉大学出版社 .

李杰，2023. 切实加强农业大数据平台建设 [N]. 农民日报，03 - 10.

李民赞，潘蛮，郑立华，等，2010. 基于近红外漫反射测量的便携式土壤有机质测定仪的
　　开发 [J]. 光谱学与光谱分析，30（4）：1146 - 1150.

李民赞，郑立华，安晓飞，等，2013. 土壤成分与特性参数光谱快速检测方法及传感技术
　　[J]. 农业机械学报，44（3）：73 - 87.

李涛，邱权，赵春江，等，2021. 矮化密植果园多臂采摘机器人任务规划 [J]. 农业工程学
　　报，37（2）：1 - 10.

李杨，2021. 农业大数据平台科学数据建设存在的问题及对策［J］. 现代农业科技（1）：262-263.

林子雨，2015. 大数据技术原理与应用：概念、存储、处理、分析与应用［M］. 北京：人民邮电出版社.

刘冬，2021. 一种超声波调频声速计：CN112595407B［P］. 06-04.

刘刚，胡号，黄家运，等，2021. 变量施肥滞后时间检测与位置修正方法研究［J］. 农业机械学报，52（S1）：74-80.

刘慧慧，2023. 面向应激和摄食行为的鱼群空间分布状态监测方法［D］. 北京：中国农业大学.

刘钧，杨志勇，王建佳，等，2017. CAWSmart 多要素智能气象站的研制及初步应用［C］//中国气象学会. 第 34 届中国气象学会年会 S16 智能气象观测论文集. 华云升达（北京）气象科技有限责任公司：74-75.

刘钧，张彬彬，吕宝磊，2018. 智能气象站系统框架初探［J］. 气象科技进展，8（6）：121-124.

刘双印，2014. 基于计算智能的水产养殖水质预测预警方法研究［D］. 北京：中国农业大学.

刘烨琦，2020. 基于机器学习的溶解氧预测及增氧设备异常检测方法研究［D］. 北京：中国农业大学.

刘英，张永霞，路学勤，等，2016. DZZ6 型与 CAWS600 型自动气象站观测资料的对比分析［J］. 中国农学通报，32（23）：153-159.

芦天罡，张辉鑫，唐朝，等，2022. 基于农业物联网的日光温室智能控制系统研究［J］. 现代农业科技（2）：147-151.

罗承铭，熊陈文，黄小毛，等，2021. 四边形田块下油菜联合收获机全覆盖作业路径规划算法［J］. 农业工程学报，37（9）：140-148.

罗锡文，廖娟，胡炼，等，2021. 我国智能农机的研究进展与无人农场的实践［J］. 华南农业大学学报，42（6）：8-17.

罗锡文，廖娟，臧英，等，2022. 我国农业生产的发展方向：从机械化到智慧化［J］. 中国工程科学，24（1）：46-54.

毛文华，张银桥，王辉，等，2013. 杂草信息实时获取技术与设备研究进展［J］. 农业机械学报，44（1）：190-195.

梅思远，2022. 基于机器视觉的工厂化养殖鱼群异常行为识别方法研究［D］. 北京：中国农业大学.

孟志军，武广伟，魏学礼，等，2019. 农机作业监管信息化技术应用与展望［J］. 农机科技推广（5）：9-11.

孟志军，赵春江，刘卉，等，2009. 基于处方图的变量施肥作业系统设计与实现［J］. 江苏大学学报（自然科学版），30（4）：338-342.

饶晓燕，吴建伟，李春朋，等，2021. 智慧苹果园"空-天-地"一体化监控系统设计与研究［J］. 中国农业科技导报，23（6）：59-66.

阮彤，2016. 大数据技术前沿［M］. 北京：电子工业出版社.

尚书旗，吴秀丰，杨然兵，等，2021. 小区育种播种装备与技术研究现状与展望 [J]. 农业机械学报，52（2）：1-20.

尚书旗，杨然兵，殷元元，等，2009. 国际田间试验机械及其协会的发展现状与展望 [C]//. 纪念中国农业工程学会成立 30 周年暨中国农业工程学会 2009 年学术年会（CSAE 2009）论文集，青岛农业大学，中国农业大学，4：71-74.

邵峰晶，于忠清，2003. 数据挖掘原理与算法 [M]. 北京：中国水利水电出版社.

沈子尧，2015. 农业车辆导航中基于双目视觉点云图的障碍物检测 [D]. 南京：南京农业大学.

宿宁，2016. 精准农业变量施肥控制技术研究 [D]. 合肥：中国科学技术大学.

孙建英，李民赞，郑立华，等，2006. 基于近红外光谱的北方潮土土壤参数实时分析 [J]. 光谱学与光谱分析（3）：426-429.

孙彤，黄桂恒，李喜明，等，2021. 县域农业农村大数据平台在乡村产业振兴中的应用 [J]. 吉林农业大学学报，43（2）：251-257.

唐惠燕，倪峰，李小涛，等，2018. 基于 Scopus 的植物表型组学研究进展分析 [J]. 南京农业大学学报，41（6）：1133-1141.

王凤格，杨扬，易红梅，等，2017. 中国玉米审定品种标准 SSR 指纹库的构建 [J]. 中国农业科学，50（1）：1-14.

王剑，张华，芦天罡，等，2019. 设施蔬菜园区种植规范智能化管控系统建设与展望 [J]. 农业展望，15（10）：99-103.

王立辉，石佳晨，王乐刚，等，2020. 智能收获机定位和自适应路径追踪方法 [J]. 导航定位学报，8（6）：29-36.

王宁，韩雨晓，王雅萱，等，2022. 农业机器人全覆盖作业规划研究进展 [J]. 农业机械学报，53（S1）：1-19.

王钱坤，2023. 数字乡村建设：内涵、挑战与优化路径 [J]. 当代农村财经（9）：40-43.

王侨，刘卉，杨鹏树，等，2020. 基于机器视觉的农田地头边界线检测方法 [J]. 农业机械学报，51（5）：18-27.

王向峰，才卓，2019. 中国种业科技创新的智能时代："玉米育种 4.0" [J]. 玉米科学，27（1）：1-9.

王阳恩，2019. 基于激光诱导击穿光谱的水稻种子活力分级检测方法：CN201910565385.9 [P]. 10-08.

伟利国，张小超，汪凤珠，等，2017. 联合收割机稻麦收获边界激光在线识别系统设计与试验 [J]. 农业工程学报，33（S1）：30-35.

文怀兴，王春普，黄正祥，2018. 基于机器视觉的温室大枣表型特征测量 [J]. 江苏农业科学，46（6）：182-184.

吴晗，林晓龙，李曦嵘，等. 面向农业应用的无人机遥感影像地块边界提取 [J]. 计算机应用，39（1）：298-304.

吴建伟，黄杰，熊晓菲，等，2022. 2019 于 AI 的桃树病害智能识别方法研究与应用 [J]. 中国农业科技导报，24（5）：111-118.

伍光胜，敖振浪，李源鸿，等，2010. 大型自动气象监测网及数据采集中心的设计及应用 [J]. 气象，36（3）：128－135.

肖景华，吴昌银，张启发，2013. 水稻功能基因组研究进展与发展展望 [J]. 中国农业科技导报，15（2）：1－7.

谢洪起，2018 基于 rgb－d 相机的猕猴桃外形和体积检测方法研究 [D]. 咸阳：西北农林科技大学.

邢高勇，2019. 小区谷物联合收获机的智能调控系统研究 [D]. 镇江：江苏大学.

薛鸣方，2000. ZQZ－CⅡ型地面有线综合遥测仪 [J]. 气象水文海洋器（2）：37－47.

杨海清，2012. 基于光谱技术的土壤成分和植物生长信息快速获取建模和仪器研究 [D]. 杭州：浙江大学.

杨丽，颜丙新，张东兴，等，2016. 玉米精密播种技术研究进展 [J]. 农业机械学报，47（11）：38－48.

杨亮，王辉，陈睿鹏，等，2023. 智能养猪工厂的研究进展与展望 [J]. 华南农业大学学报，44（1）：13－23.

杨亮，熊本海，王辉，等，2022. 家畜饲喂机器人研究进展与发展展望 [J]. 智慧农业（中英文），4（2）：86－98.

杨玲，2022. 基于机器视觉的工厂化鱼群摄食行为智能分析方法研究 [D]. 北京：中国农业大学.

杨烨，李治国，赵景文，等，2023. 宜机化大跨度新型日光温室结构优化设计和保温性能实践 [J]. 蔬菜（11）：41－45.

叶丹丹，孙来军，刘洋洋，等，2015. 一种基于近红外光谱技术快速无损检测小麦硬度的方法及应用：CN201510477871.7 [P].11－11.

尹彦鑫，孟志军，赵春江，等，2022. 大田无人农场关键技术研究现状与展望 [J]. 智慧农业，4（4）：1.

余泓，王冰，陈明江，等，2018. 水稻分子设计育种发展与展望 [J]. 生命科学，30（10）：1032－1037.

苑严伟，李树君，方宪法，等，2013. 氮磷钾配比施肥决策支持系统 [J]. 农业机械学报，44（8）：240－244.

岳学军，蔡雨霖，王林惠，等，2020. 农情信息智能感知及解析的研究进展 [J]. 华南农业大学学报，41（6）：14－28.

翟长远，赵春江，NING WANG，等，2018. 果园风送喷雾精准控制方法研究进展 [J]. 农业工程学报，34（10）：1－15.

翟卫欣，王东旭，陈智博，等，2021. 无人驾驶农机自主作业路径规划方法 [J]. 农业工程学报，37（16）：1－7.

张驰，陈立平，黄文倩，等，2015. 基于编码点阵结构光的苹果果梗/花萼在线识别 [J]. 农业机械学报，46（7）：1－9.

张传帅，徐岚俊，秦贵，等，2023. 设施农业小型智能旋耕机试验及推广建议 [J]. 农业机械（6）：64－66，70.

张春凤，翟长远，赵学观，等，2022. 对靶喷药系统压力波动特性的试验研究 [J]. 农业工程学报，38（18）：31-39.

张华强，王国栋，吕云飞，等，2020. 基于改进纯追踪模型的农机路径跟踪算法研究 [J]. 农业机械学报，51（9）：18-25.

张季琴，刘刚，胡号，等，2021. 排肥单体独立控制的双变量施肥控制系统研制 [J]. 农业工程学报，37（10）：38-45.

张健，2021. 农机自动驾驶路径规划及控制方法 [D]. 哈尔滨：哈尔滨理工大学.

张岩，潘胜权，解印山，等，2021. 相机与毫米波雷达融合检测农机前方田埂 [J]. 农业工程学报，37（15）：169-178.

张颖，廖生进，王璟璐，等，2021. 信息技术与智能装备助力智能设计育种 [J]. 吉林农业大学学报，43（2）：119-129.

张昭涛，2005. 数据挖掘聚类算法研究 [D]. 重庆：西南交通大学.

赵春江，范贝贝，李瑾，等，2023. 农业机器人技术进展、挑战与趋势 [J]. 智慧农业（中英文），5（4）：1-15.

赵春江，2019. 智慧农业发展现状及战略目标研究 [J]. 智慧农业，1（1）：1-7.

赵春江，2017. 中国智能农业发展报告 [M]. 北京：科学出版社.

赵庭飞，李文倩，方曙，等，2018. 基于物联网的农业气象监测系统研究 [J]. 河南农业（14）：39，42.

赵艺. 从30亿到1348元! 人类基因组测序只用了31年 [EB/OL]. (2021-06-04) [2024-04-10]. http://www.ifnews.com/news.html? aid=162638.

钟光跃，杨敏，于小军，等，2021. 无人机技术在杂交水稻制种中的应用 [J]. 杂交水稻，36（6）：26-29.

周宝曜，2013. 大数据：战略·技术·实践 [M]. 北京：电子工业出版社.

周国民，2015. 数字果园研究现状与应用前景展望 [J]. 农业展望，11（5）：61-63，81.

周济，Francois Tardieu，丁艳锋，等，2018. 植物表型组学：发展、现状与挑战 [J]. 南京农业大学学报，41（4）：580-588.

周利明，王书茂，张小超，等，2012. 基于电容信号的玉米播种机排种性能监测系统 [J]. 农业工程学报，28（13）：16-21.

周鹏，李民赞，杨玮，等，2020. 基于近红外漫反射测量的车载式原位土壤参数检测仪开发 [J]. 光谱学与光谱分析，40（9）：2856-2861.

周竹，黄懿，李小昱，等，2012. 基于机器视觉的马铃薯自动分级方法 [J]. 农业工程学报，28（7）：178-183.

朱冰琳，刘扶桑，朱晋宇，等，2018. 基于机器视觉的大田植株生长动态三维定量化研究 [J]. 农业机械学报，49（5）：256-262.

朱明，陈海军，李永磊，2015. 中国种业机械化现状调研与发展分析 [J]. 农业工程学报，31（14）：1-7.

朱明东，魏祥进，谢红军，等，2019. 种子加工、检验理论与技术现状及思考 [J]. 中国水稻科学，33（5）：401-406.

朱文静，冯展康，吴抒航，等，2022. 机载非接触式近红外土壤墒情检测系统研制 [J]. 农业工程学报，38（9）：73-80.

朱昱，潘耀忠，张杜娟，2022. 基于深度卷积网络和分水岭分割的耕地地块识别方法 [J]. 地球信息科学学报，24（12）：2389-2403.

邹卓然，王锦江，赵庆南，等，2020. 制种玉米机械化去雄技术与装备研究现状 [J]. 农业工程，10（7）：19-23.

左示敏，康厚祥，李前前，等，2014. 引进水稻种质穗部性状相关基因全基因组关联分析及利用探讨 [J]. 中国水稻科学，28（6）：649-658.

XU W, ZHU Z, GE F, et al. , 2020. Analysis of Behavior Trajectory Based on Deep Learning in Ammonia Environment for Fish [J]. Sensors（16）：4425.

ADAMCHUK V I, HUMMEL J W, MORGAN M T, et al. , 2004. On-the-go soil sensor for precision agriculture [J]. Computers and Electronics in Agriculture, 44（1）：71-91.

ALIBABAEI K, GASPAR P D, LIMA T M, 2021. Modeling Soil Water Content and Reference Evapotranspiration from Climate Data Using Deep Learning Method [J]. Appl. Sci, 11：5029.

AYDIN A, BERCKMANS D, 2016. Using sound technology to automatically detect the short-term feeding behaviours of broiler chickens [J]. Computers and electronics in agriculture, 121：25-31.

BARKER J, ZHANG N, SHARON J, et al. , 2016. Development of a field-based high-throughput mobile phenotyping platform [J]. Computers and Electronics in Agriculture, 122：74-85.

BENOS L, TAGARAKIS A C, DOLIAS G, et al. , 2021. Machine learning in agriculture：A comprehensive updated review [J]. Sensors, 21（11）：3758.

BIG DATA CENTER MEMBERS, 2017. The BIG Data Center：from deposition to integration to translation [J]. Nucleic Acids Research, 45（D1）：D18-D24.

BINBIN X, JIZHAN L, MENG H, et al. , 2021. Research progress on autonomous navigation technology of agricultural robot [C]//. In 2021 IEEE 11th Annual International Conference on CYBER Technology in Automation, Control and Intelligent Systems：891-898.

BROWN A V, CONNERS S I, HUANG W, et al. , 2020. A new decade and new data at SoyBase, the USDA-ARS soybean genetics and genomics database [J]. Nucleic Acids Research, 49（D1）：D1496-D1501.

BUI S, OPPEDAL F, SIEVERS M, et al. , 2019. Behaviour in the toolbox to outsmart parasites and improve fish welfare in aquaculture [J]. Reviews in Aquaculture, 11（1）：168-186.

CARPENTIER L, VRANKEN E, BERCKMANS D, et al. , 2019. Development of sound-based poultry health monitoring tool for automated sneeze detection [J]. Computers and electronics in agriculture, 162：573-581.

CHANG C L, XIE B X, WANG C H, 2020. Visual guidance and egg collection scheme for a smart poultry robot for free - range farms [J]. Sensors, 20 (22): 6624.

CHAUDHARY V P, SUDDUTH K A, KITCHEN N R, et al., 2012. Reflectance Spectroscopy Detects Management and Landscape Differences in Soil Carbon and Nitrogen [J]. Soil Science Society of America Journal, 76 (2): 597.

CHEN Y Y, LIU H H, YANG L, et al., 2023. A lightweight detection method for the spatial distribution of underwater fish school quantification in intensive aquaculture [J]. Aquaculture International, 31 (1): 31 - 52.

CHIU Y C, YANG P Y, CHEN S, 2013. Development of the end - effector of a picking robot for greenhouse - grown tomatoes [J]. Applied engineering in agriculture, 29 (6): 1001 - 1009.

COCHRANE G, KARSCH - MIZRACHI I, TAKAGI T, 2016. The International Nucleotide Sequence Database Collaboration [J]. Nucleic Acids Research, 44 (D1): D48 - D50.

COLMER J, O'NEILL C M, WELLS, R, et al., 2020. SeedGerm: a cost - effective phenotyping platform for automated seed imaging and machine - learning based phenotypic analysis of crop seed germination [J]. New Phytologist, 228: 778 - 793.

CROSSA J, PÉREZ - RODRÍGUEZ P, CUEVAS J, et al., 2017. Genomic selection in plant breeding: methods, models, and perspectives [J]. Trends in Plant Sciences, 22 (11): 961 - 975.

CUI S, QI Y, ZHU Q, et al., 2023. review of the influence of soil minerals and organic matter on the migration and transformation of sulfonamides [J]. Science of The Total Environment, 861.

DAI Y, WANG C, ZHANG Y, et al., 2022. Review of spatial robotic arm trajectory planning [J]. Aerospace, 9 (7): 361.

DEEPA N, GANESAN K, 2019. Decision - making tool for crop selection for agriculture development [J]. Neural Computing and Applications, 31: 1215 - 1225.

DIACCI C, ABEDI T, LEE J W, et al., 2020. Diurnal in vivo xylem sap glucose and sucrose monitoring using implantable organic electrochemical transistor sensors [J]. iScience, 24 (1).

DOMINIQUE V D, 2021. What is a phenotype? History and new developments of the concept [J]. Genetica, 150 (3 - 4): 1 - 7.

DONG D, ZHAO C, ZHENG W, et al., 2013. Spectral Characterization of Nitrogen in Farmland Soil by Laser - Induced Breakdown Spectroscopy [J]. Spectroscopy Letters, 46 (6).

DU J, FAN J, WANG C, et al., 2021. Greenhouse - based vegetable high - throughput phenotyping platform and trait evaluation for large - scale lettuces [J]. Computers and Electronics in Agriculture, 186.

DU J, LA X, FAN J, et al., 2020. Image - based high - throughput detection and phenotype evaluation method for multiple lettuce varieties [J]. Frontiers in Plant Science, 11.

DWORAK V, AUGUSTIN S, GEBBERS R, 2011. Application of Terahertz radiation to soil measurements: initial results [J]. Sensors, 11 (10): 9973 – 9988.

FAN S, LIANG X, HUANG W, et al. , 2022. Real – time defects detection for apple sorting using nir cameras with pruning – based yolov4 network [J]. Computers and Electronics in Agriculture, 193.

FENG Y, ZHANG Y, YING C, et al. , 2015. Nanopore – based Fourth – generation DNA Sequencing Technology [J]. Genomics, Proteomics &. Bioinformatics, 13 (1): 4 – 16.

FU X, YING Y, 2016. Food safety evaluation based on near infrared spectroscopy and imaging: A review [J]. Critical Reviews in Food Science and Nutrition, 56 (11): 1913 – 1924.

GALCERAN E, CARRERAS M T, 2013. A survey on coverage path planning for robotics [J]. Robotics and Autonomous systems, 61 (12): 1258 – 1276.

GALLARDO M, ELIA A, THOMPSON R B, 2020. Decision support systems and models for aiding irrigation and nutrient management of vegetable crops [J]. Agricultural Water Managemen (240): 106 – 209.

GRIECO M, SCHMIDT M, WARNEMÜNDE S, et al. , 2022. Dynamics and genetic regulation of leaf nutrient concentration in barley based on hyperspectral imaging and machine learning [J]. Plant Science (315): 111 – 123.

GRIFFITHS M, ROY S, GUO H, et al. , 2021. A multiple ion – uptake phenotyping platform reveals shared mechanisms affecting nutrient uptake by roots [J]. Plant Physiology, 185 (3): 781 – 795.

GU X, WU C, LUO D, 2023. Study on Soil Moisture Characteristics in Southern China Karst Plant Community Structure Types [J]. Forests, 14 (2): 384.

GUO H, AYALEW H, SEETHEPALLI A, et al. , 2021. Functional phenomics and genetics of the root economics space in winter wheat using high – throughput phenotyping of respiration and architecture [J]. New Phytologis, 232 (1): 98 – 112.

GUO Q, WU F, PANG S, et al. , 2018. Crop 3D – a LiDAR based platform for 3D high – throughput crop phenotyping [J]. Science China (Life Sciences), 61 (3): 328 – 339.

HAN Y, WANG K, LIU Z, et al. , 2017. A crop trait information acquisition system with multitag – based identification technologies for breeding precision management [J]. Computers and Electronics in Agriculture, 135: 71 – 80.

HAN Y, WANG K, LIU Z, et al. , 2018. Golden seed breeding cloud platform for the management of crop breeding material and genealogical tracking [J]. Computers and Electronics in Agriculture, 152: 206 – 214.

HAN Y, WANG K, LIU Z, et al. , 2020. Research on Hybrid Crop Breeding Information Management System Based on Combining Ability Analysis [J]. Sustainability, 12 (12): 4938.

HAUSE K M, 2019. Seed metering device drive system: EP2697529B1 [P]. 04 – 03.

HE X, ZHANG D, YANG L, et al. , 2021. Design and experiment of a GPS – based turn compensation system for improving the seeding uniformity of maize planter [J]. Computers and Electronics in Agriculture, 187.

HU P, CHAPMAN C S, WANG X, et al. , 2018. Estimation of plant height using a high throughput phenotyping platform based on unmanned aerial vehicle and self - calibration: Example for sorghum breeding [J]. European Journal of Agronomy, 95: 24 - 32.

HU Z, WEN Y, YIDAN O, et al. , 2015. RiceVarMap: a comprehensive database of rice genomic variation [J] s. Nucleic Acids Research, 43 (Database issue): 1018 - 1022.

HU J, YANG J, 2018. Application of distributed auction to multi - UAV task assignment in agriculture [J]. International Journal of Precision Agricultural Aviation, 1 (1) .

HUANG W, LI J, WANG Q, et al. , 2015. Development of a multispectral imaging system for online detection of bruises on apples [J]. Journal of Food Engineering, 146: 62 - 71.

JIA J, ZHAO S, KONG X, et al. , 2013. Aegilops tauschii draft genome sequence reveals a gene repertoire for wheat daptation [J]. Nature, 496: 91 - 95.

JOHANNSEN W, 1911. The genotype conception of heredity [J]. The American Naturalist, 45 (531): 129 - 159.

JOSHI T, FITZPATRICK M R, CHEN S, et al. , 2013. Soybean knowledge base (SoyKB): a web resource for integration of soybean translational genomics and molecular breeding [J]. Nucleic Acids Research, 42 (D1): D1245 - D1252.

KHAN A, NOREEN I, RYU H, et al. , 2017. Online complete coverage path planning using two - way proximity search [J]. Intelligent Service Robotics (3): 229 - 240.

KIANI F RANDAZZO G, YELMEN I, et al. , 2022. A smart and mechanized agricultural application: From cultivation to harvest [J]. Applied Sciences, 12 (12): 6021.

KIM E, HWANG S, LEE I, 2017. SoyNet: a database of co - functional networks for soybean Glycine max [J]. Nucleic Acids Research, 45 (D1): D1082 - D1089.

KISHWAR S, TREVOR P, RYAN L, et al. , 2020. Nanopore sequencing and the Shasta toolkit enable efficient de novo assembly of eleven human genomes. [J]. Nature Biotechnology, 38 (9): 1044 - 1053.

KODAIRA M, SHIBUSAWA S, 2013. Using a mobile real - time soil visible - near infrared sensor for high resolution soil property mapping [J]. Geoderma, 199: 64 - 79.

KORLACH J, TURNER S W, 2012. Going beyond five bases in DNA sequencing [J]. Curr Opin Struct Biol, 22 (3): 251 - 261.

LI H, WANG C, WANG X, et al, 2018. Disposable stainless steel - based electrochemical microsensor for in vivo determination of indole - 3 - acetic acid in soybean seedlings [J]. Biosensors and Bioelectronics, 126: 193 - 199.

LI S, ZHANG M, WANG N, et al. , 2023. Intelligent scheduling method for multi - machine cooperative operation based on NSGA - III and improved ant colony algorithm [J]. Computers and Electronics in Agriculture, 204: DOI: 10. 1016/J. COMPACT. 2022. 107532.

LI Z, YUAN X, WANG C, 2022. A review on structural development and recognition - localization methods for end - effector of fruit - vegetable picking robots. International Journal of

Advanced Robotic Systems, 19 (3): DOI: 10. 1/77/17298806221104906.

LIN G, ZHU L, LI J, et al. , 2021. Collision – free path planning for a guava – harvesting robot based on recurrent deep reinforcement learning [J]. Computers and Electronics in Agriculture, 188.

LIN Q, ZONG Y, XUE C, et al. , 2020. Prime genome editing in rice and wheat [J]. Nature Biotechnology, 38 (5): 582 – 585.

LING H, ZHAO S, LIU D, et al. , 2013. Draft genome of the wheat A – genome progenitor Triticum urartu. [J]. Nature, 496: 87 – 90.

LIU J, BIENVENIDO F, YANG X, et al. , 2022. Nonintrusive and automatic quantitative analysis methods for fish behaviour in aquaculture [J]. Aquaculture Research (8): 53.

LIU Q, CUI T, ZHANG D, et al. , 2018. Design and experimental study of seed precise delivery mechanism for high – speed maize planter [J]. International Journal of Agricultural and Biological Engineering, 11 (4): 81 – 87.

LV J, XU H, XU L, et al. , 2022. Recognition of fruits and vegetables with similar – color background in natural environment: A survey [J]. Journal of Field Robotics, 39 (6): 888 – 904.

LV P, WANG B, CHENG F, et al. , 2022. Multi – Objective Association Detection of Farmland Obstacles Based on Information Fusion of Millimeter Wave Radar and Camera [J]. Sensors, 23 (1): 230.

MA C, WU J H, CUI Z, et al. , 2024. Topological acoustic waveguide with high – precision internal – mode – induced multiband [J]. Composite Structures, 327.

MA Y, HU M, YAN X, 2018. Multi – objective path planning for unmanned surface vehicle with currents effects [J]. ISA transactions, 75: 137 – 156.

MATEU F, MIQUEL C, JORGE G, et al. , 2022. High – throughput phenotyping of a large tomato collection under water deficit: Combining UAVs' remote sensing with conventional leaf – level physiologic and agronomic measurements [J]. Agricultural Water Management, 260: 107 – 283.

MCNEFF J G, 2002. The global positioning system [J]. IEEE Transactions on Microwave theory and techniques, 50 (3): 645 – 652.

MEGA 米格 . 悬挂式喷雾机 [EB/OL]. https://hardi. com/zh – cn/sprayers/mounted/mega.

NIE G, TU T, HU L, et al. , 2023. Accumulation characteristics and evaluation of heavy metals in soils and vegetables of plastic – covered sheds in typical red soil areas of China [J]. Quality Assurance and Safety of Crops & Foods, 15 (3): 22 – 35.

NOGUCHI N, WILL J, REID J, et al. , 2004. Development of a master – slave robot system for farm operations [J]. Computers and Electronics in Agriculture (1): 1 – 19.

PARK Y, SEOL J, PAK J, et al. , 2023. A novel end – effector for a fruit and vegetable harvesting robot: Mechanism and field experiment [J]. Precision Agriculture, 24 (3): 948 – 970.

PELEMAN D J, VOORT D V R J, 2003. Breeding by Design [J]. Trends in Plant Science, 8 (7): 330 - 334.

PIRI - GHARAGHIE T, GHAJARI G, LAHIJANI N T, et al. , 2023. Simultaneous and rapid detection of Avian Respiratory Diseases of Small Poultry Using multiplex reverse transcription - PCR assay [J]. Poultry Science, 102 (8) .

QIANG C, MIAO Y, WANG H, et al. , 2013. Non - destructive estimation of rice plant nitrogen status with Crop Circle multispectral active canopy sensor [J]. Field Crops Research, 154: 133 - 144.

ROMANECKAS K, BURAGIEN S, KAZLAUSKAS M, et al. , 2023. Effects of soil electrical conductivity and physical properties on seeding depth maintenance and winter wheat germination development and productivity [J]. Agronomy, 13 (1): 190.

SAGGI M K, JAIN S, 2019. Reference evapotranspiration estimation and modeling of the Punjab Northern India using deep learning [J]. Computers and Electronics in Agriculture, 156: 387 - 398.

SANGER F, NICKLEN S, COULSON A R, 1977. DNA sequencing with chain - terminating inhibitors [J]. Proceedings of the National Academy of Sciences of the United States of America, 74 (12): 5463 - 5467.

SHAKOOR N, LEE S, MOCKLER C T, 2017. High throughput phenotyping to accelerate crop breeding and monitoring of diseases in the field [J]. Current Opinion in Plant Biology, 38: 184 - 192.

SHEN Y, DU H, LIU Y, et al. , 2019. Update soybean Zhonghuang 13 genome to a golden reference [J]. Science China Life Sciences, 62 (9): 1257 - 1260.

SUN D, XU Y, CEN H, 2021. Optical sensors: deciphering plant phenomics in breeding factories [J]. Trends in Plant Science, 27 (2): 209 - 210.

THOMPSON J F, STEINMANN K E, 2010. Single molecule sequencing with a heliscope genetic analysis system [J]. Curr Protoc Mol Biol, 7.

THU T, VO E, KO H, et al. , 2021. Overview of Smart Aquaculture System: Focusing on Applications of Machine Learning and Computer Vision [J]. Electronics, 10 (22): 1 - 26.

TU K, WEN S, CHENG Y, et al. , 2021. A non - destructive and highly efficient model for detecting the genuineness of maize variety'JINGKE 968'using machine vision combined with deep learning [J]. Computers and Electronics in Agriculture, 182.

VALLIYODAN B, CANNON S B, BAYER P E, et al. , 2019. Construction and comparison of three reference - quality genome assemblies for soybean [J]. The Plant journal: for cell and molecular biology, 100 (5): 1066 - 1082.

VAN DIJK E L, AUGER H, JASZCZYSZYN Y, et al. , 2014. Ten years of next - generation sequencing technology [J]. Trends Genet, 30 (9): 418 - 426.

VARSHNEY K R, GRANER A, SORRELLS E M, 2005. Genomics - assisted breeding for crop improvement [J]. Trends in Plant Science, 10 (12): 621 - 630.

WALSH K B, MCGLONE V A, HAN D H, 2020. The uses of near infra‐red spectroscopy in postharvest decision support: A review [J]. Postharvest Biology and Technology, 163, 111139.

WANG J, WANG L, LI L, et al., 2023. Classification‐design‐optimization integrated picking robots: a review [J]. Journal of Intelligent Manufacturing, 35: 2979‐3002.

WANG N, YANG X, WANG T, et al., 2023. Collaborative path planning and task allocation for multiple agricultural machines [J]. Computers and Electronics in Agriculture, 213: 108‐218.

WANG W, MAULEON R, Hu Z, et al., 2018. Genomic variation in 3 010 diverse accessions of Asian cultivated rice. [J]. Nature, 557: 43‐49.

XIAO G, FENG M, CHENG Z, et al., 2015. Water quality monitoring using abnormal tail‐beat frequency of crucian carp [J]. Ecotoxicology and Environmental Safety, 111: 185‐191.

XU Z, FAN S, CHENG W, et al., 2020. A correlation‐analysis‐based wavelength selection method for calibration transfer [J]. Spectrochimica Acta Part A: Molecular and Biomolecular Spectroscopy, 230, 118053.

XU Z, FAN S, LIU J, et al., 2019. A calibration transfer optimized single kernel near‐infrared spectroscopic method [J]. Spectrochimica Acta Part A: Molecular and Biomolecular Spectroscopy, 220.

XU S, PENG H, 2019. Design, analysis, and experiments of preview path tracking control for autonomous vehicles [J]. IEEE Transactions on Intelligent Transportation Systems, 21 (1): 48‐58.

XU Y, SMITH S E, GRUNWALD S, et al., 2018. Estimating soil total nitrogen in smallholder farm settings using remote sensing spectral indices and regression kriging [J]. Catena, 163: 111‐122.

XUAN J, YU Y, QING T, et al., 2013. Next‐generation sequencing in the clinic: Promises and challenges [J]. Cancer Letters, 340 (2): 284‐295.

XUE Y, LI J, XU Z, 2003. Recent highlights of the China rice functional genomics program [J]. Trend Genet, 19 (7): 390‐394.

YAN J, ZOU D, LI C, et al., 2020. SR4R: An Integrative SNP Resource for Genomic Breeding and Population Research in Rice [J]. Genomics, Proteomics & Bioinformatics, 18 (2): 173‐185.

YANG L, LIU Y, YU H, et al., 2021. Computer Vision Models in Intelligent Aquaculture with Emphasis on Fish Detection and Behavior Analysis: A Review [J]. Archives of Computational Methods in Engineering, 28 (4): 2785‐2816.

YANG L, YU H H, CHENG Y L, et al., 2021. A dual attention network based on efficientNet‐B2 for short‐term fish school feeding behavior analysis in aquaculture [J]. Computers and Electronics in Agriculture, 187.

YANG W, GUO Z, HUANG C, et al., 2015. Genome‐wide association study of rice

311

(Oryza sativa L.) leaf traits with a highthroughput leaf scorer [J]. Journal of Experimental Botany, 66: 5605 – 5615.

YAO J, ZHAO D, CHEN X, et al. , 2018. Use of genomic selection and breeding simulation in cross prediction for improvement of yield and quality in wheat (Triticum aestivum L.) [J]. The Crop Journal, 6 (4): 353 – 365.

ZEYU Y, HUI F, QIANNAN Z, et al, 2021. Hyperspectral imaging technology combined with deep learning for hybrid okra seed identification [J]. Biosystems Engineering, 212: 46 – 61.

ZHAI Z, MARTÍNEZ J F, BELTRAN V, et al. , 2020. Decision support systems for agriculture 4. 0: Survey and challenges [J]. Computers and Electronics in Agriculture, 170.

ZHANG B, HUANG W, LI J, et al. , 2014. Principles, developments and applications of computer vision for external quality inspection of fruits and vegetables: A review [J]. Food Research International, 62: 326 – 343.

ZHANG M, LI L, WANG A, et al. , 2019. A Novel Farmland Boundaries Extraction and Obstacle Detection Method Based on Unmanned Aerial Vehicle [A] //American Society of Agricultural and Biological Engineers: 1.

ZHANG T, AYED C, FISK I D, et al. , 2022. Evaluation of volatile metabolites as potential markers to predict naturally – aged seed vigour by coupling rapid analytical profiling techniques with chemometrics [J]. Food Chemistry, 367.

ZHANG B, XIE Y, ZHOU J, et al. , 2020. State – of – the – art robotic grippers, grasping and control strategies, as well as their applications in agricultural robots: A review [J]. Computers and Electronics in Agriculture, 177.

ZHANG P, ZHANG Q, LIU F, et al. , 2017. The construction of the integration of water and fertilizer smart water saving irrigation system based on big data [C]. IEEE international conference on computational science, 2: 392 – 397.

ZHANG, Q, 2024. Opinion: Agricultural Robotics, issues worthy to study [J]. Computers and Electronics in Agriculture, 216.

ZHAO G, ZOU C, LI K, et al. , 2017. The Aegilops tauschii genome reveals multiple impacts of transposons. Nature Plants, 3 (12): 946 – 955.

ZHAO T, NING N, YANG L, et al. , 2016. Development of uncut crop edge detection system based on laser rangefinder for combine harvesters [J]. international journal of agricultural and biological engineering (2): 21 – 28.

ZHAO X, PAN S, LIU Z, et al. , 2022. Intelligent upgrading of plant breeding: Decision support tools in the golden seed breeding cloud platform. Computers and Electronics in Agriculture, 194.

ZHENG T, LI Y, et al. , 2022. A general model for "germplasm – omics" data sharing and mining: a case study of SoyFGB v2. 0 [J]. Science Bulletin, 67: 1716 – 1719.

ZHU H, LI C, GAO C, 2020. Applications of CRISPR – Cas in agriculture and plant biotechnology [J]. Nature reviews. Molecular cell biology, 21 (11): 661 - 677.

ZHU T, CHANG H S, SCHMEITS J, et al. , 2001. Gene expression microarrays: Improvements and applications towards agricultural gene discovery [J]. slas technology translating Life Sciences Innovation, 6 (6): 95 - 98.

ZHU X N, Li D L, HE D X, et al. , 2010. A remote wireless system for water quality online monitoring in intensive fish culture [J]. Computers and Electronics in Agriculture, 71: S3 - S9.

ZHUANG X, ZHANG T, 2019. Detection of sick broilers by digital image processing and deep learning [J]. Biosystems Engineering, 179: 106 - 116.

ZUIDHOF M J, FEDORAK M V, KIRCHEN C C, et al. , 2019. System and method for feeding animals: WO2016CA51144 [P]. 12 - 17.

图书在版编目（CIP）数据

北京智慧农业发展与实践 / 李奇峰等主编. -- 北京：
中国农业出版社，2025. 6. -- ISBN 978 - 7 - 109 - 32980
- 5

Ⅰ. S126

中国国家版本馆 CIP 数据核字第 2025TU4851 号

北京智慧农业发展与实践
BEIJING ZHIHUI NONGYE FAZHAN YU SHIJIAN

中国农业出版社出版

地址：北京市朝阳区麦子店街 18 号楼

邮编：100125

责任编辑：李　夷　刁乾超　　文字编辑：刘金华

版式设计：李　文　责任校对：吴丽婷

印刷：北京印刷集团有限责任公司

版次：2025 年 6 月第 1 版

印次：2025 年 6 月北京第 1 次印刷

发行：新华书店北京发行所

开本：700mm×1000mm　1/16

印张：20.25　　插页：18

字数：420 千字

定价：128.00 元